U0346883

铝厂废渣制复相耐火材料

于 岩 阮玉忠 著

科学出版社

北 京

内 容 简 介

　　本书主要内容有 6 章,其中第 1 章概述各类耐火材料的种类和性能特点,以及复相耐火材料的性能优势,综述常见的各种复相耐火材料的现状和发展;第 2 章～第 6 章分别介绍利用铝厂废渣研制莫来石刚玉复相耐火材料,利用铝厂废渣研制莫来石-堇青石复相耐火材料,利用铝厂废渣研制莫来石-钛酸铝复相耐火材料,利用铝厂废渣研制莫来石-刚玉-钛酸铝复相耐火材料,利用铝厂废渣研制六铝酸钙-刚玉复相耐火材料。在每一章中都分别探讨配方、工艺参数和矿化剂对复相耐火材料强度等性能指标的影响,主要采用 X 射线粉末衍射分析、扫描电镜等手段进行微观结构表征,为采用工业废渣研制低成本高性能的优质复相耐火材料提供参考。

　　本书可作为材料科学与工程学科的本科生和研究生教材或教学参考书,也可供从事复相耐火材料研究与分析等方面工作的技术人员学习参考。

图书在版编目(CIP)数据

铝厂废渣制复相耐火材料/于岩,阮玉忠著. —北京:科学出版社,2017.2
ISBN 978-7-03-051802-6

Ⅰ.①铝… Ⅱ.①于… ②阮… Ⅲ.①铝厂-废渣-耐火材料 Ⅳ.①TQ175.5

中国版本图书馆 CIP 数据核字(2017)第 031054 号

责任编辑:牛宇锋　罗　娟 / 责任校对:桂伟利
责任印制:张　倩 / 封面设计:蓝正设计

科学出版社 出版
北京东黄城根北街 16 号
邮政编码:100717
http://www.sciencep.com

北京凌奇印刷有限责任公司 印刷
科学出版社发行　各地新华书店经销
*
2017 年 2 月第 一 版　开本:720×1000 1/16
2017 年 2 月第一次印刷　印张:21 3/4
字数:422 000
POD定价: 120.00元
(如有印装质量问题,我社负责调换)

前　　言

　　环境问题已成为 21 世纪人类面临的一大问题,固体废弃物是环境污染的主要原因之一。固体废弃物也称固体废物,指人们在生产过程中和生活活动中产生的固体和泥状物质。按其来源不同,主要分为工业废物、矿业废物、农业废物、城市垃圾、放射性废物和传染性废物等几类。随着生产的扩大,生活水平的提高,近年来,工业生产产生的固体废物急剧增加,组成成分日趋复杂,已成为世界公认的一大公害。

　　固体废物对生态环境有着长期的、潜在的、间接的、综合性的影响。固体废物一般都由多种物质结合而成,通常都含有复杂的污染分子。在自然条件下,这些物质很难分解,有些成分还易溶解于水、大气和土壤,所以会参与生态系统循环,对生态环境产生潜在性、长期性的危害,因此,了解固体废物的污染及危害,分析目前固体废物的治理技术及现状,提出防治及分类处理措施,实现固体废物的"无害化""减量化""资源化",从而实现固体废物的循环利用,对于我国实现可持续发展具有举足轻重的作用。

　　固体废物是相对于原物而言的,其经过一定的技术环节,可以转变为有用的生产原料,有的甚至可以直接使用。铝型材厂废渣是铝型材制品在酸洗、碱洗和阳极氧化表面处理过程中产生的大量污泥经沉淀脱水得来的,废渣主要成分是 γ-AlOOH,具有粒度细、比表面积大、表面能高、活性高的特点,经过加热,可以不可逆的转变为 α-Al_2O_3,作为原料使用从成分上可以替代含铝原料用于合成各种耐火材料,可以促进固相反应,降低烧结温度,从而节约能源。由于废渣成本低廉,具有显著的市场竞争力和推广应用价值。

　　本书是另一本专著《铝厂废渣制耐火材料》的姊妹篇,是在该书单一耐火材料基础上进一步研制复相材料。本书主要介绍利用铝厂废渣研制莫来石-刚玉、莫来石-堇青石、莫来石-钛酸铝、莫来石-刚玉-钛酸铝、六铝酸钙-刚玉等复相耐火材料,相比于其他耐火材料的书籍,本书只围绕铝厂废渣这一特定原料展开论述,针对性强,对实际生产有着很好的参考价值。

　　本书是在 863 计划项目、福建省科技厅和发改委多个项目的支持下,福州大学阮玉忠教授和于岩教授所在的课题组指导学生多年的研究成果积累,感谢课题组的多名硕士和博士研究生参与了实验和编著工作。

　　受作者水平限制,本书难免存在疏漏和不足,敬请各位专家与读者批评指正。同时,对书中所参考的文献资料的中外作者致以崇高的敬意和衷心的感谢!

目　　录

前言
第1章　绪论 ……………………………………………………………… 1
　1.1　铝厂废渣概述 ……………………………………………………… 1
　1.2　莫来石简介 ………………………………………………………… 1
　1.3　刚玉简介 …………………………………………………………… 2
　1.4　莫来石-刚玉复相材料的简介 ……………………………………… 3
　1.5　堇青石材料简介 …………………………………………………… 5
　1.6　莫来石-堇青石材料简介 …………………………………………… 6
　1.7　莫来石-堇青石窑具的制备 ………………………………………… 6
　1.8　钛酸铝简介 ………………………………………………………… 7
　1.9　莫来石-钛酸铝复相材料 …………………………………………… 9
　1.10　莫来石-刚玉-钛酸铝复相材料 …………………………………… 10
　　1.10.1　复相陶瓷材料简述 ……………………………………………… 10
　　1.10.2　莫来石-刚玉-钛酸铝复相材料的设计 ……………………… 11
　1.11　六铝酸钙概述 …………………………………………………… 12
　1.12　六铝酸钙-刚玉复相材料简介 …………………………………… 13
　1.13　铝型材厂工业废液的处理和工业废渣 ………………………… 14
　　1.13.1　工艺原理 ……………………………………………………… 14
　　1.13.2　废液处理 ……………………………………………………… 15

　参考文献 ……………………………………………………………… 15
第2章　利用铝厂废渣研制莫来石-刚玉复相材料 …………………… 20
　2.1　配方的研究 ……………………………………………………… 20
　　2.1.1　配方的内容 …………………………………………………… 20
　　2.1.2　XRD 的测试 …………………………………………………… 21
　　2.1.3　SEM 的测试 …………………………………………………… 22
　　2.1.4　性能的测试 ……………………………………………… 25
　　2.1.5　本节小结 ……………………………………………………… 26
　2.2　烧成工艺的研究 ………………………………………………… 27
　　2.2.1　最佳烧成温度的确定 ………………………………………… 27

    2.2.2　最佳保温时间的确定 ·· 33

    2.2.3　本节小结··· 39

  2.3　矿化剂的研究·· 40

    2.3.1　TiO_2 的影响··· 40

    2.3.2　$ZrSiO_4$ 的影响··· 45

    2.3.3　滑石的影响·· 50

  2.4　改变晶相比例的研究·· 55

    2.4.1　改变晶相比例的配方······································ 55

    2.4.2　降低煅烧废渣含量(Bi)的配方研究··························· 56

    2.4.3　增加煅烧废渣含量(Li)的配方研究··························· 62

    2.4.4　本节小结··· 67

  2.5　结论··· 68

  参考文献·· 70

第3章　利用铝厂废渣研制莫来石-董青石复相材料·························· 75

  3.1　引言··· 75

  3.2　利用铝型材厂工业废渣合成莫来石-董青石复相材料·················· 76

    3.2.1　原料组成与晶相结构······································ 76

    3.2.2　实验··· 77

    3.2.3　实验结果与分析·· 79

  3.3　利用铝型材厂工业废渣合成莫来石-董青石复相材料的影响因素 ··· 83

    3.3.1　不同反应温度对莫来石-董青石复相材料结构的影响 ······· 83

    3.3.2　不同反应时间莫来石-董青石复相材料结构的影响 ·········· 91

    3.3.3　本节小结··· 96

  3.4　利用铝型材厂工业废渣合成莫来石-董青石复相材料制备窑具材料 ··· 97

    3.4.1　实验··· 97

    3.4.2　实验结果与分析·· 101

    3.4.3　本节小结··· 105

  3.5　提高合成料中莫来石-董青石两晶相含量比的研究·················· 106

    3.5.1　实验··· 106

    3.5.2　实验结果与分析·· 107

    3.5.3　本节小结··· 113

  3.6　利用合成莫来石-董青石料制备优质窑具材料····················· 114

    3.6.1　莫来石-董青石窑具材料的配方与试样制备·················· 114

    3.6.2　合成莫来石-董青石料制备优质窑具材料的性能测试 ········· 115

    3.6.3　实验结果与分析·· 115

　　　3.6.4　本节小结 ··· 122
　　3.7　矿化剂对提高莫来石-堇青石复相材料中两晶相比值的影响 ····· 123
　　　3.7.1　实验 ··· 123
　　　3.7.2　实验结果与分析 ··· 124
　　　3.7.3　本节小结 ··· 130
　　3.8　结论 ·· 130
　　参考文献 ·· 132
第4章　利用铝厂废渣研制莫来石-钛酸铝复相材料 ··························· 137
　　4.1　实验方法 ··· 137
　　　4.1.1　铝厂废渣组成及特性 ··· 137
　　　4.1.2　实验方案设计原理 ··· 138
　　　4.1.3　试样制备 ··· 139
　　　4.1.4　分析测试 ··· 141
　　4.2　利用铝厂废渣制备钛酸铝材料配方和工艺的研究 ················· 143
　　　4.2.1　引言 ··· 143
　　　4.2.2　实验部分 ··· 143
　　　4.2.3　水急冷法与随炉冷却法合成钛酸铝材料 ····························· 144
　　　4.2.4　钛酸铝材料烧成工艺的研究 ··· 149
　　　4.2.5　本节小结 ··· 155
　　4.3　添加剂对利用铝厂废渣研制钛酸铝材料的影响 ··················· 156
　　　4.3.1　引言 ··· 156
　　　4.3.2　实验部分 ··· 156
　　　4.3.3　MgO对钛酸铝材料结构和性能的影响 ····························· 156
　　　4.3.4　硅微粉对钛酸铝材料结构和性能的影响 ····························· 160
　　　4.3.5　ZrO_2对钛酸铝材料结构和性能的影响 ····························· 164
　　　4.3.6　V_2O_5对钛酸铝材料结构和性能的影响 ····························· 168
　　　4.3.7　本节小结 ··· 171
　　4.4　利用铝厂废渣研制莫来石-钛酸铝复相材料 ······················· 172
　　　4.4.1　引言 ··· 172
　　　4.4.2　实验部分 ··· 172
　　　4.4.3　不同配方经淬火法所得莫来石-钛酸铝晶相结构及含量 ··········· 174
　　　1.4.4　莫来石-钛酸铝材料烧成工艺的研究 ································· 178
　　　4.4.5　自结合配方对莫来石-钛酸铝材料结构和性能的影响 ············· 184
　　　4.4.6　ZrO_2对自结合莫来石-钛酸铝结构和性能的影响 ··············· 188
　　　4.4.7　本节小结 ··· 192

4.5　利用铝厂废渣制备钛酸铝材料的分解动力学研究 ·················· 193

4.5.1　引言 ·· 193

4.5.2　实验部分 ·· 194

4.5.3　热分解温度对钛酸铝材料晶相结构的影响 ···················· 194

4.5.4　钛酸铝材料分解率的研究 ···································· 198

4.5.5　钛酸铝材料热分解反应机理的讨论 ···························· 202

4.5.6　本节小结 ·· 209

4.6　结论 ·· 209

参考文献 ··· 212

第5章　利用铝厂废渣研制莫来石-刚玉-钛酸铝复相材料 ··············· 218

5.1　实验内容和方法 ·· 218

5.1.1　原料 ·· 218

5.1.2　仪器和设备 ·· 218

5.1.3　实验方案 ·· 219

5.1.4　性能测试 ·· 221

5.1.5　结构测试分析 ·· 222

5.2　配方的确定 ·· 223

5.2.1　实验配方的制定 ·· 223

5.2.2　样品制备过程 ·· 224

5.2.3　XRD 分析 ·· 224

5.2.4　SEM 分析 ·· 226

5.2.5　性能分析 ·· 229

5.2.6　本节小结 ·· 230

5.3　确定最佳工艺条件 ·· 231

5.3.1　最佳烧结温度的确定 ·· 231

5.3.2　最佳烧结保温时间的确定 ······································ 236

5.3.3　球磨时间对复相材料结构和性能的影响 ························ 242

5.3.4　本节小结 ·· 248

5.4　矿化剂对复相材料结构和性能的影响 ······························ 248

5.4.1　$ZrSiO_4$ 矿化剂对复相材料结构和性能的影响 ················ 249

5.4.2　滑石矿化剂对复相材料结构和性能的影响 ······················ 256

5.4.3　本节小结 ·· 264

5.5　不同的晶相比例对复相材料结构和性能的影响 ······················ 265

5.5.1　降低刚玉相含量对复相材料结构和性能的影响 ·················· 265

5.5.2　增加钛酸铝相含量对复相材料结构和性能的影响 ················ 272

　　　5.5.3　本节小结 ………………………………………… 280

　5.6　结论 ……………………………………………………… 281

　参考文献 ……………………………………………………… 284

第6章　利用铝厂废渣研制六铝酸钙-刚玉复相材料 ……… 290

　6.1　六铝酸钙的合成及性能研究 ……………………………… 290

　　　6.1.1　烧结温度对六铝酸钙结构及性能影响 ………… 290

　　　6.1.2　保温时间对六铝酸钙结构及性能影响 ………… 296

　　　6.1.3　共磨时间对六铝酸钙结构及性能影响 ………… 300

　6.2　六铝酸钙-刚玉复相材料的合成与性能研究 …………… 304

　　　6.2.1　引言 ………………………………………………… 304

　　　6.2.2　实验过程 …………………………………………… 304

　　　6.2.3　结果与分析 ………………………………………… 305

　　　6.2.4　本节小结 …………………………………………… 312

　6.3　利用响应曲面工艺优化法制备六铝酸钙-刚玉复相隔热材料 ……… 312

　　　6.3.1　引言 ………………………………………………… 312

　　　6.3.2　单因素分析 ………………………………………… 313

　　　6.3.3　RSM实验设计 …………………………………… 317

　　　6.3.4　实验过程 …………………………………………… 318

　　　6.3.5　结果与讨论 ………………………………………… 318

　　　6.3.6　本节小结 …………………………………………… 328

　6.4　结论 ……………………………………………………… 328

　参考文献 ……………………………………………………… 330

第1章　绪　　论

1.1　铝厂废渣概述

铝厂废渣是铝型材阳极氧化表面处理过程中产生的胶体废液经沉淀处理后所得的固体废弃物。它主要成分是 γ-AlOOH 以及少量的 CaO、NiO、Fe_3O_4、K_2O 和 Na_2O 等杂质,其中 γ-AlOOH 部分以晶体形式存在,部分以无定形态存在[1],在高温煅烧时,先转化为 γ-Al_2O_3,最终转化为稳定的 α-Al_2O_3,可以替代传统的工业氧化铝原料[2]。我国铝型材厂众多,有关数据表明,一个大型铝型材厂每年产生8000 多吨湿废渣,国内铝型材厂有几百家,年产生废渣超过几百万吨,数量惊人[3]。于岩、阮玉忠等[4-7]曾利用铝厂废渣合成了莫来石、堇青石、镁铝尖晶石、钛酸铝及各种复相材料。研究结果表明,铝厂废渣粒度超细,比表面积大,有利于促进固相反应。用它来替代传统天然原料及工业氧化铝,不仅能降低成本,而且对环境的保护有重要意义。因此不断拓宽和研究铝厂废渣新的再利用渠道和途径也显得非常必要。迄今为止,尚未发现利用铝厂废渣合成六铝酸钙的报道。

1.2　莫来石简介

莫来石是一种特殊的铝硅酸盐矿物,其在自然界很少,通常都是人工合成,在合成过程中主要形成莫来石固溶体,其晶体化学式为 $Al[Al_{2+2x}Si_{2-2x}]O_{10-x}$。首先,合成原料中高岭土($Al_2O_3 \cdot 2SiO_2 \cdot H_2O$)在 450~550℃脱水转变为偏高岭土($Al_2O_3 \cdot 2SiO_2$),当温度继续升高,偏高岭土在 950~1050℃反应形成一次莫来石和 SiO_2,SiO_2 在 1200~1500℃与 α-Al_2O_3 继续反应形成带有一定结构缺陷的莫来石 $Al_2O_3 \cdot SiO_2$。带有结构缺陷的莫来石 $Al_2O_3 \cdot SiO_2$ 会与反应过剩的 α-Al_2O_3 形成固溶范围可能为 $0 < x < 1$ 的莫来石,因此其成分可以从 $Al_2O_3 \cdot SiO_2$ 到 $2Al_2O_3 \cdot SiO_2$ 连续变化[8,9]。

莫来石晶体结构中主要存在[AlO_4]和[SiO_4]两种四面体,如图 1-1 所示[10],其中[AlO_6]八面体连接在一起构成稳定的骨架,并把[SiO_4]四面体在结构中相互隔开,使得[SiO_4]四面体不直接连接,并周期性重复排列,这种特定的结构使得莫来石十分稳定,因此莫来石是 Al_2O_3-SiO_2 系统在常压下唯一稳定存在的二元化合物,同时具有优良的高温力学性能和化学稳定性。莫来石属于斜方晶系,其结构以链状排列,晶体沿 c 轴延伸生长,因此莫来石晶体形态为针状或者柱状。针状和柱状莫来石晶体可互相交错穿插构成稳定坚固的网络结构,这种特殊结构可提高莫来石耐火材料的高温性能,另外少量的莫来石晶体还可作为陶瓷制品的增韧补强剂[9,11-14]。

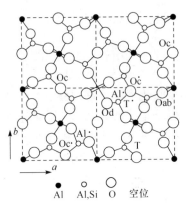

图 1-1　莫来石晶体结构

　　莫来石的结构特点决定了其较小的热导率[5×10⁻⁶ W/(m・K)]、弹性模量(约 200GPa)和热膨胀系数(5.6×10⁻⁶ K⁻¹),因此莫来石的热稳定性和抗高温蠕变性较好。另外,莫来石还具有一系列其他优良的性能,例如,断裂韧性和高温强度优于室温强度;耐火温度高达 1850℃,使用温度较为广泛;化学性质稳定,甚至不溶于 HF;体积稳定性好;绝缘性强;硬度大等。这些优良的性能使莫来石成为一种优质的耐火材料,广泛应用于各种高温窑炉的内衬。除此之外,莫来石还在光学、电子等方面有着良好的发展前景[15]。例如,作为高温工程材料使用,应用于热机或者汽车缸盖底板;利用其优于尖晶石、蓝宝石等材料的吸光能力,作为一种很好的高温光学材料;结合优良的介电性能,作为一种电子封装材料等。

1.3　刚玉简介

　　刚玉是一种纯的结晶氧化铝,密度在 4g/cm³ 左右,大于金属铝,其主要化学成分为 53.2%Al、46.8%O。纯净的刚玉是无色透明的,天然刚玉大多数都含有微量的杂质而显示一定的颜色。刚玉属于三方晶系,a=4.75,c=6.49。阴离子 O²⁻在晶体结构中作六方紧密堆积,6 个氧离子形成一个八面体,半径较小的铝离子填入八面体空隙中,根据电价平衡原理,4 个+3 价铝离子填进 6 个八面体中,因此铝离子只占据 2/3 的八面体空隙,如图 1-2 所示。刚玉的 Al、O 离子键性是由离子键向共价键过渡,因此产出的刚玉晶体都较为完好,且由于具有共价键的特性,有较高的硬度,仅次于金刚石。刚玉的结构特点使其具有硬度大、熔点高、化学稳定性

高等特性,因此一直以来都是制备生产耐火材料的
优质矿物。

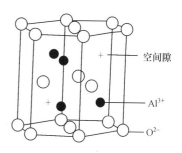

图1-2 刚玉晶体结构

此外,刚玉还具有高的导热性、热力学强度、电
绝缘性和耐磨性,因此刚玉在工业领域中具有广泛
的应用。例如,利用硬度大和耐磨损的特点,刚玉可
作为机械和磨料行业的生产原料;熔点高使其常作
为耐火材料,广泛应用于陶瓷和冶金行业;优良的化
学稳定性,使其常作为生产压电陶瓷的窑具;另外在
化工、航空、国防等领域也有广泛的应用[16]。

但是刚玉的使用也有一定的限制,其耐热冲击性不高,使用寿命较短,而这与
制备过程中 Al_2O_3 晶型、成型方法以及生成的晶粒尺寸、形状和气孔率及气孔率
的分布状况有关,其热膨胀系数大、弹性模量高也是其中的重要因素。另外,刚玉
的键结构导致纯刚玉质陶瓷的烧成温度较高,对工艺的要求也相应提高。因此,通
常在烧成过程中,采用添加剂的方法可适当改变这些情况。例如,在原料中加入晶
粒细化剂,并采用等静压成型工艺可提高制品的断裂韧性;加入适量 ZrO_2 可提高
刚玉材料的热稳定性;以板状刚玉为原料制备耐火材料也能一定程度地提高抗热
震性;利用某些特定添加剂,可降低纯刚玉质陶瓷制品的烧成温度[17-20]。

1.4 莫来石-刚玉复相材料的简介

目前的窑具材料中,堇青石荷重软化点低,黏土质耐火材料抗热震性能较差,
碳化硅高温性能优良但只适合非强氧化气氛,高铝质材料则易变形开裂,由此可
见,单一材质的耐火材料在应用上都存在一定的缺陷[21-24]。因此如果能利用单一
材质的良好性能复合得到具备优异特性的复相材料,则能满足工业生产的多方面
要求。

在莫来石材料中引入刚玉相研制的莫来石-刚玉复相材料,既能兼具莫来石、
刚玉两者的优点,又能克服两者的缺点;既能发挥莫来石材料抗急冷急热性的能力
和热稳定性好、荷重软化点温度较高、强度高等优点,又能发挥刚玉耐火度和荷重
软化点温度高的优点,解决高温特种窑具材料的原料、配方、制备技术和使用上的
难题。由于莫来石-刚玉复相材料结构和组成稳定,使用温度高,组分不挥发,具有
一般窑具材料不可替代的特殊用途,故广泛应用于功能陶瓷、结构陶瓷、电子陶瓷、
高级电瓷以及特种耐火材料的高温烧成,且可作为理想的陶瓷棍棒材料。用莫来
石-刚玉复相材料研制的陶瓷棍棒材料,使用温度高,不容易变形,使用寿命长,能
烧成高质量的陶瓷产品,深受用户的欢迎。

　　莫来石-刚玉是由莫来石、刚玉按一定的配比构成的复合材料,针状莫来石对复相材料起到纤维增强作用,粒状刚玉则起到颗粒增强作用,一定量的配比可促进材料的致密化,控制复相材料内部结构中玻璃相的形成,显著改善其性能,结合了莫来石及刚玉单组分材料的良好性能。因此,莫来石-刚玉复相材料较之单一材质的莫来石或刚玉材料具有更为优良的性能。

　　对于莫来石,在晶界上形成玻璃相虽然可以提高莫来石陶瓷的致密度,但是同时会大幅度地降低莫来石的高温力学性能,从而使其在高温结构陶瓷方面得不到广泛应用,且由于结构中氧的电价不平衡(总的电价平衡),所以以氧化钠、氧化钾等氧化物容易分解莫来石[25]。虽然刚玉具有熔点高、耐磨性好、化学性能稳定等优良性能,可是刚玉的热膨胀系数大,在急冷急热的条件下使用时容易破裂,使用寿命短,因此需要从多方面研究莫来石和刚玉复相的可行性。刚玉、莫来石两种单组分材料的物理性能如表 1-1 和表 1-2 所示。

表 1-1　刚玉的物理性能[26]

性能	数值	性能	数值
晶系	三方晶系	杨氏弹性模量/GPa	4.8×10^{12}
真密度/(g/cm³)	3.99	硬度(新莫氏)	12
熔点/℃	2053	折射率	C∥1.768　C⊥1.760
热导率/[W/(m·K)]	35	耐电压/(V/m)	4.8×10^{7}
比热容/[J/(kg·K)]	750	体积固有电阻/(Ω/m)	10^{17}
热膨胀系数/×10^{-6}℃$^{-1}$	C∥6.6 C⊥5.335	介电常数	C∥11.5(25℃,$10^{10}\sim10^{13}$ Hz) C⊥9.3(25℃,$10^{10}\sim10^{13}$ Hz)
耐压强度/GPa	3	介质衰耗因数	$1 \times 10^{-5}(10^{13})$

表 1-2　莫来石的物理性能[27]

性能	数值	性能	数值
密度/(g/cm³)	3.16~3.22	热膨胀系数(25~1000℃)/×10^{-6}℃$^{-1}$	5.3
熔点/℃	1850	抗折强度($\rho=2.77$g/cm³,室温)	58.8
莫氏硬度	7.5	杨氏弹性模量/GPa	230
在空气中稳定使用温度/℃	<1810	泊松比($\rho=2.77$g/cm³,室温)	1.64

　　从两种材料的物理、化学性能上看,控制好配料的组成,在一定工艺条件下,可以合成出莫来石-刚玉复相材料。

　　另外,从莫来石和刚玉的晶相分析,由于莫来石晶相为针状或柱状,刚玉晶相为粒状,因此以粒状刚玉为主晶相,可形成骨架结构,次晶相柱状莫来石晶体可穿插于刚玉晶体的骨架结构之间,使刚玉晶体的各个骨架结构之间相互拉紧。或者主晶相为柱状莫来石晶体,其形成连续的交错网络结构,粒状刚玉晶体为次晶相填充于莫来石晶体网络结构的空隙里。因此,莫来石-刚玉复相材料在理论上是可行的。而以这两种形式,主次晶相晶体间的交错穿插填充,形成了紧密的堆积和高的结合强度,并且柱状莫来石晶体和粒状刚玉晶体的存在,可以起到类似于纤维和颗粒的增强、增韧作用,理论上可使莫来石-刚玉复相材料优于单组分莫来石或刚玉材料的性能。

1.5 董青石材料简介

董青石化学组成为 $2MgO \cdot 2Al_2O_3 \cdot 5SiO_2$。它是一种硅酸盐矿物,在自然界中分布较广,但含量较低,很少富集成矿。工业上所使用的董青石大多为人工合成,呈蓝色、淡蓝色、灰蓝色、烟蓝色、深蓝色等各种蓝色,其形则呈块状、玻璃状或石英状。从某一方向看去,董青石往往像木槿花的深蓝色(董青色),而从与此直交的方向看去,则呈现灰色或黄色。由于这种二色性,故又叫二色石(dichroite)。董青石密度2.6~2.7g/cm,硬度 7~7.5(摩尔硬度),具有玻璃光泽,性脆,条痕白色,较难熔,有点溶于酸,多产于片麻岩内,在花岗岩内也有发现。天然的董青石大矿床至今没有找到[27]。

对于其晶格结构的类型,人们大多认为有三种类型:α-型,即高温型,又称印度石(属六方晶系),空间群为 P6/mcc,晶胞参数为 $a=9.800\text{Å}, c=9.345\text{Å}$);β-型,即低温型(属斜方晶系),空间群为 Cccm,晶胞参数为 $a=17.083\text{Å}, b=9.738\text{Å}, c=9.335\text{Å}$)和可能存在的过渡型。目前的研究成果主要集中在前两种。现在有最新研究报道的董青石新类型,如卡号为 84-1222 的董青石。资料表明,如果晶体结构的多面体骨架网络中 Si 和 Al 是有序的,则形成斜方晶系的董青石;如果 Si 和 Al 在结构中是无序的,则成六方晶系的印度石。董青石的晶体结构与绿宝石相似,在绿宝石阴离子 $Si_6O_{18}^{12-}$ 的六个 Si 原子中有一个被 Al 代替,形成董青石阴离子 $[(Si_5Al)O_{18}]^{13-}$,整个化合物由于电性平衡,绿宝石中的阳离子($3Be^{3+}+2Mg^{2+}$)被董青石中的($3Al^{3+}+2Mg^{2+}$)代替。所有铝的配位数都是 4。

董青石材料的发展已有一百多年的历史,19 世纪末,Doelter 和 Hussack,Boargeois 及 Morozewicz 等先后进行了董青石合成实验,其中 Morozewicz 贡献最大,1899 年,他首先获得的晶体命名为"cordierite",即董青石[74,79-31]。目前,合成董青石一般采用高纯超细的工业氧化铝、氧化镁(电熔镁砂)和氧化硅(硅石)为原料,也有采用滑石或滑石的代用品(绿泥石、菱镁矿和低档石棉)、黏土和氧化铝或生矾土做原料的,采用固相烧结反应合成法,在形成董青石的同时得到烧结体。

1.6　莫来石-堇青石材料简介

堇青石具有热膨胀系数小[$20\sim1200℃$, $\alpha=(0.8\sim3.0)\times10^{-6}℃^{-1}$]、热震稳定性好等优点,广泛用作优质耐火材料、电子封装材料、催化剂载体、泡沫陶瓷及航空材料等。但由于堇青石韧性较低、荷重软化点低和合成温度范围窄,从而限制了它的优良性能的发挥,而莫来石高温性能优良、机械强度高(室温下弯曲强度为49MPa),但其热膨胀系数较大。因此,为兼顾材料的高温性能及抗热震性能,将堇青石与莫来石进行复合是提高材料性能最有效的措施之一[32]。

目前,莫来石-堇青石复相材料主要用高温烧结和玻璃脱玻化两种方法制备[24,33]。前者在低于1465℃的温度下尚未出现明显的烧结,而高于此温度时又往往导致堇青石的熔融。后者虽可在高于1460℃的温度下烧结,但需在惰性气体保护下才能获得最大密度且工艺较复杂。本书介绍的方法试图以铝厂废渣为原料,探索一种工艺简单、成本低廉的合成莫来石-堇青石复相材料新途径。

1.7　莫来石-堇青石窑具的制备

目前,莫来石-堇青石材料在陶瓷工业生产中主要作为窑具材料而使用。随着陶瓷工业技术的迅速发展,陶瓷产品趋向优质高产低耗,烧成工艺技术倾向于快烧(YB)。又由于国产窑具的性能和使用效果与进口材料相比存在较大差距,目前许多厂家使用进口材料,因此莫来石-堇青石质窑具材料被重新重视[34]。

传统的莫来石-堇青石窑具制备方法有两种:①采用高铝熟料,用堇青石质结合剂制备莫来石-堇青石窑具;②采用合成的堇青石熟料,利用黏土质结合剂制备莫来石-堇青石窑具。利用此两种制备方法所得的莫来石-堇青石窑具有一定的优良性能。

但是,传统的莫来石-堇青石窑具是用堇青石作为基质来结合莫来石骨料的,由于骨料的热膨胀系数高,基体的热膨胀系数很低,在升温或冷却过程中,两者之间会产生较大的热应力,影响其耐热冲击性。为了减小骨料与基质(结合剂)之间热应力,需减小其热膨胀系数差,有人设计使用莫来石-堇青石骨料与堇青石加适量莫来石的结合剂的复合原料进行烧结,取得了很好的效果[35]。其优越性如下:可以按照堇青石陶瓷的烧成制度在较低的温度下使材料烧结;可以在不采用或明显限制采用有机增塑剂的条件下来扩大制品的成型方法,例如,在原料配料中采用天然可塑性组分来进行挤压成型。在配料组成中合成有线性热膨胀系数低的大量的堇青石,从而可提高材料的抗热震性。由于可逆固相化学反应(堇青石不熔化),并且仅在高温区内形成耐火化合物,材料的原始相组成发生变化,从而保证了耐火性能[36]。最后作者得出,使用复合骨料和复合结合剂的窑具材料比由堇青石结合莫来石的窑具材料具有更高的抗热震性。

本实验所做的莫来石-堇青石窑具也是利用合成好的莫来石-堇青石骨料与莫来石-堇青石基质加适量结合剂的复合原料进行烧结的,这是区别于传统分别合成堇青石、莫来石材料制备的莫来石-堇青石窑具的生产工艺方法。

1.8　钛酸铝简介

钛酸铝的化学式为 Al_2TiO_5 或 $Al_2O_3 \cdot TiO_2$,其中 Al_2O_3 为 56%,TiO_2 为 44%。由于钛酸铝集耐高温和低膨胀性为一体,具有接近于零的热膨胀系数、低热导率、高熔点、抗热震和抗热冲击性能优异等特性,并且可在剧烈的急冷急热条件下使用,是目前低膨胀材料中耐高温性能最好的一种。钛酸铝对铝液、钢液、铜液、铜渣、钢渣有优良抗侵蚀性,而且耐碱腐蚀,其制品和复合制品(堇青石、莫来石、硅线石、锆英石、刚玉、碳化硅、氮化硅等)是性能优良的陶瓷材料,可广泛应用于耐热、抗热震、抗腐蚀、抗碱等的炉衬材料[37]。表 1-3 给出了一些常用材料的性能参数。

表 1-3　常用材料的性能参数

材料	体密度/(g/cm³)	熔点/℃	热膨胀系数/×10^{-6}℃$^{-1}$	热导率/[W/(cm·K)]
钛酸铝	3.7	1860	0.50	0.02
刚玉	3.99	2050	8.8	0.289
莫来石	3.23	1810	4.7	0.012
石英玻璃	2.20	1713	0.55	0.02
堇青石	2.65	1460	1.59	0.01

然而该材料本身有两大致命缺陷限制钛酸铝的广泛应用:①钛酸铝在 750~1300℃的温度范围内易分解为金红石和刚玉,造成材料内部应力集中,从而失去其低热膨胀特性,使材料使用寿命大大缩短;②由于钛酸铝各轴向热膨胀系数差别很大,冷却时在材料内部由于热应力易形成大量微裂纹[38,39],使其机械强度降低,材料难以致密烧结。

Kato 和 Thomas[33,40]认为钛酸铝晶体是由具有斜方底心格子的晶胞组成的,且属于 CmCm 空间群,通过 XRD 计算得到其晶格常数 a、b、c 分别为 0.3557nm、0.9436nm、0.3648nm。Morosin 等[41]通过实验证实了在 Al_2TiO_5 中 Al^{3+}、Ti^{4+} 和 O^{2-} 形成[AlO_6]、[TiO_6]八面体结构,Al^{3+}、Ti^{4+} 的位置完全随机分布。钛酸铝的晶体密度为 3.072g/cm³,属于正交晶系,具有和 Fe_2TiO_5 及 Mg_2TiO_5 相似的假板钛矿型结构。根据 1991 年国际粉末 X 射线衍射联合会(JCPDS)颁布的衍射卡片

(41-258)，钛酸铝属于 Bbmm 空间群，其晶格常数为：$a = 0.9439nm$，$b = 0.9647nm$，$c = 0.3593nm$[45]。钛酸铝晶体沿晶轴各向异性很大，尤其是热膨胀系数：$\alpha_a = 10.9 \times 10^{-6} ℃^{-1}$，$\alpha_b = 20.5 \times 10^{-6} ℃^{-1}$，$\alpha_c = -2.7 \times 10^{-6} ℃^{-1}$。单一 Al_2TiO_5 晶体结构为层状，Al^{3+} 的半径为 0.054nm，而 Ti^{4+} 的半径为 0.068nm，两者相差较大，使得[AlO_6]八面体具有很大的扭曲度。在 a、b 方向，高度扭曲共边八面体形成双链；c 方向上，以三个共顶八面体为结构单元，形成单链，各链条在空间无限延伸，相互交叉连接，形成空间网状结构[42]。在层内（a、b 轴向）两个八面体以共棱方式相互连接，而垂直于层面（c 轴向）三个八面体以共顶方式连接，故层内结合不稳定，结合力弱，层间结合较稳定，结合力较强，故结合力上的各向异性使其热膨胀性能也表现出各向异性，各结晶轴方向热膨胀性能不同[43,44]。

钛酸铝的晶体结构示意图见图1-3。每个晶胞含有四个 Al_2TiO_5 分子，金属原子位于氧四面体空位，氧离子位于金属离子围成的一个四面体空位和两个八面体空位中。这类材料的化学式可以表示为 $M_2^{3+}Ti^{4+}O_5$，其中 M^{3+} 可以是 Mg、Ti、Fe 和 Co 等。在正常情况下，三价或二价（M^{3+} 或 M^{2+}）金属离子占有四面体空位（在图1-3中示为 M1），四价钛离子占有八面体空位（在图1-3中示为 M2）。但是在钛酸铝结构中阳离子表现出很高程度的无序性，三价铝离子和四价钛离子可以随机地占据四面体空位。

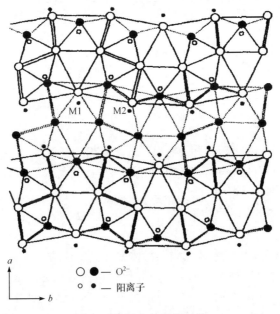

图 1-3　钛酸铝的晶体结构

Al_2O_3-TiO_2 精确相图是 Lang 等于 1952 年给出的[45]，如图 1-4 所示，并指出

钛酸铝(Al_2TiO_5)是该二元体系唯一稳定的化合物[46]。从图中可以看出,钛酸铝有两种晶型:β相和α相。当温度高于1820℃时,钛酸铝由β相转变成α相。纯钛酸铝熔点高达1860℃,能够在高温下使用。形成的Al_2TiO_5晶相在不同温度下形成两种变体α-Al_2TiO_5和β-Al_2TiO_5。其中,α-Al_2TiO_5属于高温型,根据Al_2O_3-TiO_2二元系统相图,将其升温至1860℃时,α-Al_2TiO_5分解为Al_2O_3和液相,即 α-$Al_2TiO_5 \xrightarrow{1860℃} L + Al_2O_3$;当温度从高温冷却至1860℃时,$Al_2O_3$熔入液相,从液相中析出α-$Al_2TiO_5$,即在1860℃进行转熔过程 $L + Al_2O_3 \longrightarrow$ α-Al_2TiO_5。因此α-Al_2TiO_5没有一个固定的熔点,它是一个不一致熔融二元化合物,即不稳定的二元化合物。当α-Al_2TiO_5冷却至1820℃时,α-Al_2TiO_5转化为β-Al_2TiO_5。因此1820℃等温线是α相转化为β相,或者β相转化为α相的晶型转变等温线。所以,α-Al_2TiO_5稳定存在温度范围为1860~1820℃。当从1820℃降至1300℃时,是β-Al_2TiO_5稳定存在区域。当冷却到达1300℃时,β-Al_2TiO_5开始分解成α-Al_2O_3和TiO_2,即β-$Al_2TiO_5 \longrightarrow$ α-$Al_2O_3 + TiO_2$。1300~750℃都属于β-Al_2TiO_5分解的温度范围,其中1100~1200℃时β-Al_2TiO_5的分解速度最快。因此,β-Al_2TiO_5不稳定温度区间为1300~750℃,温度低于750℃,β-Al_2TiO_5又处于稳定状态。

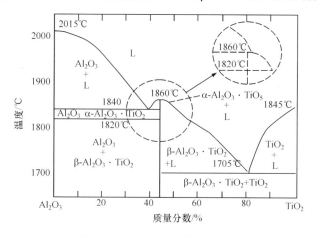

图1-4 Al_2O_3-TiO_2系二元相图

1.9 莫来石-钛酸铝复相材料

选择热膨胀系数小的组分一直是改善陶瓷材料的抗热震性、延长其使用寿命的方向之一。钛酸铝陶瓷作为一种新型陶瓷材料,是目前低膨胀材料中耐高温性能最好的一种,工业应用价值很高,前景广阔。然而,钛酸铝本身存在致命弱点,常温下抗弯强度仅为10MPa。因此,研究克服钛酸铝材料的这一缺点,使之尽快进入工业化应用,成为材料研究界的热点之一。近年来,关于莫来石作为一种改进钛酸铝强度的添加剂或通过莫来石与钛酸铝材料的复合,以期改善钛酸铝强度的研究取得长足的进展[47,48]。

复合相方法就是在钛酸铝材料中引入诸如莫来石、刚玉、SiC、Si_3N_4 等具有高强度的晶体和陶瓷纤维或晶须,来提高其强度和抑制其分解。由于莫来石(A_3S_2)的化学稳定性好,耐高温,热膨胀系数大于 Al_2TiO_5 的热膨胀系数,因此上述几种材料中莫来石的应用最为广泛[49-51]。国内外科研工作者也在此方面做了许多工作。刘锡俊等[52]用 Al_2O_3、$Al(OH)_3$、TiO_2 和新西兰高岭土为原料合成了莫来石-钛酸铝复相材料。Oikonomou 和 Teruak 等[53,54]用合成钛酸铝、新西兰高岭土、$Al(OH)_3$ 制成了不同组成的钛酸铝-莫来石复合烧结体。在 1200℃下,Al_2TiO_5 在上述两种复合烧结体中的分解几乎完全被抑制;同时,莫来石原料还具有来源丰富、价格低廉、陶瓷制备工艺易于工业化等特点,使得莫来石陶瓷极易实现产业化。

1.10　莫来石-刚玉-钛酸铝复相材料

1.10.1　复相陶瓷材料简述

复合相法作为钛酸铝陶瓷改性的另一种方法,目前被许多学者所采用。研究表明,适量的 SiC、Si_3N_4 晶须或莫来石、刚玉、微晶纤维等作为第二相在钛酸铝陶瓷中生成,能够提高其高温热稳定性和机械强度。莫来石在添加剂改性的时候已经被证明能够很好地抑制钛酸铝的分解,改善钛酸铝陶瓷的抗热震性能。因此,莫来石-钛酸铝复相材料也是目前的研究热点[51,52]。而莫来石-刚玉复相材料更是为人们所熟知。由此可以说明,相对于单相耐火材料,复相耐火材料的性能得到了很大改善。

郭景坤等[55]的研究指出,复相材料的设计应遵循以下三个原则:①显微结构的设计。对于复相材料,其组成和形貌的分布状态、结合状态、应力存在状态和它们对材料性能影响的规律都是显微结构设计所应考虑的;此外,复相材料的界面研究也是非常重要的。②不同相之间的化学共存。化学性能上的匹配性对复相陶瓷起十分重要的作用,通过热力学计算,可以知道两相之间是否会发生化学反应,从而在设计复相材料的时候做出合理的选择。③不同相之间的物理匹配。复合材料之间的物理匹配主要考虑的是各相之间的热膨胀系数及其弹性模量。热膨胀系数的不匹配会造成复相材料的微裂纹过多,弹性模量的不匹配则会使原本某相的性能在复相材料中不能充分发挥。

中国科学院上海硅酸盐研究所高性能陶瓷与超微结构国家重点实验室的郭景坤[56]指出,复相材料的概念是广泛的,并不只是指在组成和显微结构上的多相组合,更没有在形态上有特定标准。从工艺上看,复相材料是综合各类材料长处的一种材料;从性能上看,复相材料不一定是性能十分出众的,但一定是符合实际生产要求的,这也是材料设计的一个思路。另外,复相材料所追求的目标是低的制备成本和高的性能稳定性。

1.10.2 莫来石-刚玉-钛酸铝复相材料的设计

根据复相材料的设计原则,表 1-4 所列为莫来石、刚玉、钛酸铝的热膨胀系数、熔点和弹性模量;图 1-5 是 Al_2O_3-TiO_2-SiO_2 系的三元相图。

表 1-4　几种材料的物理性能比较

材料名称	热膨胀系数/($\times 10^{-6}$/K)	熔点/℃	弹性模量/Pa
刚玉	8.8(273~1273K)	2000~2030	
莫来石	5.3(293~1273K)	1870	1.47×10^{10}
钛酸铝	9.5(298~1173K)	1860	

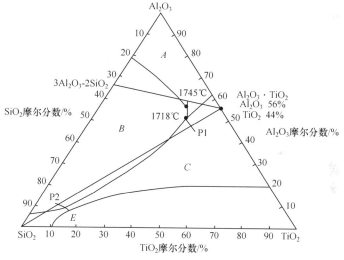

图 1-5　Al_2O_3-TiO_2-SiO_2 系的三元系统相图

从图 1-5 可以看出,在 A 位置存在一个三角形 Al_2O_3-$3Al_2O_3 \cdot 2SiO_2$-$Al_2O_3 \cdot TiO_2$,其对应成分分别为刚玉、莫来石和钛酸铝。这就说明,只要合理地控制原料组成,通过一定的工艺条件,是可以制备出莫来石-刚玉-钛酸铝复相材料的。另外,从其物理性能上看,三个物相的熔点都很高(1800℃以上),可以作为高温材料,而热膨胀系数都比较低。虽然刚玉和莫来石的热膨胀系数相对于钛酸铝来说很高,但刚玉质或莫来石质耐火材料都是比较成熟的耐火制品,实践证明可以很好地适用于高温耐火工业中的。因此,用它们跟钛酸铝制备的复相材料在热膨胀系数上也应该是能够满足要求的,甚至钛酸铝的低热膨胀系数使得所制备的复相材料的热稳定性能优于莫来石-刚玉复相材料。其必将更能适应现代工业的生产要求。

1.11　六铝酸钙概述

六铝酸钙(分子式为 $CaAl_{12}O_{19}$,缩写成 CA_6,矿物名称:黑铝钙石)是 CaO-Al_2O_3 二元系统中重要的化合物(还有如 C_3A、$C_{12}A_7$、CA、CA_2)之一,它是 CaO-Al_2O_3 二元系材料和 CaO 化合物反应的常见产物[54,55]。20 世纪初,对 CaO-Al_2O_3 及 CaO-Al_2O_3-SiO_2 两系统的研究后才开始 CA_6 材料的研究,但并未受到人们的重视,直到 20 世纪 90 年代初,国外科研人员掀起了对含有片状晶体结构增韧材料的研究热潮,片状的 CA_6 材料才真正得到科技人员的重视,从而进行系列性研究[11]。

CA_6 是 CaO-Al_2O_3 二元系统中重要的化合物之一,也是 CaO-Al_2O_3 系中 Al_2O_3 含量最高的铝酸钙相[12],在自然界中它存在于黑铝钙石矿中,其理论密度为 $3.79g/cm^3$,熔点高于 1875℃,热膨胀系数为 $8.0 \times 10^{-6}℃^{-1}$,与 Al_2O_3 非常相近,可以和氧化铝以任何比例配合使用[56,57];有较高的耐火度;与含铁熔渣形成固溶体范围大;碱性环境中抗化学侵蚀性强;还原气氛中有高度稳定性;对熔融金属和熔渣的润湿性低;主要结晶区大,在多元系中有较低的溶解性[58-61]。

CA_6 属六方晶系,空间群为 $P6_3/mmc$,具有与 β-Al_2O_3 相同的磁铅石型晶体结构[62]。该结构由沿 c 轴交替堆积的镜面(mirror plane)和尖晶石基块(spinel block)构成,镜面是含较大阳离子(Ca)层,尖晶石基块是具有尖晶石结构的另一层,如图 1-6 所示。

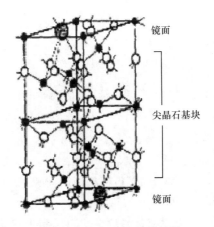

图 1-6　磁铅石矿的晶体结构

每个尖晶石基块中有 32 个氧离子按立方密堆积形式成 $ACBA$ 四层,构成 32 个八面体空隙和 64 个四面体空隙。每个晶胞由两个尖晶石基块和两个镜面组成,晶胞中有 24 个 Al^{3+},其中 8 个 Al^{3+} 占据四面体空隙,16 个 Al^{3+} 占据八面体空隙,尖晶石基块的上下面互相形成镜面。由于镜面含有较大钙离子层,钙离子半径与氧离子半径相近,从而不能进入氧离子所构成的空隙中,只能与其处于同一层,所以这种晶体结构不是立方晶系,而是六方晶系[63-67],如图 1-7 所示。

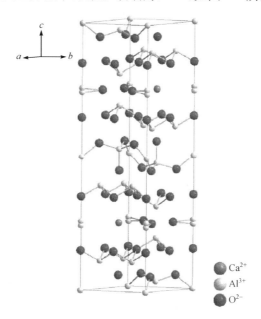

图1-7 磁铅石矿的晶体结构及从 c 轴观察到的镜面

研究表明[68,69],CA_6 中垂直于 c 轴方向(镜面层)的氧离子的扩散速度比平行于 c 轴方向要快,是氧离子优先扩散的路径,因此平行于 c 轴方向的晶体生长被抑制,则晶体优先形成片状或板状结构。

1.12 六铝酸钙-刚玉复相材料简介

刚玉具有结构紧密、硬度高、熔点高、化学性质稳定、耐酸碱等特性,但其抗热震性较差。CA_6 具有较低的热导率、优良的高温体积稳定性、抗热震性等性能,且其热膨胀系数与刚玉相近,热膨胀失配的可能性低,在刚玉基质中引入 CA_6,刚玉材料高温抗热震性能得以提高,延长寿命;CA_6 较低的热导率又能增强材料的隔热保温性。CA_6 与刚玉的结合,其片状结构穿插于刚玉相之间,极大地改善了刚玉耐火材料的各项性能[70-71]。

西班牙的 Sánchez-Herencia 等[72]以高纯度的 Al_2O_3 和 $CaCO_3$ 粉末利用溶胶法分别在 1500℃、1550℃和 1600℃下制备了 Al_2O_3 含量90%(体积分数)、CA_6 含量10%(体积分数)的三种不同的六铝酸钙-刚玉复相材料。通过扫描电子显微镜表征结果显示,在 Al_2O_3 基体中的 CA_6 颗粒呈现一种高度分散的分布状态,Al_2O_3 颗粒的晶粒尺寸和形状高度依赖于烧结温度,而 CA_6 的晶粒尺寸随温度的变化不大。采用维氏压痕和光学扫描显微镜分析复相材料的力学行为。研究表明,相比于同等晶粒尺寸的单相 Al_2O_3 材料,复相材料可承受更大的载荷,并且其断裂韧性也要优于纯 Al_2O_3 材料。

澳大利亚的 Asmi 等[73,74]利用渗透法制备了基于 Al_2O_3-CA_6 的分层梯度复合材料,通过水解的醋酸钙渗入多孔氧化铝预形体,产生一个均匀的 Al_2O_3-CA_6 分层梯度层,然后在 1600℃热压烧结。通过 HTND 分析,得出 CA、CA_2 和 CA_6 形成温度分别为 1000℃、1200℃和 1350℃。CA_6 片状晶体的生成为体积膨胀过程,这阻止了试样烧结过程中的收缩和致密化,使得试样的显气孔率和体积密度分别达到了 0.5% 和 3.8g/cm^3;另外,扫描电子显微镜结果显示,片状的 CA_6 穿插于 Al_2O_3 相之间,结合牢固。

1.13　铝型材厂工业废液的处理和工业废渣

铝型材生产过程主要包括对成型铝材的脱脂、碱蚀、酸洗、氧化、封孔及着色,而经上述工序处理后的型材均需用水进行清洗,这部分型材清洗水以溢流形式排出清洗槽,是铝型材厂废水的主要来源。铝型材厂废水除含有大量的铝离子,还含有部分锌、镍、铜等金属离子,废水的酸碱度视各生产要求不同而有所变化,但呈酸性的居多。

针对铝型材厂废水主要含各种金属离子及悬浮物的特性,采用中和调节及混凝沉淀法工艺。

铝型材厂废水由车间排出后流入中和调节池,池内设空气搅拌,以均衡水质。废水经调节池均衡水质及水量后,加入碱调节 pH 至 6~9,再用泵抽送入沉淀池中,在抽送过程中同时加入絮凝剂(PAM)[75-77]。废水中的金属离子在与碱反应形成氢氧化物后,又在絮凝剂的作用下,形成较大颗粒的矾花,在重力作用下快速沉降,沉淀池上半部清液可直接外排,出水水质达到二类地区二级排放标准。

沉淀池废渣经废渣池浓缩后用泵抽送入板框压滤机脱水后进行卫生填埋或综合利用。

1.13.1　工艺原理

1. 调节池

在铝型材厂废水处理中,将调节池的池型分为间歇和连续两种。人工调节时需将调节池分成两格,每格池废水的停留时间为 $1\sim2h$,轮流间歇使用,以便于人工调节;自动调节只需一格调节池,用 pH 自动调节仪控制废水的 pH,由于铝型材厂废水含有大量的铝,而铝在溶液中呈两性状态。当 pH$<$3 时,铝主要存在形态为 $Al(H_2O)_6^{3+}$;当 pH$=$7 时,氢氧化铝成为 Al^{3+} 的主要存在形态;当 pH$>$8.5 后,大部分氢氧化铝便水解为带负电荷的络合阴离子。所以,在工程调试时必须将 pH 控制在适当的范围,以使铝能以氢氧化铝的形态充分沉淀。

2. 反应池

反应池的作用主要是使铝型材厂废水中的 Al^{3+} 与 OH^- 充分反应生成难溶的 $Al(OH)_3$ 沉淀。通常竖流式沉淀池采用涡流反应器,平流式沉淀池用折流式反应器。

3. 混凝沉淀池

废水中的金属离子在调节池中与碱反应后,生成难溶的氢氧化物,但由于形成的颗粒较小,在水流的作用下不易沉降,所以必须加入絮凝剂使这些颗粒相互黏结,聚集成较大颗粒,通过沉淀池固液分离去除。沉淀池采用平流式或竖流式,后者用得最为广泛。竖流式沉淀池特别适合于絮凝物沉降,且操作简单,易于管理,上清液可直接外排。沉淀池停留时间 2h,表面负荷为 $1m^3/(m^2 \cdot h)$。

1.13.2 废液处理

经过沉淀池排出的铝型材厂废渣含水率达到 90% 以上,需要进行脱水处理。根据工厂的生产能力和排污规模,选取自然干化和机械脱水两种方法对废渣进行处理。自然干化就是用干化池盛放废渣,利用阳光将其晒干。这种方法的优点是省事、经济,但只适合废渣量较小的企业,而且遇上阴雨天气非常麻烦;机械脱水包括采用离心机、带式压滤机、板框压滤机,但由于铝型材废渣结构疏松,且带有一定的腐蚀性,只有板框压滤机的效果最好,所以在工程设计中,将废渣从沉淀池利用静压排至废渣浓缩池内,经浓缩后用泵抽送到板框压滤机压滤。处理后废渣含水率可降至 70% 左右[77],这种废渣量很大,就南平铝业有限公司而言,每天可产生 $20\sim30t$ 湿废渣,每年大约有 1 万 t(折合 3000t 干料),严重影响铝型材厂废液综合治理和正常生产,造成铝型材厂的二次污染。因此,工业废渣的综合利用关系重大,具有重要的环保意义。

参 考 文 献

[1] 张越,赵文轩. 利用铝厂废渣生产莫来石的研究现状. 河南建材,2012,(1):134-135.

[2] 于岩. 铝型材厂工业废渣综合利用的基础研究. 福州:福州大学博士学位论文,2006.

[3] 戴武斌,曾令可,刘艳,等. 煅烧温度对铝型材厂废渣晶相结构影响的研究. 中国陶瓷,2009, 45(10):30-33.

[4] 吴任平,阮玉忠,于岩. 矿化剂对铝厂废渣和硅微粉合成莫来石的影响. 硅酸盐学报,2007, 35(8):1092-1096.

[5] 于岩,阮玉忠,吴任平. CaO杂质对铝型材厂工业废渣合成堇青石材料晶相结构及其含量影响. 结构化学,2004,23(10):1189-1194.

[6] 于岩,阮玉忠,吴任平. 铝厂废渣合成镁铝尖晶石的结构和性能. 硅酸盐学报,2008,36(2): 233-236.

[7] 陈捷,阮玉忠,沈阳,等. 利用铝型材厂废渣制备自结合钛酸铝/莫来石复相材料. 硅酸盐通报,2009,28(4):692-696.

[8] Sadanaga R. The structure of mullite, $2Al_2O_3 \cdot SiO_2$ and relationship with the structure of sillimanite and andalrsite. Acta Crystallographica,1962,15(3):65-68.

[9] Schneider H. Mullite and Mullite Ceramics. Chichester:John Wiley&Sons,1994:232-234.

[10] Epicier T. Benefits of high-resolution election microscopy for the structural characters of mullite. Journal of the American Ceramic Society,1991,74(10):59-66.

[11] Cetin A E,Akhan M B,Aksay A,et al. Characterization of motion of moving objects in video. Journal of the American Ceramic Society,1991,74(10):2343-2358.

[12] 赵光岩,饶平根,吕明. 莫来石及多孔莫来石的研究和应用. 中国陶瓷,2006,42(9):13-17.

[13] Tummala R R. Ceramic and glass-Ceramic packaging in the 1990s,Journal of the American Ceramic Society,1991,74(5):895-908.

[14] 滕祥红,李贵佳. 钛酸铝陶瓷的研究现状及产业化发展趋势. 陶瓷,2002,(2):11-12.

[15] Hyok B K,Chan W L,Byung S J,et al. Recycling Waste oyster shells for eutroPhication control. Resources,Conservation and Recycling,2004,(41):75-82.

[16] 尹衍升,张景德. 氧化铝陶瓷及其复合材料. 北京:化学工业出版社,2000:18-28.

[17] 郑建平. 刚玉-莫来石复相窑具热震稳定性的研究及优化设计. 杭州:浙江大学硕士学位论文,2004.22-28.

[18] 尹继耀. 复相改性提高耐火材料的抗热震性. 硅酸盐通报,1994,(2):62-63.

[19] 张金泉,杨庆伟. 高温窑具材料的研究. 青岛:中国海洋大学出版社,1993:66-68.

[20] 元敬顺. 复合添加剂对全粉料制 α-Al_2O_3 陶瓷抗热震性的影响. 硅酸盐通报,2000,(2): 9-12.

[21] 阮玉忠,吴万国,华金铭,等. 堇青石窑具多晶结构与性能研究. 结构化学,1997,16(2): 118-124.

[22] 郑珠,赵渭权. 莫来石推板的研制. 耐火材料,1999,19(6):332-334.

[23] 蔡晓峰. 电子陶瓷烧成用窑具材料与技术. 陶瓷,2001,(6):27-29.

[24] Andreas S. New R-SiC extends service life in kiln furniture. American Ceramic Society Bulletin,1997,76(11):51-54.

[25] 胡宝玉,徐延庆,张宏达. 特种耐火材料使用技术手册. 北京:冶金工业出版社,2004: 272-273.

［26］尹衍升,张景德. 氧化铝陶瓷及其复合材料. 北京:化学工业出版社,2000:13-15.

［27］洪金生,黄校先,郭景坤. SiC 颗粒和 Y-TZP 强化增韧莫来石陶瓷. 无机材料学报,1990,
5(4):340-345.

［28］蔡作乾. 陶瓷材料词典. 北京:化学工业出版社,2002:125-127.

［29］Lachman I M,Bagley R D,Lewis R M. Thermal expansion of extruded cordierite Ceramic.
Ceramic Bulletin,1981,60(2):202-206.

［30］Hodage J D. Microstructure development in mullite-cordierite. Journal of the American Ce-
ramic Society,1989,72(7):1295-1298.

［31］Mussler B H,Shafter M W. Preparation and properties of mullice-cordierite composites.
American Ceramic Society Bulletin,1984,63(5):7005-7010.

［32］徐平坤. 合成莫来石工艺的研究. 耐火材料,1982,6(4):15-22.

［33］Kato E,Daimon K,Takahashi J. Decomposition tempreture of β-Al$_2$TiO$_5$. Journal of the
American Ceramic Society,1980,63:355-356.

［34］田惠英,郭海珠. 堇青石-莫来石窑具的生产技术. 陶瓷,1996,(6):26-28.

［35］周曦亚,田道全,英廷照. 新型堇青石-莫来石窑具材料的研究. 硅酸盐报,1997(3):34-37.

［36］刘康时,等. 陶瓷工艺原理. 广州:华南理工大学出版社,1989:369.

［37］方青,张联盟,沈强. 钛酸铝陶瓷及其研究进展. 硅酸盐通报,2003,19(1):49-53.

［38］胡宝玉,徐延庆,张宏达. 特种耐火材料手册. 北京:冶金工业出版社,2006:315-318.

［39］于岩,阮玉忠. 铝厂废渣在不同煅烧温度的晶相结构的研究. 结构化学,2003,22(5):
607-612.

［40］Thomas H A J,Stevens R. Aluminum titanate-a literature review part 2 engineering proper-
ties and thermal stabiliy. British Ceramic Transactions,1989,88(4):184.

［41］Morosin B,Lynch R N. Structure studies on Al$_2$TiO$_5$ at Room Temperature and at 600℃.
Acta Crystallographica,1972,B28(4):1040-1046.

［42］JCPDS X-RAY Powder Diffraction File 1991:No. 41-258.

［43］Okamura H,Barringer E A,Bowen H K. Preparation and sintering of narrow sized Al$_2$O$_3$-
TiO$_2$ composites. Materials Science,1989,24(186):1880-1885.

［44］靳喜海,梁波,陈玉茹. 钛酸铝陶瓷. 中国陶瓷,1997,12:37-44.

［45］Lang S M,Fillmore C L,Maxwell L H. The system beryllia-alumina titania:Phase pelations
and general physical properties of three-component porcelains. Journal of Research of the
National Bureau of Standards. 1952,48:298.

［46］李文魁,胡晓凯. 钛酸铝陶瓷. 电瓷避雷器,2000,(2):15-18.

［47］陈虹,陈达谦,李文善,等. 莫来石-钛酸铝复相陶瓷的强度与热膨胀. 陶瓷,1995,115(3):
43-45.

［48］周玉. 陶瓷材料学. 哈尔滨:哈尔滨工业大学出版社,1995:401.

［49］Huang Y X,Senos A M R,Baptista J L. Thermal and mechanical properties of aluminum ti-
tanate-mullite composites. Journal of Materials Research,2000,(2):357-363.

［50］Gulamova D D,Sarkisova M K. Influence of additions and synthesis method on the properties of an aluminum titanate ceramic. Scientific and Industrial Association,1993(7):18-21.

[51] Shi C G,Low I M. Effect of spodumene additions on the sintering and densification of aluminum titanate. Materials Research Bulletin,1998,33(6):817-824.

[52] 刘锡俊,王杰曾,冷少林,等. 莫来石-钛酸铝复相材料的研究. 中国建材科技,1998,5:18-22.

[53] Oikonomou P,Dedeloudis Ch,Stournaras C J,et al. Stabilized titalite-mullite composites with low thermal expansion and high strength for catalytic converters. Journal of the European Ceramic Society,2007,27(12):3475-3482.

[54] Teruaki O,Yosuke S,Masayuki I,et al. Acoustic emission studies of low thermal expansion aluminum-titanate ceramics strengthened by compounding mullite. Ceramics International,2007,33(5):879-882.

[55] 郭景坤,诸培南. 复相陶瓷材料的设计原则. 硅酸盐学报,1996(1):7-12.

[56] 郭景坤. 二十一世纪材料研究的新趋向——多相材料. 中国科学基金,2001(5):289-290.

[57] Mallamaci M P,Sartain K B. Crystallization of calcium hexaluminate on basal alumina. Philosophical Magazine A,1998,77(3):561-575.

[58] Nurse R W,Welch J H,Majumdar A J. The CaO-Al_2O_3 system in a moisture-free atmosphere. Transactions and Journal of the British Ceramic Society,1965,64:409-418.

[59] 王长宝. 六铝酸钙轻质耐火材料的研究. 武汉:武汉科技大学硕士学位论文,2008.

[60] 李有奇. CA_2/CA_6/刚玉复相耐火材料研究. 武汉:武汉科技大学硕士学位论文,2004.

[61] An L,Chan H M,Soni K K. Control of calcium hexaluminate grain morphology in in-situ toughened ceramic composites. Journal Materials Science,1996,31:3233-3229.

[62] Asmi D,Low I M,O'Connor B H. Phase compositions and depth-profiling of calcium aluminates in a functionally graded alumina/calcium-hexaluminate composite. Journal of Materials Proceeding,2001,18:219-224.

[63] Mendoza J L,Freese A,Moore R E. Themonmechanical behavior of calcium aluminate composites//Fisher R E. Ceramic Transactions vol. 4,Advances in Refractories Technology. Westerville,OH:American Ceramic Society,1989:294-31.

[64] An L,Chan H M,Padture N P,et al. Damage resistant alumina-based layer composites. Journal of Materials Research,1996,11:204-210.

[65] An L,Chan H M. R-Curve behavior of in-situ-toughened Al_2O_3:$CaAl_{12}O_{19}$ ceramic composites. Journal of the American Ceramic Society,1996,79:3142-3148.

[66] Criado E,Caballero A,Pena P. Microstructural and mechanical properties of alumina-calcium hexaluminate composites//Vicenzini P. High Tech Ceramics. Amsterdam:Elsevier Science Publishers,1987:2279-2289.

[67] 李天清. 六铝酸钙多孔陶瓷的合成研究. 咸宁:湖北科技大学硕士学位论文,2004.

[68] Criado E. CA6 耐火材料. 国外耐火材料,1992,17(10):58-63.

[69] Asmi D,Low I M,O'Connor B H. Phase compositions and depth-profiling of calcium aluminates in a functionally graded alumina/calcium-hexaluminate composite. Journal of Materi-

als Proceeding,2001,18:219-224.

[70] 冀新友. CA6-MA 轻质材料的制备,性能与高温冲蚀磨损行为的研究. 北京:中国地质大学硕士学位论文,2011.

[71] 李晓娜. 铝灰制备镁铝尖晶石及其在 Al_2O_3-$MgAl_2O_4$ 耐火材料中的应用. 上海:上海交通大学硕士学位论文,2008.

[72] Sánchez-Herencia A J,Moreno R,Baudin C. Fracture behavior of alumina-calcium hexaluminate composites obtained by colloidal processing. Journal of the European Ceramic Society,2000(20):2575-2583.

[73] Cemail A. The influence of zircon on the mechanical properties and thermal shock behaviour of slip-cast alumina-mullite refractories. Materials Letters,2002,57(23):992-997.

[74] Asmi D,Low I M. Processing of an in-situ layered and graded alumina/calcium-hexaluminate composite:Physical characteristics. Journal of Materials Proceeding Technology,1998:2019-2024.

[75] 杨力. 铝型材表面处理废液及治理. 轻合金加工技术,1997,25(6):31-34.

[76] 王自寿. 中国铝型材工业的发展与现状. 轻合金加工技术,2002,30(2):11-15.

[77] 陈晓玲. 铝型材废水处理工程的设计与运行. 云南环境科学,2003,22(21):43-145.

第2章 利用铝厂废渣研制莫来石-刚玉复相材料

2.1 配方的研究

2.1.1 配方的内容

根据实验所使用原料的化学组成,如表 2-1 所示,控制莫来石和刚玉晶相比[1,2]在 70∶30 左右,设定六组配方,如表 2-2 所示。根据原料的化学组成计算出六组配方的化学组成,如表 2-3 所示。

表 2-1　原料的化学组成(质量分数)　　　　　　　　　(单位:%)

成分	SiO$_2$	Al$_2$O$_3$	Fe$_2$O$_3$	CaO	MgO	K$_2$O	Na$_2$O	烧失量
黏土 A	50.10	36.20	0.50	—	—	0.40	0.20	12.60
废渣	2.34	61.16	0.27	0.48	0.37	0.03	0.34	34.26
煅烧废渣	3.60	94.11	0.42	0.74	0.57	0.05	0.52	—

表 2-2　实验配方(质量分数)　　　　　　　　　(单位:%)

编号	细煅烧废渣	粗煅烧废渣	黏土 A
1#	26	30	44
2#	27	30	43
3#	28	30	42
4#	29	30	41
5#	30	30	40
6#	31	30	39

表 2-3　实验配方的化学组成(质量分数)　　　　　　　　　(单位:%)

试样编号	SiO$_2$	Al$_2$O$_3$	Fe$_2$O$_3$	CaO	MgO	K$_2$O	Na$_2$O	烧失量
1#	24.06	68.63	0.46	0.41	0.32	0.20	0.38	5.54
2#	23.60	69.21	0.45	0.42	0.32	0.20	0.38	5.42
3#	23.13	69.79	0.45	0.43	0.33	0.20	0.39	5.29
4#	22.67	70.37	0.45	0.44	0.34	0.19	0.39	5.17
5#	22.20	70.95	0.45	0.44	0.34	0.19	0.39	5.04
6#	21.74	71.53	0.45	0.45	0.35	0.19	0.40	4.91

根据相关文献以及对 Al$_2$O$_3$-SiO$_2$ 二元相图的分析[3],初步拟定烧成温度为

1520℃,保温时间为 4h。将原料(黏土 A、细煅烧废渣和粗煅烧废渣)按表 2-2 进行配料,并依照实验工艺流程(2.3 节)进行测试。通过对六组烧成试样进行性能、XRD 和 SEM 分析,综合考虑试样性能、晶相及其含量和显微形貌确定最佳配方[4]。

2.1.2　XRD 的测试

依据实验方法取样做 XRD 分析,利用 Origin 软件对分析数据进行处理,画出六组配方烧成试样的衍射重叠图谱,如图 2-1 所示,横坐标为衍射角(2θ),纵坐标为衍射强度。定量分析可知,各检测试样都形成了两种晶相,分别是刚玉相 α-Al_2O_3 和莫来石固溶体相 $Al_{4.59}Si_{1.41}O_{9.7}$[5,6]。以 C、M 分别标注刚玉相和莫来石相几条最强的衍射峰。同时,利用 Rietvld Quantification 软件计算并确定各晶相的含量,列于表 2-4 中。

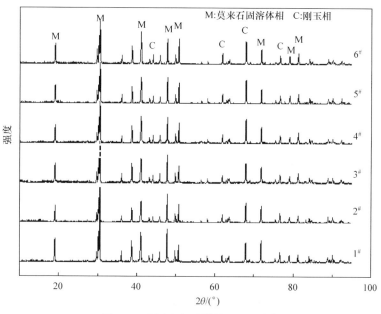

图 2-1　不同配方试样的 XRD 图谱

表 2-4　不同配方试样晶相及其含量(质量分数)

试样编号	SiO_2/%	Al_2O_3/%	Al_2O_3/SiO_2	$Al_{4.59}Si_{1.41}O_{9.7}$/%	α-Al_2O_3/%
1#	24.06	68.63	2.85	80.7	19.3
2#	23.60	69.21	2.93	76.9	23.1
3#	23.13	69.79	3.02	76.6	23.4
4#	22.67	70.37	3.10	73.4	26.6
5#	22.20	70.95	3.20	71.9	28.1
6#	21.74	71.53	3.29	70.0	30.0

从表 2-4 可知,各试样形成的莫来石固溶体含量较高,在 70.0%到 80.7%之间,从 $1^{\#}$ 到 $6^{\#}$ 试样中 SiO_2 组分的含量是逐渐降低的,反应形成的 $Al_{4.59}Si_{1.41}O_{9.7}$ 含量也随 SiO_2 组分的含量降低而逐渐降低,SiO_2 组分的含量从 24.06% 下降到 21.74% 时,反应形成的 $Al_{4.59}Si_{1.41}O_{9.7}$ 含量从 80.7% 逐渐降低到 70.0%。这是由于 $Al_{4.59}Si_{1.41}O_{9.7}$ 是由反应过剩的 $\alpha\text{-}Al_2O_3$ 与固相反应形成的莫来石形成的置换固溶体,$Al_{4.59}Si_{1.41}O_{9.7}$ 的形成必须第一步进行。固相反应形成莫来石的转化率与反应物 $\alpha\text{-}Al_2O_3$ 和 SiO_2 的含量有关,两者的含量越高,莫来石的转化率越高。本实验的配方中 $\alpha\text{-}Al_2O_3$ 含量是过量的,所以反应形成莫来石的转化率取决于 SiO_2 的含量,SiO_2 的含量越高,反应形成莫来石转化率就越高,形成莫来石的含量也越高。

莫来石-刚玉复相材料耐火度高,抗蠕变和抗变形能力强,荷载能力大,使用温度高,广泛用作陶瓷辊棒、优质窑具材料和其他耐火材料,这些材料对莫来石与刚玉相比例要求不同。陶瓷辊棒材料[7]要求材料抗蠕变和抗变形能力强,荷载能力大,使用温度高,要求莫来石与刚玉相比例大约为 70∶30;优质窑具材料要求材料的抗急冷急热和抗变形能力强,热稳定性好,使用寿命长。从表 2-4 可以分析,$5^{\#}$ 和 $6^{\#}$ 中的 $Al_{4.59}Si_{1.41}O_{9.7}$ 含量分别为 71.9% 和 70.0%,$\alpha\text{-}Al_2O_3$ 含量分别为 28.1% 和 30.0%,和现有使用的陶瓷辊棒莫来石固溶体与刚玉相比例基本相符,所以 $5^{\#}$ 和 $6^{\#}$ 适合作为陶瓷辊棒的配方[8,9]。$1^{\#}$、$2^{\#}$ 和 $3^{\#}$ 莫来石固溶体含量相对较高,其热稳定性相对好,使用寿命长,所以 $1^{\#}$、$2^{\#}$ 和 $3^{\#}$ 适合作为窑具材料的配方,最佳的配方要结合性能和微观形貌分析进行确定。

2.1.3 SEM 的测试

图 2-2～图 2-7 分别为配方 $1^{\#}$ ～ $6^{\#}$ 的 SEM 图,图(a)和图(b)放大倍数都为 5000 倍。

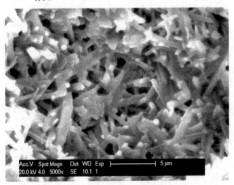
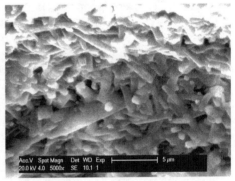

(a)   (b)

图 2-2 $1^{\#}$ 试样的 SEM 图像

(a)   (b)

图 2-3 2# 试样的 SEM 图像

(a)   (b)

图 2-4 3# 试样的 SEM 图像

(a)   (b)

图 2-5 4# 试样的 SEM 图像

　　　　(a)　　　　　　　　　　　　　　　　　(b)

图 2-6　5#试样的 SEM 图像

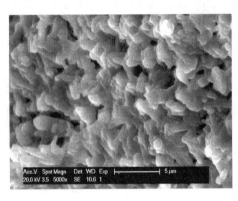 

　　　　(a)　　　　　　　　　　　　　　　　　(b)

图 2-7　6#试样的 SEM 图像

　　由图 2-2~图 2-7 的图(a)可以看出,各试样的莫来石固溶体晶体都为柱状,且互相交错构成不同程度的网络结构。图 2-2 是以莫来石固溶体晶体为主的局部图像。由图可以看出,1#试样的莫来石固溶体晶体为细长柱状体,互相交错地构成较为均匀和完整的网络结构,出现个别粗大的莫来石晶体,会影响试样的强度;粒状的刚玉晶体分散在网络结构中,其晶粒较小,表明莫来石固溶体能抑制刚玉晶体的生长。图 2-3 为 2#试样的 SEM 图像,2#试样的莫来石晶体呈柱状,少数晶体长得较长,也能构成较好的网络结构;图 2-3(b)是以刚玉晶体为主的局部图像,在图中刚玉晶体呈变形的六方片状,晶粒长得比 1#试样大,莫来石晶体呈短柱状,其数量较少,表明刚玉晶体能抑制莫来石晶体的生长。图 2-4(a)是以莫来石固溶体晶体为主的局部图像,与试样 1#试样相似,也能构成较为均匀和完整的网络结构;图 2-4(b)是以刚玉晶体为主的局部图像,刚玉晶体呈变形的六方片状,莫来石晶体呈短柱状,两者被玻璃体黏结成较致密的结构。从图 2-5(b)可以明显地观察到片状刚玉的长大,晶体尺寸变大,莫来石相晶体尺寸反而变小。图 2-6 和图 2-7 是 5#和 6#试样的局部图像,其中 5#试样的形貌比 6#试样的理想,在 5#试样的图 2-6(a)中能构成均匀和完整的网络结构,图 2-6(b)中结构均匀致密,气孔较少。因此,根据 SEM 分析结果,确定 1#、3#和 5#试样的微观形貌较为理想。

2.1.4　性能的测试

分别测试配方中各试样的抗折强度,1 次热震抗折强度并计算出 1 次热震抗折强度保持率,测试各试样的显气孔率、吸水率及体积密度。各项数据列于表 2-5。

表 2-5　配方中各试样的性能分析数据

试样编号	显气孔率 /%	体积密度 /(g/cm³)	吸水率 /%	抗折强度 /MPa	1 次热震抗折强度 /MPa	保持率 /%
1#	25.28	2.39	10.56	54.04	19.82	36.68
2#	24.18	2.46	9.85	57.64	21.86	37.93
3#	24.49	2.45	9.99	63.36	20.54	32.42
4#	26.41	2.41	10.94	65.67	19.15	29.16
5#	27.24	2.36	11.54	71.78	19.16	26.69
6#	25.05	2.46	10.19	68.09	20.29	29.80

由表 2-5 可以看出,1#到 6#试样的抗折强度比较高,从 54.04MPa 到 71.78MPa,其中 3#到 6#试样的抗折强度均超过 60MPa(63.36MPa、65.67MPa、71.78MPa、68.09MPa),利用煅烧废渣研制复相材料的抗折强度比用常规原料研制的高,因此煅烧废渣是研制莫来石-刚玉复相材料较理想的耐高温原料。由表 2-4、表 2-5 可以看出,1#到 5#试样中 SiO_2 组分的含量从 24.06% 逐渐下降到 22.20%,同时 Al_2O_3 组分的含量从 68.63% 逐渐上升到 70.95% 时,试样的抗折强度从 54.04MPa 增加至 71.78MPa,发现本实验系统配方中 Al_2O_3/SiO_2 比值从 2.85 到 3.20 时,在这比值范围内 Al_2O_3 含量是增加的,常规方法生产刚玉的煅烧温度高于 1650℃,煅烧过的刚玉原料收缩率很小,已失去活性,在高温时很难烧结,其含量增加会降低材料的强度;而煅烧废渣的煅烧温度为 1400～1500℃,煅烧温度远低于 1650℃,其仍存在一定活性,因此有利于试样的烧结,同时煅烧废渣带入少量杂质,高温能形成少量液相促进烧结,增加强度。因此试样的烧结程度和致密度随着 Al_2O_3/SiO_2 比值增加(Al_2O_3 含量增加)而增加,从而使试样的抗折强度增加。1#到 5#试样,试样的 1 次热震抗折强度保持率随着 Al_2O_3/SiO_2 比值增加而降低,这是由于 Al_2O_3/SiO_2 比值增加,意味着试样中的 $\alpha\text{-}Al_2O_3$ 含量增加,

α-Al_2O_3 的热膨胀系数较大,引起试样的热稳定性下降,使试样的 1 次热震抗折强度保持率下降,从 37.93% 下降到 26.69%;同时使试样的体积密度从 2.46g/cm^3 下降至 2.36g/cm^3,而显气孔率和吸水率分别从 24.18% 和 9.85% 上升至 27.24% 和 11.54%。从 5# 到 6# 试样,配方中的 Al_2O_3/SiO_2 比值从 3.20 变化到 3.29,试样的抗折强度反而从 71.78MPa 下降到 68.09MPa,1 次热震抗折强度保持率从 26.69% 增加到 29.80%,表明本系统配方中的 Al_2O_3/SiO_2 比值超过 3.20 时,已开始不利于试样的烧结[10]。

由表 2-5 中的数据分析可知,5# 和 6# 试样的抗折强度相对较高,已超过 60MPa,分别为 71.78MPa 和 68.09MPa,这种材料可用作陶瓷辊棒材料[11-13],从材料性能考虑,选择 5# 和 6# 作为陶瓷辊棒的较佳配方。而 2# 试样的抗折强度虽然低于 60MPa,达到 57.64MPa,已达到常规原料研制窑具材料的抗折强度,且 1 次热震抗折强度保持率为六种试样中最高的,为 37.93%,所以从材料性能考虑,2# 可作为较佳的窑具材料配方。因此材料性能分析结果与晶相分析结果基本相符。为了提高材料的热稳定性和使用寿命,确定 2# 为最佳配方,其对应的抗折强度为 57.64MPa,1 次热震抗折强度保持率为 37.93%,体积密度、显气孔率和吸水率为分别为 2.46g/cm^3、24.18% 和 9.85%。

综合晶相、显微结构和性能分析结果,选择 5# 为陶瓷辊棒的较佳配方,选择 2# 为窑具材料的较佳配方。

2.1.5　本节小结

(1) 实验结果表明,不同配方的各试样都形成 α-Al_2O_3 和 $Al_{4.59}Si_{1.41}O_{9.7}$ 两种晶相。各试样中 Al_2O_3 含量是过量的,反应与固溶形成 $Al_{4.59}Si_{1.41}O_{9.7}$ 含量取决于原料中的 SiO_2 含量,SiO_2 含量增加或减少,反应与固溶形成 $Al_{4.59}Si_{1.41}O_{9.7}$ 含量也随之增加或减少,从 1# 到 6# 试样,SiO_2 含量从 24.06% 下降到 21.74% 时,反应与固溶形成的 $Al_{4.59}Si_{1.41}O_{9.7}$ 含量从 80.7% 逐渐降低到 70.0%。

(2) 未完全煅烧废渣具有一定活性,随着试样煅烧废渣(α-Al_2O_3)含量的增加,试样所含杂质及形成液相量增多,既能促进试样烧结和增加强度,又会降低试样的热稳定性。从 1# 到 5# 试样,试样 α-Al_2O_3 含量逐渐增加,使试样的抗折强度从 54.04MPa 增加至 71.78MPa,1 次热震抗折强度保持率从 37.93% 下降到 26.69%。从 5# 到 6# 试样,抗折强度从 71.78MPa 下降到 68.09MPa,1 次热震抗折强度保持率从 26.69% 增加到 29.80%。

(3) SEM 分析结果:各试样的 $Al_{4.59}Si_{1.41}O_{9.7}$ 晶体呈柱状体,α-Al_2O_3 晶体呈粒状或变形的六方片状;分析结果确定 1#、3# 和 5# 试样的微观形貌较为理想。

(4) 综合分析结果:选择 5# 为陶瓷辊棒的较佳配方,对应的 α-Al_2O_3 含量为 28.1%,$Al_{4.59}Si_{1.41}O_{9.7}$ 含量为 71.9%,抗折强度为 71.78MPa,1 次热震抗折强度

保持率为 26.69%。选择 2# 为窑具材料的较佳配方,对应的 α-Al$_2$O$_3$ 含量为 23.1%,Al$_{4.59}$Si$_{1.41}$O$_{9.7}$ 含量为 76.9%,抗折强度为 57.64MPa ,1 次热震抗折强度保持率为 37.93%。

2.2　烧成工艺的研究

2.2.1　最佳烧成温度的确定

查阅相关文献资料对 Al$_2$O$_3$-SiO$_2$ 二元相图的分析[14,15]可知,莫来石-刚玉复相材料的较佳烧成温度在 1480～1560℃,设置 1480℃、1500℃、1520℃、1540℃、1560℃五个跨度 20℃的温度,在保温 4h 的条件下探讨不同烧成温度对最佳配方的影响。对烧成试样进行性能、XRD 和 SEM 分析,综合分析结果,确定最佳烧成温度[16]。

1. XRD 测试

各试样经 XRD 分析,其数据利用 Origin 软件处理,得到烧结温度为 1480℃、1500℃、1520℃、1540℃、1560℃试样的图谱,横坐标为衍射角度(2θ),纵坐标为衍射强度,画出五种烧结温度试样的 XRD 重叠图谱,如图 2-8 所示。定性分析表明,1480～1540℃试样都形成两个晶相:莫来石固溶体 Al$_{4.59}$Si$_{1.41}$O$_{9.7}$ 和刚玉相 α-Al$_2$O$_3$,而在 1560℃则形成三个晶相:Al$_{4.59}$Si$_{1.41}$O$_{9.7}$、α-Al$_2$O$_3$ 和微量 SiO$_2$。其中 Al$_{4.59}$Si$_{1.41}$O$_{9.7}$ 是主晶相,在图中分别标注 Al$_{4.59}$Si$_{1.41}$O$_{9.7}$ 和 α-Al$_2$O$_3$ 几条最强衍射峰。采用 Rietveld Quantification 法确定各晶相含量列于表 2-6。

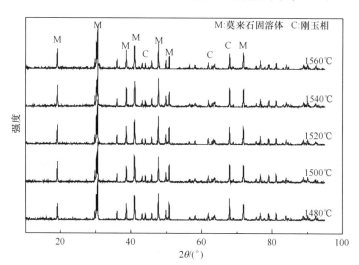

图 2-8　不同烧成温度试样的 XRD 图谱

表 2-6　不同烧成温度试样的晶相及其含量（质量分数）

烧成温度/℃	$Al_{4.59}Si_{1.41}O_{9.7}$/%	$\alpha\text{-}Al_2O_3$/%	SiO_2/%
1480	76.11	23.89	0
1500	77.89	22.11	0
1520	78.57	21.43	0
1540	79.49	20.51	0
1560	79.03	19.66	1.31

从表 2-6 可以看出，反应烧结温度从 1480℃ 升到 1540℃，$Al_{4.59}Si_{1.41}O_{9.7}$ 含量逐渐增加，从 76.11% 增至 79.49%；$\alpha\text{-}Al_2O_3$ 含量随反应烧结温度升高而逐渐降低，从 23.89% 降到 20.51%；反应温度升高能促进固相反应形成 $Al_{4.59}Si_{1.41}O_{9.7}$。这是由于固相反应过程涉及两个重要过程：反应物扩散到反应界面，在界面进行化学反应[17,18]。化学反应速度远大于反应物扩散速度，所以整个过程以扩散为控制步骤，反应温度升高，反应物扩散速度加快，反应形成 $Al_{4.59}Si_{1.41}O_{9.7}$ 的量增多。反应的动力学方程符合金斯特林格方程：

$$F(G)=1-2/3G-(1-G)^{2/3}=Kt \qquad (2\text{-}1)$$

式中：G 是反应度（转化率）；t 是反应时间；K 是反应速度常数。式(2-1)是一个直线方程，即 $F(G)$ 与反应时间 t 是一个直线关系，反应快慢与反应速度常数 K 大小有关，关系式如下：

$$K=A\exp(-Q/RT) \qquad (2\text{-}2)$$

式中：A 是常数；T 是反应温度；R 是摩尔气体常数；Q 是反应活化能。反应温度升高，$(-Q/RT)$ 下降，$\exp(-Q/RT)$ 升高，$K=A\exp(-Q/RT)$ 增加，$F(G)=1-2/3G-(1-G)^{2/3}=Kt$ 增加，即反应形成 $Al_{4.59}Si_{1.41}O_{9.7}$ 的量增多。下面讨论 $Al_{4.59}Si_{1.41}O_{9.7}$ 形成过程，过程经历黏土的分解、固相反应形成带有结构缺陷的莫来石（$Al_2O_3 \cdot SiO_2$）、形成莫来石固溶体（$Al_{4.59}Si_{1.41}O_{9.7}$）、相平衡的双转熔等过程[19-22]。

黏土 A 属于具有层状结构的高岭土（$Al_2O_3 \cdot 2SiO_2 \cdot H_2O$），在 700～800℃ 分解成偏高岭土（$Al_2O_3 \cdot 2SiO_2$）和 H_2O，偏高岭土在 950℃ 转化为一次莫来石和非晶态的 SiO_2[23,24]。在 1200℃ 到 1500℃，$\alpha\text{-}Al_2O_3$ 与非晶态的 SiO_2 反应形成二次莫来石，过剩的 $\alpha\text{-}Al_2O_3$ 中的 Al^{3+} 取代莫来石中 Si^{4+} 形成莫来石固溶体（$Al_{4.59}Si_{1.41}O_{9.7}$），试样最终形成的是莫来石固溶体晶相、过剩的 $\alpha\text{-}Al_2O_3$、过剩的非晶态的 SiO_2（XRD 无法测试，没有特征峰）以及少量的液相[25]。从 1540℃ 到 1560℃ 时，试样形成相对多的液相，可能使过程进行相平衡的双转熔等过程，$L+Al_{4.59}Si_{1.41}O_{9.7}+\alpha\text{-}Al_2O_3 \longrightarrow SiO_2$，$Al_{4.59}Si_{1.41}O_{9.7}$ 和 $\alpha\text{-}Al_2O_3$ 溶入液相，从液相中析出 SiO_2，使 $Al_{4.59}Si_{1.41}O_{9.7}$ 含量从 79.49% 下降到 79.03%，$\alpha\text{-}Al_2O_3$ 含量从

20.51% 下降到 19.66%，SiO$_2$ 含量从 0% 增至 1.31%。

晶相分析无法确定最佳的反应烧成温度，必须结合试样的性能和微观形貌分析进行确定。

2. SEM 测试

观察烧成温度分别为 1480℃、1500℃、1520℃、1540℃、1560℃，保温时间为 4h 试样的 SEM 图，如图 2-9～图 2-13 所示，放大倍数为 5000 倍。

由图 2-9～图 2-13 的图(a)可以看出，不同烧成温度下，莫来石晶体都为柱状，且相互交错形成一定的网络状结构，微观形貌显得比较理想。从图 2-9(a)和图 2-10(a)中可观察到莫来石晶体尺寸较小，网状结构明显，但气孔较多，由此表明在 1480℃下试样的烧成程度较低，未能充分促进莫来石的生成和长大，试样强度较低。图 2-9(b)和图 2-10(b)是以刚玉晶体为主的局部图像，在图中刚玉晶体

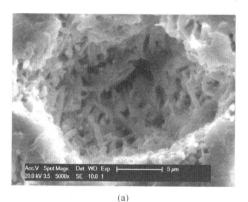
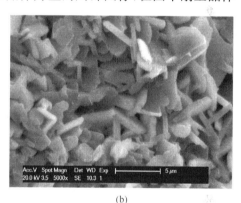

(a)　　　　　　　　　　　　(b)

图 2-9　烧成温度 1480℃试样的 SEM 图像

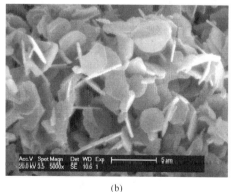

(a)　　　　　　　　　　　　(b)

图 2-10　烧成温度 1500℃试样的 SEM 图像

(a)   (b)

图 2-11　烧成温度 1520℃试样的 SEM 图像

(a)   (b)

图 2-12　烧成温度 1540℃试样的 SEM 图像

(a)   (b)

图 2-13　烧成温度 1560℃试样的 SEM 图像

呈变形的六方片状,晶粒长得比较大,莫来石晶体呈短柱状和片状,其数量较少,表明烧结温度相对较低,高温形成的液相量较少,有利于刚玉晶体的生长,而不利于莫来石固溶体晶体的生长。图 2-11(a)是以莫来石固溶体晶体为主的局部图像,与图 2-9(a)比较,莫来石晶体尺寸大小并未发生明显变化,只是网络结构中莫来石量有所增多,少数莫来石固溶体晶体明显长大,气孔减少,由于烧结温度升高,形成的液相量增多,试样的致密度和强度增加,不利于刚玉晶体生长,刚玉晶体尺寸比图 2-10(b)的小。图 2-12 和图 2-13 是 1540℃和 1560℃试样的局部图像,其中莫来石固溶体晶体明显长大和变长,形成的液相量明显增多,玻璃相将柱状莫来石固溶体晶体黏结成较完整的网络结构,试样的致密度和强度有所提高;由于液相量明显增多,黏度增加不利于刚玉晶体的生长,使其以较小的粒状分散在网络结构中。分析结果表明,1540℃试样的微观形貌为相对最佳[26,27]。

　3. 性能测试

　　对不同烧成温度的试样进行性能测试,测试试样的抗折强度、1 次热震抗折强度、显气孔率、吸水率及体积密度,并计算 1 次热震抗折强度保持率。测试和计算结果列于表 2-7 和表 2-8 中。

表 2-7　不同烧成温度各试样的性能数据(1)

烧成温度/℃	抗折强度/MPa	1 次热震抗折强度/MPa	保持率/%
1480	46.93	21.29	45.37
1500	51.44	21.97	42.71
1520	57.84	22.62	39.11
1540	65.27	25.03	38.35
1560	67.96	22.00	32.37

　　从表 2-7 可以看出,各个试样的抗折强度随着烧结温度的升高而逐渐增加,从46.93MPa 升至 67.96MPa。试样抗折强度的增加与试样的烧结和晶体的生长有关。由于烧结的过程存在两种机制,固相烧结机制和液相烧结机制,二者都涉及物质扩散过程,即物质扩散到气孔,填充气孔的致密化过程,液相烧结中物质扩散速度大于固相烧结物中的扩散速度,所以液相烧结速度远大于固相烧结速度[28]。无论液相烧结还是固相烧结,都与烧结温度有关系,温度升高物质扩散速度加快,即影响物质扩散迁移到气孔的扩散系数,可表示为 $D^* = D_0 \exp(-Q/RT)$,温度升高,使扩散系数 D^* 提高,烧结推动力加大,加快了试样的烧结速度,提高试样的致密度,所以使试样的抗折强度随着烧结温度的升高而增加[29]。由于烧结温度从

1480℃→1500℃→1520℃→1540℃→1560℃,每隔 20℃试样抗折强度增加值为
4.51MPa→6.40MPa→7.43MPa→2.69MPa,增加幅度不大,表明试样的原料纯
度较高,高温形成的液相量较少。因此固相烧结机制占优势,总体烧结速度较
慢,表现出试样的抗折强度随着烧结温度的升高而增加值较少。特别是从
1540℃到 1560℃,试样抗折强度增加值只为 2.69MPa,表明 1560℃试样形成的
液相量已接近极限值,继续升高温度对提高试样的抗折强度作用不明显。另外,
烧结温度升高有利于莫来石固溶体晶体生长,有利于构成致密的网络结构,提高
试样的抗折强度[30]。

　　由表 2-7 可知,从 1480℃到 1540℃试样的 1 次热震抗折强度随着烧结温度的
升高而逐渐增加,从 21.29MPa 升至 25.30MPa;从 1540℃到 1560℃,热震抗折强
度反而从 25.30MPa 下降至 22.00MPa;从 1480℃到 1560℃,试样的热震抗折强度
保持率随着烧结温度的升高而逐渐下降,从 45.37% 下降 32.37%。这是由于温度
升高试样形成的液相量逐渐增多,表明常温下玻璃相的量逐渐增多,试样的脆性逐
渐加大,引起试样的热震抗折强度保持率下降。

表 2-8　不同烧成温度各试样的性能数据(2)

烧成温度/℃	吸水率/%	显气孔率/%	体积密度/(g/cm³)
1480	12.63	29.01	2.30
1500	11.77	27.52	2.34
1520	10.13	24.59	2.43
1540	9.08	22.59	2.49
1560	7.27	18.93	2.61

　　从表 2-8 可以看出,烧结温度从 1480℃上升到 1560℃,试样的体积密度随着
烧结温度上升而逐渐增加,从 2.30g/cm³ 增加至 2.61g/cm³;试样的显气孔率和吸
水率均随反应温度的升高而减小,显气孔率从 29.01% 下降至 18.93%,吸水率从
12.63% 下降到 7.27%。这是由于温度上升引起物质到气孔的扩散速度加大,固
液两种烧结推动力增加,促进试样的烧结,使得试样的致密度增加,所以试样的体
积密度随着温度上升而增加,试样的显气孔率和吸水率随着烧结温度上升而逐渐
降低。

　　综合表 2-7 和表 2-8 的性能数据进行分析,1480℃、1500℃、1520℃试样的 1 次
热震抗折强度保持率相对较高,材料的热稳定性较好,但显气孔率和吸水率较高,
体积密度较低,抗折强度都低于 60MPa,所以 1480℃、1500℃、1520℃试样不能作
为最佳反应烧结温度。而 1560℃试样的抗折强度、体积密度、显气孔率、吸水率、1
次热震抗折强度保持率分别为 67.96MPa、2.61g/cm³、18.93%、7.27%、32.37%。

虽然显气孔率和吸水率相对最低,体积密度和抗折强度相对达到最高,抗折强度为 67.96MPa,高于 60MPa,但热震抗折强度保持率相对最低,材料的热稳定性较差,所以 1560℃不能作为最佳反应烧结温度。1540℃试样的抗折强度、体积密度、显气孔率、吸水率、热震抗折强度保持率分别为 65.27MPa、2.49g/cm³、22.59%、9.08%、38.35%。虽然震抗折强度保持率相对较低,但已达到使用的热稳定性要求,且显气孔率和吸水率较低,体积密度较高,抗折强度达到 65.27MPa,高于 60MPa,已达到较理想性能,微观形貌为最佳,所以综合考虑分析结果,确定 1540℃作为相对最佳反应烧结温度。

2.2.2　最佳保温时间的确定

1. XRD 测试

各试样经 XRD 分析,采用 Origin 软件处理,画出保温时间分别为 2h、3h、4h、5h、6h 试样的衍射图谱,以衍射角度(2θ)为横坐标,衍射强度为纵坐标,如图 2-14 所示。定性分析,各试样都形成莫来石固溶体 $Al_{4.59}Si_{1.41}O_{9.7}$ 和 $\alpha\text{-}Al_2O_3$ 两个晶相,其中 $Al_{4.59}Si_{1.41}O_{9.7}$ 是主晶相,分别标注 $Al_{4.59}Si_{1.41}O_{9.7}$、$\alpha\text{-}Al_2O_3$ 几条最强的衍射峰。采用 Rietveld Quantification 法计算确定各晶相含量,数据列于表 2-9。

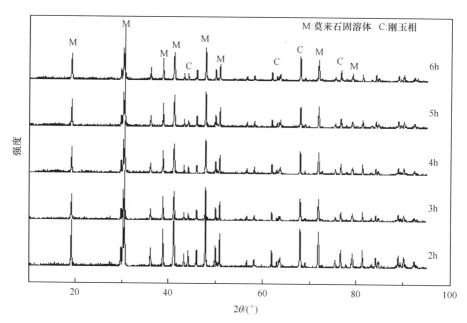

图 2-14　不同保温时间试样的 XRD 重叠图谱

表 2-9 不同保温时间试样的晶相及其含量(质量分数)

保温时间/h	$Al_{4.59}Si_{1.41}O_{9.7}$/%	$\alpha\text{-}Al_2O_3$/%
2	78.64	21.36
3	79.02	20.98
4	79.22	20.78
5	80.32	19.68
6	80.26	19.74

从表 2-9 可以看出,保温时间从 2h 到 5h,各个试样的 $Al_{4.59}Si_{1.41}O_{9.7}$ 含量随着烧结保温时间的延长而逐渐增加,从 78.64% 增加至 80.32%;$\alpha\text{-}Al_2O_3$ 含量随着烧结保温时间的延长而逐渐下降,从 21.36% 下降至 19.68%。这是由于固相反应过程经历两个重要过程:反应物扩散和在界面进行化学反应。由于在界面上化学反应速度远大于反应物扩散速度,所以整个过程以扩散为控制步骤,符合金斯特林格方程。反应时间越长,反应物扩散到界面上的数量越多,形成 $Al_{4.59}Si_{1.41}O_{9.7}$ 含量越多。

由表 2-9 的数据计算得到,保温时间从 2h 到 6h,每间隔 1h $Al_{4.59}Si_{1.41}O_{9.7}$ 含量的变化为 0.38%→0.2%→1.1%→0.06%,表明反应 2h 已达到相当高的 $Al_{4.59}Si_{1.41}O_{9.7}$ 转化率,形成比较厚的 $Al_{4.59}Si_{1.41}O_{9.7}$ 产物层。要继续反应,反应物必须扩散通过产物层,到达界面上继续反应,随着反应时间继续延长,产物层的厚度越来越厚,反应物扩散路程越来越远,扩散阻力越来越大,从而阻碍反应的进行,使形成 $Al_{4.59}Si_{1.41}O_{9.7}$ 的反应速度减慢,保温时间从 2h 到 5h,反应形成 $Al_{4.59}Si_{1.41}O_{9.7}$ 增加量很少,共增加了 1.68%。保温时间从 5h 到 6h,反应形成 $Al_{4.59}Si_{1.41}O_{9.7}$ 量反而减少,减少的量很少,只有 0.2%;表明反应 5h 基本已达到反应平衡,达到反应平衡的 $Al_{4.59}Si_{1.41}O_{9.7}$ 含量为 80.32%,也说明了本研究保温时间超过 2h 时,用延长保温时间以增加 $Al_{4.59}Si_{1.41}O_{9.7}$ 含量是困难的,也就是说保温 2h 已达到增加 $Al_{4.59}Si_{1.41}O_{9.7}$ 转化率的目的。但在确定最佳保温时间时,应结合试样性能和微观形貌分析进行。

2. SEM 测试

最佳配方 2# 在最佳烧成温度 1540℃,分别保温 2h、3h、4h、5h、6h,观察其试样微观形貌图,如图 2-15~图 2-19 所示,放大倍数为 5000 倍。

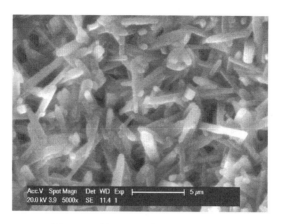

图 2-15　保温 2h 试样的 SEM 图像

图 2-16　保温 3h 试样的 SEM 图像

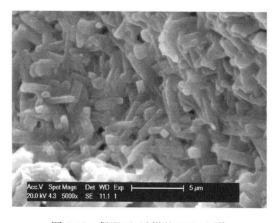

图 2-17　保温 4h 试样的 SEM 图像

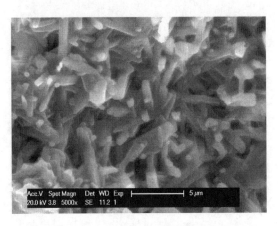

图 2-18　保温 5h 试样的 SEM 图像

图 2-19　保温 6h 试样的 SEM 图像

图 2-15～图 2-19 分别为保温 2h、3h、4h、5h、6h 试样以莫来石固溶体晶体为主的局部图像,各试样生成柱状莫来石固溶体的含量都比较多,且都能构成网络结构。图 2-15 是保温 2h 试样的局部图像,柱状莫来石固溶体晶体能构成较完整互相交错的网络结构,晶体呈方形柱状体,晶粒之间接触面积较少,形成玻璃相较少,粒状刚玉晶体分散在网络结构中,气孔相对较多,表明该试样强度相对较低。图 2-16 是保温 3h 试样的局部图像,从 2h 延长到 3h,试样中玻璃相增多将晶体包裹,晶体所构成的网络结构不完整,烧结程度有所增加,气孔减少,强度有所提高;但出现个别较大气孔,可能是制备试样时破碎人为造成的较大气孔。图 2-17 是保温 4h 试样的局部图像,随着保温时间从 3h 延长到 4h,烧结程度进一步增加,晶体由方形柱状体变成偏形柱状,晶粒之间接触面积明显增加,致密度增加,气孔减少,强度增加。图 2-18 和图 2-19 分别为保温 5h 和 6h 试样的局部图像,两者都要能

构成较完整互相交错的网络结构,由于时间继续延长,晶体长大和变长,气孔继续填充,致密度和强度继续增加。分析结果表明,保温 4h 试样的微观形貌为最佳。

3. 性能测试

不同保温时间的试样测试其抗折强度、1 次热震抗折强度、显气孔率、吸水率和体积密度,并计算 1 次热震抗折强度保持率。各项数据列于表 2-10 及表 2-11。

表 2-10　不同保温时间各试样的性能数据(1)

保温时间/h	抗折强度/MPa	1 次热震抗折强度/MPa	保持率/%
2	57.32	24.13	42.10
3	61.27	25.99	42.42
4	68.52	29.84	43.55
5	70.13	28.31	40.37
6	71.32	26.05	36.53

从表 2-10 可以看出,各个试样的抗折强度随着烧结保温时间的延长而逐渐增加,从 57.32MPa 升至 71.32MPa,试样抗折强度的增加与试样的烧结和晶体的生长有关。由于过程存在固相烧结和液相烧结,两种烧结机制都涉及物质扩散过程,液相烧结中物质扩散速度大于固相烧结物中的扩散速度,所以液相烧结远快于固相烧结。两种烧结的推动力都是表面能,烧结过程都是由颗粒的重排、气孔填充和晶粒的生长所组成的。烧结过程与烧结时间有关,可分为烧结初期、中期和后期。在固相烧结机制中,烧结初期表现为表面扩散十分显著,颗粒的重排,表面扩散填充气孔,气孔是无规则的连通气孔,颈部生长速度 $x/r=K(D^*)r^{-3/5}\ t^{1/5}\leqslant0.3$($D^*$ 为扩散系数,r 为颗粒半径,t 为烧结时间),收缩率在 1% 左右;烧结中期表现为晶界和晶格扩散为主,气孔由无规则的连通气孔逐渐转变为有规则的气孔,收缩率达 90%;烧结后期表现为晶界和晶格扩散为主,气孔完全孤立,收缩率达 90%~100%。在液相烧结机制中,过程分为两个阶段,第一阶段为颗粒的重排,物质的黏性流动填充气孔,发生粒子间黏结,直至气孔封闭为孤立气孔,颈部生长速度 $x/r=Kr^{-1/2}\ t^{1/2}$,第二阶段为封闭气孔的黏性压紧,残余气孔逐渐缩小而被排除。从颈部生长速度比较,在固相烧结中,颈部生长速度 x/r 与烧结时间 t 的 1/5 次幂成正比;而在液相烧结机制中,颈部生长速度 x/r 与烧结时间 t 的 1/2 次幂成正比,表明液相烧结的颈部生长速度 x/r 明显高于固相烧结的颈部生长速度,因此液相烧结速度远大于固相烧结的速度。从表 2-10 可看出,保温时间 2h 时,试样的抗

折强度已达到 57.32MPa,表明烧结不是处在初期,而处在中后期,气孔大部分空间被填充,由连通气孔转变为孤立气孔,试样已达到相当高的致密度;收缩率可能达到 90%以上,这样试样的抗折强度才有可能达到 57.32MPa。当保温时间从 2h 到 3h 时,试样的抗折强度从 57.32MPa 增加至 61.27MPa,试样的抗折强度增加了 3.95MPa,增加幅度不多,表明试样中形成液相较少,固相烧结比液相烧结占优势,由于固相烧结速度比较慢,因此保温时间从 2h 到 3h 试样的抗折强度增加较少。当保温时间从 3h 到 4h 时,试样的抗折强度从 61.27MPa 增加至 68.52MPa,试样的抗折强度增加了 7.25MPa,增加幅度相对较多,表明试样中形成液相增加,液相烧结所占的比例增大,总的烧结速度加快,引起试样的抗折强度明显增加。保温时间从 4h 到 5h,抗折强度从 68.52MPa 增加至 70.13MPa,试样的抗折强度增加了 1.61MPa;保温时间从 5h 到 6h,抗折强度从 70.13MPa 增加至 71.32MPa,试样的抗折强度增加了 1.19MPa;保温时间延长 2h,试样的抗折强度增加较少,表明试样烧结已达到后期,封闭气孔的黏性压紧,残余气孔逐渐缩小而被排除,试样收缩率可能达到 90%～100%,同时受到烧结后期晶体生长和二次再结晶的影响,使试样抗折强度增加的幅度较小。

从表 2-10 可以看出,当保温时间从 2h 到 4h 时,试样的热震抗折强度保持率随着保温时间的延长而逐渐增加,从 42.10%增加至 43.55%。由于在这段烧结时间内试样形成的液相量较少,随时间逐渐变长的莫来石晶体能构成较致密的网络结构,显示出莫来石的热稳定性,所以引起试样的热震抗折强度保持率逐渐增加。当保温时间从 4h 到 6h 时,试样的热震抗折强度保持率随着保温时间的延长而逐渐下降,从 43.55%下降至 36.53%。由于在这段烧结时间内试样形成的液相量逐渐增多,表明常温下玻璃相的量逐渐增多,试样的脆性逐渐加大,引起试样的热震抗折强度保持率下降;同时受到烧结后期晶体生长和二次再结晶的影响,少数晶体异常生长,使试样的均匀度变差,热稳定性和热震抗折强度保持率下降。

表 2-11　不同保温时间各试样的性能数据(2)

保温时间/h	吸水率/%	显气孔率/%	体积密度/(g/cm³)
2	10.95	26.05	2.38
3	9.97	24.32	2.44
4	9.32	23.07	2.48
5	9.20	22.84	2.48
6	8.30	21.05	2.53

从表 2-11 可以看出,保温时间从 2h 到 6h,试样的体积密度随着保温时间延

长而逐渐增加,从 2.38g/cm³ 增加至 2.53g/cm³,试样的显气孔率和吸水率均随保温时间延长而减小,显气孔率从 26.05% 下降至 21.05%,吸水率从 10.95% 下降到 8.30%。这是由于保温时间的延长,试样的烧结程度加大,气孔填充和排出,收缩率增加,致密度提高,引起试样的体积密度逐渐增加,显气孔率和吸水率逐渐减少,最终得到较致密的烧结试样。

综合分析,由于保温 2h 和 3h 的试样虽然其热震抗折强度保持率较高,分别为 42.10% 和 42.42%,但抗折强度相对较低,分别为 57.32MPa 和 61.27MPa,这两种保温时间烧结的材料荷载能力较低,使用时容易变形,所以 2h 和 3h 不作为最佳的烧结保温时间。保温 5h 和 6h 的试样,虽然其抗折强度相对最高,但 1 次热震抗折强度保持率相对较低,热稳定性相对较差,使用时容易开裂,使用寿命短,所以 5h 和 6h 不能作为最佳的烧结保温时间。相对地,保温 4h 的试样,其抗折强度相对较高,为 68.52MPa(超过 60MPa),且热震抗折强度保持率相对最高,达到 43.55%。这种保温时间烧结的材料,不仅荷载能力强,而且热稳定性好,使用寿命长,所以确定 4h 为相对最佳的烧结保温时间,其对应的抗折强度、体积密度、显气孔率、吸水率、1 次热震抗折强度保持率分别为 68.52MPa、2.48g/cm³、23.07%、9.32%、43.55%。

2.2.3　本节小结

(1)实验结果表明,不同反应烧结温度和保温时间各试样均形成 $Al_{4.59}Si_{1.41}O_{9.7}$ 和 α-Al_2O_3 两个晶相,其中 $Al_{4.59}Si_{1.41}O_{9.7}$ 是主晶相,其微观形貌呈柱状体,能构成互相交错的网络结构,α-Al_2O_3 晶体呈变形的六方片状,烧结温度 1540℃ 和保温 4h 试样的微观形貌为最佳。

(2)反应温度升高,反应物扩散速度加快,能促进固相反应的进行,使得反应温度从 1480℃ 升到 1540℃,$Al_{4.59}Si_{1.41}O_{9.7}$ 含量从 76.11% 逐渐增加到 79.49%。试样的抗折强度和体积密度随着烧结温度上升而逐渐增加,分别从 46.93MPa 升至 67.96MPa,从 2.30g/cm³ 增加至 2.61g/cm³;试样的显气孔率和吸水率随反应温度升高而减小;试样的热震抗折强度保持率随反应温度升高而逐渐下降,从 45.37% 下降至 32.37%。

(3)反应时间越长,反应物扩散到界面上的数量越多,反应形成 $Al_{4.59}Si_{1.41}O_{9.7}$ 含量越多;保温时间从 2h 到 5h,试样 $Al_{4.59}Si_{1.41}O_{9.7}$ 含量从 78.64% 增加至 80.32%;从 5h 到 6h,$Al_{4.59}Si_{1.41}O_{9.7}$ 含量从 80.32% 降低至 80.26%,反应 2h 已达到较高的 $Al_{4.59}Si_{1.41}O_{9.7}$ 转化率,随着反应进行,产物层加厚和扩散阻力加大,使反应速度减慢,而引起反应形成 $Al_{4.59}Si_{1.41}O_{9.7}$ 含量变化很小。试样的抗折强度和体积密度随着保温时间的延长而逐渐增加,显气孔率和吸水率均随保温时间延长而逐渐减少,其中抗折强度从 57.32MPa 升至 71.32MPa,体积密度从

2.38g/cm³ 增加至 2.53g/cm³，显气孔率从 26.05% 下降至 21.05%，吸水率从 10.95% 下降到 8.30%。当保温时间从 2h 到 4h 时，试样热震抗折强度保持率从 42.10% 增加至 43.55%；从 4h 到 6h，热震抗折强度保持率反而从 43.55% 下降至 36.53%。

(4) 综合分析结果，确定相对最佳反应烧结温度为 1540℃，相对最佳的保温时间为 4h，其对应的晶相：$Al_{4.59}Si_{1.41}O_{9.7}$ 为 79.22%，$\alpha\text{-}Al_2O_3$ 为 20.78%；其性能：抗折强度为 68.52MPa，热震抗折强度保持率为 43.55%，体积密度为 2.48g/cm³，显气孔率为 23.07%，吸水率为 9.32%。

2.3　矿化剂的研究

莫来石-刚玉复相材料在耐腐蚀性、热稳定性和高温蠕变性能等方面已难以满足现代工业生产的苛刻要求。为解决这些问题，国内外学者做了大量的工作，其中在莫来石-刚玉材料中加入各种添加剂可以改变其结构组成，从而改善其性能。本节主要研究通过添加矿化剂改善莫来石-刚玉材料性能，并进一步提高莫来石和刚玉含量；探讨不同添加剂及添加量对合成莫来石-刚玉的影响，通过结构与性能的综合分析，确定不同矿化剂的最佳添加量[30-33]。

根据前面的研究基础，以最佳配方和烧成工艺（细煅烧废渣 27%，粗煅烧废渣 30%，黏土 43%（质量分数），烧成温度 1540℃，保温时间 4h）为基础，为了进一步提高其烧结致密度和莫来石含量，分别外加 TiO_2、$ZrSiO_4$ 和滑石三种矿化剂[34,35]。通过测试试样的晶相结构与性能，研究矿化剂对莫来石-刚玉性能和结构的影响，从而确定矿化剂的最佳添加量[36-38]。

2.3.1　TiO_2 的影响

以最佳配方为基础，分别外加 1.0%、1.5%、2.0%、2.5%、3.0%、3.5%（质量分数）的 TiO_2，试样编号分别为 T1、T2、T3、T4、T5、T6。以最佳烧成工艺进行烧结，烧成试样通过性能分析和 XRD 分析，并从中挑选具有代表意义的试样做 SEM 分析，以及同未添加 TiO_2 的试样进行比较，通过综合分析确定最佳 TiO_2 添加量[39,40]。

1. XRD 测试

利用 Origin 软件处理各试样 XRD 分析数据，画出 T1、T2、T3、T4、T5、T6 以及未添加试样的 XRD 重叠图谱，横坐标为衍射角度（2θ），纵坐标为衍射强度，根据图谱进行定性分析，确定各试样形成两种晶相：$Al_{4.59}Si_{1.41}O_{9.7}$ 和 $\alpha\text{-}Al_2O_3$，其中 $Al_{4.59}Si_{1.41}O_{9.7}$ 是主晶相，如图 2-20 所示。各晶相含量如表 2-12 所示。

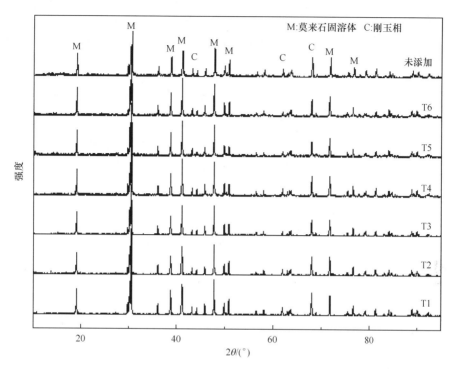

图 2-20　不同 TiO_2 含量各试样的 XRD 图谱

表 2-12　不同 TiO_2 含量各试样的晶相及其含量（质量分数）

试样编号	TiO_2 添加量/%	$Al_{4.59}Si_{1.41}O_{9.7}$/%	$\alpha\text{-}Al_2O_3$/%
未添加	0	79.22	20.78
T1	1.0	82.20	17.80
T2	1.5	82.87	17.13
T3	2.0	83.93	16.07
T4	2.5	83.84	16.16
T5	3.0	86.16	13.84
T6	3.5	86.83	13.17

从表 2-12 可看出，添加少量的 TiO_2 对 $Al_{4.59}Si_{1.41}O_{9.7}$ 的形成是有利的，当 TiO_2 添加量从 0 到 3.5%（质量分数）时，$Al_{4.59}Si_{1.41}O_{9.7}$ 含量从未添加时的 79.22% 增加至 86.83%，而 $\alpha\text{-}Al_2O_3$ 含量从 20.78% 下降至 13.17%。由于在配方中加入少量 TiO_2 时，TiO_2 中部分 Ti^{4+} 进入莫来石晶格取代 $Al_{4.59}Si_{1.41}O_{9.7}$ 中的 Al^{3+} 形成置换固溶体，能促进莫来石固溶体的生成和晶体的发育，使得 $Al_{4.59}Si_{1.41}O_{9.7}$

含量随着TiO_2添加量的增加而逐渐增加；根据有关资料报道，TiO_2添加量为3.0%（质量分数）左右对莫来石固溶体生成最有利。从表2-12可以看出，当TiO_2添加量为3.0%～3.5%（质量分数）时，形成的$Al_{4.59}Si_{1.41}O_{9.7}$含量相对最高，分别为86.16%和86.83%，这个结果与有关资料报道相符[41-44]。

2. 性能测试

测试不同TiO_2含量各待测试样的抗折强度和1次热震抗折强度并计算出1次热震的抗折强度保持率，并测试各试样的显气孔率，吸水率及体积密度。相比较于未添加时，各项数据见表2-13。

表2-13　不同TiO_2含量各试样的性能分析数据

试样编号	TiO_2添加量/%	显气孔率/%	体积密度/(g/cm³)	吸水率/%	抗折强度/MPa	1次热震抗折强度/MPa	保持率/%
未添加	0	23.07	2.48	9.32	68.52	29.84	43.55
T1	1.0	20.41	2.52	8.09	78.34	32.21	41.12
T2	1.5	22.44	2.47	9.07	66.92	27.47	41.05
T3	2.0	20.01	2.54	7.89	63.99	26.06	40.07
T4	2.5	18.35	2.55	7.20	65.81	25.69	39.04
T5	3.0	19.75	2.55	7.75	66.30	24.07	36.30
T6	3.5	17.55	2.60	6.76	69.90	23.77	34.01

从表2-13中各项数据可以看出，TiO_2添加量从0到1.0%（质量分数），试样的显气孔率和吸水率减小，显气孔率从23.07%减小到20.41%，吸水率从9.32%减小到8.09%；而体积密度增大，从2.48g/cm³增加到2.52g/cm³；试样的抗折强度从68.52MPa增至78.34MPa，1次热震抗折强度从29.84MPa增至32.21MPa。T1到T2，试样的显气孔率和吸水率又增大，分别升至22.44%和9.07%，体积密度下降至2.47g/cm³，抗折强度和1次热震强度又分别降至66.92MPa和27.47MPa。之后，随着TiO_2添加量的增加，试样的体积密度呈上升的趋势，显气孔率和吸水率有所下降，并在TiO_2添加量为3.5%（质量分数）时，即T6，试样的体积密度最大为2.60g/cm³，且显气孔率和吸水率最小，分别为17.55%和6.76%。TiO_2添加量从0增加至3.5%（质量分数），试样的1次热震抗折强度和保持率随着TiO_2添加量的增加而降低，从43.55%降低至34.01%。分析结果表明，添加1.0%（质量分数）TiO_2矿化剂，具有明显的矿化作用，明显提高了试样的抗折强度，增加体积密度，降低显气孔率和吸水率；而继续增加TiO_2添加量，虽然

体积密度增加,显气孔率和吸水率降低,反而使试样的抗折强度降低;添加 1.0%
(质量分数)TiO_2 形成的少量液相能促进试样的烧结增加强度,而继续增加 TiO_2
添加量形成液相增多,低温玻璃相增多,脆性增大,使试样的热稳定性下降,试样的
1 次热震抗折强度保持率下降,所以复相材料中 TiO_2 添加量不能超过 1.0%(质
量分数)。综合分析结果,确定 TiO_2 相对最佳添加量为 1.0%(质量分数)。

3. SEM 测试

根据 XRD 及性能分析,挑选试样 T1[添加 1.0%(质量分数)]、T3[添加
2.0%(质量分数)]、T6[添加 3.5%(质量分数)]进行 SEM 分析,得到微观形貌图,
并与试样未添加的 SEM 图像进行比较,如图 2-21～图 2-24 所示,图(a)的放大倍
数为 5000 倍,图(b)的放大倍数为 3000 倍。

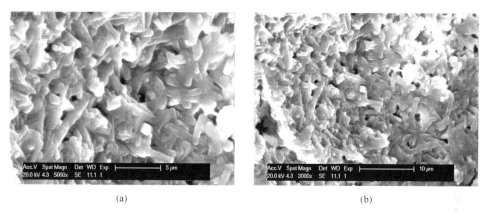

(a)　　　　　　　　　　　　　　　　　　(b)

图 2-21　试样未添加的 SEM 图像

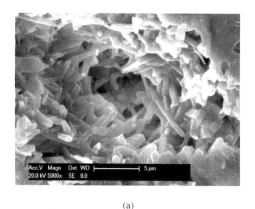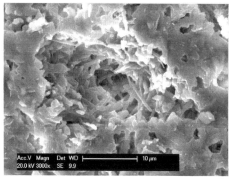

(a)　　　　　　　　　　　　　　　　　　(b)

图 2-22　试样 T1 的 SEM 图像

(a)　　　　　　　　　　　　　　　　　(b)

图 2-23　试样 T3 的 SEM 图像

 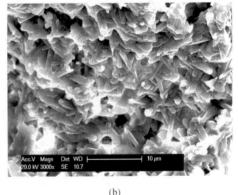

(a)　　　　　　　　　　　　　　　　　(b)

图 2-24　试样 T6 的 SEM 图像

图 2-22 是添加 1.0%（质量分数）TiO_2 试样的 SEM 图像。从图（a）看出，$Al_{4.59}Si_{1.41}O_{9.7}$ 晶体为柱状体，且较为细长，相互交错构成更加稳固的网络结构；图（b）为放大 3000 倍的 SEM 图像，可较大范围地观察微观形貌。从图中可以看出，黏度较小的液相被析出表层，而里层细长的柱状莫来石构成网络结构且液相较少，可推断试样的强度和热稳定性较高。图 2-23 是添加 2.0%（质量分数）TiO_2 试样的 SEM 图像，从图（a）和图（b）中可以看出，莫来石晶体生长为短柱状，也能构成网络结构；同时液相含量有所增多，但没有相互黏附形成较大团块状，而是直接包裹在莫来石和刚玉晶体上，这样的试样不但强度较低，热稳定性也会较差[45]。图 2-24 是添加 3.5%（质量分数）TiO_2 试样的微观形貌图。从图中可观察到莫来石晶体呈偏柱状，相互交错并被玻璃相黏结在一起，晶体之间接触面积较大，出现片状刚玉晶体与偏柱状莫来石晶体互相穿插层层紧粘叠在一起，表明试样烧结程

度较大,收缩形成的气孔数目减少,致密度提高,玻璃相增加,热稳定性下降。相比较于图 2-22 未添加试样的微观形貌图,发现两者的莫来石晶体形状、尺寸接近,但添加 3.5%(质量分数)TiO_2 的试样其液相含量明显增多,因此其强度高于未添加试样,热稳定性则相对降低。综合分析确定添加 1.0%(质量分数)TiO_2 试样的形貌为较佳。

4. 小结

(1) 添加 TiO_2 矿化剂实验结果表明,各试样形成两种晶相:$Al_{4.59}Si_{1.41}O_{9.7}$ 和 $\alpha\text{-}Al_2O_3$,其中 $Al_{4.59}Si_{1.41}O_{9.7}$ 是主晶相,添加少量 TiO_2 矿化剂能促进莫来石固溶体生成和生长,添加量从 0 增加至 3.5%(质量分数),$Al_{4.59}Si_{1.41}O_{9.7}$ 含量随着 TiO_2 添加量增加而增加,$\alpha\text{-}Al_2O_3$ 含量随着 TiO_2 添加量增加而减少。添加 1.0%(质量分数)TiO_2 试样有较佳的微观形貌。

(2) 添加 1.0%(质量分数)含量的 TiO_2 矿化剂能明显地提高试样的抗折强度,且保持着较高的 1 次热震抗折强度保持率;TiO_2 添加量从 1.0%增加至 3.5%(质量分数),试样的抗折强度降低。TiO_2 添加量从 0 增加至 3.5%(质量分数),试样的热震抗折强度保持率随着 TiO_2 添加量增加而逐渐降低。所以 TiO_2 添加量不能超过 1.0%(质量分数)。

(3) 综合分析结果,确定相对最佳 TiO_2 添加量为 1.0%(质量分数),其对应 $Al_{4.59}Si_{1.41}O_{9.7}$ 晶相含量为 82.20%、$\alpha\text{-}Al_2O_3$ 为 17.80%,其抗折强度为 78.34MPa,1 次热震强度为 32.21MPa,保持率为 41.12%,体积密度为 2.52g/cm^3,显气孔率为 20.41%,吸水率为 8.09%。

2.3.2　$ZrSiO_4$ 的影响

以最佳配方为基础,分别外加 1.0%、2.0%、3.0%、4.0%、5.0%、6.0%(质量分数)的 $ZrSiO_4$,试样编号分别为 G1、G2、G3、G4、G5、G6。通过性能和 XRD 分析,并与未添加试样作比较,挑选在一定规律下具有代表意义的试样做 SEM 表征。通过综合分析确定最佳 $ZrSiO_4$ 添加量[46-49]。

1. XRD 测试

利用 Origin 软件处理各试样 XRD 分析数据,画出 G1、G2、G3、G4、G5、G6 以及未添加试样的 XRD 重叠图谱,横坐标为衍射角度(2θ),纵坐标为衍射强度,根据图谱进行定性分析,确定各试样中形成三种晶相:$Al_{4.59}Si_{1.41}O_{9.7}$、$\alpha\text{-}Al_2O_3$ 和 ZrO_2,如图 2-25 所示,各晶相含量列于表 2-14。

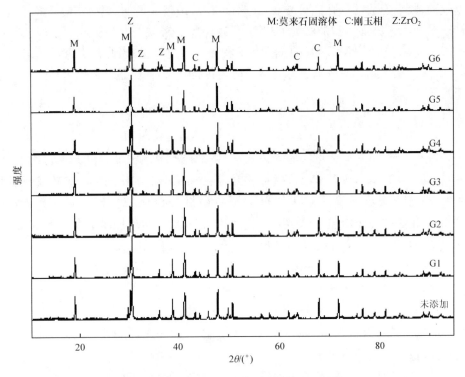

图 2-25 不同 $ZrSiO_4$ 含量试样的 XRD 图谱

表 2-14 不同 $ZrSiO_4$ 含量各试样的晶相及其含量（质量分数）

试样编号	$ZrSiO_4$ 添加量/%	$Al_{4.59}Si_{1.41}O_{9.7}$/%	$\alpha\text{-}Al_2O_3$/%	ZrO_2/%
未添加	0	79.22	20.78	0
G1	1.0	81.00	18.74	0.26
G2	2.0	81.75	17.65	0.60
G3	3.0	82.31	16.74	0.95
G4	4.0	81.13	16.63	2.24
G5	5.0	82.73	14.61	2.66
G6	6.0	82.88	13.74	3.38

从图 2-25 可以看出，各试样的衍射图大体一致，主要有三种晶相，即 $Al_{4.59}Si_{1.41}O_{9.7}$ 相、$\alpha\text{-}Al_2O_3$ 相以及 ZrO_2 相，并且 $Al_{4.59}Si_{1.41}O_{9.7}$ 相的衍射峰数最多，也比较尖锐，这说明 $Al_{4.59}Si_{1.41}O_{9.7}$ 相的含量最高。表 2-14 列出了各试样中晶相含量，试样中生成的晶相主要是 $Al_{4.59}Si_{1.41}O_{9.7}$ 和 $\alpha\text{-}Al_2O_3$ 晶相，ZrO_2 晶相的含量则较少。

由表 2-14 可以看出，添加 $ZrSiO_4$ 有助于 $Al_{4.59}Si_{1.41}O_{9.7}$ 的合成，随着 $ZrSiO_4$ 添

加量的增加,各试样中 $Al_{4.59}Si_{1.41}O_{9.7}$ 的含量逐渐增加,从 79.22% 增加至 82.88%;$\alpha\text{-}Al_2O_3$ 含量明显地降低,从 20.78% 降低至 13.74%;而 ZrO_2 的含量则随着 $ZrSiO_4$ 添加量的增加而增加,从 0 增加到 3.38%,增加量比较少,其含量比 $ZrSiO_4$ 添加量少,减少的这部分 ZrO_2 与 $Al_{4.59}Si_{1.41}O_{9.7}$ 形成固溶体,能促进莫来石固溶体生成和晶体的生长,使得 $Al_{4.59}Si_{1.41}O_{9.7}$ 含量随着 $ZrSiO_4$ 添加量的增加而逐渐增加。

2. 性能测试

测试不同 $ZrSiO_4$ 含量各待测试样的抗折强度、1 次热震抗折强度,并计算出 1 次热震抗折强度保持率,并测试各试样的显气孔率、吸水率及体积密度[50-52]。相比较于未添加时,各项数据见表 2-15。

表 2-15　不同 $ZrSiO_4$ 含量各试样的性能分析数据

试样编号	$ZrSiO_4$添加量/%	显气孔率/%	体积密度/(g/cm³)	吸水率/%	抗折强度/MPa	1 次热震抗折强度/MPa	保持率/%
未添加	0	23.07	2.48	9.32	68.52	29.84	43.55
G1	1.0	19.91	2.54	7.85	64.01	26.42	41.27
G2	2.0	21.25	2.49	8.54	67.81	28.28	41.70
G3	3.0	19.44	2.55	7.63	76.76	31.97	41.65
G4	4.0	19.47	2.55	7.65	81.50	33.29	40.85
G5	5.0	21.03	2.48	8.48	67.16	27.41	40.81
G6	6.0	22.86	2.45	9.32	58.99	23.44	39.74

由表 2-15 看出,添加量从 0.0% 至 1.0%(质量分数),试样的抗折强度从 68.52MPa 降低至 64.01MPa,1 次热震抗折强度保持率从 43.55% 下降至 41.27%;添加 1.0%~4.0%(质量分数)含量的 $ZrSiO_4$ 时,即从 G1 至 G4,相较于未添加的试样,显气孔率和吸水率都有所降低,体积密度有所增大,而试样的抗折强度和 1 次热震抗折强度随添加量的增加而逐渐增大,分别从 64.01MPa 和 26.42MPa 增加到 81.50MPa 和 33.29MPa。当 $ZrSiO_4$ 添加量继续增加时,从 G4 至 G6,试样的体积密度、抗折强度、1 次热震抗折强度逐渐降低,分别降至 2.45g/cm³、58.99MPa、23.44MPa;显气孔率和吸水率逐渐增大,分别增至 22.86% 和 9.32%。整体上,随着 $ZrSiO_4$ 添加量的增加,1 次热震抗折强度保持率逐渐下降,下降幅度不大,表明这些试样仍保持着较高热稳定性。当添加量为 3.0%(质量分数)时,试样的显气孔率和吸水率达到最低,分别为 19.44% 和 7.63%;抗折强度和 1 次热震强度达到次高,分别为 76.76MPa 和 31.97MPa,比较未添加试样,分别增加了 8.24MPa 和 2.13MPa,热震强度保持率达到 41.65%,略微下降了 1.9%。当添加

量为 4.0%(质量分数)时,试样的显气孔率和吸水率为次低,分别为 19.47% 和 7.65%,抗折强度和 1 次热震抗折强度达到最高,分别为 81.50MPa 和 33.29MPa,比较未添加试样,分别增加了 12.98MPa 和 3.45MPa,但保持率为 40.85%,下降了 2.7%。综合性能分析,暂定 3.0%、4.0%(质量分数)为 $ZrSiO_4$ 的较佳添加量[53-56]。

3. SEM 测试

根据添加 $ZrSiO_4$ 试样的 XRD 以及性能分析结果,选择 G3[添加 3.0%(质量分数)]、G4[添加 4.0%(质量分数)]、G6[添加 6.0%(质量分数)]试样进行 SEM 分析,得到其微观形貌图,如图 2-26～图 2-29 所示,图(a)的放大倍数为 5000 倍,图(b)的放大倍数为 3000 倍。

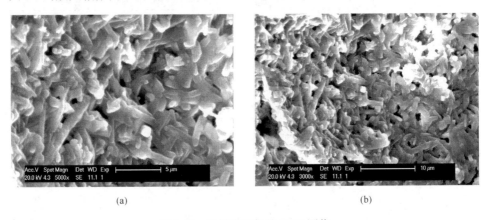

(a)　　　　　　　　　　　　　　　(b)

图 2-26　试样未添加的 SEM 图像

(a)　　　　　　　　　　　　　　　(b)

图 2-27　试样 G3 的 SEM 图像

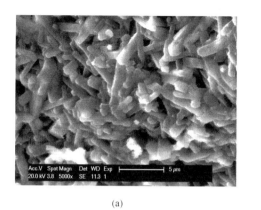
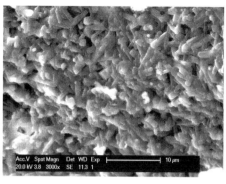

(a)   (b)

图 2-28 试样 G4 的 SEM 图像

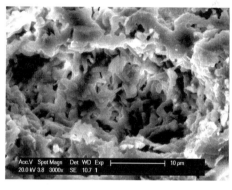

(a)   (b)

图 2-29 试样 G6 的 SEM 图像

图 2-26 是未添加 $ZrSiO_4$ 试样的局部 SEM 图像。图 2-27 是添加 3.0%(质量分数)$ZrSiO_4$ 试样的局部 SEM 图像。图中未添加试样的莫来石固溶体晶体比添加试样的莫来石固溶体晶体长得粗而长,无规则片状刚玉晶体表面积较大,它们互相黏结在一起,形成明显的晶界,在液相的作用下,试样烧结程度较大,表明试样的强度较高。图 2-28 是添加 4.0%(质量分数)$ZrSiO_4$ 试样的局部 SEM 图像。图中柱状莫来石固溶体晶体能构成互相交错的网络结构,粒状刚玉晶体分散在网络结构中,微观结构比较均匀,致密度较高,表明试样的强度高,微观形貌比添加 3.0%(质量分数)的更理想。图 2-29 是添加 6.0%(质量分数)$ZrSiO_4$ 试样的局部 SEM 图像。图中柱状莫来石固溶体晶体也能构成互相交错的网络结构,但微观结构不均匀,气孔较多,表明试样的强度降低,所以添加 6.0%(质量分数)$ZrSiO_4$ 试样的微观形貌不理想。综合分析结果确定添加 4.0%(质量分数)$ZrSiO_4$ 试样的微观形貌较佳[56-59]。

4. 小结

(1) 添加 $ZrSiO_4$ 矿化剂的实验结果表明,各试样形成三种晶相:$Al_{4.59}Si_{1.41}O_{9.7}$、$\alpha\text{-}Al_2O_3$ 和 ZrO_2,添加 $ZrSiO_4$ 有利于 $Al_{4.59}Si_{1.41}O_{9.7}$ 的形成;添加一定含量 $ZrSiO_4$ 能明显提高试样的抗折强度和 1 次热震抗折强度,增加体积密度,降低显气孔率和吸水率,但会降低 1 次热震抗折强度保持率。添加 4.0%(质量分数)$ZrSiO_4$ 试样有较佳的微观形貌。

(2) 综合分析结果,确定相对最佳 $ZrSiO_4$ 添加量为 4.0%(质量分数),对应的 $Al_{4.59}Si_{1.41}O_{9.7}$ 晶体含量为 81.13%、$\alpha\text{-}Al_2O_3$ 含量为 16.63%,ZrO_2 含量为 2.24%,抗折强度为 81.50MPa,1 次热震抗折强度为 33.29MPa,1 次热震抗折强度保持率为 40.85%、体积密度为 2.55g/cm³,显气孔率为 19.47%,吸水率为 7.65%。

2.3.3 滑石的影响

以最佳配方为基础,分别外加 1.0%、2.0%、3.0%、4.0%、5.0%、6.0%(质量分数)的滑石,试样编号分别为 H1、H2、H3、H4、H5、H6。烧成的试样进行性能及 XRD 分析,并同未添加试样进行比较,同时选择具有代表意义的试样做 SEM 分析。通过综合分析确定最佳滑石添加量[60-64]。

1. XRD 测试

各试样 XRD 分析数据利用 Origin 软件处理,画出 H1、H2、H3、H4、H5、H6 以及未添加试样的 XRD 重叠图谱,横坐标为衍射角度(2θ),纵坐标为衍射强度[65-67]。定性分析,确定各试样形成两种晶相:$Al_{4.59}Si_{1.41}O_{9.7}$、$\alpha\text{-}Al_2O_3$,如图 2-30 所示,晶相含量如表 2-16 所示。

表 2-16 不同滑石含量各试样的晶相及其含量

试样编号	滑石添加量/%	$Al_{4.59}Si_{1.41}O_{9.7}$/%	$\alpha\text{-}Al_2O_3$/%
未添加	0	79.22	20.78
H1	1.0	76.52	23.48
H2	2.0	73.00	27.00
H3	3.0	69.26	30.74
H4	4.0	67.41	32.59
H5	5.0	64.35	35.65
H6	6.0	62.18	37.82

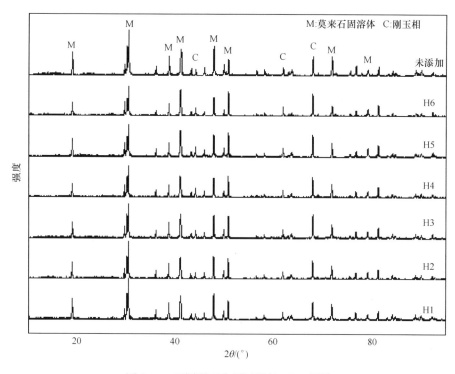

图 2-30　不同滑石含量试样的 XRD 图谱

从表 2-16 可以看出,添加滑石对 $Al_{4.59}Si_{1.41}O_{9.7}$ 形成是不利的,各试样中 $Al_{4.59}Si_{1.41}O_{9.7}$ 含量随着滑石加入都逐渐降低,$α-Al_2O_3$ 含量随滑石加入而明显增加,$Al_{4.59}Si_{1.41}O_{9.7}$ 含量从 79.22% 下降到 62.18%,$α-Al_2O_3$ 含量从 20.78% 增加到 37.82%,说明滑石对莫来石的形成没有矿化作用。这是由于滑石在高温下有助于形成黏度较低的液相,在少量液相作用下,不仅能促进试样的烧结,提高试样的强度,而且有可能引起以下两种过程的进行。其一,能进行不平衡的单转熔过程,$L + Al_{4.59}Si_{1.41}O_{9.7} \longrightarrow α-Al_2O_3$,即 $Al_{4.59}Si_{1.41}O_{9.7}$ 逐渐溶入液相,而从液相中逐渐析出刚玉 $α-Al_2O_3$,其结果使 $Al_{4.59}Si_{1.41}O_{9.7}$ 含量逐渐减少,而 $α-Al_2O_3$ 含量逐渐增加;其二,形成的液相使 $Al_{4.59}Si_{1.41}O_{9.7}$ 分解,$Al_{4.59}Si_{1.41}O_{9.7}$ 含量逐渐减少,而使 $α-Al_2O_3$ 含量逐渐增加。

2. 性能测试

测试不同滑石含量各待测试样的抗折强度,1 次热震抗折强度并计算出 1 次热震抗折强度保持率,并测试各试样的显气孔率、吸水率及体积密度[68-70]。相比较于未添加试样,各项数据见表 2-17。

表 2-17　不同滑石含量各试样的性能分析数据

试样编号	滑石添加量/%	显气孔率/%	体积密度/(g/cm^3)	吸水率/%	抗折强度/MPa	1 次热震抗折强度/MPa	保持率/%
未添加	0	23.07	2.48	9.32	68.52	29.84	43.55
H1	1.0	12.79	2.77	4.63	73.50	26.74	36.38
H2	2.0	7.70	2.85	2.70	74.54	26.79	35.94
H3	3.0	2.46	2.91	0.84	84.52	27.82	32.92
H4	4.0	0.70	2.96	0.24	88.21	29.70	33.67
H5	5.0	0.61	2.94	0.21	90.58	31.37	34.63
H6	6.0	0.43	2.91	0.15	84.24	35.28	41.88

从表 2-17 中看出,添加不同含量滑石都能明显增加试样的体积密度,降低显气孔率和吸水率,各试样抗折强度均有不同程度的提高。添加量从 1.0%增至 5.0%(质量分数),抗折强度从 73.50MPa 提高到 90.58MPa,体积密度从 2.77g/cm^3 逐渐增加到 2.94g/cm^3,显气孔率从 12.79%下降到 0.61%,吸水率从 4.63%逐渐下降到 0.21%;滑石添加量从 5.0%增至 6.0%(质量分数),抗折强度有所减小,从 90.58MPa 降至 84.24MPa,但仍大于未添加滑石时的 68.52MPa。试样 1 次热震抗折强度随滑石添加量的增加而增大,在 6.0%(质量分数),即 H6 时,达到最大值,为 35.28MPa。虽然添加滑石后,试样的抗折强度保持率都有所下降,但添加6.0%(质量分数)时,试样仍保持着较高热稳定性,达到 41.88%。

综合分析,当添加量为 6.0%(质量分数)时,虽然 1 次热震抗折强度保持率比未添加滑石时(达到 43.55%)低,但依然具有较高的热稳定性,保持率在 41.88%,且抗折强度比未添加滑石时增大了 15.72MPa,1 次热震抗折强度增大了5.44MPa。结果表明,H6 试样热稳定性好,强度高,荷载能力大,是一种较理想的耐火材料。所以从性能分析,确定 6.0%(质量分数)为相对最佳滑石添加量[71-73]。

3. SEM 测试

根据 XRD 及性能分析,对添加滑石的试样进行挑选,选择 H1[添加 1.0%(质量分数)]、H5[添加 5.0%(质量分数)]、H6[添加 6.0%(质量分数)]试样进行SEM 分析,微观形貌图如图 2-31~图 2-34 所示,图(a)放大倍数为 5000 倍,图(b)放大倍数为 3000 倍。

从图 2-32、图 2-33、图 2-34 的图(a)可以看出,添加少量的滑石都能促进莫来石晶体的生长,长大和增长明显,晶体呈长柱状,尺寸较大,且能相互交错形成完整的网络状结构。在图像中莫来石固溶体晶体比未添加试样的长得明显粗长,莫来石晶体呈偏柱状,相互交错并被玻璃相黏结在一起,晶体之间接触面积大,片状刚玉

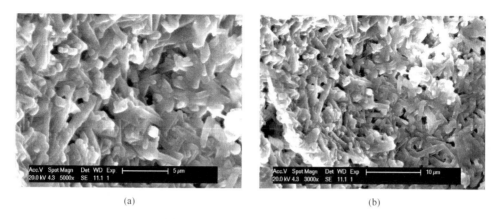

(a)   (b)

图 2-31　试样未添加的 SEM 图像

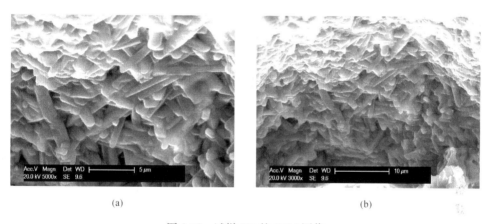

(a)   (b)

图 2-32　试样 H1 的 SEM 图像

(a)   (b)

图 2-33　试样 H5 的 SEM 图像

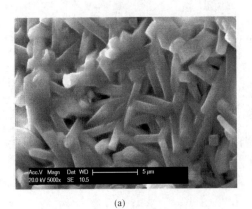
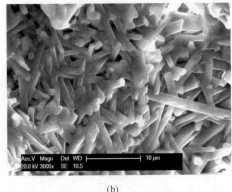

(a)　　　　　　　　　　　　　　(b)

图 2-34　试样 H6 的 SEM 图像

晶体与偏柱状莫来石晶体互相粘叠在一起,形成整体致密结构,表明试样烧结程度较大。图 2-33 是添加 5.0%(质量分数)滑石试样的局部 SEM 图像。在图像中看到,莫来石固溶体晶体和刚玉晶体继续长大,其中莫来石固溶体晶体呈粗长的柱状,刚玉晶体呈不规则的粒状,液相析出表面,内层晶体构成玻璃相较少的网络状结构。图 2-32 是添加 1.0%(质量分数)滑石试样的局部 SEM 图像。在图像中看到,莫来石固溶体晶体长得比添加 6.0%(质量分数)滑石试样的粗和长,构成比添加 6.0%(质量分数)滑石试样更理想的网络状结构,晶体之间相互黏结,烧结程度明显增加,这是一种理想的微观形貌。分析结果确定添加 6.0%(质量分数)滑石试样的微观形貌为最佳。

4. 小结

(1) 添加滑石矿化剂实验结果表明,各试样形成两种晶相:$Al_{4.59}Si_{1.41}O_{9.7}$ 和 α-Al_2O_3,添加滑石不利于 $Al_{4.59}Si_{1.41}O_{9.7}$ 的形成,随添加量的增加,$Al_{4.59}Si_{1.41}O_{9.7}$ 含量不断降低,α-Al_2O_3 含量不断增加;添加不同含量滑石都能明显提高试样的抗折强度,增加体积密度,降低显气孔率和吸水率,但会降低 1 次热震抗折强度保持率。

(2) 添加少量的滑石都能促进莫来石晶体和刚玉晶体的生长[74-76],莫来石固溶体晶体呈粗长的柱状,刚玉晶体呈不规则的粒状;莫来石固溶体晶体随着滑石添加量增加而逐渐长粗和增长,且能相互交错形成完整的网络结构,其中添加 6.0%(质量分数)滑石试样有更理想的微观形貌。

(3) 综合分析结果,确定相对最佳滑石添加量为 6.0%(质量分数),其对应的 $Al_{4.59}Si_{1.41}O_{9.7}$ 晶体含量为 62.18%,α-Al_2O_3 含量为 37.82%,抗折强度为 84.24MPa,1 次热震抗折强度为 35.28MPa,1 次热震抗折强度保持率为 41.88%,体积密度为 2.91g/cm³,显气孔率为 0.43%,吸水率为 0.15%。

2.4　改变晶相比例的研究

2.4.1　改变晶相比例的配方

经配方和烧成工艺研究的结果,以较佳配方[2#:细煅烧废渣为 27%(质量分数),粗煅烧废渣为 30%(质量分数),黏土 A 为 43%(质量分数)]和相对最佳烧成工艺(烧结温度为 1540℃,保温时间为 4h)为基础,分别探讨降低或增加煅烧废渣含量对试样中形成晶相比例与性能的影响[77,78],从中确定具有性能优良,热稳定性好或使用温度高的最佳配方[79-81]。降低煅烧废渣含量的主要目的是增加试样中莫来石固溶体含量,提高复相材料的热稳定性和使用寿命[82-84];增加煅烧废渣含量的主要目的是增加试样中刚玉含量,提高复相材料的耐火度和使用温度[85,86]。拟定降低煅烧废渣含量的配方(Bi)为 B0(2#)、B1、B2、B3、B4;拟定增加煅烧废渣含量的配方(Li)为 L0(2#)、L1、L2、L3、L4;其中 B0 和 L0 为确定的最佳配方;两组配方分别列于表 2-18 和表 2-19 中。

表 2-18　降低煅烧废渣含量的配方(质量分数)

配方编号	细煅烧废渣/%	粗煅烧废渣/%	黏土 A/%
B0	27	30	43
B1	25	27	48
B2	25	24	51
B3	25	21	54
B4	25	18	57

表 2-19　增加煅烧废渣含量的配方(质量分数)

配方编号	细煅烧废渣/%	粗煅烧废渣/%	黏土 A/%
L0	27	30	43
L1	27	33	40
L2	27	36	37
L3	27	39	34
L4	27	42	31

根据表 2-1 中煅烧废渣及黏土 A 的化学组成,可以计算出不同晶相比例配方的化学组成,如表 2-20 和表 2-21 所示。

表 2-20　降低煅烧废渣含量配方的化学组成（质量分数）

试样编号	SiO_2/%	Al_2O_3/%	Fe_2O_3/%	CaO/%	MgO/%	K_2O/%	Na_2O/%	烧失量/%
B0	23.60	69.21	0.45	0.42	0.32	0.20	0.38	5.42
B1	25.92	66.31	0.46	0,38	0.30	0.22	0.37	6.05
B2	27.32	64.58	0.46	0.36	0.28	0.23	0.36	6.43
B3	28.71	62.84	0.46	0.34	0.26	0.24	0.35	6.80
B4	30.11	61.10	0.47	0.32	0.25	0.25	0.34	7.18

表 2-21　增加煅烧废渣含量配方的化学组成（质量分数）

试样编号	SiO_2/%	Al_2O_3/%	Fe_2O_3/%	CaO/%	MgO/%	K_2O/%	Na_2O/%	烧失量/%
L0	23.60	69.21	0.45	0.42	0.32	0.20	0.38	5.42
L1	22.20	70.95	0.45	0.44	0.34	0.19	0.39	5.04
L2	20.81	72.68	0.45	0.47	0.36	0.18	0.40	4.66
L3	19.41	74.42	0.45	0.49	0.38	0.17	0.41	4.28
L4	18.02	76.16	0.44	0.51	0.39	0.16	0.42	3.91

在降低煅烧废渣含量的配方中，针对 2$^\#$ 最佳配方增加黏土含量，从 43%增至57%（质量分数），降低粗煅烧废渣的含量，从 30%降至 18%（质量分数）。相应地，配料中 SiO_2 的含量逐渐增加，从 23.60%增至 30.11%（质量分数），Al_2O_3 的含量逐渐减少，从 69.21%降至 61.10%（质量分数），配料中杂质含量不断减少。

在增加煅烧废渣含量的配方中，减少黏土含量，从 43%降至 31%（质量分数），增加粗煅烧废渣的含量，从 30%增至 42%（质量分数）。相应地，配料中 SiO_2 的含量逐渐减少，从 23.60%降至 18.02%（质量分数）；Al_2O_3 的含量逐渐增加，从69.21%增至 76.16%（质量分数），杂质含量不断增加。

2.4.2　降低煅烧废渣含量(Bi)的配方研究

1. XRD 分析

1）晶相及其含量表征

各试样经破碎和研磨，取样作 XRD 分析，利用 Origin 软件对分析数据进行处理，以衍射角（2θ）为横坐标，衍射强度为纵坐标，画出其衍射图谱（图 2-35）。定量分析表明[87,88]，各待测试样都形成了两种晶相，分别是刚玉相 α-Al_2O_3 和莫来石相$Al_{4.59}Si_{1.41}O_{9.7}$。分别用 C、M 标注其在衍射图谱中几条最强的衍射峰。同时，利用 Rietvld Quantification 软件计算并确定各晶相的含量，列于表 2-22。

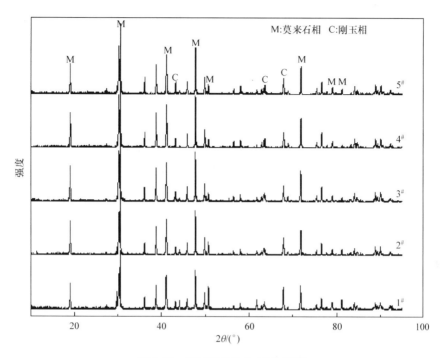

图 2-35　各试样(Bi)的 XRD 图谱

表 2-22　各试样(Bi)的晶相及其含量(质量分数)

试样编号	SiO_2/%	Al_2O_3/%	Al_2O_3/SiO_2	$Al_{4.59}Si_{1.41}O_{9.7}$/%	$\alpha\text{-}Al_2O_3$/%
B0	23.60	69.21	2.93	77.63	22.37
B1	25.92	66.31	2.56	88.51	11.49
B2	27.32	64.58	2.36	93.05	6.95
B3	28.71	62.84	2.19	93.69	6.31
B4	30.11	61.10	2.03	91.51	8.49

　　从表 2-22 可以看出,从试样 B0→B1→B2→B3→B4,试样中 SiO_2 含量是逐渐增加的,有利于形成 $Al_{4.59}Si_{1.41}O_{9.7}$,使 $Al_{4.59}Si_{1.41}O_{9.7}$ 含量逐渐增加,含量变化的数值:77.63%→88.51%→93.05%→93.69%→91.51%。B0→B1→B2→B3 试样中 SiO_2 含量从 23.60% 逐渐增加 28.71%(质量分数),Al_2O_3/SiO_2 比值从 2.93 降低到 2.19,反应形成的 $Al_{4.59}Si_{1.41}O_{9.7}$ 含量从 77.63% 增加到 93.69%;从 B3 到 B4,SiO_2 含量从 28.71% 增加到 30.11%(质量分数),$Al_{4.59}Si_{1.41}O_{9.7}$ 含量反而从 93.69% 降低到 91.51%。这种变化规律主要是形成 $Al_{4.59}Si_{1.41}O_{9.7}$ 经历两个步骤,第一步通过固相反应形成带有结构缺陷的莫来石 $Al_2O_3 \cdot SiO_2$;第二步 $\alpha\text{-}Al_2O_3$ 与 $Al_2O_3 \cdot SiO_2$ 形成置换固溶体 $Al_{4.59}Si_{1.41}O_{9.7}$。反应形成 $Al_2O_3 \cdot SiO_2$

的速度与反应物 α-Al_2O_3、SiO_2 的浓度(含量)有关。由于本反应系统 α-Al_2O_3 的含量是过剩的,所以反应形成 $Al_2O_3 \cdot SiO_2$ 的速度主要取决于 SiO_2 的含量。由于试样 B0→B1→B2→B3,SiO_2 含量是逐渐增加的,对生成带有结构缺陷莫来石的反应有利,反应形成 $Al_2O_3 \cdot SiO_2$ 的速度增加,反应形成 $Al_2O_3 \cdot SiO_2$ 含量都增加,类推固溶后的 $Al_{4.59}Si_{1.41}O_{9.7}$ 含量都增加。而 B3 到 B4,SiO_2 含量从 28.71% 增加到 30.11%(质量分数),试样中 $Al_{4.59}Si_{1.41}O_{9.7}$ 含量反而从 93.69% 降低至 91.51%,这种实验结果有可能由三种原因造成,其一可能是实验的误差,其二可能是 $Al_{4.59}Si_{1.41}O_{9.7}$ 的分解,其三可能是引起过程相平衡单转熔过程,使 $Al_{4.59}Si_{1.41}O_{9.7}$ 溶入液相,而从液相中析出 α-Al_2O_3,单转熔结果使 $Al_{4.59}Si_{1.41}O_{9.7}$ 含量降低,而 α-Al_2O_3 含量增加,使 $Al_{4.59}Si_{1.41}O_{9.7}$ 含量反而降低。

从表 2-22 可以看出,各试样的 $Al_{4.59}Si_{1.41}O_{9.7}$ 含量比较高,材料的热稳定性好,都能适合制造优质窑具材料与优质陶瓷的配方,但还要结合试样的性能进行分析,确定相对最佳的配方。

2)晶胞参数表征

由于 Al_2O_3/SiO_2 比值及液相量不同,在合成莫来石-刚玉复相材料的过程中,会造成晶体的晶胞参数发生一定程度的变化。通过 Philips X'pert plus 软件分析和确定各试样中晶体的晶胞参数及其变化。

Bi 试样莫来石相晶胞参数变化如表 2-23 所示。

表 2-23 各试样(Bi)的莫来石晶胞参数

试样编号	a/nm	b/nm	c/nm	V/nm^3	α/(°)	β/(°)	γ/(°)	晶系
B0	0.75596	0.76923	0.28863	0.16784	90	90	90	斜方
B1	0.75592	0.76924	0.28863	0.16784	90	90	90	斜方
B2	0.75575	0.76919	0.28862	0.16778	90	90	90	斜方
B3	0.75558	0.76927	0.28863	0.16777	90	90	90	斜方
B4	0.75523	0.76923	0.28859	0.16765	90	90	90	斜方

从表 2-23 可看出,莫来石相属于斜方晶系,$\alpha = \beta = \gamma = 90°$,Pbam 空间群[89]。在配制试样时,虽然 Al_2O_3/SiO_2 比值发生变化,但莫来石仍保留斜方晶系,且空间群不发生变化。虽然晶胞参数发生变化,但幅度不大。从试样 B0~B4 可看出,随着 Al_2O_3/SiO_2 比值降低,a 轴发生了较为明显的收缩,收缩程度达 $\Delta a_{(B0-B1)} =$ 0.00004nm、$\Delta a_{(B1-B2)} = 0.00017$nm、$\Delta a_{(B2-B3)} = 0.00017$nm、$\Delta a_{(B3-B4)} = 0.00025$nm,$b$、$c$ 轴以及晶胞体积变化的幅度较小。试样 B0 莫来石相的 a、c 轴长度及晶胞体积达到最大值,分别为 0.75596nm、0.28863nm 和 0.16784nm^3。表 2-24 是 Bi 试样刚玉相的晶胞参数。

表 2-24　各试样(Bi)的刚玉晶胞参数

试样编号	a/nm	b/nm	c/nm	V/nm³	α/(°)	β/(°)	γ/(°)	晶系
B0	0.47617	0.47617	1.2997	0.25521	90	90	120	三方
B1	0.47613	0.47613	1.2999	0.25521	90	90	120	三方
B2	0.47623	0.47623	1.2998	0.25530	90	90	120	三方
B3	0.47621	0.47621	1.3001	0.25532	90	90	120	三方
B4	0.47618	0.47618	1.2999	0.25525	90	90	120	三方

从表 2-24 可知,刚玉相(α-Al$_2$O$_3$ 相)属于三方晶系,$\alpha=\beta=90°$,$\gamma=120°$,R$\bar{3}$c 空间群,试样 B0～B4,虽然 Al$_2$O$_3$/SiO$_2$ 比值发生变化,但刚玉相仍然保留三方晶系不变。整体上 Bi 试样的刚玉相晶胞参数变化幅度不大。五组试样中,B3 的 c 轴及体积最大,分别为 1.3001nm 和 0.25532nm³,B0 的 c 轴及体积为最小,分别为 1.2997nm 和 0.25521nm³,B0 和 B3 之间变化大小为 $\Delta c_{(B0-B3)}=-0.0004$nm,$\Delta V_{(B0-B3)}=-0.00011$nm³。

2. SEM 分析

将试样进行 SEM 分析,其微观形貌如图 2-36～图 2-39 所示,图(a)放大倍数为 5000 倍,图(b)放大倍数为 3000 倍。

从图 2-36～图 2-40 可以看出,各试样都生成大量的莫来石,且随着煅烧废渣含量的减少,黏土 A 含量的增加,莫来石含量增多,都构成较完整的网络结构,越发稳定,表明各试样的抗热震能力较强,热稳定较好。图 2-36 是 B0 试样的局部 SEM 图像。从图中可以看出,莫来石固溶体晶体呈不同尺寸柱状,其中短柱状占多数,刚玉晶体呈粒状;晶体被黏结在一起,构成致密的网络结构,烧结程度

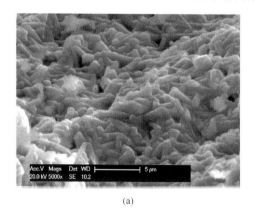

(a)　　　　　　　　　　　　　　　　　(b)

图 2-36　试样 B0 的 SEM 图像

图 2-37　试样 B1 的 SEM 图像

图 2-38　试样 B2 的 SEM 图像

图 2-39　试样 B3 的 SEM 图像

(a)　　　　　　　　　　　　　　　　　(b)

图 2-40　试样 B4 的 SEM 图像

高,气孔较少,密度较大,强度较高,热稳定性好,是一种比较理想的微观形貌。
图 2-37、图 2-38 和图 2-39 分别是 B1、B2 和 B3 试样的局部 SEM 图像,从图中可以
看出,三种试样的莫来石固溶体晶体呈柱状,其数量较多,都能构成完整的网络结
构,刚玉晶体呈粒状,均匀地分散在网络结构中,烧结程度较高,但气孔比 B0 试样
的多,表明这三种试样密度和强度相对比 B0 试样低,热稳定性也有所下降。
图 2-40 是 B4 试样的局部 SEM 图像,由于试样中 SiO_2 含量逐渐增加,试样中形成
液相的黏度增加,从而抑制莫来石固溶体晶体的生长,因此莫来石固溶体晶体长成
细小的柱状,玻璃相将晶体黏结在一起,烧结程度较高,气孔也比 B0 试样的多。
分析结果表明,B0 试样的形貌最佳。

3. 性能的测试与分析

测试 Bi 中各待测试样的抗折强度、1 次热震抗折强度,并计算出 1 次热震抗
折强度保持率,并测试各试样的显气孔率、吸水率及体积密度[90]。各项数据列
于表 2-25。

表 2-25　各试样(Bi)的性能分析数据

试样编号	显气孔率 /%	体积密度 /(g/cm³)	吸水率/%	抗折强度 /MPa	1 次热震抗折 强度/MPa	保持率/%
B0	21.17	2.53	8.37	64.12	29.24	45.60
B1	24.66	2.37	10.41	51.46	22.22	43.18
B2	26.25	2.30	11.41	44.38	20.91	47.12
B3	22.63	2.38	9.49	42.60	22.88	54.23
B4	22.23	2.36	9.41	36.84	22.90	62.16

从表 2-25 可看出,从 B0 至 B4,Al_2O_3/SiO_2 比值逐渐减小,从 2.93 降低到

2.03,试样的抗折强度由 64.12MPa 降低至 36.84MPa。这是因为从 B0 至 B4,随着 SiO_2 含量的提高,α-Al_2O_3 含量降低,Al_2O_3/SiO_2 比值减小,莫来石相逐渐增多,从道理上莫来石固溶体含量增加应该会使试样的抗折强度增加,但实际情况却相反,试样的抗折强度反而降低。这是由于本实验煅烧废渣的煅烧温度为 1400~1500℃,煅烧温度远低于常规刚玉原料的煅烧温度 1650℃,其仍保持着废渣粒子超细、表面积大和活性高的特点,煅烧推动力较大,有利于试样的烧结,同时煅烧废渣和黏土也带入少量低温杂质,高温能形成少量液相,也能促进烧结,增加强度。从 B0 到 B4 试样,α-Al_2O_3 含量是逐渐降低的,意味着煅烧废渣含量降低,煅烧废渣带入杂质所形成液相量减少和活性降低,不利于试样的烧结,因此,试样的烧结程度和致密度随着 Al_2O_3/SiO_2 比值降低(α-Al_2O_3 含量降低)而降低,从而使试样的抗折强度降低。B1、B2、B3、B4 四种试样的体积密度($2.37g/cm^3$、$2.30g/cm^3$、$2.38g/cm^3$、$2.36g/cm^3$)比 B0 试样的体积密度($2.53g/cm^3$)都有不同程度的减少,这四种试样的显气孔率(24.66%、26.25%、22.63%、22.23%)和吸水率(10.41%、11.41%、9.49%、9.41%)比 B0 试样(21.17% 和 8.37%)都有不同程度的增加。整体上来说,随着 Al_2O_3/SiO_2 比值降低,试样的 1 次热震抗折强度保持率是增加的,从 45.60% 增至 62.16%。从表 2-25 看出,由于 B0 试样的抗折强度和 1 次热震抗折强度为最高,分别为 64.12MPa 和 29.24MPa,1 次热震抗折强度保持率较高,为 45.60%,体积密度最大,为 $2.53g/cm^3$,显气孔率和吸水率均最低,分别为 21.17% 和 8.37%,从而得出性能分析结果,B0 试样的性能为最佳。

2.4.3 增加煅烧废渣含量(Li)的配方研究

1. XRD 分析

1)晶相及其含量表征

Li 各试样的烧结温度为 1540℃,保温时间为 4h,煅烧得到莫来石-刚玉复相材料试样。取样做 XRD 分析,利用 Origin 软件对分析数据进行处理,画出其衍射图谱(图 2-41)。定量分析结果,各待测试样都形成了两种晶相,分别是刚玉相 Al_2O_3 和莫来石相 $Al_{4.59}Si_{1.41}O_{9.7}$。分别用 C、M 标注其几条最强的衍射峰。同时,利用 Rietvld Quantification 软件计算并确定各晶相的含量,列于表 2-26。

表 2-26　各试样(Li)的晶相及其含量(质量分数)

试样编号	SiO_2/%	Al_2O_3/%	Al_2O_3/SiO_2	$Al_{4.59}Si_{1.41}O_{9.7}$/%	α-Al_2O_3/%
L0	23.60	69.21	2.93	79.24	20.76
L1	22.20	70.95	3.20	71.46	28.54
L2	20.81	72.68	3.49	66.10	33.90
L3	19.41	74.42	3.83	60.12	39.88
L4	18.02	76.16	4.23	53.87	46.13

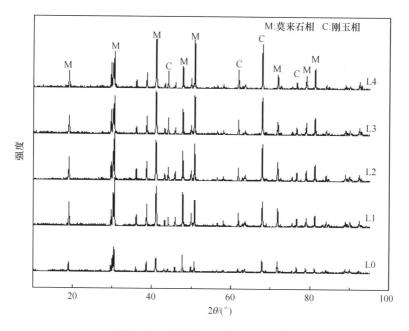

图 2-41 各试样(Li)的 XRD 图谱

从表 2-26 可以看出,试样 L0→L1→L2→L3→L4,SiO$_2$ 含量是逐渐降低的,试样中 SiO$_2$ 含量的降低,引起 Al$_{4.59}$Si$_{1.41}$O$_{9.7}$ 含量明显地降低,79.24％→71.46％→66.10％→60.12％→53.87％。这种变化规律主要是由于反应物 α-Al$_2$O$_3$ 的含量是过剩的,反应形成 Al$_2$O$_3$·SiO$_2$ 的速度主要取决于 SiO$_2$ 的含量,SiO$_2$ 含量降低时对形成 Al$_2$O$_3$·SiO$_2$ 的反应不利,会降低反应速度,试样从 L0→L1→L2→L3→L4,SiO$_2$ 含量是逐渐降低的,因此形成 Al$_2$O$_3$·SiO$_2$ 的速度降低,类推固溶后的 Al$_{4.59}$Si$_{1.41}$O$_{9.7}$ 含量也降低。

从表 2-26 可以看出,各试样的 Al$_{4.59}$Si$_{1.41}$O$_{9.7}$ 含量从 79.24％降为 53.87％,α-Al$_2$O$_3$ 的含量从 20.76％增加到 46.13％,Al$_{4.59}$Si$_{1.41}$O$_{9.7}$ 含量降低和 α-Al$_2$O$_3$ 含量的增加,能提高材料的耐火度和使用温度,但会降低材料的热稳定性和使用寿命。Al$_{4.59}$Si$_{1.41}$O$_{9.7}$ 与 α-Al$_2$O$_3$ 含量不同,也各有不同用途,要视实际应用烧结材料耐火度和材料性质,确定适宜的 Al$_{4.59}$Si$_{1.41}$O$_{9.7}$ 与 α-Al$_2$O$_3$ 含量比列的配方。要确定最佳配方必须结合考虑试样的性能。

2)晶胞参数表征

表 2-27 是 Li 各试样莫来石相的晶胞参数。

表 2-27　各试样(Li)的莫来石晶胞参数

试样编号	a/nm	b/nm	c/nm	V/nm³	α/(°)	β/(°)	γ/(°)	晶系
L0	0.75575	0.76893	0.28849	0.16764	90	90	90	斜方
L1	0.75607	0.76924	0.28865	0.16788	90	90	90	斜方
L2	0.75608	0.76919	0.28861	0.16785	90	90	90	斜方
L3	0.75610	0.76928	0.28862	0.16787	90	90	90	斜方
L4	0.75612	0.76923	0.28861	0.16786	90	90	90	斜方

从表 2-27 可看出,随着 Al_2O_3/SiO_2 比值逐渐增大,莫来石仍保留斜方晶系。随着 Al_2O_3/SiO_2 比值升高,L0 相对于 L1、L2、L3、L4,a、b、c 三轴都发生了一定程度的缩短,晶胞体积也有一定减小,即 $\Delta a_{(L0\text{-}L1)} = -0.00032nm$、$\Delta a_{(L0\text{-}L2)} = -0.00033nm$、$\Delta a_{(L0\text{-}L3)} = -0.00035nm$、$\Delta a_{(L0\text{-}L4)} = -0.00037nm$;$\Delta b_{(L0\text{-}L1)} = -0.00031nm$、$\Delta b_{(L0\text{-}L2)} = -0.00026nm$、$\Delta b_{(L0\text{-}L3)} = -0.00035nm$、$\Delta b_{(L0\text{-}L4)} = -0.00030nm$;$\Delta c_{(L0\text{-}L1)} = -0.00016nm$、$\Delta c_{(L0\text{-}L2)} = -0.00012nm$、$\Delta c_{(L0\text{-}L3)} = -0.00013nm$、$\Delta c_{(L0\text{-}L4)} = -0.00012nm$;$\Delta V_{(L0\text{-}L1)} = -0.00024nm^3$、$\Delta V_{(L0\text{-}L2)} = -0.00021nm^3$、$\Delta V_{(L0\text{-}L3)} = -0.00023nm^3$、$\Delta V_{(L0\text{-}L4)} = -0.00022nm^3$。试样 L0 莫来石相的 a、b、c 轴长度及体积达到最小值。

表 2-28 是在 Li 各试样刚玉相的晶胞参数。

表 2-28　各试样(Li)的刚玉晶胞参数

试样编号	a/nm	b/nm	c/nm	V/nm³	α/(°)	β/(°)	γ/(°)	晶系
L0	0.47594	0.47594	1.2992	0.25486	90	90	120	三方
L1	0.47617	0.47617	1.2996	0.25518	90	90	120	三方
L2	0.47614	0.47614	1.2995	0.25514	90	90	120	三方
L3	0.47617	0.47617	1.2996	0.25519	90	90	120	三方
L4	0.47616	0.47616	1.2995	0.25517	90	90	120	三方

从表 2-28 可知,Al_2O_3/SiO_2 比值逐渐增大,刚玉相仍然保留三方晶系,而 L0 试样的晶胞参数发生了较为明显的变化:$\Delta a_{(L0\text{-}L1)} = -0.00023nm$、$\Delta a_{(L0\text{-}L2)} = -0.00020nm$、$\Delta a_{(L0\text{-}L3)} = -0.00023nm$、$\Delta a_{(L0\text{-}L4)} = -0.00022nm$;$\Delta V_{(L0\text{-}L1)} = -0.00032nm^3$、$\Delta V_{(L0\text{-}L2)} = -0.00028nm^3$、$\Delta V_{(L0\text{-}L3)} = -0.00033nm^3$、$\Delta V_{(L0\text{-}L4)} = -0.00031nm^3$。$c$ 轴的变化幅度不大。五组试样中,L0 的三轴长度及体积达到最小值,分别为 $a=b=0.47594nm$、$c=1.2992nm$、$V=0.25486nm^3$,L3 的三轴长度及体积达到最大值,分别为 $a=b=0.47617nm$、$c=1.2996nm$、$V=0.25519nm^3$。

2. SEM 测试

将试样进行 SEM 分析,其微观形貌图如图 2-42～图 2-46 所示,放大倍数为

5000 倍。

图 2-42　试样 L0 的 SEM 图像

图 2-43　试样 L1 的 SEM 图像

图 2-44　试样 L2 的 SEM 图像

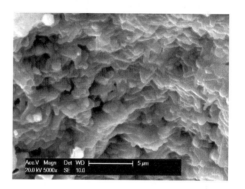

图 2-45　试样 L3 的 SEM 图像

图 2-46　试样 L4 的 SEM 图像

从图 2-42～图 2-46 可以看出,各试样中莫来石固溶体晶体呈不同尺寸的柱状,其晶粒尺寸较小,都能构成不同程度的网络结构;刚玉晶体呈粒状和变形的六方片状,其较均匀地分散在网络结构中,网络结构较致密,表明各试样的体积密度和强度较高。图 2-42 是 L0 试样的局部 SEM 图像。从图中可以看出,玻璃相将晶体黏结成大小不同的块状,分布不均匀,各个局部位置玻璃相也分布不均匀,但烧结程度较高,表明试样的强度较高。图 2-43 是 L1 试样的局部 SEM 图像。从图中可以看出,网络结构均匀致密,气孔明显减少,表明试样的体积密度和强度比 L0 试样的高,这是由于随着废渣含量的增加,废渣带入的少量液相量有所增加,加上废渣本身具有的活性促进了试样的烧结,使试样的体积密度和强度提高。图 2-44 是 L2 试样的局部 SEM 图像。从图中可以看出,网络结构也均匀致密,气孔比 L1 试样的减少,表明试样的体积密度和强度比 L1 试样高。图 2-45 是 L3 试样的局部 SEM 图像。从图中可以看出,在右上方一半图像的网络结构很致密,气孔很少,致密度高;而左下方一半图像网络结构中的气孔比右上方多,这部分气孔可能是由样品制备破碎而人为造成的;因此在右上方一半图像的网络结构能真正反映 L3 试样的微观形貌,所以其体积密度和强度比 L2 试样的高。图 2-46 是 L4 试样的局部 SEM 图像。从图中可以看出,网络结构中气孔增多,致密度有所下降,所以 L4 试样的体积密度和强度比 L3 试样的低。

3. 性能的测试与分析

测试各试样待测试样的抗折强度、1 次热震抗折强度,并计算出 1 次热震抗折强度保持率,并测试各试样的显气孔率、吸水率及体积密度。各项数据见表 2-29。

表 2-29　各试样(Li)的性能分析数据

试样编号	显气孔率 /%	体积密度 /(g/cm³)	吸水率/%	抗折强度 /MPa	1 次热震抗折强度/MPa	保持率/%
L0	22.97	2.47	9.29	62.29	30.49	48.94
L1	22.27	2.51	8.86	64.21	28.91	45.02
L2	21.33	2.59	8.24	68.21	30.60	44.86
L3	17.67	2.74	6.45	83.18	32.08	38.57
L4	18.45	2.75	6.71	79.96	35.08	43.88

从表 2-29 可看出,从 L0 至 L3,随着 SiO_2 含量的降低,Al_2O_3 含量的增加,Al_2O_3/SiO_2 比值增大,莫来石相逐渐降低,能使得试样的抗折强度增大,从 62.29MPa 增加至 83.18MPa,使得试样的显气孔率和吸水率随着 Al_2O_3/SiO_2 比值增大而减小,分别从 22.97% 和 9.29% 降至 17.67% 和 6.45%,体积密度随着 Al_2O_3/SiO_2 比值增大而增加,从 2.47g/cm³ 升至 2.74 g/cm³。相对应的 1 次热震抗折强度保持率随着 Al_2O_3/SiO_2 比值增大而逐渐减小,从 48.94% 降至 38.57%。

这是由于本实验煅烧废渣的煅烧温度比常规刚玉原料的煅烧温度低得多,这种煅烧废渣仍保持着较高活性,能促进试样的烧结;α-Al_2O_3 含量增加,意味着煅烧废渣含量增加,煅烧废渣带入杂质所形成液相量增加和活性提高,试样的烧结推动力加大,有利于试样的烧结。因此,试样的烧结程度和致密度随着 Al_2O_3/SiO_2 比值增加(α-Al_2O_3 含量增加)而提高,从而使试样的抗折强度和体积密度逐渐降低,试样的显气孔率和吸水率逐渐降低;α-Al_2O_3 含量增加,试样热稳定性降低,使试样的 1 次热震强度保持率逐渐下降。

根据工业实际生产使用的需求[91],发现现有使用最好的莫来石-刚玉质陶瓷辊棒中,$Al_{4.59}Si_{1.41}O_{9.7}$/$\alpha$-$Al_2O_3$ 比值大约为 70/30,使用温度为 1250~1400℃,因此 L1 和 L2 可作为陶瓷辊棒较佳配方,其对应抗折强度分别为 64.21MPa 和 68.21MPa,1 次热震抗折强度保持率分别为 45.02% 和 44.86%,显气孔率分别为 22.27% 和 21.33%、吸水率分别为 8.86% 和 8.24%,体积密度分别为 2.51g/cm³ 和 2.59g/cm³。虽然 L3 和 L4 热稳定性有所下降,但耐火度和使用温度比 L1 和 L2 高,使用温度预计可高于 1400℃,可在电子元件和特种耐火材料的烧成中应用。L0 可作为日用陶瓷和工艺陶瓷生产所用的窑具材料的配方,预计最高使用温度可达 1300℃。

分析结果表明,L2 试样的性能较佳,对应的 $Al_{4.59}Si_{1.41}O_{9.7}$ 含量为 66.10%,α-Al_2O_3 含量为 33.90%,抗折强度为 68.21MPa,显气孔率为 21.33%,吸水率为 8.24%,体积密度为 2.59g/cm³,1 次热震抗折强度保持率为 44.86%。

2.4.4　本节小结

(1) 降低和增加煅烧废渣含量配方的实验结果,各试样都形成 $Al_{4.59}Si_{1.41}O_{9.7}$ 和 α-Al_2O_3 两种晶相。降低煅烧废渣含量(SiO_2 含量增加)能使 $Al_{4.59}Si_{1.41}O_{9.7}$ 含量逐渐增加;而增加煅烧废渣含量能使 $Al_{4.59}Si_{1.41}O_{9.7}$ 含量逐渐降低。各试样中莫来石固溶体晶体呈不同尺寸柱状,其晶粒尺寸较小,都能构成不同程度的网络结构;粒状和变形六方片状的刚玉晶体分散在网络结构中。

(2) 降低煅烧废渣含量试样的性能分析结果表明,从 B0 到 B4 试样,抗折强度随着 α-Al_2O_3 含量降低而降低,从 64.12MPa 降低至 36.84MPa;1 次热震抗折强度保持率从 45.60% 增加至 62.16%。增加煅烧废渣含量试样的性能分析结果表明,从 L0 到 L3,试样的抗折强度随着 α-Al_2O_3 含量增加而增加,从 62.29MPa 增加至 83.18MPa,1 次热震抗折强度保持率从 48.94% 下降至 38.57%,L3 到 L4,试样的抗折强度从 83.18MPa 降低至 79.96MPa,1 次热震抗折强度保持率从 38.57% 增加至 43.88%。

(3) 分析结果,B0 试样和 L2 试样的性能为相对最佳。其中 B0 试样对应的 $Al_{4.59}Si_{1.41}O_{9.7}$ 含量为 77.63%,α-Al_2O_3 含量为 22.37%,抗折强度为 64.12MPa,

体积密度为 $2.53g/cm^3$，显气孔率为 21.17%，吸水率为 8.37%，1 次热震抗折强度保持率为 45.60%。L2 试样对应的 $Al_{4.59}Si_{1.41}O_{9.7}$ 含量为 66.10%，α-Al_2O_3 含量为 33.90%，抗折强度为 $68.21MPa$，显气孔率为 21.33%，吸水率为 8.24%，体积密度为 $2.59g/cm^3$，1 次热震抗折强度保持率分别为 44.86%。

2.5　结　　论

本研究以煅烧废渣、黏土为原料合成莫来石-刚玉复相材料，探讨不同配方、烧成温度、保温时间、矿化剂（TiO_2、$ZrSiO_4$、滑石）以及改变晶相比例对复相材料结构与性能的影响。通过 XRD、SEM、性能分析，得出以下结论。

1) 不同配方实验结果

各试样都形成 α-Al_2O_3 和 $Al_{4.59}Si_{1.41}O_{9.7}$ 两种晶相，其中 $Al_{4.59}Si_{1.41}O_{9.7}$ 晶体呈柱状体，α-Al_2O_3 晶体呈粒状或变形的六方片状，1#、3# 和 5# 试样有较为理想的微观形貌。

各试样中 $Al_{4.59}Si_{1.41}O_{9.7}$ 含量随着 SiO_2 含量的降低而降低，1# 到 6# 试样，SiO_2 含量从 24.06% 下降到 21.74% 时，反应与固溶形成的 $Al_{4.59}Si_{1.41}O_{9.7}$ 含量从 80.7% 逐渐降低到 70.0%。1# 到 5# 试样，试样的抗折强度从 $54.04MPa$ 增加至 $71.78MPa$，1 次热震抗折强度保持率从 37.93% 下降到 26.69%。5# 到 6#，试样的抗折强度从 $71.78MPa$ 下降到 $68.09MPa$，1 次热震抗折强度保持率从 26.69% 增加到 29.80%。

综合分析结果，选择 5# 为陶瓷辊棒的较佳配方，对应的 α-Al_2O_3 含量为 28.1%，$Al_{4.59}Si_{1.41}O_{9.7}$ 含量为 71.9%，抗折强度为 $71.78MPa$，1 次热震抗折强度保持率为 26.69%。选择 2# 为窑具材料的较佳配方，对应的 α-Al_2O_3 含量为 23.1%，$Al_{4.59}Si_{1.41}O_{9.7}$ 含量为 76.9%，抗折强度为 $57.64MPa$，1 次热震抗折强度保持率为 37.93%。

2) 不同反应烧结温度和保温时间实验结果

各试样均形成两个晶相：$Al_{4.59}Si_{1.41}O_{9.7}$ 和 α-Al_2O_3，其中 $Al_{4.59}Si_{1.41}O_{9.7}$ 是主晶相，其微观形貌呈柱状体，能构成互相交错的网络结构，刚玉晶体呈变形的六方片状。

反应温度升高，能促进固相反应形成 $Al_{4.59}Si_{1.41}O_{9.7}$，反应温度从 $1480℃$ 升到 $1540℃$，$Al_{4.59}Si_{1.41}O_{9.7}$ 含量从 76.11% 逐渐增加到 79.49%。试样的抗折强度和体积密度随着烧结温度上升而逐渐增加，分别从 $46.93MPa$ 和 $2.30g/cm^3$ 升至 $67.96MPa$ 和 $2.61g/cm^3$；试样的显气孔率和吸水率随反应温度升高而减少；试样的 1 次热震抗折强度保持率随反应温度升高而逐渐下降，从 45.37% 下降至 32.37%。

在反应开始的一段时间内,反应形成的 $Al_{4.59}Si_{1.41}O_{9.7}$ 含量随着反应时间延长而增加;随着反应继续进行,产物层加厚和扩散阻力加大,反应速度减慢,$Al_{4.59}Si_{1.41}O_{9.7}$ 含量变化很少。保温时间从 2h 到 5h,试样 $Al_{4.59}Si_{1.41}O_{9.7}$ 含量从 78.64％增加至 80.32％;从 5h 到 6h,$Al_{4.59}Si_{1.41}O_{9.7}$ 含量从 80.32％降低至 80.26％。试样的抗折强度和体积密度随着保温时间的延长而逐渐增加,显气孔率和吸水率随保温时间的延长而逐渐减小;从 2h 到 4h,试样 1 次热震抗折强度保持率从 42.10％增加至 43.55％;从 4h 到 6h,1 次热震抗折强度保持率反而从 43.55％下降至 36.53％。

综合分析结果,确定相对最佳反应烧结温度为 1540℃,相对最佳的保温时间为 4h,其对应的晶相:$Al_{4.59}Si_{1.41}O_{9.7}$ 为 79.22％,$\alpha\text{-}Al_2O_3$ 为 20.78％;其性能如下:抗折强度为 68.52MPa,1 次热震抗折强度保持率为 43.55％,体积密度为 2.48g/cm³,显气孔率为 23.07％,吸水率为 9.32％,且有最佳的微观形貌。

3) 添加 TiO_2、$ZrSiO_4$ 和滑石矿化剂实验结论

(1) 实验结果表明,添加 TiO_2 和滑石矿化剂的各试样都形成两种晶相:$Al_{4.59}Si_{1.41}O_{9.7}$ 和 $\alpha\text{-}Al_2O_3$;添加 $ZrSiO_4$ 矿化剂各试样形成 $Al_{4.59}Si_{1.41}O_{9.7}$、$\alpha\text{-}Al_2O_3$ 和 ZrO_2 三种晶相,其中 $Al_{4.59}Si_{1.41}O_{9.7}$ 是主晶相。

(2) 添加少量 TiO_2 矿化剂能促进莫来石固溶体生成和生长,添加量从 0 增加至 3.5％(质量分数),$Al_{4.59}Si_{1.41}O_{9.7}$ 含量随着 TiO_2 添加量增加而增加。添加 1.0％(质量分数)的 TiO_2 矿化剂能明显地提高试样的抗折强度,能保持较高 1 次热震抗折强度保持率;添加量从 1.5％增加至 3.5％(质量分数),反而使试样的抗折强度降低。综合分析结果,确定相对最佳 TiO_2 添加量为 1.0％(质量分数),其对应 $Al_{4.59}Si_{1.41}O_{9.7}$ 晶相含量为 82.20％,$\alpha\text{-}Al_2O_3$ 为 17.80％,其抗折强度为 78.34MPa,1 次热震抗折强度为 32.21MPa,保持率为 41.12％,体积密度为 2.52g/cm³,显气孔率为 20.41％,吸水率为 8.09％,且有较佳的微观形貌。

(3) 添加 $ZrSiO_4$ 有利于 $Al_{4.59}Si_{1.41}O_{9.7}$ 的形成;添加一定含量 $ZrSiO_4$ 能明显提高试样的抗折强度和 1 次热震抗折强度,增加体积密度,降低显气孔率和吸水率,但会降低 1 次热震抗折强度保持率。综合分析结果,确定相对最佳 $ZrSiO_4$ 添加量为 4.0％(质量分数),对应的 $Al_{4.59}Si_{1.41}O_{9.7}$ 晶体含量 81.13％,$\alpha\text{-}Al_2O_3$ 含量为 16.63％,ZrO_2 含量为 2.24％,抗折强度为 81.50MPa,1 次热震抗折强度为 33.29MPa,1 次热震抗折强度保持率为 40.85％,体积密度为 2.55g/cm³,显气孔率为 19.47％,吸水率为 7.65％,且有较佳的微观形貌。

(4) 添加滑石不利于 $Al_{4.59}Si_{1.41}O_{9.7}$ 的形成,$Al_{4.59}Si_{1.41}O_{9.7}$ 含量随着添加量的增加而逐渐降低。但添加不同含量滑石能促进莫来石晶体和刚玉晶体的生长,能明显提高试样的抗折强度,增加体积密度,降低显气孔率和吸水率,会降低 1 次热震抗折强度保持率。综合分析结果,确定相对最佳滑石添加量为 6.0％(质量分数),其对应的 $Al_{4.59}Si_{1.41}O_{9.7}$ 晶体含量为 62.18％,$\alpha\text{-}Al_2O_3$ 含量为 37.82％,抗折

强度为 84.24MPa、1 次热震抗折强度为 35.28MPa,1 次热震抗折强度保持率为 41.88%,体积密度为 2.91g/cm^3,显气孔率为 0.43%,吸水率为 0.15%,且有较理想的微观形貌。

4) 改变晶相比例实验结果

(1) 降低和增加煅烧废渣含量配方的实验结果,各试样都形成 $Al_{4.59}Si_{1.41}O_{9.7}$ 和 α-Al_2O_3 两种晶相。降低煅烧废渣含量(SiO_2 含量增加)能使 $Al_{4.59}Si_{1.41}O_{9.7}$ 含量逐渐增加;而增加煅烧废渣含量能使 $Al_{4.59}Si_{1.41}O_{9.7}$ 含量逐渐降低。各试样中莫来石固溶体晶粒尺寸较小,都能构成不同程度的网络结构,其中 B0 和 L2 试样有最佳的微观形貌。

(2) 降低煅烧废渣含量试样的性能分析结果表明,从 B0 到 B4 试样的抗折强度随着 α-Al_2O_3 含量降低而降低,从 64.12MPa 降低至 36.84MPa,1 次热震抗折强度保持率从 45.60% 增至 62.16%。增加煅烧废渣含量试样的性能分析结果表明,从 L0 到 L3,试样抗折强度随着 α-Al_2O_3 含量增加而增加,从 62.29MPa 增至 83.18MPa,1 次热震抗折强度保持率从 48.94% 下降至 38.57%;L3 到 L4,试样的抗折强度从 83.18MPa 降低至 79.96MPa,1 次热震抗折强度保持率从 38.57% 增加至 43.88%。

(3) 分析结果,B0 试样和 L2 试样的性能为相对最佳。其中 B0 试样对应的 $Al_{4.59}Si_{1.41}O_{9.7}$ 含量为 77.63%,α-Al_2O_3 含量为 22.37%,抗折强度为 64.12MPa,体积密度为 2.53g/cm^3,显气孔率为 21.17%,吸水率为 8.37%,1 次热震抗折强度保持率为 45.60%。L2 试样对应的 $Al_{4.59}Si_{1.41}O_{9.7}$ 含量为 66.10%,α-Al_2O_3 含量为 33.90%,抗折强度为 68.21MPa,显气孔率为 21.33%,吸水率为 8.24%,体积密度为 2.59g/cm^3,1 次热震抗折强度保持率为 44.86%。

参 考 文 献

[1] 李纲举,罗再师. 低温烧结刚玉莫来石推板的研制. 陶瓷工程,2000,34(1):12-18.

[2] 叶叔方,刘程. 低蠕变莫来石-刚玉组合砖的试制. 耐火材料,1994,28(1):57-58.

[3] Eugene M. Alumina-mullite ceramics for structural applications. Ceramics International, 2006,32(4):369-375.

[4] 李权. SHF 陶瓷衬垫的研究. 陶瓷工程,1997,31(4):8-11.

[5] 范恩荣. 烧结范围宽的莫来石-刚玉陶瓷. 电瓷避雷器,1994,(4):32-38.

[6] 谭宏斌. 莫来石物理性能研究进展. 山东陶瓷,2008,31(4):31-36.

[7] 许成西. 陶瓷辊棒的使用及维护. 景德镇陶瓷,1996,6(3):29-30.

[8] Naidis M G, Berenshtein P I. High-output roller kiln. Glass and Ceramics, 1975,32(1): 19-23.

[9] 杨东亮,刘凯民. 国外高温陶瓷辊棒组成与性能的研究. 山东陶瓷,1998,21(1):3-5.

[10] Sadanaga R. The structure of mullite,$2Al_2O_3 \cdot SiO_2$ and relationship with the structure of

sillimanite and andalrsite. Acta Crystallogr,1962,15(3):65-68.

[11] Schneider H. Mullite and Mullite Ceramics. Chichester:John Wiley&Sons. 1994:232-234.

[12] Epicier T. Benefits of high-resolution election microscopy for the structural characters of Mullite. Journal of the American Ceramic Society,1991,74(10):59-66.

[13] Cetin A E,Akhan M B,Aksay A,et al. Characterization of motion of moving objects in video. Journal of the American Ceramic Society,1991,74(10):2343-2358.

[14] 赵光岩,饶平根,吕明. 莫来石及多孔莫来石的研究和应用. 中国陶瓷,2006,42(9):13-17.

[15] Tummala R R. Ceramic and glass-ceramic packaging in the 1990s. Journal of the American Ceramic Society,1991,74(5):895-908.

[16] 滕祥红,李贵佳. 钛酸铝陶瓷的研究现状及产业化发展趋势. 陶瓷,2002,(2):11-12.

[17] Thomas H A J,Stevens R. Aluminum titanate-a literature review part 2 engineering properties and thermal stabiliy. British Ceramic Transactions,1989,88(4):184.

[18] 尹衍升,张景德. 氧化铝陶瓷及其复合材料. 北京:化学工业出版社,2000:18-28.

[19] 郑建平. 刚玉-莫来石复相窑具热震稳定性的研究及优化设计. 杭州:浙江大学硕士学位论文,2004.22-28.

[20] 张金泉,杨庆伟. 高温窑具材料的研究. 青岛:中国海洋大学出版社,1993:66-68.

[21] 沈继耀. 复相改性提高耐火材料的抗热震性. 硅酸盐通报,1994,(2):62-63.

[22] 元敬顺. 复合添加剂对全粉料制 α-Al_2O_3 陶瓷抗热震性的影响. 硅酸盐通报,2000,(2):9-12.

[23] 胡宝玉,徐延庆,张宏达. 特种耐火材料使用技术手册. 北京:冶金工业出版社,2004:272-273.

[24] 伊衍升,张景德. 氧化铝陶瓷及其复合材料. 北京:化学工业出版社,2000:13-15.

[25] 洪金生,黄校先,郭景坤. SiC 颗粒和 Y-TZP 强化增韧莫来石陶瓷. 无机材料学报,1990,5(4):340-345.

[26] 周会俊,蔚晓敏,刘鹏,等,刚玉类型对刚玉-莫来石材料性能的影响. 陶瓷,2010,(1):24-27.

[27] 王冬冬,张立明. 刚玉骨料种类与粒度对刚玉-莫来石材料抗热震性的影响. 耐火材料,2009,43(6):428-432.

[28] 王晓廷,王云,赵亮,等. $ZrSiO_4$ 对高铝制品热震稳定性能的影响. 包钢科技,2003,29(3):5-6.

[29] 钟香崇,孙庚辰. 锆刚玉莫来石材料的热机械性能. 硅酸盐通报,1999,(4):4-9.

[30] 陈永瑞,阮玉忠,曾景旭,等. TiO_2 对用铝厂废渣和叶蜡石制备莫来石材料的影响. 硅酸盐通报,2010,29(3):666-669.

[31] 尹玉成,梁永和,吴芸芸,等. TiO_2 在 Al_2O_3-SiO_2 系耐火材料中的作用. 耐火材料,2006,40(2):139-142.

[32] 阮玉忠,吴万国,华金铭,等. 董青石窑具多晶结构与性能研究. 结构化学,1997,16(2):118-124.

[33] 郑珠,赵渭权. 莫来石推板的研制. 耐火材料,1999,19(6):332-334.

[34] 蔡晓峰. 电子陶瓷烧成用窑具材料与技术. 陶瓷,2001,(6):27-29.

[35] Andreas S. New R-SiC extends service life in kiln furniture. American Ceramic Society Bulletin,1997,76(11):51-54.

[36] 任国斌,张海川. Al_2O_3-SiO_2 系实用耐火材料. 北京:冶金工业出版社,1986:360-396.

[37] 刘振英,熊小兵. 新型刚玉-莫来石质承烧座的研制. 耐火材料,2006,40(3):237-238.

[38] 程本军,杨辉,郭兴忠. 硅溶胶对刚玉莫来石复相陶瓷的性能影响. 陶瓷学报,2006,27(1):39-42.

[39] Chen C Y,Lan G S,Tuan W H. Preparation of mullite by the reaction sintering of kaolinite and alumina. Journal of the European Ceramic Society,2000,20(13):2519-2525.

[40] 杜晶,薛群虎,周永生,等. 高纯煤系高岭土合成莫来石研究. 非金属矿,2006,27(1):32-34.

[41] 陈永瑞,阮玉忠,曾景旭,等. TiO_2 对铝厂污泥和叶蜡石制备莫来石材料的影响. 硅酸盐通报,2010,29(3):666-669.

[42] 杨道媛,毋娟,朱凯,等. 高强低导热莫来石-刚玉轻质砖的制备. 稀有金属材料与工程,2009,38(2):1237-1240.

[43] Aklouche N,Achour S,Tabet N. Mullite and alumina composites preparation from cordierite and aluminium hydroxide. Materials Research Bulletin,2008,43(5-6):1297-1306.

[44] Kayaa C,Kaya F,Moric H. Damage assessment of alumina fibre-reinforced mullite ceramic matrix composites subjected to cyclic fatigue at ambient and elevated temperatures. Journal of the European Ceramics Society,2002,22:447-452.

[45] 田文彦,王文旭,罗守靖. 合成莫来石坯体烧结工艺的实验研究. 陶瓷学报,2000,21(2):68-71.

[46] Kay C. Damage assent of alumina fiber-reinforced mullite ceramic matrix composites subjected to cyclic fatigue at ambient and elevated temperatures. Journal of the European Ceramics Society,2002,2(3):447-452.

[47] Nischik S. Effect of processing on mechanical properties of platelet-reinforced mullite composites. Journal of the American Ceramic Society,1991,74(13):2464-2468.

[48] Cemail A. The influence of zircon on the mechanical properties and thermal shock behaviour of slip-cast alumina-mullite refractories. Materials Letters,2002,57(23):992-997.

[49] Cemail A. Mechanical properties and thermal shock behaviour of alumina-mullite-zirconia and alumina-mullite refractories materials by slip casting. Ceramics International,2003,29(6):311-316.

[50] 魏尊莉,李金洪,李益. 添加 Li_2O 对高铝粉煤灰合成刚玉-莫来石材料的影响. 粉煤灰综合利用,2007,2:7-9.

[51] 魏尊莉,李金洪,邢净. NaF 对高铝粉煤灰合成刚玉-莫来石材料的影响. 岩石矿物学杂志,2007,26(2):184-190.

[52] 江民涛,吴南萍,蒋厚义,等. 稀土对刚玉-莫来石瓷性能的影响. 江西科学,1999,17(4):225-230.

[53] 蔡祖光. 陶瓷棍棒的螺旋基础成型模具及应用. 佛山陶瓷,2002,(1):24-28.

[54] 范恩荣.用莫来石-刚玉陶瓷作为石油裂解触媒载体.现代化工,1994,10(5):30-31.

[55] 韩亚苓,张巍,于祥鹤,等.氧化铝-钛酸铝-莫来石复相陶瓷抗热震性研究.沈阳工业大学学报,2007,29(5):403-406.

[56] 邵延宽.用于铁氧体烧结的推板式隧道窑.上海冶金,1994,(4):37-40.

[57] 孙桂春,金建清.软磁铁氧体烧结氮窑用推板的现状与发展.耐火材料,2002,36(5):299-301.

[58] 张效峰.刚玉-莫来石推板的研制与应用.耐火材料,1999,33(1):41-42.

[59] 于岩,阮玉忠,吴任平,等.陶瓷辊棒在辊道窑使用过程中晶相结构与性能变化.结构化学,2002,21(5):572-576.

[60] Li J H, Ma H W, Huang W H. Effect of V_2O_5 on the properties of mullite ceramics synthesized from high-aluminum fly ash and bauxite. Journal of Hazardous Materials,2009,166(2-3):1535-1539.

[61] 阮玉忠,吴万国,华金铭,等.工艺条件对堇青石窑具多晶结构与性能的影响.福州大学学报.1997,25(5):97-102.

[62] 李庭寿,钟香崇,孙庚辰.莫来石-刚玉系材料的高温蠕变性能研究.硅酸盐通报,1989,(3):1-8.

[63] 陈舒.铝型材厂工业废渣在莫来石生产中的应用.福建建材,2009,108(1):46-48.

[64] 张天然.利用铝型材厂废渣制备氧化铝耐磨瓷球.福州:福州大学硕士学位论文,2006.32-39.

[65] 周健儿,章俞之,马光华,等.莫来石抑制钛酸铝材料热分解的机理研究.陶瓷学报,2000,21(3):125-130.

[66] 张子英,郝红涛.利用工业废渣制备耐火材料的现状及进展.中国非金属矿工业导刊,2015,02:4-8,18.

[67] 马冬阳.铝土矿尾矿制备莫来石基复相耐火材料.北京:北京科技大学博士学位论文,2015.

[68] 谭宏斌.莫来石物理性能研究进展.山东陶瓷,2008,31(4):24-27.

[69] 范恩荣.烧结范围宽的莫来石-刚玉陶瓷.电瓷避雷器,1994(4):41-47.

[70] 田玉明,周少鹏,陈战考,等.镁渣对刚玉-莫来石复相陶瓷显微结构及性能的影响.中国陶瓷,2014,01:18-21,25.

[71] 花能斌,苏丽凤,黄旭方,等.利用废陶瓷辊棒制备多孔轻质莫来石材料.福建工程学院学报,2014,01:9-12.

[72] 郭景坤,诸培南.复相陶瓷材料的设计原则.硅酸盐学报,1996(1):7-12.

[73] 杜春生.莫来石的工业应用.硅酸盐通报,1998(2):57-60.

[74] 周传雄.钛酸铝的稳定化及钛酸铝-莫来石窑具的制备.西安:西安建筑科技大学硕士学位论文,2004.

[75] 孙戎,王忠,周青,等.刚玉莫来石薄壁型匣钵的研制.陶瓷科学与艺术,2004(1):17-19.

[76] 陈达谦,陈虹,李文善.莫来石-钛酸铝复相陶瓷研究.现代技术陶瓷,1995,16(3):3-11.

[77] 张越,赵文轩.利用铝厂废渣生产莫来石的研究现状.河南建材,2012,01:134-135.

[78] 谢志煌,阮玉忠,王新锋. 利用铝材厂废渣研制刚玉/莫来石/钛酸铝复相材料. 中国陶瓷, 2011,09:23-26.

[79] Lou H F,Wang J J,Huo X J. Effect of heat on hollow multiphase ceramic microspheres prepared by self-reactive quenching technology. International Journal of Applied Ceramic Technology,2013,10(6):994-1002.

[80] Rendtorff N M,Garrido L B,Aglietti E F. Zirconia toughening of mullite-zirconia-zircon composites obtained by direct sintering. Ceramics International,2010,36:781-788.

[81] Bakr I M,Wahsh M M S. Fabrication and characterization of multiphase ceramic composites based on zircon-alumina-magnesia mixtures. Materials & Design,2012,35:99-105.

[82] Kato E,Daimon K,Takahashi J. Decomposition temperature of β-Al$_2$TiO$_5$. Journal of the American Ceramic Society,1980,63:355-356.

[83] Sarkara N,Leeb K S,Parka J G,et al. Mechanical and thermal properties of highly porous Al$_2$TiO$_5$-Mullite ceramics. Ceramics International,2016,42(2):3548-3555.

[84] Zhu Z,Wei Z,Sun W,et al. Cost-effective utilization of mineral-based raw materials for preparation of porous mullite ceramic membranes via in-situ reaction method. Applied Clay Science,2016,120:135-141.

[85] Schneider H,Fischer R X,Schreuer J. Mullite: Crystal structure and related properties. Journal of the American Ceramic Society,2015,98(10):2948-2967.

[86] Chen Z,Zhang Z,Tsai C C,et al. Electrospun mullite fibers from the sol-gel precursor. Journal of Sol-Gel Science and Technology,2015,74(1):208-219.

[87] Saucedo-Rivalcoba V,Ayala Landeros J G,Castao Meneses V M,et al. Study of thermal properties of mullite porous materials. Journal of Thermal Analysis and Calorimetry,2015, 120(3):1553-1561.

[88] Talou M H,Camerucci M A. Processing of porous mullite ceramics using novel routes by starch consolidation casting. Journal of the European Ceramic Society,2015,35(3): 1021-1030.

[89] Sarkara N;Parka J G,Mazumdera S,et al. Al$_2$TiO$_5$-mullite porous ceramics from particle stabilized wet foam. Ceramics International,2015,41(5):6306-6311.

[90] Edjaboua M E,Jensena M B,Götzea R,et al. Municipal solid waste composition: Sampling methodology,statistical analyses,and case study evaluation. Waste Management,2015,36: 12-23.

[91] Gong L,Wang Y,Cheng X,et al. Thermal conductivity of highly porous mullite materials. International Journal of Heat and Mass Transfer,2013,67:253-259.

第3章 利用铝厂废渣研制莫来石-堇青石复相材料

3.1 引 言

随着陶瓷生产研究技术的不断深入和陶瓷工业的普遍发展,陶瓷窑具用材也正向高性能、低价格的优质合成材料方向发展[1]。采用合成原料虽然能够显著提高窑具的使用性能,延长使用寿命,然而昂贵的成本[如 $Al(OH)_3$ 作为合成原料,1t 要 3000 元],难以为陶瓷厂接受,因此其推广应用受到了限制[2,3]。为了满足陶瓷工业发展的需要[4],作者开发了成本较低、使用性能较好的以莫来石-堇青石为主要原料制备的窑具。窑具是用于支承、保护陶瓷产品烧成工序的异型耐火材料,对陶瓷制品的质量和能耗有极其重要的影响[5,6]。窑具行业与陶瓷行业的发展是相辅相成的,没有优质的窑具就不可能生产出高档的陶瓷制品,没有发达的窑具行业也不可能有真正意义上的陶瓷大国。近年来,我国在陶瓷工业中主要采用莫来石-堇青石窑具,国内建造了一些专业生产厂家,但其产品性能与国外同类产品相比,还有一定的差距。目前,所需的优质窑具材料仍以进口为主[7,8]。

如何利用其廉价的生产成本来制造优质实用而且回报性高的产品呢? 作者想到了利用铝厂废渣制造莫来石-堇青石耐火窑具材料。

在铝型材生产过程中,通过表面处理可以提高铝型材的耐腐蚀性和耐磨性,但处理过程中将产生大量的废液,这些废液是胶体溶液,具有颗粒细小且高度分散的特点。在排放前如果没有对其进行处理,将会对附近的水域及环境造成严重污染,导致生态的破坏[10,11]。因而必须在排放前破坏废液的稳定性,使废渣凝聚沉淀,再对其进行过滤,此时的清液达到环保的要求,可以直接排放。经分析,过滤得到的废渣主要成分是 $Al(OH)_3$ 和 $AlOOH$,含有耐高温成分 $\alpha\text{-}Al_2O_3$,而 $\alpha\text{-}Al_2O_3$ 可作为耐火材料和某些化工产品的主要原料。由于铝厂在生产过程中产生大量的废渣,而废渣的处置目前国内外通用的亦是唯一的方法,即堆存,沟、谷堆存或平地堆存;输送方法为"干法"(1:2)或"湿法"(1:5)。由此可见,废渣的外排、堆存将伴随着大量污染物碱的排放,且附在废渣当中长久堆置,堆存场地的防渗措施和回收措施如何,直接关系到区域地下水的水质状况。因此对废渣的综合利用是一项重要而有意义的研究,不仅帮铝厂解决了难以解决的废渣问题,还进一步解决了废渣对周围环境造成破坏的问题。

本研究首次采用铝厂的废渣合成堇青石-莫来石材料[12,13],再以合成的堇青石-莫来石为主要原料研制优质窑具材料。本章选用铝厂废渣、闽侯黏土和滑石作为原料合成莫来石-堇青石材料。闽侯黏土来源丰富,价格便宜,有利于充分发挥本土资源优势,降低成本,因此选用铝厂废渣和闽侯黏土作为原料其环保意义、社会效益和经济效益都很显著[14,15]。因此利用废渣与闽侯黏土合成莫来石-堇青石比用其他方法更具优势。由于废渣具有粒度细、比表面积大、表面能高、活性大的特点,可以促进固相反应,有利于堇青石、莫来石的形成[16,17]。由此得到的莫来石-堇青石研制出的耐火窑具中莫来石含量高,因而具有优良的高温力学性能和热学性能,以及更长的使用寿命。由于原料的成本低廉,具有十分显著的经济效应,这种耐火窑具材料在陶瓷企业、冶金系统及电子工业等领域有着广泛的应用前景[18-20],且其使用寿命长,不易变形和落渣,产品质量高,成品率高,从而降低应用企业的成本,应用效益非常显著[21]。

3.2　利用铝型材厂工业废渣合成莫来石-堇青石复相材料

3.2.1　原料组成与晶相结构

利采用铝厂废渣、闽侯黏土和滑石合成堇青石-莫来石复相材料。其中废渣中的含水量为 70%,细度为 $0.1\sim1\mu m$,主要成分是 γ-AlOOH(一水软铝石)和具有无定形体结构的固体物质,含有少量的杂质[22]。黏土的主要成分有:70% SiO_2,20% Al_2O_3,10%其他组分;含镁原料滑石的主要成分是:32.5% MgO,30%～40% SiO_2。

1. 铝厂废渣的组成与结构

铝厂废渣是铝型材表面去污、碱洗、酸洗和阳极氧化产生的大量废液,经沉淀过滤得到固体废渣[23]。原料有干料和湿料两种。干料是一种白色粉状和块状混合物,块状易碎;湿料呈团状灰色,含水量为 70%～80%,烘干后可得到白色块状混合物,其粒径为 $0.1\sim1\mu m$,粒子超细(小于 $1\mu m$),表面存在晶格缺陷、空位和位错,造成表面的不均一性,引起表面的极化变形和重排,使表面晶格畸变,有序度下降[24,25]。这种表面无序度随着粒子变小不断向纵深发展,结果使废渣粒子结构趋于无定形,活性大大提高。因此,废渣是合成莫来石-堇青石的最佳原料。经 XRD 分析,废渣原料主要组成晶相为 γ-AlOOH、Al(OH)$_3$ 和具有无定形体结构的微晶。其中 γ-AlOOH 称为一水软铝石,为低级晶族,斜方晶系,其晶格常数为:$a_0=0.3700nm,b_0=1.2227nm,c_0=0.2868nm$[26]。图 3-1 是铝型材厂废渣 XRD 谱图,图 3-2 是废渣 SEM 图像。通过化学全分析,干废渣的化学组成见表 3-1。

表 3-1　铝厂废渣的化学组成(质量分数)

化学组成	SiO_2/%	Al_2O_3/%	Fe_2O_3/%	TiO_2/%	CaO/%	MgO/%	K_2O/%	Na_2O/%	灼减/%
含量	2.34	61.16	0.27	—	0.48	0.37	0.03	0.34	34.26

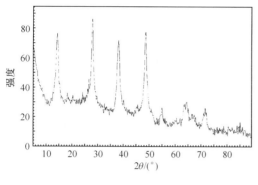

图 3-1　废渣 XRD 图谱

图 3-2　废渣 SEM 图

2. 闽侯黏土的组成与结构

本项目所用黏土来自福建本地闽侯,用于工业生产价格低廉,能使成本大幅度降低。闽侯黏土属于细分散的多种含水铝硅酸矿物的混合体。其含有 SiO_2 约70%、Al_2O_3 约 20%,还含有少量 TiO_2 等成分[27]。闽侯黏土为风化残积型黏土,可归于高岭石类,其主要矿物为高岭石,属三斜晶系,细分散晶体。闽侯黏土显微结构外形呈片状、粒状和杆状,粒径小于 $2\mu m$。它具有价格低、耐火度高、可塑性较好等优点,且其含有的少量 TiO_2,有利于莫来石的生成[28,29]。通过化学全分析,其化学组成如表 3-2 所示。

表 3-2　闽侯黏土的化学组成(质量分数)

化学组成	SiO_2/%	Al_2O_3/%	Fe_2O_3/%	TiO_2/%	CaO/%	MgO/%	K_2O/%	Na_2O/%	灼减/%
含量	72.06	18.56	1.05	0.09	0.07	0.21	0.85	0.09	7.01

在利用铝型材厂废渣合成莫来石-董青石复相材料的实验中,作者选择闽侯黏土作为实验的基础配料之一,在于闽侯黏土能够为莫来石-董青石复相材料的烧结提供 SiO_2,具有较好的耐火度,并且闽侯黏土的加入可以提高试样制备的可塑性,因此选择闽侯黏土作为实验的基础配料之一[30]。

3.2.2　实验

1. 实验配方

理论的董青石化学组成是 13.8% MgO、34.9% Al_2O_3、51.3% SiO_2,而理论的莫来石化学成分是 72.1% Al_2O_3,28.2% SiO_2。因此要制备莫来石-董青石复相材料,必须使制品的 Al_2O_3 含量大于 34.9%,SiO_2 含量低于 51.3%,MgO 含量低于13.8%,合成莫来石-董青石复相材料主要原料为铝厂废渣、闽侯黏土及含镁质滑石。由于堇青石材料属不稳定化合物,分解温度和使用温度较低,烧成和反应温度范围狭窄,合成反应难于控制。根据堇青石上述特性与理论组成以及实际应用需要进行配料,控制配料的化学组成:SiO_2 为 $43\% \sim 48\%$,Al_2O_3 为 $42\% \sim 46\%$,MgO 为 $11\% \sim 12\%$。五个实验配方列于表 3-3 中。

表 3-3　制备莫来石-堇青石原料的配方(质量分数)

序号	滑石粉/%	黏土/%	废渣/%
A	22	30	48
B	20	32	48
C	18	34	48
D	16	36	48
E	14	38	48

2. 试样制备工艺

试样制备工艺:配料→陈腐→成型→烘干→烧成。

(1) 配料:将铝厂废渣、滑石和闽侯黏土混合、搅拌,用 20 目的筛子过筛三次,与刚玉球一起置于振动磨中研磨 3h 使之混合均匀,加入适量糊精及少量水搅拌均匀,直至混合料有一定的可塑性,并用细筛过筛三次,混合均匀,减少分层现象。

(2) 陈腐:本实验所用的混合料是造粒后的,需要陈腐,把拌好的配料陈放一段时间后,可使坯料的水分更加均匀,可提高坯料的成型性能和坯体强度。

(3) 成型:将陈腐后的坯料制成任意形状的小块。

(4) 烘干:把成型的试样放入电热恒温干燥炉中干燥,温度为 100℃,烘至试样全干。干燥箱型号为 LLHW-73-105。

(5) 烧成:将干燥后的试样放入箱式电阻炉中煅烧,煅烧至一定温度后保温一定时间,之后断电让其自然冷却。箱式电阻炉的型号为 SXZ-12-16,功率 12kW,工作温度 1600℃,电压 380 V,上海跃进医疗器械厂制。

根据表 3-3 的配方,进行配料、陈腐、成型、烘干后,然后放入高温马弗炉中,在 1330℃下反应,保温时间为 2h,冷却破碎分级,部分研磨成过 $250 \sim 300$ 目的粉末作为 XRD 分析的试样,破碎的平整薄片可作为 SEM 分析的试样。

3. 试样结构分析

采用 Philips X'pert-MPD X 射线衍射仪测定各试样的晶相结构,采用内标半定量分析确定各晶相的含量,用 Philips X'pert plus 软件确定不同试样中各晶相结构与晶胞参数。采用 Philips XL-30E SEM 扫描电镜确定试样的组织和形貌(气孔以及排列方式……)、成分、颗粒大小和数量等显微结构。

3. 2. 3　实验结果与分析

1. 不同配方试样中形成的晶相及其含量

经 XRD 分析,各试样 XRD 谱图如图 3-3～图 3-7 所示。由图 3-3～图 3-5 看出,A、B 和 C 试样形成三个晶相:卡片号为 84-1222 的 $Mg_2Al_4Si_5O_{18}$(堇青石)、卡片号为 79-1454 的 $Al_{4.75}Si_{1.25}O_{9.63}$(莫来石固溶体)和卡片号为 75-1797 的 $MgAl_2O_4$ (尖晶石)。D 和 E 主要形成 $Mg_2Al_4Si_5O_{18}$ 和 $Al_{4.75}Si_{1.25}O_{9.63}$(莫来石固溶体)两个晶相(图 3-6,图 3-7)。各试样的晶相含量见表 3-4。其中镁铝尖晶石($MgAl_2O_4$)所具有的一种独特的晶体结构称为尖晶石型结构。该结构属立方晶系,面心立方点阵。尖晶石结构可看作氧离子形成立方最紧密堆积,再由 X 离子占据 64 个四面体空隙的 1/8,即 8 个 A 位,Y 离子占据 32 个八面体空隙的 1/2,即 16 个 B 位。

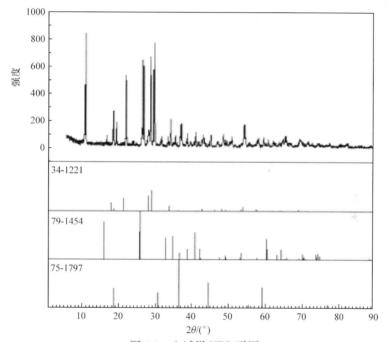

图 3-3　A 试样 XRD 谱图

表 3-4　各试样的晶相含量(质量分数)

序号	$Mg_2Al_4Si_5O_{18}$/%	$MgAl_2O_4$/%	$Al_{4.75}Si_{1.25}O_{9.63}$/%
A	58	12	30
B	74	9	18
C	45	9	46
D	51	—	49
E	52	—	48

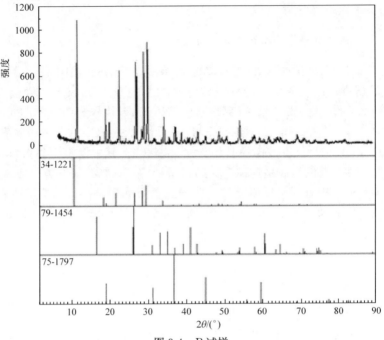

图 3-4　B 试样

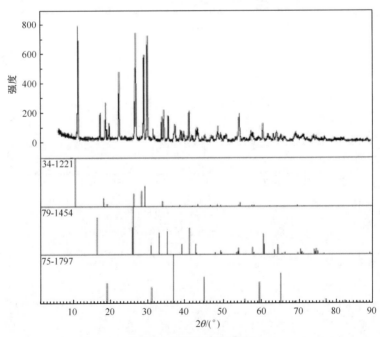

图 3-5　C 试样 XRD 谱图

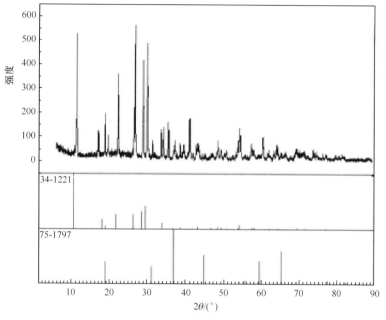

图 3-6　D 试样 XRD 谱图

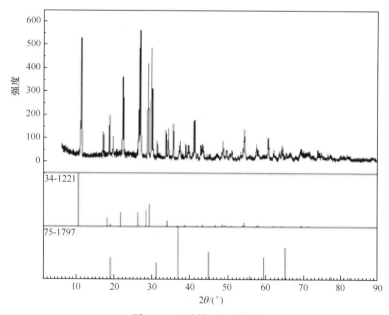

图 3-7　E 试样 XRD 谱图

从表 3-4 可以看出,随着滑石粉含量的降低及黏土含量的升高,从 A 到 B,董青石的含量升高,莫来石和尖晶石的含量降低,董青石含量从 58%升到 74%,尖晶石含量从 12%降到 9%,莫来石含量从 30%降到 18%;当滑石粉含量从 20%降至

18%时,从 B 到 C,堇青石含量开始下降,尖晶石含量则保持不变,莫来石含量则上升,堇青石含量从 74%降到 45%,尖晶石含量不变,莫来石含量从 18%上升至 46%;而当滑石粉含量再降至 16%时,从 C 到 D,尖晶石消失,而堇青石含量从 45%上升到 51%,莫来石含量也增加至 49%;最后,当滑石粉含量进一步降低 2%时,堇青石和莫来石含量变化很小,堇青石含量从 51%上升到 52%时,莫来石含量反而降低了 1%,即降至 48%。

通过分析看出,D 和 E 都只含有堇青石和莫来石。这表明,随着滑石粉含量的降低,没有尖晶石生成,而 D 配方堇青石和莫来石含量接近 50%,在莫来石-堇青石复相材料中,堇青石的含量对莫来石稳定性影响很重要,一般莫来石-堇青石含量比小于等于 50%,莫来石晶体能稳定存在,不至于分解。这使得它具有强度高、热稳定性好和寿命长的优点,分析结果选择 D 配方为最佳配方。反应形成具有结构缺陷的莫来石 $Al_{4.75}Si_{1.25}O_{9.63}$,这种结构是如何形成呢? 其完整晶体化学式为 $Al_2O_3 \cdot SiO_2$,由于各试样的配方中存在过量的 α-Al_2O_3,能使 α-Al_2O_3 与已形成的 $Al_2O_3 \cdot SiO_2$ 形成固溶体,即 Al_2O_3 中 Al^{3+} 取代[SiO_4]四面体中的 Si^{4+},产生点缺陷,其缺陷方程式如下:

$$Al_2O_3 \xrightarrow{Al_2O_3 \cdot SiO_2} 4Al_{Al} + 6O_O + 2Al'_{Si} + 3O_O + V_O^{\cdot\cdot}$$

$$Al_2O_3 \xrightarrow{2(Al_2O \cdot SiO_2)\text{-}Al_4Si_2O_{10}} 4Al_{Al} + 9O_O + 2Al'_{Si} + V_O^{\cdot\cdot}$$

缺陷化学式为

$$Al_4[Al_x Si_{2-x} V_{Ox/2} O_{10-x/2}] \xrightarrow{x=0.75} Al_4[Al_{0.75} Si_{2-0.75} V_{O0.375} O_{10-0.375}] \longrightarrow$$

$$Al_4[Al_{0.75} Si_{1.25} V_{O0.375} O_{9.625}] \longrightarrow Al_{4.75} Si_{1.25} V_{O0.375} O_{9.63} \longrightarrow Al_{4.75} Si_{1.25} O_{9.63}$$

分析结果与卡片号 79-1454 的结构相同。$Al_{4.75}Si_{1.25}O_{9.63}$ 属于低级晶族,斜方晶系,Pbam 空间群,具有岛状结构,在结构中存在两种 Al^{3+},其中 $4Al^{3+}$ 与 O^{2-} 形成[AlO_6]八面体,而 $0.75Al^{3+}$ 与 O^{2-} 形成[AlO_4]四面体,$1.25Si^{4+}$ 与 O^{2-} 形成 [SiO_4]四面体,结构中的四面体有 $0.75/2$[AlO_4]$+1.25/2$[SiO_4],即 0.375 [AlO_4]$+0.625$[SiO_4],同时形成 0.375 氧的空位,[AlO_4]和[SiO_4]由[AlO_6]八面体连接成岛状结构。

2. SEM 分析

D 配方的 SEM 图如 3-8 所示,放大 5000 倍,从图中可以看出粒状堇青石、尖晶石晶体,粒径为 $1\sim3.5\mu m$。晶体晶界明显,晶体长得多,在堇青石晶体中间分布着柱状莫来石,由于受堇青石晶体的影响,莫来石长得不完全,不是呈针状的晶体。玻璃体牢固地黏结成一块,形成一个整体,而且可以看到晶体生长,使大晶粒长大,而小晶粒消失。在图 3-8(a)和(b)中,看到少量未反应的正六面体 α-Al_2O_3,由于含量低而 XRD 很难确定。在两图中出现少量的微裂纹,它们是沿晶扩展,而不是穿晶断裂。表明这种材料韧性和热稳定性好、强度高,是较好的莫来石-堇青石合成料。

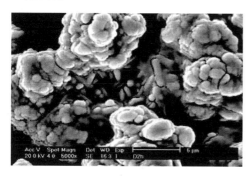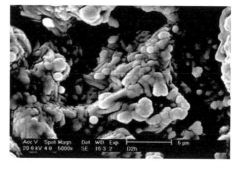

(a) D配方的SEM图　　　　　　　　　　(b) D配方的SEM图

图 3-8　D 配方的 SEM 图

3. 本节小结

(1) 经 XRD 分析可知,各试样最多形成三个晶相:堇青石、镁铝尖晶石和带有结构缺陷的莫来石。其中堇青石属于中级晶族,六方晶系,具有组群状结构。莫来石属于低级晶族,斜方晶系,具有岛状结构。尖晶石属于高级晶族,立方晶系,具有典型尖晶石结构。经分析,确定 D 配方为最佳合成料配方,其堇青石与莫来石的质量比为 1.0,比值合理有利于两种晶相稳定存在和提高材料热稳定性。

(2) 经 SEM 分析可知,晶体长得多而大,晶界清晰,结构牢固,能体现莫来石-堇青石的优良性能。图中微裂纹是沿晶扩散,而不是穿晶断裂,表明材料强度高、韧性好。

3.3　利用铝型材厂工业废渣合成莫来石-堇青石复相材料的影响因素

影响合成莫来石-堇青石材料的因素很多,如烧成温度、保温时间、添加物、原料的细度、结晶形态、$MgO/Al_2O_3/SiO_2$ 质量比、原料中的杂质等[31-33]。下面着重讨论烧成温度和保温时间对莫来石形成的影响。

3.3.1　不同反应温度对莫来石-堇青石复相材料结构的影响

1. 试样配方与制备

由于堇青石的烧成温度范围狭窄,只有 50℃左右,且其分解温度为 1460℃,又由于二次莫来石化生成的莫来石较稳定、含量高,而发生二次莫来石化的温度在

1200℃以上[34-36]，因此本实验拟定五个烧结温度：1290℃、1310℃、1330℃、1350℃、1370℃。探讨不同反应温度对莫来石-堇青石材料形成的影响[37,38]。以已研究确定的最佳配方（D 配方见表 3-5）为实验基础配方，经配料、陈腐、成型、烘干后，置于高温马弗炉中分别以上述五个温度进行烧结，并在不同烧结温度下保温2h，烧成五个样品。将样品破碎和研磨，取 300 目粉末进行 XRD 分析，取平整薄片进行 SEM 分析。

试样的制备工艺过程：配料→研磨→烘干→破碎细化→加水（6%～7%）可塑成型→烘干→烧成→试样研磨成 300 目→XRD 分析（X 射线衍射分析→SEM分析

表 3-5　D 配方在不同温度下的烧成保温 2h

温度/℃	滑石粉/%	黏土/%	废渣/%
1290	16	36	48
1310	16	36	48
1330	16	36	48
1350	16	36	48
1370	16	36	48

2. 实验结果与分析

1）不同温度下各试样中形成的晶相及其含量

经 XRD 分析，烧成温度分别为 1290℃、1310℃、1330℃、1350℃、1370℃，保温2h 试样的 XRD 谱图，如图 3-9～图 3-13 所示。各反应温度试样的晶相及其含量列于表 3-6 中。

表 3-6　不同温度试样中的堇青石和莫来石的含量（质量分数）

温度/℃	堇青石含量/%	莫来石含量/%
1290	60	40
1310	59	41
1330	53	47
1350	48	52
1370	47	53

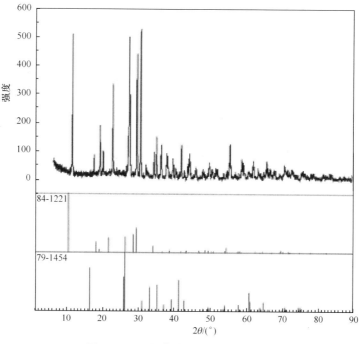

图 3-9　1290℃烧成试样的 XRD 谱图

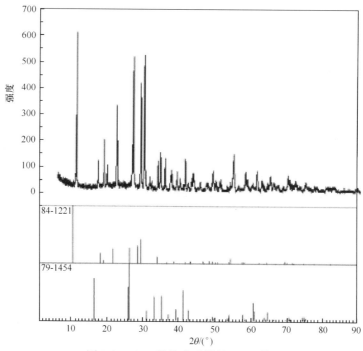

图 3-10　1310℃烧成试样的 XRD 谱图

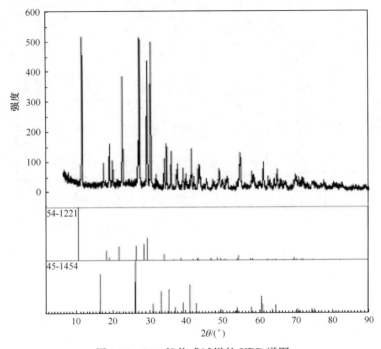

图 3-11　1330℃烧成试样的 XRD 谱图

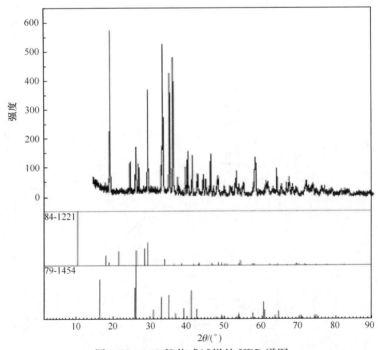

图 3-12　1350℃烧成试样的 XRD 谱图

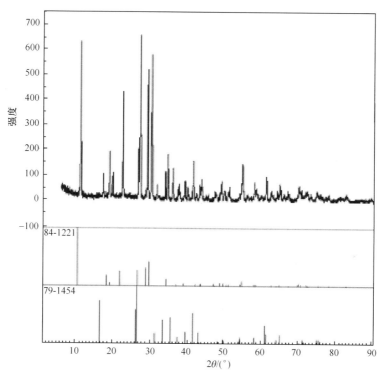

图 3-13　1370℃烧成试样的 XRD 谱图

从表 3-6 看出,堇青石的含量随着反应温度的升高而降低,而带有结构缺陷的莫来石含量随着反应温度的升高而升高。由于堇青石属于不稳定化合物,在 1460℃就会分解;另外,由于原料中杂质的存在,使形成液相的开始温度下降。随着反应温度的升高,形成的液相会越来越多,促使堇青石分解;同时由于反应温度的升高,反应物的扩散速度加快,在界面上的反应速度也会加快,转化率提高,堇青石的含量也会不断地增加。但是,温度升高导致堇青石分解的速度大于温度升高引起的固相反应速度加快,使堇青石含量增加的速度下降,即堇青石的分解速度大于其生成速度,结果导致堇青石的含量降低。莫来石的熔点 1850℃,耐火度高,在高温下形成液相不容易,所以反应温度升高对莫来石固相反应有利;另外,由于堇青石的含量降低有利于莫来石的形成,因此生成莫来石的反应速度大于其分解速度,结果莫来石的含量随着温度升高而增加。确定 1330℃为最佳的反应温度,其堇青石与莫来石的比例最合理。

2) 不同温度对各试样晶相结构的影响

由 XRD 分析得堇青石-莫来石复相材料中存在堇青石、莫来石两种晶相的图谱。经 Philips X'pert plus 软件确定各试样的晶胞参数,下面讨论不同反应温度下试样中晶相结构与晶胞参数,见表 3-7 和表 3-8。

表 3-7　不同反应温度下试样中莫来石的晶格参数

温度/℃	$a/Å$	$b/Å$	$c/Å$	$\alpha/(°)$	$\beta/(°)$	$\gamma/(°)$
单晶	7.8811	7.6865	2.8872	90	90	90
1290	7.946300	7.835216	5.154746	90	90	90
1330	7.709061	7.546189	2.891951	90	90	90
1350	9.255487	8.298238	6.077941	90	90	90
1370	10.892530	10.892530	7.553207	90	90	90

经软件计算和确定,1290℃莫来石结构的对称性没有改变,即仍然具有低级晶族斜方晶系,但是晶胞参数发生变化,由原来的 $a=7.8811Å$、$b=7.6865Å$、$c=2.8872Å$ 改变为 $a=7.9463Å$、$b=7.835216Å$、$c=5.154746Å$,使晶胞参数 a、b、c 变大,整个晶体的体积变大,这是由于原料 Al_2O_3 的 Al^{3+} 取代四面体中的 Si^{4+} 形成 $Al_4[Al_{1+x}Si_{2-x}V_{Ox/2}]O_{10-x/2}$,即温度升高,使形成的缺陷浓度增加,$x$ 变大,晶粒变形,引起晶体结构和晶胞参数发生变化。

同理,随着反应温度的升高,晶胞参数不断发生变化,多数都大于单晶的晶胞参数,导致晶体的体积变大。另外,反应温度的升高,使形成的缺陷浓度增加,即促使 x 变大,引起 $Al_4[Al_{1+x}Si_{2-x}V_{Ox/2}]O_{10-x/2}$ 变化,最后导致晶粒变形,晶胞参数发生变化。

表 3-8　不同反应温度下试样中董青石的晶格参数

温度/℃	$a/Å$	$b/Å$	$c/Å$	$\alpha/(°)$	$\beta/(°)$	$\gamma/(°)$
单晶	9.7936	9.7936	9.7936	90	90	120
1290	9.807806	9.807806	9.340274	90	90	120
1330	9.799844	9.799844	9.357574	90	90	120
1350	9.790413	9.790413	9.336072	90	90	120
1370	11.843390	11.843390	15.012840	90	90	120

经软件计算和确定,1290℃董青石结构的对称性没有改变,即仍然保留单晶的中级晶族六方晶系,但是晶胞参数发生微小变化,由原来的 $a=b=9.7936Å$、$c=9.3385Å$ 改变为 $a=b=9.807806Å$、$c=9.340273Å$,使晶胞参数 a、b、c 变长,整个晶体的体积变大,这是由试样中含有 CaO 和 Fe_2O_3 杂质而引起的,Ca^{2+} 和 Fe^{3+} 取代董青石中的 Mg^{2+},使晶粒变形,引起晶体结构发生位移性转变,晶胞体积变大,a、b、c 变长。其缺陷化学式为 $Mg_{2-x}Ca_xAl_3[AlSi_5]O_{18}$、$Mg_{2-x}Fe_xAl_3[AlSi_5]O_{18}$ 和 $Mg_2Al_3[Al_{1+x}Si_{5-x}]O_{18-x/2}$。同理,随着反应温度的升高,晶胞参数不断发生变大,导致晶体的体积变大。当反应温度达到 1370℃时,试样经软件计算和确定结

果,堇青石结构的对称性还是没有改变,即仍然保留单晶的中级晶族六方晶系,但是晶胞参数发生较大的变化,由原来的 $a=b=9.7936Å$、$c=9.3385Å$ 改变为 $a=b=11.843390Å$,$c=15.012840Å$,晶胞参数 a、b、c 变大,使整个晶体的体积变大。这是由于温度升高,粒子扩散速度加快,反应速度变大,即 x 增大,使 $Mg_{2-x}Ca_xAl_3[Al-Si_5]O_{18}$、$Mg_{2-x}Fe_xAl_3[AlSi_5]O_{18}$ 和 $Mg_2Al_3[Al_{1+x}Si_{5-x}]O_{18-x/2}$ 的缺陷浓度增加,结构更加不完整,使晶体参数变化更大。

3. 不同反应温度对各试样显微结构的影响

不同反应温度下的试样(即堇青石-莫来石复相材料)经 Philips XL-30E SEM 扫描电镜分析图谱如图 3-14～图 3-16 所示。

从图 3-14 中可以看出,形成 1～2μm 的晶体,可看到粒状的堇青石和柱状的莫来石。晶体生长多,晶界明显,出现粒子之间被玻璃相黏结、粒子变形、有的晶体长大、有的晶体缩小等现象。在图 3-15 中看到粒状的堇青石和柱状的莫来石,晶

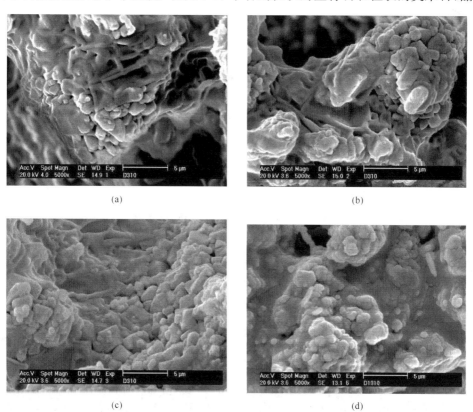

(a)　　　　　　　　　　　　　　(b)

(c)　　　　　　　　　　　　　　(d)

图 3-14　烧结温度为 1310℃试样的 SEM 图

体明显长大。温度从 1310℃ 上升到 1330℃,晶体生长速度加快,使晶体长得大而多,同时玻璃相增加,把晶体黏结在一起,结构发生改变。从图 3-16 看出,1350℃ 时晶体长得更多,这表明温度上升到 1350℃时,固相反应速度、晶体成核速度和生

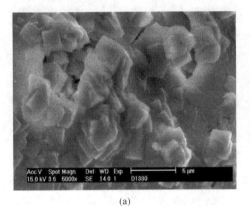

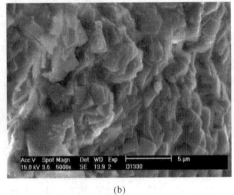

(a)　　　　　　　　　　　　　　　　　　　　　(b)

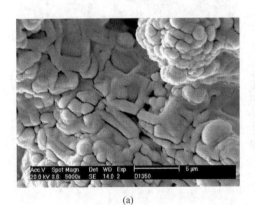

(c)

图 3-15　烧结温度为 1330℃试样的 SEM 图

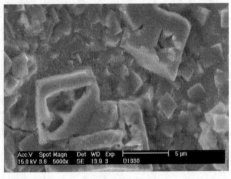

(a)　　　　　　　　　　　　　　　　　　　　　(b)

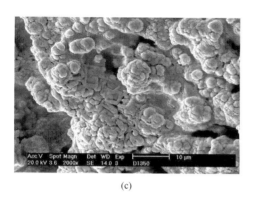

(c)   (d)

图 3-16 烧结温度为 1350℃试样的 SEM 图

长速度都加快,表现出晶体长得多而大,随着温度升高,晶体开始烧结和生长,粒子之间黏结、重排、气孔排出,晶体变形,使部分晶体长大,部分晶体收缩而变小。各图中,晶体长得完整,晶界清晰可见,玻璃相减少,表现出晶体从液相中析出长大的现象。莫来石的含量增多,耐火度提高,玻璃相减少等现象表明韧性提高和热抗震性能提高。

3.3.2 不同反应时间莫来石-堇青石复相材料结构的影响

1. 试样制备

在已研究确定的最佳配方(D 配方)和最佳反应温度 1330℃基础上,经配料、陈腐、成型、烘干后,置于高温炉中烧结并分别保温 2h、3h、4h、5h、6h,烧成五个样品,将样品破碎和研磨,取 300 目粉末进行 XRD 分析,取平整薄片进行 SEM 分析。

不同反应时间所得试样的 XRD 谱图如图 3-17～图 3-21 所示,分别为在烧成温度 1330℃下保温 2h、3h、4h、5h、6h 试样的 XRD 谱图。各反应时间所得试样的晶相及其含量列于表 3-9 中。

表 3-9 不同反应时间下试样中晶相及其含量(质量分数)

时间/h	堇青石/%	莫来石/%
2	48	52
3	57	43
4	60	40
5	47	53
6	48	52

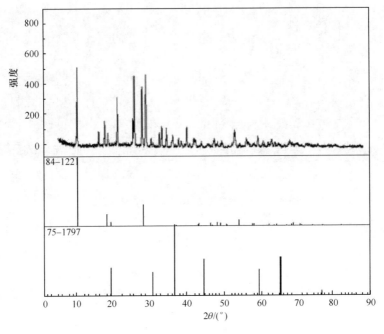

图 3-17　试样保温 2h 的 XRD 谱图

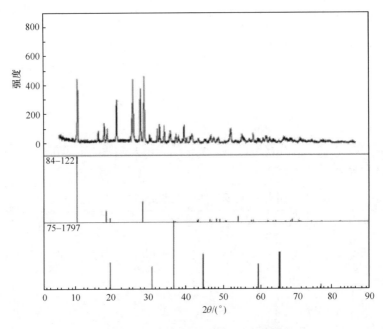

图 3-18　试样保温 3h 的 XRD 谱图

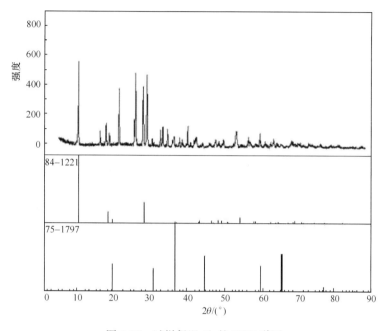

图 3-19　试样保温 4h 的 XRD 谱图

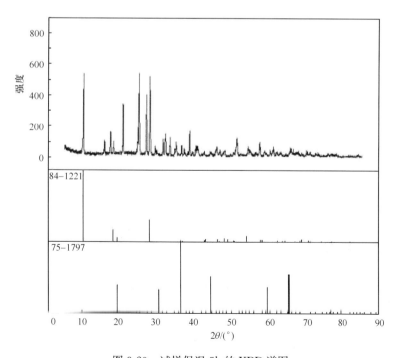

图 3-20　试样保温 5h 的 XRD 谱图

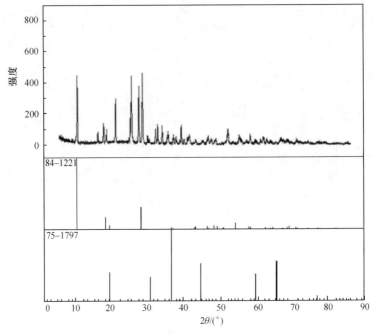

图 3-21　试样保温 6h 的 XRD 谱图

从表 3-9 看出,2～4h 堇青石含量随着反应时间延长而增加,莫来石含量随着反应时间的延长而减少。4～6h 堇青石含量随着反应时间的延长而减少,莫来石含量随着反应时间的延长而增加。这是由于该过程涉及固相反应形成一次莫来石、二次莫来石和堇青石的复杂过程。950℃开始形成一次莫来石,1200℃开始形成二次莫来石,低于 1200℃反应形成堇青石速度很慢;当温度升至 1330℃时,反应形成堇青石速度明显比二次莫来石快,所以反应时间为 2h 时,形成一次和二次莫来石总量比堇青石高(莫来石总量为 52%,堇青石为 48%)。形成堇青石的固相反应属于三元反应,形成的莫来石固相反应属于二元反应,故随着反应时间延长,已形成的莫来石与过量的 MgO 反应形成堇青石,所以反应时间从 2h 到 4h,堇青石含量增加(48%升至 60%),而莫来石含量降低(52%降至 40%)。当反应时间从 4h 到 6h 时,系统形成液相量逐渐增多,促使已反应形成堇青石部分分解成液相和莫来石,所以堇青石含量降低(从 60%降至 48%),而莫来石含量增多(40%增至 52%)。

分析结果确定 2h 为最佳的反应时间。因堇青石与莫来石含量相当,有利于两个晶相稳定存在,有利于提高材料的高温性能。

2. 不同反应时间对各试样显微结构的影响

经 SEM 分析,不同反应时间试样的 SEM 图如 3-22 和图 3-23 所示。

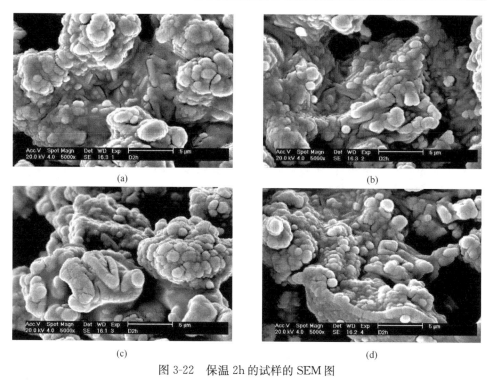

图 3-22　保温 2h 的试样的 SEM 图

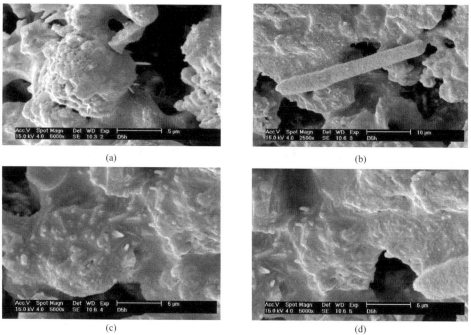

图 3-23　保温 5h 的试样的 SEM 图

反应时间为 2h 的试样晶体尺寸为 $0.5 \sim 3 \mu m$，晶体晶界很明显，被玻璃体黏结得很牢固。可看到粒状的堇青石和柱状的莫来石晶体已经烧结变形，气孔被填充，粒子变形，大粒子长大，小粒子缩小而消失，晶界不规则。在图 3-22(b) 中还可以看出少量正六面体 $\alpha\text{-}Al_2O_3$。表明原料还有少量 $\alpha\text{-}Al_2O_3$ 尚未参与反应。从图 3-22 可看出，反应时间为 2h 时，形成的玻璃相较少，黏度小，有利于晶体成核和生长，晶体长得多而大。随着反应时间从 2h 增加到 5h。试样形成玻璃相增加，黏度加大，阻碍了晶体成核和生长。因此 5h 试样中晶体较小，为 $0.5 \mu m$ 左右，而且散在六方形体玻璃相中，晶体与玻璃相黏结，致密度很高，只能看隐形的晶体。在图 3-23(a) 中，堇青石晶体较多，阻碍莫来石形成和生长。只能看到很少针状晶体，而晶体直径很小。在图 3-23(c) 中有两块不同位置的晶体。其一堇青石占位大，莫来石只有少量可见；其二莫来石含量较高，只分散着少量堇青石晶体，所以反应时间长，晶体生成黏度大，表现出晶体多而小。从图 3-23(c) 看出，部分玻璃相少的位置，晶体长得较大，而玻璃相多的位置，晶体长得小。

3.3.3 本节小结

(1) 经 XRD 分析表明，不同反应温度各试样形成两个晶相：堇青石和莫来石固溶体。经 Philips X'pert plus 软件分析，确定堇青石和莫来石的对称性没有改变，仍然保留六方和斜方结构，但二者的晶胞参数发生较大变化。这是由于原料杂质 CaO 和 Fe_2O_3 与两个晶相形成固溶体的程度增加，引起晶格变形，晶胞参数发生变化。

(2) 分析结果表明，反应形成的堇青石含量随着反应温度升高而减少，莫来石含量则随反应温度的升高而增加，确定 $1350℃$ 为最佳反应温度。其对应的堇青石与莫来石的比例最合理（堇青石为 51%，莫来石为 49%）。

(3) SEM 分析表明，随着温度的升高，晶体成核速度和成长速度加快，从而使晶体长得多而大，使晶体之间黏结、重排、气孔排除，大的晶体长大，小的晶粒缩小而消失。在堇青石晶体多的位置，莫来石晶体长得小，呈柱状，反之亦然。

(4) XRD 分析表明，不同反应时间试样形成两个晶相：堇青石和莫来石固溶体。反应时间从 2h 到 4h，堇青石含量随着反应时间延长而增加，莫来石含量随着反应时间的延长而减少。从 4h 到 6h，堇青石含量随着反应时间延长而减少，莫来石含量随着反应时间延长而增加。分析结果确定 2h 为最佳的反应时间。因堇青石与莫来石含量相当，有利于两个晶相稳定存在，有利于提高材料的高温性能。

(5) 经 SEM 分析，可以确定粒状的为堇青石，柱状的为莫来石，少量正六面体的为 $\alpha\text{-}Al_2O_3$。反应 2h，玻璃相少，黏度低，有利于晶体成核和生长。所以晶体长得大而多。随着反应时间增加而形成的玻璃相越来越多，黏度增加，阻碍了晶体生长，使试样中晶体长得多而小。

3.4 利用铝型材厂工业废渣合成莫来石-堇青石 复相材料制备窑具材料

3.4.1 实验

1. 原料处理与窑具材料配方

窑具是一种用以支撑、保护烧成制品的耐火材料[39],其质量的好坏直接影响陶瓷生产成本和质量,因此窑具在陶瓷工业中是一种非常重要的耐火材料[40]。窑具耐火材料的配料是将各种不同品种、组分和性质的原料以及各种粒度的熟料颗粒按一定比例进行配合的工艺。各种原料的配合依材料的品种和性质的要求而定,不同制品各有特点[41-43]。各级粒度的颗粒配合对砖坯的致密度影响极大。只有使各级粒度颗粒的堆积体达到最紧密的程度,才能得到致密的制品。欲使多级不同粒度的颗粒组成的堆积体密度得到提高,必须使粗颗粒堆积后所留下的空隙全部由细颗粒填充,而细颗粒中的空隙由更细的颗粒级填充,如此逐级填充即可获得最紧密堆积[44,45]。本课题采用最佳配方(D配方)烧制成的莫来石-堇青石合成料、细莫来石-堇青石及添加剂配料烧成窑具耐火材料,即在已研究确定的以最佳条件(在1330℃下烧成保温2h)下合成莫来石-堇青石复相材料,经破碎和研磨制备成粗料和细料,另加长石和硅微粉,其中长石和硅微粉作为添加剂,其主要目的是使坯体在烧结温度形成一定的液相,促进烧结,增加强度,同时又不影响莫来石-堇青石复相材料的稳定[45-48]。预定五种不同粗细莫来石-堇青石含量的配比,即得制备莫来石-堇青石窑具的配方,见表3-10。

表3-10 制备莫来石-堇青石窑具的配方(质量分数)

序号	粗堇青石-莫来石/%	细堇青石-莫来石/%	长石/%	硅微粉/%
D1	47	45	3	5
D2	46	45	4	5
D3	45	45	5	5
D4	44	45	6	5
D5	43	45	7	5

硅微粉是冶炼硅铁、工业硅时从烟气净化装置中回收的工业烟尘。硅微粉组成:SiO_2 含量为 91.94%,Al_2O_3 含量为 2.06%,Fe_2O_3 含量为 1.65%,K_2O 含量

为 0.95％，Na_2O 含量为 0.30％，其他成分含量为 3.15％。XRD 分析结果显示，其谱图峰是山峰状（图 3-24），SEM 分析结果证实硅微粉属于玻璃态结构，粒子粒径为 0.1～1μm，粒子聚集成团状，但可明显看到粒子的大小（图 3-25）。由于表面积大，活性高，其作为莫来石-堇青石复相材料结合剂可以提高材料的烧结推动力，降低烧结温度，增加材料的强度[49-51]。我国是世界硅铁、工业硅生产大国，据《冶金报》报道，1985 年我国已形成硅铁 100 万 t，工业硅 30 万 t 的生产能力，估计硅铁实际年生产量 80 万～90 万 t。据此计算，我国微硅粉潜在资源每年达 15 万 t 以上。硅粉曾一度被认为是一种严重污染环境的烟尘，而今经各国的研究与利用已证明它是一种很有价值的商品[52]。

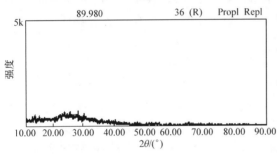

图 3-24　硅微粉 XRD 图谱　　　　图 3-25　硅微粉 SEM 图

2. 窑具材料试样制备

试样制备工艺过程：配料→混料→过筛→陈腐→半干压成型（500kg/cm^2）→干燥→烧成→试样。

1）配料混料

根据配料比，称量好一定比例的粗细料，然后进行多次过筛使得混合均匀，加少量的水和黏合剂使得混料获得良好的成型性能。添加低温结合剂为 3％的糊精液，其具有很好的干燥强度。

2）过筛陈腐

把拌好的配料过筛后，陈放一段时间使坯料的水分更加均匀，提高坯料的成型性能和坯体强度。

3）成型

成型的目的是将混料制成具有一定形状和适当密度与强度的砖坯。实际应用中，砖坯成型的方法很多，主要依混料的性质、制品形状和对制品性质的要求而定。最常用的方法是采用半干的混料用机械压制法成型。本次实验采用半干压成型，成型压力 500kg/cm^2，成型后的样品为条形，尺寸为 20mm×25mm×170mm。

4) 干燥

由于大部分刚成型后的坯体都含有较多水分,强度较低,不便于堆码和搬运,也不能直接入窑烧成,必须进行烘干处理,否则不但在搬运堆码过程中会造成大量损失和内部裂纹,入窑煅烧由于水分剧烈排出还会引起爆裂。本次实验把样品放在烘干炉进行烘干,由于砖坯在干燥过程中往往会产生收缩,如果干燥速度太快,就会造成开裂、鼓爆等现象[53]。所以,温度一般控制在 100～130℃。把成型的试样放入电热恒温干燥炉中干燥,温度为 100℃,烘至试样全干[54]。

5) 烧成

将干燥后的试样放入箱式电阻炉中煅烧,煅烧至一定温度后保温一定时间,之后断电让其自然冷却。在烧结过程中要注意刚刚开始的温度不要升得太快,升得太快易使样品开裂;即将到达温度时也要放慢升温速度,以免温度烧得过头,造成实验条件的偏差。

烧成的目的是使砖坯在高温下发生一系列物理化学反应并达到烧结,获得具有相当高的密度、强度和其他各种性能的制品。这里的烧成主要指烧结过程,可以在不发生任何化学反应的情况下,将固体粉料加热转变成坚实的致密烧结体[55,56]。烧结过程是将固体粉料用结合剂连接起来,使固体颗粒相互接触,高温加热时,颗粒间接触面积扩大,相互黏结而变成一体,并逐渐形成晶界,气孔从连通状逐渐变成孤立状,且逐渐缩小,最后大部分甚至全部气孔从坯体中排出,使成型体的致密度和硬度增加,成为具有一定性能和几何外形的整体[57]。

3. 窑具材料性能测试

性能测试是试样烧成后很关键的一步,性能的好坏直接关系到所做实验的结果。坯体经烧成后,强度增加,致密度提高,体积缩小。因此,材料的烧结程度,在生产上常用坯体的收缩率,气孔率和体积密度等指标来衡量。烧结的显著标志是表面气孔率接近于零。另外,烧成制品的抗热震性也是一项重要的指标,它反映了材料高温使用性能的优良性,也关系到窑具材料的使用寿命[58]。

1) 抗折强度

将标准试样在室温条件下放在弯曲装置下受压,试样所能承受的最大载荷即为抗折强度。检测时,在三点弯曲装置上,以规定的加荷速度对规定尺寸的试样施加张应力,直至断裂。每组试样三条,测试材料抗折强度,是评估材料是否具有优异性能的关键所在。试验样品的标准尺寸为 25mm×20mm×170mm。

实验步骤如下。

(1) 把试样烘干,直至恒重。

(2) 调整仪器位置,将试样平衡地放在 KZY-500-2 型电动抗折仪的下刀口处。

(3) 打开开关,启动仪器按钮,待试样断裂的瞬间,读出试样的最大载荷。抗

折强度计算公式为

$$P_r = 3/2FL/(bh^2) \tag{3-1}$$

式中:P_r 为抗折强度(kgf/cm², 1kgf/cm² = 9.80665×10⁴Pa);F 为试样断裂时的最大载荷(kgf, 1kgf=9.80665N);b 为线条中宽度(cm);h 为线条中间高度(cm);L 为下刀口的距离(cm),本次实验刀口的距离L=6.240cm。

2) 抗折强度保持率

在设计窑具时,除了保持窑具一定的机械强度,还要尽量增加其抗热震稳定性,即一定的抗折强度保持率。抗热震性是指试样抵抗温度急剧变化作用而不破坏的能力。它又称为急冷急热性、温度急变抵抗性和热稳定性。材料在使用过程中,温度的升高或降低不可避免,使之产生膨胀和收缩,即产生热应力。当热应力超过材料的自身结构强度时,就发生了开裂或剥落,甚至使衬体崩溃。抗热震性与材料的化学矿物组成、微观结构、物料颗粒及配制工艺、热膨胀和热导率等性能有密切的关系,与材料的组织结构和强度也有密切的关系[59]。

实验步骤如下。

(1) 将试样置于碳硅马弗炉中,升温至 850℃后保温 30min。

(2) 取出试样立即投入 20℃的水中。

(3) 分成两份,其中一份冷却后烘干(即 1 次热震),另一份则在冷却后略微干燥后立即放回炉中,继续加热如前步骤,完成 10 次循环(即 10 次热震)。

(4) 测定 1 次和 10 次后的抗折强度,与未经热震的试样的抗折强度进行比较,得到 1 次和 10 次的热震抗折强度保持率。其公式如下:

$$\eta = (P_{rn}/P_{r0}) \times 100\% \tag{3-2}$$

式中:η 为经过 n 次热震后试样的保持率(%);P_{rn} 为经过 n 次热震后试样的抗折强度(kgf/cm²);P_{r0} 为未经过热震试样的抗折强度(kgf/cm²)。

设 P_{r0} 为 0 次热震试条的抗折强度,P_{r1} 为 1 次热震后试条的抗折强度,P_{r10} 为 10 次热震后试条的抗折强度,则抗折强度保持率的公式如下:

$$1 \text{ 次抗折强度保持率} = P_{r1}/P_{r0} \times 100\% \tag{3-3}$$

$$10 \text{ 次抗折强度保持率} = P_{r10}/P_{r0} \times 100\% \tag{3-4}$$

3) 气孔率

耐火材料内的气孔是由原料内气孔和成型时颗粒间的气孔所构成的。气孔的体积、形状及大小的分布对耐火材料的性质有很大的影响[60]。气孔的存在形态非常复杂,呈网状,分为闭口气孔和开口气孔。在一般的 Al_2O_3-SiO_2 系耐火制品中,开口气孔体积占总气孔体积的绝对多数,闭口气孔体积则很少且不能直接测定。因此,气孔率用开口气孔率即显气孔率表示。

分别取做过抗折强度实验的 1 次和 10 次的断裂试条,把表面与四棱都磨平一点,以免在实验过程中造成不必要的损伤和缺失,然后分别测量其体积密度、显气孔率和吸水率。

实验步骤如下。

（1）把试样断裂的部位、棱线以及表面易脱落的部位磨均匀，并把试样表面的粉尘清洁干净，干燥至恒重，并称其质量 m_0。

（2）将试样包好，用布条扎紧（注意区分样品）后，放入沸煮箱中沸煮 4h（用蒸馏水），水面要始终保持在试样的上方，即要时刻注意加水，以免煮干或者低于试样表面而造成试样测量结果的偏差。

（3）沸煮 4h 后浸泡 20h 以上。

（4）用电子天平测量饱和试样在水中的质量 m_1。

（5）用电子天平测量饱和试样在空气中的质量 m_2。

P_a 为显气孔率，其公式如下：

$$P_a=(m_0-m_1)/(m_2-m_1)\times100\% \tag{3-5}$$

4）体积密度

体积密度是表示制品致密程度的重要指标。致密度高，可减小制品受侵蚀的总面积。增大制品的质量与侵蚀介质质量之比，从而提高其使用寿命。制品的体积密度随着制品的气孔率和矿物组成的改变而改变，因此体积密度是制品中气孔体积数量和存在矿物相的一个综合概念。体积密度是指试样烘干后的质量与其总体积之比，即多孔体的质量与其总体积之比值，用 kg/m³ 或 g/cm³ 表示。

$$P_v=m_0\times\rho/(m_2-m_1) \tag{3-6}$$

式中：P_v 为体积密度；ρ 为测定温度下水的密度（kg/m³）。

5）吸水率

吸水率是指试样全部开口气孔吸满水的质量与干材料质量的百分比。

$$W_c=(m_2-m_0)/m_0\times100\% \tag{3-7}$$

式中：W_c 为吸水率；m_0、m_1、m_2 含义同上。

6）线收缩率

测量出试样沸煮前与沸煮后的长度，通过比较，得出线收缩率，公式为

$$线收缩率=(D_0-D)/D_0 \tag{3-8}$$

式中：D_0 为沸煮前的长度；D 为沸煮后的长度。

3.4.2　实验结果与分析

按表 3-10 中的五种配方制备成的窑具材料的试样，测试各试样显气孔率、吸水率、体积密度、抗折强度、热震抗折强度、热震抗折强度保持率。

五种窑具配方每组试样三条，如 D1 窑具配方有 D1、D11、D12 三根试条，测试材料抗折强度。各试样 0 次热震抗折强度、1 次热震抗折强度、10 次热震抗折强度实验数据列于表 3-11 中。为了更详细地了解耐火材料制品在经过 0 次热震、1 次

热震和 10 次热震后其抗折强度的变化趋势,根据表 3-11 中的抗折强度绘制得到各试样 0 次热震、1 次热震和 10 次热震后抗折强度变化曲线,如图 3-26 所示。

表 3-11　各试样 0 次、1 次和 10 次热震抗折强度

试样序号	0 次抗折强度 /(kgf/cm²)	1 次热震抗折强度 /(kgf/cm²)	10 次热震抗折强度 /(kgf/cm²)
D1	128.89	80.07	46.79
D2	129.36	64.55	40.24
D3	119.79	61.56	33.54
D4	120.48	60.06	30.45
D5	103.75	47.92	31.52

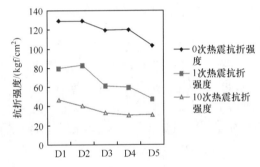

图 3-26　各试样 0 次、1 次和 10 次热震的抗折强度变化曲线

为了更直观地描述各个样品热震稳定性,即急冷急热后强度的变化情况,计算各试样 1 次和 10 次抗折强度保持率,列于表 3-12 中。根据表中的各试样抗折强度保持率绘制得到其 1 次和 10 次热震的抗折强度保持率变化曲线,如图 3-27 所示。

表 3-12　各试样 1 次和 10 次抗折强度保持率

试样序号	P_{r1}/P_{r0}/%	P_{r10}/P_{r0}/%
D1	58.26	38.44
D2	48.93	31.18
D3	51.57	27.82
D4	49.77	25.55
D5	45.88	30.12

测得各试样 0 次、1 次和 10 次热震抗折强度后的显气孔率、体积密度、吸水率和线收缩率的实验数据列于表 3-13～表 3-16。图线见图 3-28～图 3-31。

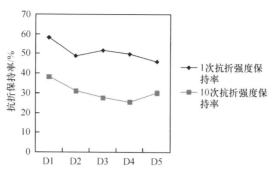

图 3-27　各试样 1 次和 10 次抗折强度保持率变化曲线

表 3-13　各试样 0 次、1 次和 10 次热震后的显气孔率

试样序号	0 次热震后的显气孔率/%	1 次热震后的显气孔率/%	10 次热震后的显气孔率/%
D1	38.20	40.38	39.70
D2	39.99	38.90	38.80
D3	36.99	40.67	40.61
D4	41.36	37.81	38.20
D5	37.34	39.48	40.33

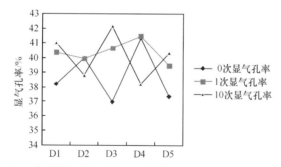

图 3-28　各试样 0 次、1 次和 10 次热震后的显气孔率变化曲线

表 3-14　各试样 0 次、1 次和 10 次热震后的体积密度

试样序号	0 次热震后的体积密度/(g/cm³)	1 次热震后的体积密度/(g/cm³)	10 次热震后的体积密度/(g/cm³)
D1	1.6072	1.5576	1.5743
D2	1.5615	1.5902	1.5928
D3	1.6351	1.5455	1.5505
D4	1.5271	1.5818	1.6048
D5	1.6000	1.5642	1.5459

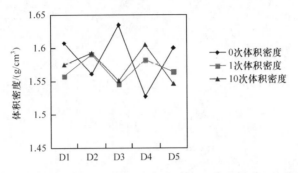

图 3-29　各试样 0 次、1 次和 10 次热震后的体积密度变化曲线

表 3-15　各试样 0 次、1 次和 10 次热震后的吸水率

试样序号	1 次热震后的吸水率/%	1 次热震后的吸水率/%	10 次热震后的吸水率/%
D1	23.77	25.94	25.15
D2	25.61	24.49	24.37
D3	22.62	26.41	26.23
D4	27.08	23.67	23.85
D5	23.33	25.37	26.09

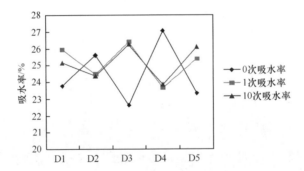

图 3-30　各试样 0 次、1 次和 10 次热震后的吸水率变化曲线

表 3-16　各试样线沸煮前后线收缩率

试样序号	$(D_0-D)/D_0$/%
D1	0.0187
D2	0.014
D3	0.0225
D4	0.0192
D5	0.0251

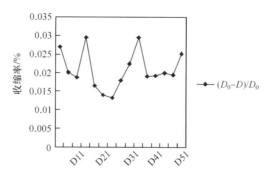

图 3-31　各试样线沸煮前后线收缩率变化曲线

从静态性能上了解到最好的性能效果原则上应该是高抗折强度、高抗折强度保持率和适当的吸水率、气孔率以及体积密度。由图 3-26～图 3-31 可以看出,从 D1 号到 D5 号,其抗折强度呈一种略微下降的趋势,D1 号至 D5 号的 0 次抗折强度依次为 128.89kgf/cm² → 129.36kgf/cm² → 119.79kgf/cm² → 120.48kgf/cm² → 103.75kgf/cm²,D1 号至 D5 号的 1 次抗折强度依次为 80.07kgf/cm² → 64.55kgf/cm²→61.56kgf/cm²→60.06kgf/cm²→47.92kgf/cm²,D1 号至 D5 号的 10 次抗折强度依次为 80.07kgf/cm²→40.24kgf/cm²→33.54kgf/cm²→30.45kgf/cm²→ 31.52kgf/cm²;其热震强度保持率也类似地呈略微下降的趋势,D1 号至 D5 号的 1 次抗折强度保持率依次为 58.26%→ 48.93%→51.57%→49.77%→45.88%,D1 号至 D5 号的 10 次抗折强度依次为 38.44%→31.18%→27.82%→25.55%→ 30.12%;D1 至 D5 号的显气孔率、体积密度和吸水率的变化规律不是很明显。显气孔率、体积密度和吸水率应该适当,不能太大或太小,太大的显气孔率和吸水率或太小的体积密度会降低窑具的抗折强度,太小的显气孔率和吸水率或太大的体积密度会影响窑具的热稳定性,因此,选择最佳配方的显气孔率,体积密度和吸水率应大小适中。根据以上所述,D1 号的 0 次热震后显气孔率为 38.20%,吸水率为 23.77%,体积密度为 1.6072g/cm³;1 次热震后显气孔率 40.38%,吸水率为 25.94%,体积密度为 1.5576g/cm³;10 次热震后显气孔率 39.70%,吸水率为 25.15%,体积密度为 1.5743g/cm³,在五个配方中大小适当,而且它的 1 次和 10 次抗折强度和热震保持率在五个配方中最高,因此,选择 D1 号为最佳窑具配方。

3.4.3　本节小结

综合分析结果,确定用 D 合成料研制的窑具材料最佳配方是 D1 号,其 0 次抗折强度与 1 次和 10 次热震抗折强度保持率较高,分别为 12.89MPa 和 58.26%,38.44%,这种窑具材料抗急冷急热性能较好,使用寿命长。

3.5　提高合成料中莫来石-堇青石两晶相含量比的研究

3.5.1　实验

在前面几节中,已经讨论了利用铝型材厂的废渣、滑石粉、闽侯黏土合成莫来石-堇青石复相材料并设计制备了莫来石-堇青石窑具耐火材料,也有了一定的成果,但使用温度偏低,大约在 1250℃ 以下。作者课题组觉得有必要继续研究和探讨出更优良的莫来石-堇青石窑具耐火材料,提高窑具的使用温度,以期达到日本莫来石-堇青石窑具材料水平。故在后面的几章中主要是对提高莫来石-堇青石材料中两晶相比值进行研究,并对优质莫来石-堇青石窑具材料进行研制。

1. 实验配方

在前面的配方基础上,改进配方结构,以期获得高莫来石-堇青石含量比合成材料,即继续降低滑石粉和黏土的添加量,并增加废渣的添加量。理想的堇青石化学组成是 13.8% MgO、34.9% Al_2O_3、51.3% SiO_2,而理想的莫来石化学成分是 72.1% Al_2O_3,28.2% SiO_2。堇青石中的 MgO 主要由滑石提供,故降低滑石粉的添加量将会降低堇青石的生成量。同样莫来石中的 Al_2O_3 主要由废渣提供,故降低废渣的添加量将会增加莫来石的生成量。理想的莫来石化学成分含 28.2% SiO_2,小于理想的堇青石化学组成中 SiO_2 的含量 51.3%,故降低黏土的添加量将有利于莫来石的生成而不利于堇青石的生成。因此获得高莫来石-堇青石含量比合成材料。

通过上面的讨论,将从铝型材厂得到的废渣通过初步筛选,去除杂质,经过粗磨、细磨制成原料,与市售普通滑石粉、闽侯黏土按设计的五种配方进行配比。配方如表 3-17 所示。

表 3-17　制备莫来石-堇青石原料的配方(质量分数)

配方序号	滑石/%	黏土/%	废渣/%
1	14	36	50
2	12	34	54
3	10	32	58
4	8	30	62
5	6	28	66

2. 试样制备工艺

按配方将生料配好,湿磨、烘干后进行煅烧后制成熟料,即莫来石-堇青石,经研磨、过筛得到具有两种不同颗粒大小的莫来石-堇青石粉,加糊精混合,具有一定可塑性,用半干法在成型机上压制成型,其成型压力 500kg/cm²,略微干燥后,再次放入马弗炉中烧结,最后得到 170mm×25mm×20mm 符合标准的试条。注意,在烧结过程中刚开始升温不能太快,升得太快易使样品开裂,即将到达温度时也要放慢升温速度,以免温度烧过头,造成实验条件的偏差[61,62]。

3. 试样结构分析

每种配方各做五个小球试样分别于 1370℃、1390℃、1410℃、1430℃ 四个温度下在高温箱式电阻炉中煅烧并保温,冷却后取部分磨成粉末状进行 XRD 分析(定性、半定量、晶胞参数的确定等),部分敲成具有一定平面的小块状进行 SEM 分析(形貌观察)。利用 Philips X'pert-MPD-X 射线衍射分析,确定各试样的晶相结构;通过图中不同的波峰大小来判断每个含量的相对量,即内标法。用 Philips XL-3DE SEM 的扫描电镜分析试样的组织和形貌(气孔以及排列方式等)、成分、颗粒大小、数量等。

3.5.2　实验结果与分析

1. 不同温度下不同配方试样中形成的晶相及其含量

1) 1350℃烧成试样分析

利用 Philips X'pert-MPD-X 射线对 1350℃煅烧试样进行衍射分析[63],得到 XRD 图谱,如图 3-32 所示,通过图谱中不同的波峰大小来判断其晶相含量。

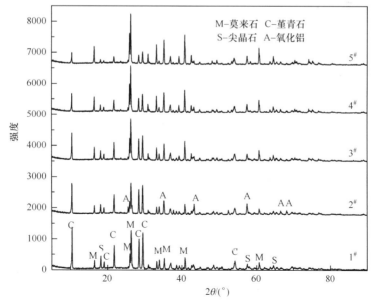

图 3-32　五组试样 1350℃烧成 2h 的 XRD 谱图

由图 3-32 的 XRD 图谱经过半定量分析得到试样的晶相组成,如表 3-18 所示。

表 3-18　1350℃烧成保温 2h 各试样的晶相组成(质量分数)　　　　(单位:%)

试样编号	滑石	黏土	废渣	$MgAl_2O_4$	$Al_{4.52}Si_{1.48}O_{9.74}$	Al_2O_3	$Mg_2Al_{3.96}Si_{5.04}O_{18}$
1	14	36	50	10.1(1)	40.6(3)	—	49.3(5)
2	12	34	54	6.4(5)	35.5(9)	18.7	39.3(4)
3	10	32	58	8.5(7)	55(1)	4.5	32.2(4)
4	8	30	62	8.2(8)	64.9(8)	7.3	19.6(3)
5	6	28	66	3.9(3)	80.3(9)	3.9	11.9(2)

数据分析表明,在合成温度 1350℃下,合成试样中形成四个晶相:莫来石固溶体和堇青石固溶体,镁铝尖晶石相和少量的 α-Al_2O_3。堇青石体积密度较小 $(2.5g/cm^3)$,晶体结构为斜方晶系,晶体结构中有较大的空隙,对称性较低且结构不紧密。分子受热振动时,因有富余的空间,故具有较小的热膨胀系数,一般为 $1.76\times10^{-6}\sim2.30\times10^{-6}℃^{-1}$(温度为 20~1200℃),所以堇青石是良好的热稳定材料,广泛作为优质的耐火材料、电子封装材料、催化剂载体、泡沫陶瓷、生物陶瓷、印刷电路板、低温热辐射材料等[64,65]。但是堇青石是不稳定化合物,在 1464℃分解为莫来石和液体,耐火度较低,只能在低于 1250℃的范围使用,堇青石窑具烧结温度很狭窄,只有 30℃左右,这样给生产过程中的工艺控制带来困难,而莫来石高温性能优良,机械强度高(室温下抗弯曲强度为 49MPa),但其热膨胀系数较大。因此,为兼顾材料的高温性能及抗热震性能,将堇青石与莫来石进行复合是提高材料性能最有效的措施之一。

表 3-18 中,五种不同配方在 1350℃下煅烧并保温 2h 得到的试样的晶相组成中,从理论上分析,1 号和 2 号试样具有良好的热稳定性,抗急冷性较强,但由于莫来石的含量相对较少,耐火性能较差,机械强度较低,这样的材料使用范围相对比较狭窄;而与 1 号和 2 号相比,3 号试样的性能显然比较优越,3 号试样中莫来石含量达到 55%,堇青石的含量也有 32.2%。这样的试样既具有足够的热稳定性,又具比较强的高温性能和机械强度;既耐高温、高抗折,同时也具有较好的热稳定性,抗急冷性强,在高温高强度且反复急冷的工艺中可以达到要求,具有较长的使用寿命。4 号试样莫来石含量为 64.9%,堇青石含量达到 19.6%,基本达到日本研制的莫来石-堇青石窑具要求。日本窑具含莫来石为 70%左右,堇青石含量为 30%左右。确定 4 号为 1350℃合成料的最佳配方。这种配方研制的窑具材料使用温度可达 1300℃以上。5 号试样中的堇青石含量较少,虽然热稳定性降低,使用寿命相对缩短,但能发挥莫来石耐高温的特性,这种合成料(莫来石含量为 80%,堇青石含量为 11.9%)研制的窑具材料使用温度可达 1350℃以上,适用于日用瓷生产

的窑具要求。因此,5 号试样配方也可以确定为较佳的配方。

2) 1370℃烧成试样分析

利用 Philips X'pert-MPD-X 射线对 1370℃煅烧试样进行衍射分析,得到 XRD 谱图,如图 3-33 所示,通过图中不同的波峰大小来判断其晶相含量。

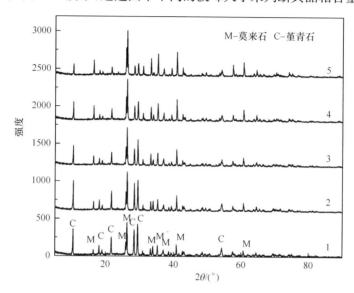

图 3-33　五组试样 1370℃烧成 2h 的 XRD 谱图

由图 3-33 的 XRD 谱图经过半定量分析得到试样的晶相组成,如表 3-19 所示。

表 3-19　1370℃烧成保温 2h 各试样的晶相组成(质量分数)

试样编号	滑石 /%	黏土 /%	废渣 /%	$Al_{4.52}Si_{1.48}O_{9.74}$ /%	$Mg_2Al_{3.96}Si_{5.04}O_{18}$ /%
1	14	36	50	54.3(4)	45.7(6)
2	12	34	54	59.8(7)	40.2(8)
3	10	32	58	69.3(3)	30.7(5)
4	8	30	62	77.3(1)	22.7(4)
5	6	28	66	86.1(2)	13.9(4)

数据分析:当合成温度从 1350℃上升到 1370℃时,合成试样中不形成镁铝尖晶石相,只形成两个晶相,即莫来石固溶体和堇青石固溶体。这种合成料性能比 1350℃的好。按照上一组试样相同的分析方法,表 3-19 五种不同配方在 1370℃下煅烧并保温 2h 得到的试样的晶相组成中,1 号和 2 号试样的莫来石、堇青石含量比较接近进口莫来石-堇青石窑具的含量,适合用于制造低于 1250℃使用的窑具,

具有高抗折和较好的热稳定性,可研制成抗急冷性强的产品,有较高的研究意义。1号与2号相比,1号的耐高温性能和机械强度相对2号稍低,但在热稳定性方面比2号试样稍好,在制造产品时可视具体使用要求来选择。而3号、4号和5号菫青石含量较低,但莫来石含量高,可在较高温度下使用。

从表3-19中看出,反应形成莫来石固溶体的含量随滑石含量降低和废渣含量增加而增加,反应形成菫青石固溶体含量却与莫来石含量的变化相反。为了达到日本进口窑具的质量,确定3号为最佳配方,其莫来石含量为69.3%,菫青石含量为30.7%。这种合成料研制的窑具材料使用温度可达到1300℃以上,使用寿命可达500次以上。若窑具在高于1350℃使用温度下使用,也可以确定5号为最佳配方,其莫来石含量为86.1%,菫青石含量为13.9%。这种情况主要是发挥莫来石耐高温、热稳定性较好的特点,使用寿命相对缩短,但也已达到实际使用要求。

用1370℃合成料研制窑具材料,其使用温度随着莫来石含量增加和菫青石含量的减少而提高,使用寿命随着莫来石含量的增加和菫青石含量的减少而缩短。从分析结果可见,5号合成料也可作为研制窑具材料的配方,这其中只是涉及使用寿命长短和使用温度高低的问题,在制造产品时可视具体使用要求来选择。

3) 1390℃烧成试样分析

利用 Philips X'pert-MPD-X 射线对 1390℃煅烧试样进行衍射分析,得到XRD谱图,如图 3-34 所示。通过图中不同的波峰大小来判断其晶相含量。

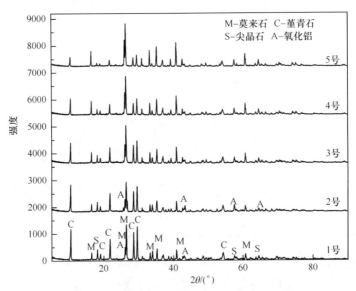

图 3-34　五组试样 1390℃烧成 2h 的 XRD 谱图

由图 3-34 的 XRD 谱图经过半定量分析得到试样的晶相组成,如表 3-20 所示。

表 3-20　1390℃烧成保温 2h 各试样的晶相组成(质量分数)

试样编号 /%	滑石 /%	黏土 /%	废渣 /%	$MgAl_2O_4$ /%	$Al_{4.52}Si_{1.48}O_{9.74}$ /%	Al_2O_3 /%	$Mg_2Al_{3.96}Si_{5.04}O_{18}$ /%
1	14	36	50	12.1(2)	46.9(1)	5.6(9)	35.3(5)
2	12	34	54	10.4(7)	47.3(3)	12.8	29.5(5)
3	10	32	58	9.8(7)	63.2(9)	3.4(3)	23.6(4)
4	8	30	62	8.5(8)	71.6(1)	4.2(3)	15.7(3)
5	6	28	66	7.3(7)	77.1(8)	1.8(3)	13.9(3)

从表 3-20 可看出,各试样 1390℃烧成合成料中形成四个晶相:莫来石固溶体和堇青石固溶体,镁铝尖晶石相和少量的 α-Al_2O_3。与 1370℃相比,反应物多了两个晶相,镁铝尖晶石相和少量的 α-Al_2O_3 相,而且含量比 1350℃明显提高。由于温度升高到 1390℃,镁铝尖晶石反应速度明显加快,从而制约形成莫来石和堇青石的反应速度,使反应形成莫来石和堇青石的含量有所下降;又由于两者中 Al_2O_3 化学组成较高,所以系统余下过剩的 α-Al_2O_3 相。α-Al_2O_3 相的存在对合成料影响较大,因为 Al_2O_3 的热膨胀系数较大,这种合成料研制的窑具容易产生界面应力,形成微裂纹。

从表 3-20 可看出,2 号试样的莫来石固溶体含量随滑石含量降低和废渣含量的增加而增加,堇青石固溶体的含量与莫来石相反,随滑石含量降低和废渣增加而下降。反应形成镁铝尖晶石的含量明显增加,其随滑石和废渣含量增加而下降。按 1 号和 2 号试样形成莫来石与堇青石含量的比值,采用 1 号和 2 号配方合成料研制窑具材料,其使用温度低于 1250℃,使用寿命较长。3 号合成料中莫来石含量达到 63.2%,其耐火度提高,这种合成料研制窑具使用温度可达 1300℃,与日本合成窑具配方相当。4 号和 5 号莫来石含量高于 70%,而堇青石含量低于 20%。这种合成料研制窑具使用温度可达 1350℃,但使用寿命比前三个配方低。分析结果选择 3 号配方较佳。由于 1390℃各试样合成料中都含有镁铝尖晶石相和少量的 α-Al_2O_3 相(镁铝尖晶石含量达 7.3%～12.1%,α-Al_2O_3 含量为 1.8%～12.7%),由于镁铝尖晶石和 α-Al_2O_3 热膨胀系数比莫来石和堇青石高,高温使用时引起窑具界面应力,从而导致窑具产生裂纹,影响使用寿命,因此 1390℃合成料不是最佳的研制窑具材料的原料。

4) 1410℃烧成试样分析

利用 Philips X'pert-MPD-X 射线对 1410℃煅烧试样进行衍射分析,得到 XRD 图谱,如图 3-35 所示,通过图中不同的波峰大小来判断其晶相含量。

由图 3-35 的 XRD 图谱经过半定量分析得到试样的晶相组成,如表 3-21 所示。

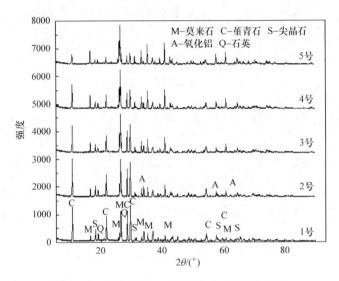

图 3-35　5 组试样 1410℃烧成 2h 的 XRD 谱图

表 3-21　1410℃烧成保温 2h 各试样的晶相组成（质量分数）

试样编号	滑石 /%	黏土 /%	废渣 /%	MgAl₂O₄ /%	Al₄.₅₂Si₁.₄₈O₉.₇₄ /%	SiO₂ /%	Al₂O₃ /%	Mg₂Al₃.₉₆Si₅.₀₄O₁₈ /%
1	14	36	50	9	32	5	12	42
2	12	34	54	4	47	3	7	38
3	10	32	58	3	56	5	9	28
4	8	30	62	4	62	1	11	23
5	6	28	66	4	66	2	16	12

从表 3-21 可看出,各试样 1410℃烧成合成料中形成五个晶相:莫来石固溶体和堇青石固溶体,镁铝尖晶石相,α-Al₂O₃ 和少量 SiO₂。其中 α-Al₂O₃ 含量明显比 1390℃高,这表明反应温度升高至 1410℃已达到堇青石开始分解的温度,使部分堇青石分解成莫来石和液相,使液相量增加。液相中低温碱金属和碱土金属氧化物含量增加,对莫来石影响很大,从而引起部分莫来石分解,使得试样中莫来石含量降低,产物出现 α-Al₂O₃ 和少量 SiO₂。从表中看出,2 号配方中镁铝尖晶石相、α-Al₂O₃ 和 SiO₂ 含量最低,分别为 4%、7%和 3%。这种合成料研制成窑具材料在高温下使用时,产生界面应力较小,有利于提高窑具使用寿命。但是其莫来石含量为 47%,堇青石含量为 38%,这种原料研制窑具材料使用温度低于 1250℃。因此 1410℃合成料不是最佳研制窑具材料的原料。

2. 不同温度下不同配方试样 SEM 分析

SEM 分析结果如图 3-36(放大 5000 倍)和图 3-37(放大 3000 倍)所示。从图中可以看出,粒状董青石、尖晶石晶体,粒径为 $2\sim3\mu m$,晶体晶界明显,晶体长得多,在董青石晶体中间分布着柱状莫来石。由于受董青石晶体的影响,莫来石长得不完全,不是呈针状的晶体,而是呈短柱状体。玻璃体牢固地黏结成一块,形成一个整体,而且可以看到晶体生长,使大粒质长大,而小晶粒消失的现象。在图中,看到少量未反应的 $\alpha\text{-}Al_2O_3$,由于含量太低,用 XRD 很难确定。

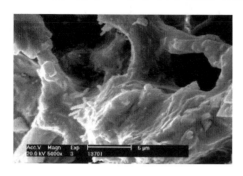 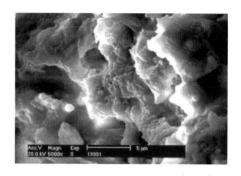

图 3-36　1 号配方 1370℃烧成　　　　　图 3-37　1 号配方 1390℃烧成
保温 2h 试样 SEM 图像　　　　　　　　保温 2h 试样 SEM 图像

3.5.3　本节小结

(1) XRD 分析结果:1350℃合成料各试样形成四个晶相:莫来石固溶体和董青石固溶体,镁铝尖晶石相和少量的 $\alpha\text{-}Al_2O_3$。1370℃合成料各试样只形成两个晶相:莫来石固溶体和董青石固溶体。各试样 1390℃烧成合成料中形成四个晶相:莫来石固溶体和董青石固溶体,镁铝尖晶石相和少量的 $\alpha\text{-}Al_2O_3$。试样 1410℃烧成合成料中形成五个晶相:莫来石固溶体和董青石固溶体、镁铝尖晶石相、$\alpha\text{-}Al_2O_3$ 和少量 SiO_2。由于镁铝尖晶石相、$\alpha\text{-}Al_2O_3$ 和 SiO_2 的热膨胀系数都比莫来石高,会引起研制的窑具材料在高温下形成界面应力,影响使用寿命,所以 1350℃、1390℃和 1410℃都不是最佳的合成料。分析结果确定 1370℃合成料为最佳的合成料。

(2) 1370℃合成料分析结果:1 号和 2 号试样合成料适合用于制造低于1250℃使用的窑具的原料,与韩国和德国进口莫来石-董青石窑具相当,使用寿命可达 500 次以上;而 3 号配方(莫来石含量为 69.3%,董青石含量为 30.7%)适用于研制使用温度 1300~1350℃的窑具材料的原料,与日本进口窑具材料相当,使用寿命可达 300 次以上。4 号和 5 号配方合成料适合作为高于 1350℃使用的窑具原料,使用寿命可达 100~200 次。

(3) 实验结果表明,各试样中反应形成莫来石固溶体的含量随滑石含量降低和废渣含量增加而增加,反应形成董青石固溶体含量却与莫来石含量的变化规律相反。

（4）随着合成温度的升高,液相量增加,促使部分莫来石固溶体和堇青石固溶体分解,使其含量降低,同时出现 $\alpha\text{-}Al_2O_3$ 和少量 SiO_2 相,从而影响窑具的热稳定性和使用寿命。

（5）试样 SEM 分析表明:堇青石和镁铝尖晶石呈粒状,莫来石晶体呈短柱状,它们被玻璃相黏结成一个整体,呈网络状结构,从微观领域预测了莫来石-堇青石的优良性能。

3.6　利用合成莫来石-堇青石料制备优质窑具材料

3.6.1　莫来石-堇青石窑具材料的配方与试样制备

实验采用的基础配方列于表 7-1。通过分析测定合成复相材料制备的窑具性能,从中确定制备窑具最佳的配方和工艺控制条件[66-68]。在上述基础上,从下列两个工艺条件进行研究:①不同基础配方;②不同的烧成温度。实验主要过程为:配料→球磨→熟料烧成→ 造粒→陈腐→试条成型(成型压力为 30MPa)→烘干(烘干温度为 80℃左右)→试条烧成,然后将试条进行性能测定(性能测定主要包括抗折强度、抗折强度保持率、吸水率、显气孔率和体积密度),寻找变化规律,确定最佳工艺控制条件。

具体工艺过程(烧成的保温时间均为 2h):按照表 3-22 中基础配方进行原料的配料,在球磨机内球磨使原料混合均匀,然后以不同的煅烧温度(1370℃、1390℃、1410℃)烧成,将烧成好的熟料进行造粒,每根试样粗细颗粒各 100g,其中粗颗粒过 20 目筛,细颗粒过 200 目筛,添加低温结合剂为 3％的糊精液进行混料,把拌好的配料过筛后,陈放一段时间使坯料的水分更加均匀,提高坯料的成型性能和坯体强度。用成型机成型试条,在烘干机中烘干,然后将窑具试条在不同温度下烧成,即在 1370℃下合成的莫来石-堇青石材料将分别在 1350℃、1370℃、1390℃温度下烧成制备窑具材料,同样在 1390℃下合成的莫来石-堇青石材料将分别在 1350℃、1370℃、1390℃温度下烧成制备窑具材料,在 1410℃下合成的莫来石-堇青石材料将分别在 1370℃、1390℃、1410℃温度下烧成制备窑具材料。最后将对各配方各温度下烧成试条进行性能测定。

表 3-22　基础配方(质量分数)

试样编号	滑石/%	黏土/%	废渣/%
1	14	36	50
2	12	34	54
3	10	32	58
4	8	30	62
5	6	28	66

3.6.2　合成莫来石-堇青石料制备优质窑具材料的性能测试

按表 3-22 中的五种配方在不同的煅烧温度(1370℃、1390℃、1410℃)烧成，并在不同温度下烧成制备窑具材料的试样，测试其显气孔率、吸水率、体积密度、抗折强度，热震抗折强度，热震抗折强度保持率[69-70]。从而分别选出各煅烧温度(1370℃、1390℃、1410℃)合成料，以及在不同配方和不同温度下制备成的窑具材料的最佳配方及工艺控制条件。具体的测试步骤见前几章的论述，这里就不再重复。

3.6.3　实验结果与分析

1. 1370℃煅烧合成料研制窑具材料性能分析

由在 1370℃下合成的莫来石-堇青石材料将分别在 1350℃、1370℃、1390℃温度下烧成制备窑具材料，所得各试样 0 次热震抗折强度、1 次热震抗折强度、10 次热震抗折强度、1 次热震抗折强度保持率、10 次热震抗折强度保持率、1 次热震后的显气孔率、10 次热震后的显气孔率、1 次热震后的吸水率、10 次热震后的吸水率、1 次热震后的体积密度和 10 次热震后的体积密度等实验数据列于表 3-23。为了更详细地了解耐火材料制品在经过 0 次热震、1 次热震和 10 次热震后其抗折强度的变化趋势，根据以上表中的抗折强度绘制得到各试样 0 次热震、1 次热震和 10 次热震后的抗折强度变化曲线，见图 3-38、图 3-40 和图 3-42。为了更详细地了解耐火材料制品在经过 1 次热震和 10 次热震后其抗折强度保持率的变化趋势，根据以上表中的抗折强度绘制得到各试样 1 次热震和 10 次热震后的抗折强度保持率变化曲线，见图 3-39、图 3-41 和图 3-43。

表 3-23　1370℃煅烧合成料研制窑具材料的实验数据

窑具烧结温度/℃	试样编号	热震抗折强度/MPa			热震抗折强度保持率/%		显气孔率/%		吸水率/%		体积密度/(kg/m³)	
		0 次	1 次	10 次	1 次	10 次	1 次	10 次	1 次	10 次	1 次	10 次
1350	1	8.57	5.62	1.76	65.5	21.3	45.4	46.0	30.6	31.2	1.48	1.47
	2	6.98	4.84	2.57	67.3	36.9	48.6	50.4	34.3	36.8	1.42	1.37
	3	5.14	3.60	2.08	70.1	41.2	49.2	49.8	34.3	34.5	1.43	1.44
	4	9.38	4.85	2.21	52.1	22.9	44.0	45.0	27.1	28.7	1.62	1.57
	5	6.06	3.62	2.09	59.1	33.8	46.3	45.8	29.2	29.3	1.59	1.56
1370	1	9.75	6.67	3.56	69.4	34.9	44.9	43.7	30.2	28.8	1.49	1.52
	2	6.94	4.41	3.28	64.0	46.0	49.4	49.1	34.4	35.1	1.44	1.40
	3	5.23	3.50	2.43	67.7	46.4	48.9	49.1	34.3	33.5	1.43	1.47
	4	11.3	4.75	3.04	41.3	27.5	42.9	43.3	25.4	26.9	1.69	1.61
	5	6.10	3.12	2.28	49.5	36.8	46.3	44.3	29.3	27.3	1.58	1.62

续表

窑具烧结温度/℃	试样编号	热震抗折强度/MPa			热震抗折强度保持率/%		显气孔率/%		吸水率/%		体积密度/(kg/m³)	
		0次	1次	10次	1次	10次	1次	10次	1次	10次	1次	10次
1390	1	12.1	10.0	2.94	84.2	23.8	42.6	43.8	27.9	28.8	1.53	1.52
	2	7.85	4.43	3.36	55.8	43.5	46.5	47.0	31.9	32.6	1.46	1.44
	3	9.12	4.41	2.79	48.1	30.3	44.1	45.6	28.2	30.1	1.56	1.51
	4	14.3	6.75	3.10	46.9	21.7	38.9	48.4	23.3	22.3	1.67	2.17
	5	8.87	3.11	1.65	34.4	18.2	42.3	38.3	25.2	21.4	1.68	1.79

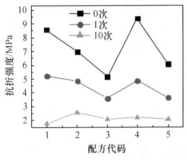

图 3-38　1350℃烧结试样的热震抗折强度　图 3-39　1350℃烧结试样的热震抗折强度保持率

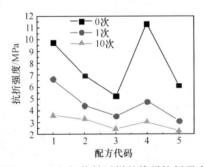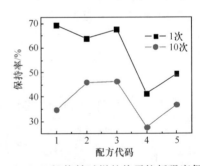

图 3-40　1370℃烧结试样的热震抗折强度　图 3-41　1370℃烧结试样的热震抗折强度保持率

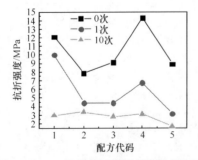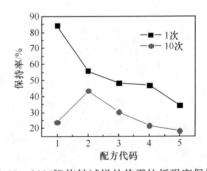

图 3-42　1390℃烧结试样的热震抗折强度　图 3-43　1390℃烧结试样的热震抗折强度保持率

以 1370℃煅烧合成料为原料研制窑具材料,探讨不同烧结温度对材料性能的影响,从中确定在不同烧结温度下的窑具最佳配方[71,72]。从表 3-23 和图 3-38 可以看出,1350℃研制的窑具材料,各试样的抗折强度不高,表明 1350℃烧结推动力不够。烧结致密较小,表现出强度较低,在 5.1～9.4MPa 变化。从图 3-39 看出,虽然 3 号配方 1 次和 10 次热震抗折强度保持率最高,分别为 70.1%和 41.2%,但 0 次、1 次和 10 次的热震抗折强度较小,分别为 5.14MPa、3.60MPa 和 2.08MPa,这种窑具在实际应用时荷载能力小,所以不能作为最佳配方。2 号试样 1 次和 10 次热震抗折强度保持率较高,分别为 67.3%和 36.9%,而且抗折强度很高,分别为 6.98MPa、4.84MPa 和 2.57MPa,这种窑具在实际应用时,不但热稳定性能好,而且荷载能力大,因此选择 2 号为 1350℃烧结窑具材料的最佳配方。

从表 3-23 和图 3-40 可以看出,1370℃烧结的窑具材料抗折强度有所提高,从 5.23MPa 变为 11.3MPa。从图 3-41 可以看出,3 号配方 1 次和 10 次热震抗折强度保持率较好,分别为 67.7%和 46.4%,但其抗折强度比较低,0 次、1 次和 10 次的热震抗折强度分别为 5.23MPa、3.50MPa 和 2.43MPa,这种窑具材料实际应用时热稳定性好,但抗折强度低,荷载能力差,不能作为最佳配方。2 号配方 1 次和 10 次热震抗折强度保持率分别为 64.0%和 46.0%,而且其抗折强度较高,为 6.94MPa,这种窑具在实际应用时热稳定性好,荷载能力大,不易变形,因此选择 2 号为 1370℃烧结的最佳配方。

从表 3-23 和图 3-42 可以看出,1390℃烧结的窑具材料抗折强度比 1350℃和 1370℃有所提高,从 7.8MPa 变为 14.3MPa,分析结果确定 2 号为最佳配方,因为 1 次和 10 次热震抗折强度保持率较高,分别为 55.8%和 43.5%,抗折强度为 7.85MPa,其余配方 10 次热震抗折强度保持率明显偏低,2 号配方研制的窑具热稳定性好、强度高、使用寿命长。

分析结果:以 1370℃煅烧合成料为原料,研制的窑具材料最佳配方为,烧结温度 1350℃为 2 号配方;1370℃为 1 号配方;1390℃为 2 号配方。

2. 1390℃煅烧合成料研制窑具材料性能分析

由在 1390℃下合成的莫来石-堇青石材料将分别在 1370℃、1390℃、1410℃温度下烧成制备窑具材料,所得各试样 0 次热震抗折强度、1 次热震抗折强度、10 次热震抗折强度、1 次热震抗折强度保持率、10 次热震抗折强度保持率、1 次热震后的显气孔率、10 次热震后的显气孔率、1 次热震后的吸水率、10 次热震后的吸水率、1 次热震后的体积密度和 10 次热震后的体积密度等实验数据列于表 3-24。为了更详细地了解耐火材料制品在经过 0 次热震、1 次热震和 10 次热震后其抗折强度的变化趋势,根据表中的抗折强度绘制得到各试样 0 次热震、1 次热震和 10 次热震后的抗折强度变化曲线,见图 3-44、图 3-46 和图 3-48。为了更详细地了解耐火材料制品在经过 1 次热震和 10 次热震后其抗折强度保持率的变化趋势,根据表中的抗折强度绘制得到各试样 1 次热震和 10 次热震后的抗折强度保持率变化曲线,见图 3-45、图 3-47 和图 3-49。

表 3-24　1390℃煅烧合成料研制窑具材料的实验数据

窑具烧结温度/℃	试样编号	热震抗折强度/MPa			热震抗折强度保持率/%		显气孔率/%		吸水率/%		体积密度/(kg/m³)	
		0次	1次	10次	1次	10次	1次	10次	1次	10次	1次	10次
1350	1	7.15	4.91	3.42	69.3	47.0	42.0	48.0	30.8	33.8	1.36	1.42
	2	9.00	5.95	3.04	65.3	34.1	46.9	47.7	31.8	33.2	1.47	1.44
	3	5.45	4.13	2.45	74.5	42.9	46.8	49.0	31.1	31.9	1.50	1.54
	4	4.03	3.08	1.80	74.3	44.1	44.1	45.9	27.6	29.4	1.60	1.56
	5	3.97	2.44	1.96	61.7	47.5	48.7	49.0	32.3	32.1	1.51	1.53
1370	1	7.83	5.14	4.03	62.5	50.1	45.8	47.1	31.0	31.5	1.48	1.49
	2	8.29	5.68	3.82	67.9	46.4	48.4	47.5	34.1	32.9	1.42	1.44
	3	6.91	4.85	2.77	69.7	40.1	47.0	45.8	31.7	30.2	1.48	1.52
	4	5.65	3.70	2.44	65.6	42.6	43.3	44.0	26.5	27.4	1.63	1.61
	5	5.91	3.42	1.73	58.1	28.6	46.8	48.3	30.1	21.9	1.55	1.51
1390	1	9.23	6.10	3.55	66.1	37.4	43.0	43.7	27.8	28.7	1.55	1.52
	2	8.58	4.81	2.92	56.5	33.7	45.9	48.4	30.9	30.3	1.49	1.60
	3	7.31	4.65	3.15	63.0	42.4	45.0	43.8	29.2	27.8	1.54	1.58
	4	6.55	3.81	2.63	54.7	33.4	45.1	46.5	30.6	28.6	1.58	1.57
	5	6.30	3.25	2.01	48.4	31.3	46.2	47.0	28.9	30.4	1.60	1.55

以 1390℃煅烧合成料为原料研制窑具材料,探讨不同烧结温度对材料性能的影响[73,74],从中确定不同烧结温度最佳配方。从表 3-24 和图 3-44 可以看出,1350℃研制的窑具材料,各试样的抗折强度不高,在 3.9～9.0MPa 变化。从图 3-45 看出,虽然 3 号配方和 4 号配方 1 次和 10 次热震抗折强度保持率较高,分

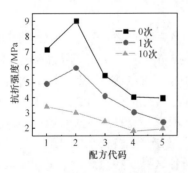

图 3-44　1350℃烧结试样的热震抗折强度

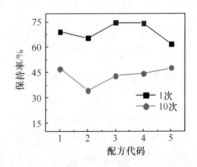

图 3-45　1350℃烧结试样的热震抗折强度保持率

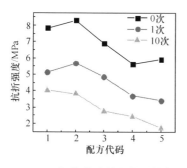

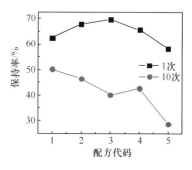

图 3-46　1370℃烧结试样的热震抗折强度　图 3-47　1390℃烧结试样的热震抗折强度保持率

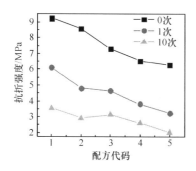

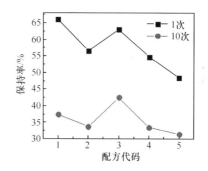

图 3-48　1390℃烧结试样的热震抗折强度　图 3-49　1390℃烧结试样的热震抗折强度保持率

别为 74.5%、42.9% 和 74.3%、44.1%，但是它们的 0 次热震抗折强度很小，分别为 5.45MPa 和 4.03MPa，这两种窑具在实际应用时热稳定性好，但荷载能力差，不能作为最佳配方。1 号试样 1 次和 10 次热震抗折强度保持率较高，分别为 69.3% 和 47.0%，而且抗折强度很高，为 7.15MPa。这种窑具在实际应用时，不但热稳定性能好，而且荷载能力强，因此选择 1 号为 1350℃烧结窑具材料的最佳配方。

从表 3-24 和图 3-46 可以看出，1370℃烧结的窑具材料抗折强度也较低，从 5.65MPa 变为 8.29MPa，从图 3-47 可以看出，1 号和 2 号配方 1 次和 10 次热震抗折强度保持率较好，分别为 62.5%、50.1% 和 67.9%、46.4%，其 0 次热震抗折强度比较高，分别为 7.83MPa 和 8.29MPa。这两种窑具材料实际应用时热稳定性好，抗折强度高，荷载能力强，所以选择 1 号和 2 号作为 1370℃烧结窑具材料的最佳配方。

从表 3-24 和图 3-48 和图 3-49 可以看出，1390℃烧结的窑具材料抗折强度从 6.30MPa 变为 9.23MPa，虽然 3 号配方 1 次和 10 次热震抗折强度保持率较高，分别为 63.0% 和 42.4%，但其 0 次热震抗折强度较小，为 7.31MPa。这种窑具在实际应用时荷载能力小，所以不能作为最佳配方。1 号试样 1 次和 10 次热震抗折强度保持率较高，分别为 66.1% 和 37.4%，而且抗折强度很高，为 9.23MPa。这种窑具在实际应用时，不但热稳定性能好，而且荷载能力强，因此选择 1 号为 1390℃烧结窑具材料的最佳配方。

分析结果：以1390℃煅烧合成料为原料，研制的窑具材料最佳配方为，烧结温度1350℃为1号配方；1370℃为1号和2号配方；1390℃为1号配方。

3. 1410℃煅烧合成料研制窑具材料性能分析

由在1410℃下合成的莫来石-堇青石材料将分别在1390℃、1410℃、1430℃温度下烧成制备窑具材料，所得各试样0次热震抗折强度、1次热震抗折强度、10次热震抗折强度、1次热震抗折强度保持率、10次热震抗折强度保持率、1次热震后的显气孔率、10次热震后的显气孔率、1次热震后的吸水率、10次热震后的吸水率、1次热震后的体积密度和10次热震后的体积密度等实验数据列于表3-25。为了更详细地了解耐火材料制品在经过0次热震、1次热震和10次热震后其抗折强度的变化趋势，根据表中的抗折强度绘制得到各试样0次热震、1次热震和10次热震后的抗折强度变化曲线，见图3-50、图3-52和图3-54。为了更详细地了解耐火材料制品在经过1次热震和10次热震后其抗折强度保持率的变化趋势，根据表中的抗折强度绘制得到各试样1次热震和10次热震后的抗折强度保持率变化曲线，见图3-51、图3-53和图3-55。

表3-25　1410℃煅烧合成料研制窑具材料的实验数据

窑具烧结温度/℃	试样编号	热震抗折强度/MPa			热震抗折强度保持率/%		显气孔率/%		吸水率/%		体积密度/(kg/m³)	
		0次	1次	10次	1次	10次	1次	10次	1次	10次	1次	10次
1370	1	11.2	7.24	4.54	63.7	39.7	41.6	41.2	26.9	25.8	1.54	1.60
	2	8.34	4.86	3.63	56.9	42.5	43.2	43.34	27.8	28.1	1.55	1.54
	3	8.32	4.33	2.92	52.0	35.1	41.7	3.2	25.7	27.3	1.62	1.58
	4	10.2	5.01	4.07	49.1	38.6	40.8	41.2	24.1	24.5	1.69	1.68
	5	13.3	4.85	3.96	46.3	37.1	38.1	38.5	21.2	21.4	1.80	1.82
1390	1	10.1	6.34	5.46	62.3	53.5	41.2	39.5	26.0	24.6	1.58	1.61
	2	9.72	5.35	3.88	54.2	39.2	39.3	42.1	23.8	26.8	1.65	1.57
	3	10.6	5.11	3.25	48.5	35.9	39.6	40.1	23.7	23.9	1.67	1.68
	4	10.6	4.65	3.92	43.0	36.2	39.3	39.0	22.5	22.6	1.75	1.73
	5	11.7	5.07	3.00	42.4	25.7	37.8	37.2	21.2	20.4	1.78	1.86
1410	1	24.0	13.8	4.14	57.6	16.9	22.5	26.9	11.0	13.8	2.05	1.95
	2	23.9	11.6	7.28	48.4	30.0	22.2	26.6	10.7	13.7	2.07	1.94
	3	18.8	9.13	3.46	48.5	18.2	22.7	30.6	10.7	15.9	2.12	1.92
	4	20.6	8.31	4.08	40.3	19.8	29.5	29.0	14.9	14.2	1.98	2.04
	5	15.3	5.65	3.04	36.1	19.5	31.3	30.7	16.0	15.4	1.96	1.99

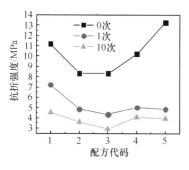
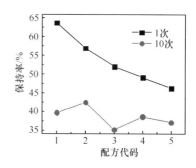

图 3-50　1370℃烧结试样的热震抗折强度　图 3-51　1370℃烧结试样的热震抗折强度保持率

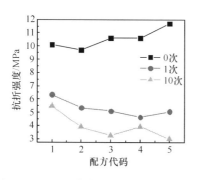
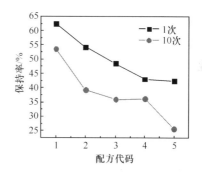

图 3-52　1390℃烧结试样的热震抗折强度　图 3-53　1390℃烧结试样的热震抗折强度保持率

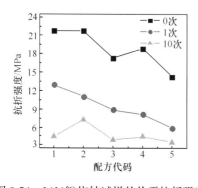
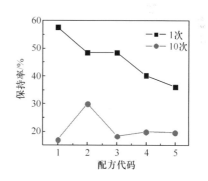

图 3-54　1410℃烧结试样的热震抗折强度　图 3-55　1410℃烧结试样的热震抗折强度保持率

4. 确定最佳煅烧合成料温度

从表 3-23、表 3-24 和表 3-25 可以看出,随着煅烧合成料温度的不断提高,窑具材料的 0 次热震抗折强度显著提高,以 1410℃煅烧合成料为原料研制的窑具材料的抗折强度明显高于以 1370℃和以 1390℃煅烧合成料为原料研制的窑具材料,而且其窑具的 0 次和 10 次热震抗折强度保持率均保持较高。以 1410℃煅烧合成料为原料研制的窑具材料热稳定性好、抗折强度大、荷载能力高、使用寿命长,分析结果选择 1410℃ 为最佳煅烧合成料的温度。

以 1410℃ 煅烧合成料为原料研制窑具材料,探讨不同烧结温度对材料性能的影响,从中确定不同烧结温度最佳配方。从表 3-25 和图 3-50 可以看出,1370℃ 研制的窑具材料,其抗折强度在 8.32~13.3MPa 变化。从图 3-51 看出,虽然 2 号配方 1 次和 10 次热震抗折强度保持率较高,分别为 56.9% 和 42.5%,但是它的 0 次热震抗折强度较小,为 8.34MPa。这种窑具在实际应用时荷载能力差,所以不能作为最佳配方。1 号试样 1 次和 10 次热震抗折强度保持率较高,分别为 63.7% 和 39.7%,而且抗折强度很高,为 11.2MPa。这种窑具在实际应用时,不但热稳定性能好,而且荷载能力大,因此选择 1 号为 1370℃ 烧结窑具材料的最佳配方。

从表 3-25 和图 3-52 可以看出,1390℃ 烧结的窑具材料抗折强度从 9.72MPa 变为 11.7MPa,分析结果确定 1 号为最佳配方,因为 1 次和 10 次热震抗折强度保持率较高,分别为 62.3% 和 53.5%;抗折强度也很高,为 10.1MPa;其余配方的 10 次抗折强度保持率明显偏低;1 号配方研制的窑具热稳定性好、强度高、使用寿命长。

从表 3-25 和图 3-54 可以看出,1410℃ 烧结窑具材料抗折强度从 15.3MPa 变为 24.0MPa,分析结果确定 2 号为最佳配方,因为 1 次和 10 次热震抗折强度保持率较高,分别为 48.4% 和 30.0%;抗折强度也很高,为 23.9MPa;其余配方的 10 次热震抗折强度保持率明显偏低;2 号配方研制的窑具热稳定性好、强度高、使用寿命长。

分析结果表明,以 1410℃ 煅烧合成料为原料,研制的窑具材料最佳配方:烧结温度 1370℃ 时为 1 号配方;1390℃ 时为 1 号配方;1410℃ 时为 2 号配方。

3.6.4　本节小结

以 1370℃、1390℃ 和 1410℃ 合成料为原料研制窑具材料,探讨不同合成料配方和不同烧结温度对窑具材料性能的影响,根据实验数据分析结果得出下列结论。

(1) 以 1370℃ 煅烧合成料研制窑具材料:确定 2 号(滑石 12%、黏土 34% 和废渣 54%)为最佳配方,最佳烧结温度为 1370℃,其 1 次和 10 次抗折强度保持率分别为 64.0% 和 46.0%,0 次抗折强度较高,1 次和 10 次热震抗折强度保持率损失较小。窑具热稳定性好,使用寿命长。

(2) 以 1390℃ 煅烧合成料研制窑具材料:确定 1 号(滑石 14%、黏土 36% 和废渣 50%)为最佳配方,最佳烧结温度为 1370℃,其抗折强度较高,10 次热震抗折强度最高;其 1 次和 10 次抗折强度保持率分别为 62.5% 和 50.1%。这种窑具抗急冷急热性能优良,热稳定性好。

(3) 以 1410℃ 煅烧合成料研制窑具材料:确定 1 号(滑石 14%、黏土 36% 和废渣 50%)为最佳配方,最佳烧结温度为 1390℃,其抗折强度高,热震抗折强度损失小,其 1 次和 10 次热震抗折强度保持率分别为 62.5％和 53.5％。这种合成料研制窑具材料不仅热稳定性好,强度高,且高温收缩变形小,具有优良高温性能。

3.7　矿化剂对提高莫来石-堇青石复相材料中两晶相比值的影响

3.7.1　实验

1. 实验配方

在 3.6 节的基础上挑选出最佳煅烧合成料的配方和温度。实验结果是:1 号配方,见表 3-26。最佳煅烧合成料的温度为 1410℃。在此温度下制取的莫来石-堇青石复相材料在 1390℃下保温 2h 后的使用性能最佳。所以本节实验的主要内容就是在此基础配方上再加入矿化剂(CaO、长石和 ZrO_2),讨论其对莫来石-堇青石复相材料晶相结构的影响[75-77]。分别添加不同含量的矿化剂的配方,见表 3-27～表 3-29。

表 3-26　1 号配方原料比例(质量分数)

试样号	滑石/％	黏土/％	废渣/％
1	14	36	50

表 3-27　CaO 添加剂的配方(质量分数)

试样号	滑石/％	黏土/％	废渣/％	氧化钙/％
1	14	36	50	0.5
2	14	36	50	1.0
3	14	36	50	1.5
4	14	36	50	2.0

表 3-28　长石添加剂的配方(质量分数)

试样号	滑石/％	黏土/％	废渣/％	长石/％
1	14	36	50	0.5
2	14	36	50	1.0
3	14	36	50	1.5
4	14	36	50	2.0

表 3-29　ZrO₂ 添加剂的配方(质量分数)

表 3-29　ZrO_2 添加剂的配方(质量分数)

试样号	滑石/%	黏土/%	废渣/%	氧化锆/%
1	14	36	50	1.0
2	14	36	50	2.0
3	14	36	50	3.0
4	14	36	50	4.0
5	14	36	50	5.0

2. 试样制备工艺

在已研究确定的最佳配方(1 号配方)和最佳反应温度 1410℃基础上,分别按表 3-27、表 3-28 和表 3-29 配方进行配料,经过陈腐、成型、烘干后,置于高温炉中烧结并保温 2h 烧成各添加剂下的样品。将样品破碎和研磨,取 300 目粉末进行 XRD 分析,取平整薄片进行 SEM 分析。

3. 试样结构分析

采用 Philips X'pert-MPD-X 射线衍射仪测定各试样的晶相结构,采用内标半定量分析确定各晶相的含量,用 Philips X'pert plus 软件确定不同试样中各晶相结构与晶胞参数[78]。采用 Philips XL-30E SEM 扫描电镜确定试样的组织和形貌(气孔以及排列方式……)、成分、颗粒大小、数量等显微结构[79]。

3.7.2　实验结果与分析

1. CaO 添加剂对合成莫来石-堇青石复相材料的影响

经 XRD 分析,添加不同量 CaO 后各试样的 XRD 图谱如图 3-56 所示。

从表 3-30可以看出,不同添加量的 CaO 烧成试样中形成五个晶相:堇青石 $Mg_2Al_4Si_2O_{18}$、莫来石 $Al_{4.95}Si_{1.05}O_{9.52}$、尖晶石 $MgAl_2O_4$、SiO_2 和 Al_2O_3 晶相。其中 $Al_{4.95}Si_{1.05}O_{9.52}$ 是带有结构缺陷的莫来石,这种莫来石的形成是由于过量的

表 3-30　添加不同量 CaO 后各试样的晶相组成(质量分数)

CaO 添加量/%	$Mg_2Al_4Si_5O_{18}$ /%	SiO_2/%	Al_2O_3/%	$Al_{4.95}Si_{1.05}O_{9.52}$ /%	$MgAl_2O_4$/%
0.5	43	0	0	28	29
1.0	46	0	0	50	4
1.5	33	20	0	39	8
2.0	27	15	13	32	13

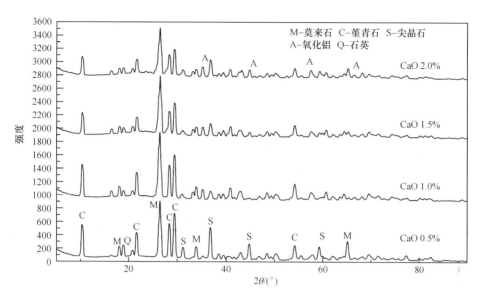

图 3-56　添加不同量 CaO 后各试样的 XRD 图

α-Al_2O_3 与已形成的 $Al_2O_3 \cdot SiO_2$ 形成固溶体,即 Al_2O_3 中 Al^{3+} 取代[SiO_4]四面体中的 Si^{4+},产生点缺陷,缺陷化学式为 $Al_4[Al_xSi_{2-x}V_{Ox/2}O_{10-x/2}]$,具体形成见3.2 节的讨论。当 $x=0.95$ 时,就得到 $Al_{4.95}Si_{1.05}O_{9.52}$ 结构缺陷的莫来石。

随着 CaO 杂质添加量的增加,从 0.5% 到 1.0%,堇青石、莫来石的含量升高,氧化铝和尖晶石的含量降低,堇青石从 43% 升到 46%,莫来石从 28% 升到 50%,尖晶石从 29% 降到 4%;当 CaO 含量从 1.0% 升至 1.5% 再到 2.0% 时,堇青石、莫来石的含量开始下降,尖晶石的量则保持上升,堇青石从 46% 降到 27%,莫来石从50% 降到 32%,尖晶石含量从 4% 上升至 13%,而 SiO_2 则先突升至 20% 后再降到 15%。

一定量的 CaO 杂质对莫来石-堇青石材料的形成是有利的。这是因为随着CaO 杂质的添加量缓慢增加时,CaO 能与原料中主晶相 Al_2O_3 和 MgO 产生点缺陷,即 CaO 占据 Al_2O_3 和 MgO 正常质点的位置,形成固溶体,使晶体中缺陷浓度增大、粒子的扩散速度加快,促进了固相反应和烧结的进行。而当 CaO 杂质的添加量达到一定值时,过量的 CaO 会导致体系中的液相增多,使已反应形成的莫来石和堇青石分解。缺陷反应方程式如下:

$$CaO \xrightarrow{Al_2O_3} 2Ca'_{Al} + V_O^{\cdot\cdot} + 2O_O \qquad 缺陷化学式:Al_{2-x}Ca_xV_{Ox/2}O_{3-x/2}$$

$$CaO \xrightarrow{MgO} Ca_{Mg} + O_O \qquad 缺陷化学式:Mg_{1-x}Ca_xO$$

式中:CaO 代表杂质,写在方程式左边;Al_2O_3 和 MgO 代表主晶相,写在箭号上方;

Ca'_{Al}代表杂质钙离子,即 Ca^{2+} 占据 Al^{3+} 的位置,带一个单位的负电荷,用一撇表示;Ca_{Mg}代表 Ca^{2+} 置换 Mg^{2+} 等价置换不带电荷;V''_O代表 O^{2-} 空位,带两个正电荷,用两点表示;O_O代表 O^{2-} 占 O^{2-} 位置。

通过 XRD 分析可以看出,含添加剂 CaO 的复相材料主要成分仍然为莫来石-堇青石,且含 1.0%CaO 杂质的添加剂合成的复相材料中莫来石、堇青石的成分最接近 50%且莫来石略大于堇青石。

CaO 添加剂对合成料显微结构影响的 SEM 分析如图 3-57～图 3-60 所示。

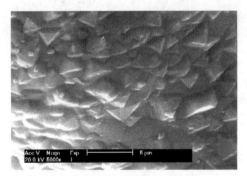

图 3-57　CaO 含量为 0.5%试样的 SEM 图

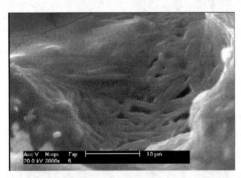

图 3-58　CaO 含量为 1.0%试样的 SEM 图

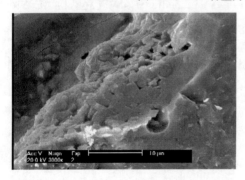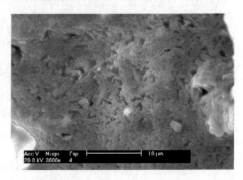

图 3-59　CaO 含量为 1.5%试样的 SEM 图

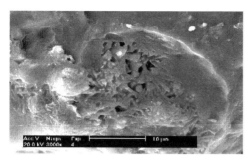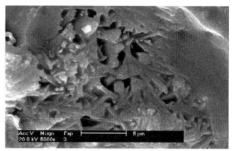

图 3-60　CaO 含量为 2.0%试样的 SEM 图

图 3-57、图 3-58、图 3-59 和图 3-60 分别为 CaO 含量为 0.5%、1.0%、1.5%、2.0%的 SEM 图,图片放大 3000 倍。莫来石的热膨胀系数为 $\alpha=5.4\times10^{-6}\text{℃}^{-1}$,是堇青石的三倍,在电子显微镜下是针状结构或柱状结构,堇青石、尖晶石晶体为粒状结构。在莫来石-堇青石合成料中,莫来石晶体的存在制约了堇青石晶体的生长,而堇青石晶体的存在也制约了莫来石晶体的生长,粒径为 $5\sim10\mu\text{m}$,在堇青石晶体多的地方只零散地分布着少量的针状莫来石晶体,如图 3-57 和图 3-58 所示。在莫来石晶体多的地方只零散地分布着少量堇青石粒子,其粒子受到莫来石的制约,粒径为 $2.0\mu\text{m}$ 左右,如图 3-58 所示,莫来石网络结构中分散着少量堇青石粒子。堇青石晶体生长与 CaO 含量有关,其粒子大小随着 CaO 含量增加变化不大,堇青石粒子为 $2\sim3\mu\text{m}$ 。当 CaO 含量为 1.0%时,堇青石粒子大约为 $2\mu\text{m}$,且合成料中堇青石和莫来石的量最接近 50%,正好符合莫来石-堇青石复合材料的形成比例,如果超出这一比例,体系中的堇青石将会分解。

2. 长石对合成莫来石-堇青石复相材料的影响

经 XRD 分析,添加不同量长石后各试样的 XRD 图谱如图 3-61 所示。

表 3-31　添加不同量长石后各试样的晶相组成(质量分数)

长石添加量/%	$Mg_2Al_4Si_5O_{18}$/%	SiO_2/%	$Al_2(Al_{2.8}Si_{1.2})O_{9.6}$/%	$MgAl_2O_4$/%
0.5	41	6	43	9
1.0	45	6	31	7
1.5	47	9	39	4
2.0	40	8	45	7

从表 3 31 可以看出,不同长石添加量的烧成试样中形成四个晶相:堇青石 $Mg_2Al_4Si_2O_{18}$、莫来石 $Al_2(Al_{2.8}Si_{1.2})O_{9.6}$、尖晶石 $MgAl_2O_4$ 和 SiO_2 晶相。由缺陷化学式 $Al_4[Al_xSi_{2-x}V_{Ox/2}O_{10-x/2}]$,当 $x=0.8$ 时,就得到 $Al_2(Al_{2.8}Si_{1.2})O_{9.6}$ 结构缺陷的莫来石。

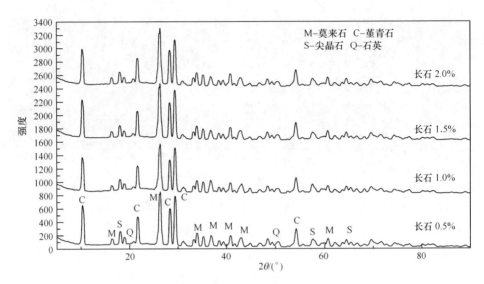

图 3-61　添加不同量长石后各试样的 XRD 图谱

含长石杂质所成的晶相结构中主要含堇青石、石英、莫来石、尖晶石。随着长石杂质添加量的增多,从 0.5% 到 1.0%,堇青石含量增多,莫来石和尖晶石含量降低,堇青石从 41% 升到 45%,莫来石从 43% 降到 31%,尖晶石从 9% 降到 7%,石英保持不变;当长石量从 1.0% 升至 1.5% 时,堇青石、莫来石、石英的含量都增多,尖晶石的量则保持下降,堇青石从 45% 升到 47%,莫来石从 31% 升到 39%,尖晶石含量从 7% 降至 4%。一定量的长石杂质对莫来石-堇青石材料的形成是有利的。这是因为长石的加入使得烧结过程形成低共熔物,试样中的液相增加,许多颗粒融为一体,莫来石、堇青石晶体粒长大,也就是莫来石、堇青石量增多[80,81]。反之,过量的长石会导致莫来石、堇青石的分解,且过多的玻璃相也会影响到莫来石-堇青石材料的热震性能。

通过 XRD 分析可以看出,含添加剂长石的复相材料主要成分莫来石-堇青石变化较无规律,其中,含 2.0% 长石杂质的添加剂合成的复相材料中莫来石、堇青石的成分最接近 50%,且莫来石含量略大于堇青石。

长石添加剂对合成料显微结构影响的 SEM 分析如图 3-62~图 3-65 所示。

图 3-62、图 3-63、图 3-64、图 3-65 分别为长石含量为 0.5%、1.0%、1.5%、2.0% 的 SEM 图,图片放大 3000 倍。试样中堇青石晶体为粒状,莫来石固溶体为柱状和针状,镁铝尖晶石为八面体粒状[82]。在莫来石-堇青石合成料中,莫来石晶体的存在制约了堇青石晶体的生长,而堇青石晶体的存在也制约了莫来石晶体的生长[83]。如图所示,在堇青石晶体多的地方只零散地分布着少量的针状莫来石晶体,在 4~10μm。在莫来石晶体多的地方只零散地分布着少量堇青石粒子,

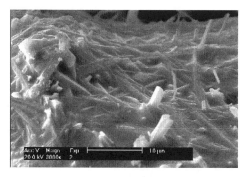

图 3-62 长石含量 0.5％试样的 SEM 图像

图 3-63 长石含量 1.0％试样的 SEM 图像

图 3-64 长石含量 1.5％试样的 SEM 图像

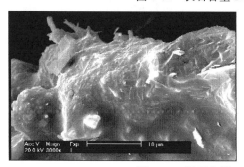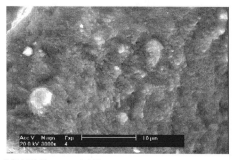

图 3-65 长石含量 2.0％试样的 SEM 图像

其粒子受到莫来石的制约,粒径为 $1.5\mu m$ 左右,如图 3-65 所示,莫来石网络结构中分散着少量堇青石粒子。堇青石晶体生长与长石含量有关,其粒子大小随着长石含量增加变化不大,堇青石粒子粒径为 $1\sim2\mu m$ 。当长石含量为 2.0% 时,如图 3-65 所示,堇青石粒子粒径大约为 $1\mu m$,晶体晶界明显,晶体形成得多,在堇青石晶体中间分布着柱状莫来石,受堇青石晶体的影响,莫来石形成不完全的呈短针状的晶体。玻璃体牢固地黏结成一块,形成一个整体,而且可以看到晶体生长,使大粒质长大,而小晶粒消失的现象。通过 XRD 分析可知,堇青石和莫来石含量接近 50%,正好符合莫来石-堇青石复合材料的形成比例,如果超出这一比例,体系中的堇青石将会分解。

3.7.3　本节小结

(1) 在莫来石-堇青石复相材料中,堇青石的含量对莫来石稳定性存在影响很重要,一般莫来石-堇青石质量比小于等于 0.5,莫来石晶体能稳定存在,不至于分解。这使得它具有强度高、热稳定性好和寿命长的优点。

(2) X 射线衍射分析表明,两种添加剂的复合晶相里面大部分主要成分仍然为堇青石-莫来石,其余成分含尖晶石、氧化铝以及石英等。但 CaO 杂质含 0.5% 时,主要成分为莫来石、堇青石和尖晶石,其他不同限度地含有氧化铝、石英等成分,其中 CaO 杂质添加剂中石英成分的含量较大,长石杂质添加剂中不形成氧化铝。

(3) 莫来石的主要作用是使窑具的烧结温度提升,但是不稳定,热膨胀系数大,使用寿命短;堇青石的主要作用是热膨胀系数小,韧性高,使用寿命长,缺点是烧结温度低,在高温容易分解。从 XRD 分析图谱以及扫描成分分析可以看出,含 CaO 添加剂 1.0% 的窑具,含长石添加剂 2.0% 的窑具材料中,堇青石、莫来石含量最接近 50%,含量最高,表明这些材料韧性和热稳定性好、强度高,是这几个配方中较好的莫来石-堇青石合成料。

(4) 综合分析结果,含添加剂对堇青石-莫来石复相材料性能影响最佳配方是含 CaO 添加剂 1.0% 的窑具,含长石添加剂 2.0% 的窑具材料。

3.8　结　　论

本研究以德国莫来石-堇青石窑具材料的组成(莫来石含量和堇青石含量各占 50% 左右)为基础,首次采用铝厂的废渣直接合成堇青石-莫来石复相材料,配制不同合成料配方。经 XRD 分析,各试样最多形成三个晶相:堇青石、镁铝尖晶石和带有结构缺陷的莫来石。其中堇青石属于中级晶族,六方晶系,具有组群状结构。莫来石低级晶族,斜方晶系,具有岛状结构。尖晶石属于高级晶族,立方晶系,具有典型尖晶石结构。经分析表明,确定 D 号(铝厂废渣 48%、黏土 36%、滑石 16%)为最佳合成料配方,其堇青石与莫来石含量比为 1.0,比值合理有利于两种晶相稳定存在和有利于提高材料热稳定性。SEM 分析发现,晶体长的多而大,晶界清晰,结构牢固,能体现莫来石-堇青石的优良性能。图中微裂纹是沿晶扩散,而不是穿晶断裂,表明材料强度高、韧性好。

在最佳合成料配方 D 号基础上,探讨不同合成温度和不同保温时间对各试样晶相结构和显微结构的影响,确定最佳窑具材料的配方和工艺控制条件。XRD 分析表明,不同反应温度各试样形成两个晶相:堇青石和莫来石固溶体。堇青石和莫来石的对称性没有改变,仍然保留六方和斜方结构,但两者的晶胞参数发生较大变化。这是由于原料杂质 CaO 和 Fe_2O_3 与两个晶相形成固溶体的程度增加,引起晶格变形,晶胞参数发生变化。反应形成的堇青石含量随着反应温度升高而减少,莫来石含量则随反应温度的升高而增加,确定 1350℃ 为最佳反应温度。其对应的堇青石与莫来石的比例最合理(堇青石为 51%,莫来石为 49%)。SEM 分析结果表明,随着温度的升高,晶体成核速度和成长速度加快,从而使晶体长得多而大,使晶体之间黏结、重排、气孔排除,大的晶体长大而小的晶粒缩小消失。在堇青石晶体多的位置,莫来石晶体长得小,而呈柱状。不同反应时间的试样,经 XRD 分析,形成两个晶相:堇青石和莫来石固溶体。反应时间从 2h 到 4h,堇青石含量随着反应时间增加而增加,莫来石含量随着反应时间的增加而减少;从 4h 到 6h,堇青石含量随着反应时间的增加而减少,莫来石含量随着反应时间的增加而增加。分析结果表明,确定 2h 为最佳反应时间。因堇青石与莫来石含量相当,有利于两个晶相稳定存在,有利于提高材料的高温性能。经 SEM 分析,可以确定粒状的为堇青石、柱状的为莫来石、少量正六面体的为 $\alpha-Al_2O_3$。反应 2h,玻璃相少,黏度低,有利于晶体成核和生长。所以晶体长得大而多。随着反应时间增加而形成的玻璃相越来越多,黏度增加,阻碍了晶体生长,使试样中晶体长得多而小。

利用 D 合成料研制窑具材料,确定最佳窑具材料配方是 D1 号(粗堇青石-莫来石含量 47%,细堇青石-莫来石含量 45%,长石 3%,硅微粉 5%),其 0 次热震抗折强度与 1 次和 10 次热震抗折强度保持率较高,分别为 12.89MPa 和 58.26% 与 38.44%,这种窑具材料抗急冷急热性能较好,使用寿命长。

增加配方中废渣含量(主要含 Al_2O_3)和降低滑石含量(主要含 MgO)的研究,目的是提高合成料中莫来石和堇青石两晶相的比值,从而提高窑具的使用温度。探讨不同配方、不同合成温度对合成料晶相结构的影响,XRD 分析结果表明,1350℃ 合成料各试样形成四个晶相:莫来石固溶体和堇青石固溶体、镁铝尖晶石相和少量的 $\alpha-Al_2O_3$。1370℃ 合成料各试样只形成两个晶相:莫来石固溶体和堇青石固溶体。各试样 1390℃ 烧成合成料中形成四个晶相:莫来石固溶体和堇青石固溶体、镁铝尖晶石相和少量的 $\alpha-Al_2O_3$。试样 1410℃ 烧成合成料中形成五个晶相:

莫来石固溶体和堇青石固溶体、镁铝尖晶石相 $\alpha\text{-}Al_2O_3$ 和少量 SiO_2。由于镁铝尖晶石相、$\alpha\text{-}Al_2O_3$ 和 SiO_2 的热膨胀系数都比莫来石高,会引起研制的窑具材料在高温下形成界面应力,影响使用寿命,所以 1350℃、1390℃和 1410℃都不是最佳的合成料。分析结果确定 1370℃合成料为最佳的合成料。在各合成温度下,各配方试样中反应形成莫来石固溶体的含量随滑石含量降低和废渣含量增加而增加,反应形成堇青石固溶体含量却与莫来石含量的变化规律相反。随着合成温度的升高,液相量增加,促使部分莫来石固溶体和堇青石固溶体分解,使其含量降低,同时出现 $\alpha\text{-}Al_2O_3$ 和少量 SiO_2 相,从而影响窑具的热稳定性和使用寿命。试样 SEM 分析表明,堇青石和镁铝尖晶石呈粒状,莫来石晶体呈短柱状,它们被玻璃相黏结成一个整体,呈网络状结构,从微观领域预测了莫来石-堇青石的优良性能。

以 1370℃、1390℃和 1410℃合成料为原料研制的窑具材料,探讨不同合成料配方和不同烧结温度对窑具材料性能的影响,根据实验数据分析结果得出下列结论:以 1370℃煅烧合成料研制窑具材料,确定 2 号(滑石 12%、黏土 34%和废渣 54%)为最佳配方,最佳烧结温度为 1370℃;其 1 次和 10 次抗折强度保持率分别为 64%和 46%;0 次抗折强度较高,1 次和 10 次热震抗折强度保持率损失较小;窑具热稳定性好,使用寿命长。以 1390℃煅烧合成料研制窑具材料,确定 1 号(滑石 14%、黏土 36%和废渣 50%)为最佳配方,最佳烧结温度为 1370℃,其抗折强度较高,10 次热震抗折强度最高;其 1 次和 10 次抗折强度保持率分别为 62.5%和 50.1%;这种窑具抗急冷急热性能优良,热稳定性好。以 1410℃煅烧合成料研制窑具材料:确定 1 号(滑石 14%、黏土 36%和废渣 50%)为最佳配方,最佳烧结温度为 1390℃,其抗折强度高,热震抗折强度损失小;其 1 次和 10 次抗折强度保持率分别为 62.5%和 53.5%;这种合成料研制窑具材料不仅热稳定性好,强度高,且高温收缩变形小,具有优良高温性能。

添加 CaO 矿化剂和长石,目的是促进窑具的烧结,提高窑具的强度。X 射线衍射分析表明,两种添加剂的复合晶相里面大部分主要成分仍然为莫来石-堇青石,其余成分为尖晶石、氧化铝以及石英等。但 CaO 杂质含量为 0.5%时主要成分为莫来石、堇青石和尖晶石,其他不同限度地含有氧化铝、石英等成分。其中 CaO 杂质添加剂中石英成分的含量较大,长石杂质添加剂中不形成氧化铝。从 XRD 分析图谱以及扫描成分分析可以看出,含 CaO 添加剂含量为 1.0%、含长石添加剂含量为 2.0%的窑具材料中,堇青石和莫来石的质量比最接近 1.0,含量最高,表明这些材料韧性和热稳定性好、强度高,是这几个配方较好的莫来石-堇青石合成料。

参 考 文 献

[1] 桥本谦一,滨野健也. 陶瓷基础. 张世兴译. 北京:中国轻工业出版社,1986:224-241.

[2] 任国斌,张海川,迟秀芳,等. Al_2O_3-SiO_2 系实用耐火材料. 北京:冶金工业出版社,1988:1-38,360-397.

[3] 苏云卿. 硅酸铝质耐火材料. 北京:冶金工业出版社,1989.

[4] 蔡作乾,等. 陶瓷材料辞典. 北京:化学工业出版社,2002:125-127.

[5] Andreas S. New R-SiC extends service life in kiln furniture. American Ceramic Society Bulletin,1997,76(11):51-54.

[6] Lachman I M,Bagley R D,Lewis R M. Thermal expansion of extruded cordierite ceramic. Ceramic Bulletin,1981,60(2):202-206.

[7] Okamura H,Barringer E A,Bowen H K. Preparation and sintering of narrow sized Al_2O_3-TiO_2 composites. Materials Science,1989,24(186):1880-1885.

[8] Buscaglia V,Nannip A. Decomposition of Al_2TiO_5 ceramics. Journal of the American Ceramic Society,1980,8(10):2645-2653.

[9] 徐平坤. 合成莫来石工艺的研究. 耐火材料,1982,6(4):15-22.

[10] Hodage J D. Microstructure development in mullite-cordierite. Journal of the American Ceramic Society,1998,72(7):1295-1298.

[11] Mussler B H,Shafter M W. Preparation and properties of mullite-cordierite composites. American Ceramic Society Bulletin,1984,63(5):705-7010.

[12] 田惠英,郭海珠. 堇青石-莫来石窑具的生产技术. 陶瓷,1996,(6):26-28.

[13] 周曦亚,田道全,英廷照. 新型堇青石-莫来石窑具材料的研究. 硅酸盐通报,1997,(3):34~37.

[14] 刘康时. 陶瓷工艺原理. 广州:华南理工大学出版社,1989:369.

[15] 崔素芬,李林式. 莫来石刚玉耐火材料在电炉顶上的试用. 国外耐火材料,1998,(1).

[16] 王文堂. 堇青石-莫来石窑具热稳定性与显微结构的关系. 硅酸盐通报,2000:35-36.

[17] 王德强,王辅亚,陈鸣. 国产和进口堇青石制品性能差异的矿物学依据. 中国陶瓷,1994,35(2):11-13.

[18] 任耘. 国内外堇青石-莫来石窑具材料对比分析. 中国陶瓷,2001,37(2):37-38.

[19] 贺海洋,曾令可. 莫来石-堇青石耐火材料工艺特性及应用前景. 中国陶瓷工业,1999,6(1):77-80.

[20] 胡宝玉,徐延庆,张宏达. 特种耐火材料手册. 北京:冶金工业出版社,2006:315-318.

[21] 温千鸿. 如何延长堇青石质窑具的使用寿命. 佛山陶瓷,1996,(2):18.

[22] 舒尔兹. 陶瓷物理及化学原理. 黄照柏译. 北京:中国建筑工业出版社,1975.

[23] 徐刚,韩高荣. 钛酸铝材料的结构、热膨胀及热稳定性. 材料导报,2003,17(12):44-47.

[24] King W D,Bowen H K,Vblmann D R. Introduction to Ceramics. 2nd Edition. New Work:John Wiley,1976:307-342.

[25] 徐恒钧,石巨岩,阮玉忠,等. 材料科学基础. 北京:北京工业大学出版社,2001:61-66.

[26] 李世普. 特种陶瓷工艺学. 武汉:武汉工业大学出版社,1990.

[27] 张旭东,何文. 堇青石-莫来石质窑具材料合成工艺研究. 耐火材料,2003,33(4):21-23.

[28] 阮玉忠,华金铭,吴万国,等. 原料杂质对莫青石窑具晶相结构与性能的影响. 结构化学,

1997,16(6):427-429.

[29] 田雨霖. 低温合成堇青石. 耐火材料,1995,29(4):199-201.

[30] An L,Chan H M. R-Curve behavior of in-situ-toughened Al₂O₃:CaAl₁₂O₁₉ ceramic composites. Journal of American Ceramic Society,1996,79:3142-3148.

[31] 张金泉,杨庆伟,等. 高温窑具材料的研究. 青岛:中国海洋大学出版社,1993:66-68.

[32] 黄世峰. 合成温度对堇青石-莫来石复相材料中堇青石莫来石生成量的影响. 中国陶瓷,
2001:103-104.

[33] Lachman I M,Bagley R D,Lewis R M. Thermal expansion of extruded cordierite ceramic.
Ceramic Bulletin,1981,60(2):202-206.

[34] 宗官重行. 近代陶瓷. 池文俊译. 上海:同济大学出版社,1988:20-29.

[35] 顾立德. 特种耐火材料. 2版. 北京:冶金工业出版社,2000:29-39.

[36] 王辅亚,张惠芬,吴大清,等. 堇青石的结构状态与合成温度. 热膨胀的关系. 陶瓷,1993:
(2):1-6.

[37] 李顺禄,李忠权,周朝阳,等. 高岭土与氢氧化镁合成高性能堇青石材料. 陶瓷学报,2002,
23(2):134-135.

[38] 张振禹,耿建刚,马哲生,等. 不同结构态的堇青石的合成. 中国陶瓷,1997,33(4):26-28.

[39] 王自寿. 中国铝型材工业的发展与现状. 轻合金加工技术,2002,30(2):11-15.

[40] 陈晓玲. 铝型材废水处理工程的设计与运行. 云南环境科学,2003,22(21):143-145.

[41] 许革. 铝型材生产废水漂洗废水处理工艺初探. 给水排水,1998,24(3):33-34.

[42] 戚浩文,林华斌. 铝型材废水的治理工艺. 中国给水排水,2000,16(11):42-43.

[43] 韩立斌,陈家力. 铝型模具间废水的综合利用. 轻合金加工技术,2001,29(3):33-35.

[44] 邓勃. 分析测试数据的统计处理方法. 北京:清华大学出版社,1998:42-58.

[45] 南京化工学院,华南工学院,清华大学. 陶瓷物理化学. 北京:中国建筑工业出版社,1981.

[46] 楼敦祥. 温度对堇青石-莫来石复相材料的影响. 陶瓷工程,1999,(2):29-30.

[47] 阮玉忠,吴万国,华金铭,等. 工艺条件对堇青石窑具多晶结构与性能的影响. 福州大学学
报,1997(5):97-101.

[48] 刘建. 堇青石行为研究. 无机材料学报,1993,(4):423-426.

[49] 陈玉清. 堇青石的合成及应用. 中国陶瓷,1992,(5):38-43.

[50] 倪文,陈娜娜. 堇青石矿物学研究进展. 矿物岩石,1996,(9):126-134.

[51] 邓尉林,潘儒宗,张兆胜,等. 堇青石质红外辐射材料的研制. 武汉工业大学学报,1986,
(2):143-149.

[52] 顾立德. 特种耐火材料. 2版. 北京:冶金工业出版社,2000:29-39.

[53] 沈阳. 以铝型材厂污泥为原料合成莫来石-堇青石复相材料及其应用. 福州:福州大学硕士
学位论文,2005.

[54] 郭海珠,姚庆荣. 合成堇青石耐火原料的研究. 耐火材料,1992(3):138-141.

[55] 李萍,杜永娟,胡丽华,等. 含钛添加剂对堇青石陶瓷特膨胀性能的影响. 耐火材料,2002,
36(3):139-141.

[56] 黄良钊,张巨先. 添加剂对 Al₂O₃ 陶瓷结构和性能的影响研究. 长春光学精密机械学院学

报,1998,21(3):6-9.

[57] Chen P F,Chen I W. Glass and glass-ceramic matrix composites. Noyes Publications,1992, 75(9):2610-2612.

[58] 高振昕,平增福,张战营,等. 耐火材料显微结构. 北京:冶金工业出版社,2002:64-106.

[59] 崔素芬. 原料对堇青石陶瓷性能的影响. 耐火与石灰,1998,(11):46-49.

[60] 周玉. 陶瓷材料学. 哈尔滨:哈尔滨工业大学出版社,1995:401.

[61] Kingery W D,Berg M. Study of the initial stage of sintering by viscous flow,evaporation-condensation,and self-diffusion. Journal of Application Physics,1995(26):1205.

[62] Exner H E,Arzt E. Sintering processes//Soymiya S,Moriyoshi Y. Sintering-Key Papers. London:Elsevier Applied Science,1978:567-678.

[63] 常铁军,祁欣. 材料近代分析测试方法. 哈尔滨:哈尔滨工业大学出版社,1999:227-230.

[64] Teruaki O,Yosuke S,Masayuki I,et al. Acoustic emission studies of low thermal expansion aluminum-titanate ceramics strengthened by compounding mullite. Ceramics International, 2007,33(5):879-882.

[65] Hamano K,Nakagawa N E. Effect of additives on several properties of aluminum titanate ceramic. Journal of the Ceramic Society of Japan,1981,10:1647-1655.

[66] Criado E,Caballero A,Pena P. Microstructural and mechanical properties of alumina-calcium hexaluminate composites//Vicenzini P. High Tech Ceramics. Amsterdam:Elsevier Science Publishers,1987:2279-2289.

[67] Stamenkovic I. Aluminium titanate-titania ceramics synthesized by sintering and hot pressing. Ceramics International,1989,15:155-160.

[68] Cristina D,Jérome C,Gilbert F,et al. Microstructure Development in Calcium Hexaluminate. Journal of the European Ceramic Society,2001,21:381-387.

[69] Camerucci M A,Cavalieri A L. Wetting and penetration of cordierite and mullite materials by non-stoichiometric cordierite liquids. Ceramics International,2008,34(7):1753-1762.

[70] Alecu I D. New developments in aluminium titanate ceramics and refractories. Key Engineering Materials,2001(213):1705-1710.

[71] Garse D,Gnauck V,Kriechbaum G W,et al. New insulating raw material for high temperature applications. Internationalen Feuerfest-Kolloquium,1988:122-128.

[72] Pavlikov V M,Garmash E P,Yurchenko V A,et al. Mechanochemical activation of kaolin, pyrophyllite,and talcum and its effect on the synthesis of cordierite and properties of cordierite ceramics. Powder Metallurgy and Metal Ceramics,2011,49(9/10):564-574.

[73] Yurchuk D V,Doroganov V A. Study and development of compositions of compounds for the manufacture of cordierite materials. Refractories and Industrial Ceramics,2012,52(5): 377-379.

[74] Wu J F,Fang B Z,Xu X H et al. Synthesis of refratory cordierite from calcined bauxite, talcum and quartz. Journal of Wuhan University of Technology-Materials Science,2013, 28(2):329-333.

[75] Filippo R, Alberto R, Antonio A. On the stability of magmatic cordierite and new thermo-barometric equations for cordierite-saturated liquids. Contributions to Mineralogy and Petrology, 2014, 167(4): 1-20.

[76] Kikuchi T, Sakamoto Y, Fujita K. Nonfibrous insulating castable which utilize micro porous aggregate. Fourth international symposium on advances in refractories for the metallurgical industries, Hamilton/Canada, 2004: 719-728.

[77] Wang W B, Shi Z M, Wang X G, et al. The phase transformation and thermal expansion properties of cordierite ceramics prepared using drift sands to replace pure quartz. Ceramics International, 2016, 42(3): 4477-4485.

[78] Nikzada L, Ghofranib S, Majidiana H, et al. Microwave sintering of mullite-cordierite precursors prepared from solution combustion synthesis. Ceramics International, 2015, 41(8): 9392-9398.

[79] Hipedingerab N E, Scianac A N, Agliettiac E F. Phase development during thermal treatment of a fast-setting cordierite-mullite refractory. Procedia Materials Science, 2015, 9: 305-312.

[80] Akpinara S, Kusoglub I M, Ertugrulc O, et al. Microwave assisted sintering of in-situ cordierite foam. Ceramics International, 2015, 41(7): 8605-8613.

[81] Benhammou A, El Hafiane Y, Nibou L, et al. Mechanical behavior and ultrasonic non-destructive characterization of elastic properties of cordierite-based ceramics. Ceramics International, 2013, 39(1): 21-27.

[82] Dong Y C, Hampshire S, Zhou J E, et al. Sintering and characterization of flyash-based mullite with MgO addition. Journal of the European Ceramic Society, 2011, 31(5): 687-695.

[83] Bejjaoui R, Benhammou A, Nibou L, et al. Synthesis and characterization of cordierite ceramic from Moroccan stevensite and andalusite. Applied Clay Science, 2010, 49(3): 336-340.

第4章 利用铝厂废渣研制莫来石-钛酸铝复相材料

4.1 实 验 方 法

4.1.1 铝厂废渣组成及特性

本实验采用铝型材厂工业废渣和分析纯二氧化钛为主原料。铝厂废渣是铝型材表面去污、碱洗、酸洗和阳极氧化产生的大量废液经沉淀过滤得到的固体废渣[1]。废渣的化学组成经分析确定,废渣成分中存在无定形体结构的 γ-AlOOH(一水软铝石),其粒径为 $0.1\sim1\mu m$。由于部分粒子超细(小于 $1\mu m$),表面存在晶格缺陷、空位和位错,造成表面的不均一性,引起表面的极化变形和重排,使表面晶格畸变,有序度下降[2]。这种表面无序度随着粒子越小不断向纵深发展,结果使废渣粒子结构趋于无定形,活性大大提高,有利于通过固相反应形成钛酸铝[3,4]。

将废渣在不同温度下煅烧处理(0℃、100℃、200℃、300℃、400℃、500℃、600℃、700℃、800℃、900℃、1000℃、1100℃、1200℃)并进行 XRD 分析。

图 4-1 是废渣原料在不同温度煅烧分析得到的 XRD 谱图,因煅烧至 1200℃时,废渣已完全析晶,其 XRD 谱峰尖锐,宽化现象已消失,因此单独列于图 4-2。

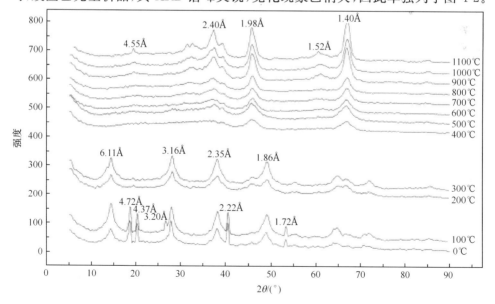

图 4-1 不同温度煅烧试样的 XRD 图谱

由图 4-1 看出,各试样的 XRD 谱线可分为三组,第一组为未煅烧试样与 100℃煅烧的试样,图中谱峰距基线中尚存在面包形的非晶区,表明废渣中存在无定形体结构和晶体的成分。经分析确定,废渣存在 γ-AlOOH 晶体,即一水软铝石(6.11Å、3.16Å、2.35Å、1.86Å)、拜耳石(4.72Å、4.37Å、3.20Å、2.22Å、1.72Å)和无定形体结构的 γ-AlOOH。第二组为 200℃ 及 300℃ 煅烧的试样,由衍射谱线看出,4.72Å、4.37Å、3.20Å、2.22Å、1.72Å 处的衍射峰消失,只剩下 6.11Å、3.16Å、2.35Å、1.86Å 处的衍射峰,说明拜耳石在此温度区间内全部转化为一水软铝石;第三组为 400～1100℃ 煅烧的试样,该组试样的衍射峰位置为 2.40Å、1.98Å、1.40Å,对应的晶相为 γ-Al$_2$O$_3$。图 4-2 所示为 1200℃ 煅烧的试样,该试样衍射峰尖锐,其对应的晶相应为 α-Al$_2$O$_3$。因此,工业废渣的加热变化过程为

$$\gamma\text{-AlOOH}+\text{Bayerite} \xrightarrow{200\sim500℃} \gamma\text{-AlOOH} \xrightarrow{500\sim1050℃} \gamma\text{-Al}_2\text{O}_3 \xrightarrow{1050\sim1200℃} \alpha\text{-Al}_2\text{O}_3$$

钛酸铝和莫来石-钛酸铝材料都需高温下煅烧,此时铝厂废渣将以 α-Al$_2$O$_3$ 形式存在,这也为该废渣可作为合成这些材料的原料提供了有力依据。

废渣原料的 SEM 图像如图 4-3 所示。其放大倍数为 4000 倍,由于粒子很细,粒子之间形成的毛细管力很大,黏结力很强,因此粒子大多数以团聚形式存在。常温下表现出具有一定强度的聚集体,只能观察到少量真实晶体的形状。从图像看到 γ-AlOOH 的团聚体,分布着部分片状和扁豆状的 γ-AlOOH 晶体,其粒径大约小于 1μm,晶体聚集成块状,其表面吸附着绒毛状的无定形体。

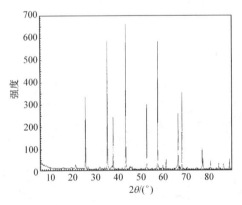　

图 4-2　煅烧 1200℃ 试样的 XRD 图谱　　　图 4-3　废渣原料的 SEM 图像

4.1.2　实验方案设计原理

在对铝厂废渣全面了解的基础上,根据废渣的组成及特点[5-7],利用该废渣作为 Al$_2$O$_3$ 的主要来源,合成高纯度、优质的钛酸铝和莫来石-钛酸铝合成料,同时探讨钛酸铝在 1300～750℃温度范围内的分解动力学,建立固相反应动力学数学方

程,计算钛酸铝的分解率和反应活化能,了解钛酸铝材料的分解规律,为抑制钛酸铝的分解采取必要的措施提供分解动力学基础数据,同时为更好地利用铝厂废渣制备钛酸铝材料提供重要的理论依据[8]。

　　详细表征利用废渣合成的钛酸铝及莫来石晶相,分析缺陷产生的机制详细研究废渣的不同添加量、烧结温度、保温时间、各种杂质对水急冷法工艺合成钛酸铝和钛酸铝-莫来石晶相的组成、含量、结构、性能的影响[9],进而选择出最佳的技术途径,以最低的成本研制出性能优异的钛酸铝陶瓷,实现环保价值和经济价值的统一[10,11]。

4.1.3　试样制备

1. 实验仪器与设备

实验使用的仪器设备如表 4-1 所示。

表 4-1　实验仪器与设备

仪器名称	型号	厂家
精密电子天平	JJ2000	美国双杰兄弟(集团)有限公司
电热鼓风恒温干燥箱	101A-3	上海康路仪器设备有限公司
程控高温电阻炉(1600℃)	KSY-120-18	上海实验电炉厂
程控电窑(1300℃)	KM714-3	美国 SKUTT
行星式高能球磨机	ND6-4L	南京南大天尊电子有限公司
液压机	XP-YAJ-30	山东淄博市周村翔鹏机械厂
微机控制万能试验机	CMT	深圳市新三思材料检测有限公司
X 射线粉末衍射仪	X'pert-MPD	荷兰 Philips 公司
环境扫描电子显微镜(附带能谱仪)	XL30ESEM	荷兰 Philips 公司

2. 试样制备工艺

1) 配料

根据实验的配方,利用电子天平,将各种原料及添加剂按照一定的比例混合、搅拌,过 20 目筛(图 4-4)。

2) 湿磨

原料按配方准确称量配料后,采用 ND6-4L 型行星式高能球磨机研磨 2h,料、球、水比例为 1∶2∶1,转速 220r/min。

3) 陈腐

将研磨后的浆料静置 24h,让原料和水分层,便于烘干,提高坯体成型性能和坯体强度。

4) 烘干

用 101A-3 型电热鼓风恒温干燥箱烘干浆料,烘干温度为(100±5)℃。

5) 过筛

烘干后的原料用玛瑙研钵进行破碎,过 100 目筛,使其能够更好地成型。

6) 成型

取一定量原料,添加有机黏合剂聚乙烯醇(质量分数≈5%)及少量的水,混合均匀,使料有一定的可塑性和黏度。将料用模具半干压成型(作用于料上的成型压力为 150MPa),压成条状(5mm×4mm×50mm)。

7) 煅烧

采用 KSY-120-18 型电炉在高温下煅烧。

8) 冷却

煅烧至所需温度,保温所需时间,断电后立即取出试样投入 20℃的水中急冷。

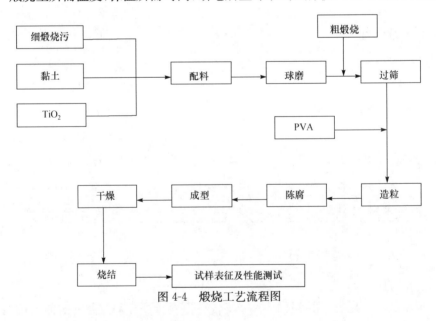

图 4-4 煅烧工艺流程图

3. 利用铝厂废渣制备钛酸铝材料

根据钛酸铝(Al_2TiO_5)结构材料的化学组成(Al_2O_3 含量=56.07%,TiO_2 含量=43.93%)来确定配方。为尽可能采用较低的成本合成高纯度的钛酸铝,在配方设计时应尽可能增大废渣的用量[12]。然后分别通过随炉冷却和淬火法得到煅烧试样。所得样品通过 XRD 和 SEM 表征其晶相结构及显微形貌特征,并采用 Philips X'pert plus 软件分析和确定各试样的晶胞参数。采用 Rietveld Quantification 半定量分析软件计算各晶相的含量,确定最佳配方组成和合成工艺方法;探讨不同煅烧温度和保温时间对淬火法合成试样中钛酸铝晶相结构和显微结构的影响,从中确定最佳烧成工艺条件。

分别讨论不同添加量的 MgO(0%、1.0%、2.0%、2.5% 和 3.0%)、硅微粉 (0%、4%、8% 和 12%)、ZrO_2(0%、1.0%、2.0% 和 3.0%)、V_2O_5(0%、0.5%、1.0%、2.0%、3.0%)(质量分数)对钛酸铝材料晶相结构、数量、微观结构和性能的影响,从而为选择合适的添加剂对钛酸铝材料进行改性提供理论依据[13,14]。

4. 利用铝厂废渣制备莫来石-钛酸铝复相材料

本实验引入福建龙岩高岭土,因而原料配方从原先的 Al_2O_3-TiO_2 二元相图转变为 Al_2O_3-TiO_2-SiO_2 三元相图(图 1-5),有利于形成良好的莫来石-钛酸铝复相材料,通过对三元相图分析确定预选的配比范围[15]。通过 XRD 和 SEM 表征其晶相结构及显微形貌特征[16],采用 Rietveld Quantification 半定量分析软件计算各晶相的含量,确定最佳配方组成;探讨不同煅烧温度和保温时间对淬火法合成试样中莫来石-钛酸铝晶相结构和显微结构的影响,从中确定最佳烧成工艺条件[17];采用自结合工艺,添加 ZrO_2 进行改性,研究其对莫来石-钛酸铝材料的性能和显微结构的影响,确定最佳的自结合工艺和 ZrO_2 用量[18-20]。

5. 利用铝厂废渣制备钛酸铝材料的分解动力学研究

钛酸铝属于不稳定化合物,在 750～1300℃ 温度范围内易分解成其母相氧化物 α-Al_2O_3 和金红石型 TiO_2[21],探讨钛酸铝在这一温度范围内的分解动力学,建立固相反应动力学数学方程,计算钛酸铝的分解率和反应活化能,了解钛酸铝材料的分解规律,为抑制的分解采取必要的措施提供分解动力学基础数据,同时为更好地利用铝厂废渣制备钛酸铝材料提供重要的理论依据[22-24]。

4.1.4　分析测试

1. 化学全分析

采用化学全分析方法测试废渣的化学百分组成。

2. X 射线衍射分析

采用 Philips X'pert-MPD-X 射线衍射仪(分析条件 CuKα1,电压 40kV,电流 40mA)分析各试样的晶相组成,采用 Philips X'pert plus 软件分析和确定各试样的晶胞参数。并采用 Rietveld Quantification 半定量分析软件计算各晶相的含量。

3. 扫描电镜分析

采用 Philips XL-30E SEM 的扫描电镜观察晶相的形貌、大小尺寸和数量。最大工作电压为 30kV,样品经表面喷金后观察。

4. 钛酸铝、莫来石-钛酸铝材料性能测试

1) 热震抗折强度

性能测定的抗折强度主要是指常温抗折强度,1 次热震与 10 次热震后的抗折强度和抗折强度保持率。将标准试样在室温条件下放在弯曲装置下受压,试样所能承受的最大载荷即为抗折强度[25]。

实验步骤如下。

(1) 把试样烘干,直至恒重。

(2) 调整仪器位置,将试样平衡地放在 KZY-500-2 型电动抗折仪的下刀口处。

(3) 打开开关,启动仪器,待试样断裂的瞬间,读出试样的最大载荷。

抗折强度计算公式为

$$P_r = (3/2)F \times L/(b \times h^2) \tag{4-1}$$

式中:P_r 为抗折强度(kgf/cm^2);F 为试样断裂时的最大载荷(kgf);b 为线条中宽度(cm);h 为线条中间高度(cm);L 为下刀口的距离(cm)。

2) 热震抗折强度保持率

实验步骤如下。

(1) 将试样置于碳硅马弗炉中,升温至 800℃后保温 20min。

(2) 取出试样立即投入 20℃的水中。

(3) 试样分为两组,其中一组冷却后烘干(作为 1 次热震试样);另一组则在急冷干燥后立即放回炉中,继续加热如前步骤,完成 10 次循环(作为 10 次热震试样)。

(4) 测定 1 次和 10 次后的抗折强度,与未经热震的试样的抗折强度进行比较,得到 1 次和 10 次热震抗折强度保持率,其公式如下:

$$\eta = (P_{rn}/P_{r0}) \times 100\% \tag{4-2}$$

式中:η 为经过 n 次热震后试样的保持率(%);P_{rn} 为经过 n 次热震后试样的抗折强度(kgf/cm^2);P_{r0} 为未经过热震试样的抗折强度(kgf/cm^2)。

3）体积密度、吸水率、显气孔率

分别取做过抗折强度实验的 1 次和 10 次的断裂试条,测量其体积密度、显气孔率和吸水率。

实验步骤如下。

（1）把试样断裂的部位、棱线以及表面易脱落的部位磨平,并把试样表面的粉尘清洁干净,干燥至恒重,并称其质量 m_0。

（2）把试样放入烧杯中,加入蒸馏水直至浸没试样,再把烧杯放入真空干燥箱中（型号 DZ-2BC）,抽真空 1h 左右。

（3）用电子天平测量饱和试样在水中的质量 m_1。

（4）用电子天平测量饱和试样在空气中的质量 m_2。

体积密度计算公式如下:

$$P_v = m_0 \times \rho / (m_2 - m_1) \tag{4-3}$$

式中:P_v 为体积密度;ρ 为测定温度下水的密度（kg/m³）。

4.2　利用铝厂废渣制备钛酸铝材料配方和工艺的研究

4.2.1　引言

钛酸铝（Al_2TiO_5,简称 AT）陶瓷具有低膨胀性、低热导率、高熔点、耐腐蚀和抗热震等优点,是目前低膨胀性材料中耐高温性能最好的一种[26,27]。该材料属于不稳定化合物,在 750～1300℃温度范围内易分解为二氧化钛和刚玉,因此很难合成高纯度的钛酸铝材料[28,29]。本研究以铝型材厂废渣为主原料,采用水急冷法合成高纯度钛酸铝材料。铝型材厂废渣为铝型材表面处理得到固体废渣,其主要成分为 γ-AlOOH,粒子超细,活性很高,有利于固相反应形成钛酸铝;高温合成的产物投入 20℃的水中急速冷却后迅速越过 1300～750℃温度范围,避免了钛酸铝在该温度范围内的分解[31,32]。此外,本节还探讨常规方法制备钛酸铝,对比分析钛酸铝晶体的产量,以此体现水冷法（淬火法）的优点[33-35]。

4.2.2　实验部分

1. 合成钛酸铝材料的配方和工艺

根据钛酸铝（Al_2TiO_5）结构材料的化学组成（Al_2O_3 含量=56.07%,TiO_2 含量=43.93%）来确定配方。为尽可能采用较低的成本合成高纯度的钛酸铝,在配方设计时应尽可能增大废渣的用量[36-38]。另一主要原料为国药集团（上海）化试公司产的分析纯 TiO_2。根据上述分析,拟定七个实验配方,如表 4-2 所示。试样制备工艺:配料→研磨→烘干(100℃,4h)→可塑成型→合成反应(1400℃,2h),然后分别通过随炉冷却和淬火法得到煅烧试样。淬火法,即高温合成的产物立即取出试样投入20℃的水中急冷,使其迅速越过1300~750℃的温度范围,避免了钛酸铝在该温度范围内的分解,从而增加 Al_2TiO_5 的含量。

表 4-2　各试样配方

试样编号	1	2	3	4	5	6	7
Al_2O_3/TiO_2摩尔分数	1.28	1.18	1.08	1.00	0.92	0.85	0.79
废渣/%	72.5	70.8	69.1	67.3	65.5	63.7	61.8
TiO_2 粉末/%	27.5	29.2	30.9	32.7	34.5	36.3	38.2

所得样品通过 XRD 和 SEM 法表征其晶相结构及显微形貌特征,并采用 Philips X'pert plus 软件分析和确定各试样的晶胞参数。采用 Rietveld Quantification 半定量分析软件计算各晶相的含量,确定最佳配方组成和合成工艺方法。

　　2. 钛酸铝材料烧成工艺的研究

通过 XRD 和 SEM 等分析手段,探讨不同煅烧温度和保温时间对淬火法合成试样中钛酸铝晶相结构和显微结构的影响,从中确定最佳烧成工艺条件,为钛酸铝材料的制备提供可靠的依据[39,40]。各样品的测试和表征手段同前文。

4.2.3　水急冷法与随炉冷却法合成钛酸铝材料

　　1. 钛酸铝晶相结构的表征

将1~7号七组配方的试样,分别在1400℃下煅烧,保温 2h 后,分别通过随炉冷却和淬火法得到煅烧试样。经 XRD 分析,随炉冷却法和水急冷法合成料各试样的衍射图谱分别如图 4-5 和图 4-6 所示,两种合成料各试样分别形成三个和四个晶相:钛酸铝 Al_2TiO_5、矾土 Al_2O_3、金红石 TiO_2 和钙钛矿 $CaTiO_3$,其中 Al_2TiO_5 是主晶相,在图中分别标注了 Al_2TiO_5、Al_2O_3、TiO_2 和 $CaTiO_3$ 的最强的衍射峰,分别以 T、A、R 和 C 表示。

根据衍射图谱,采用 Rietveld Quantification 软件计算各晶相的相对含量,结果列于表 4-3。从表中可以看出,两种不同工艺所形成的晶相类型都相同,即 Al_2TiO_5、TiO_2、Al_2O_3 和 $CaTiO_3$。因此典型的 XRD 图谱的峰位也一致,只是衍射峰的高度和宽度有微小变化,表现在形成的相含量有所差异。

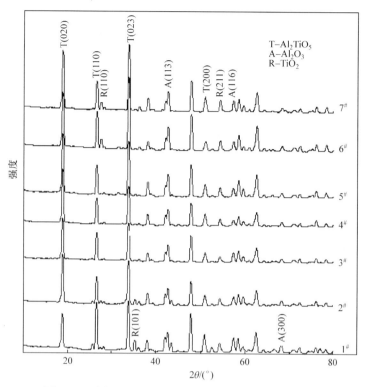

图 4-5　不同 Al_2O_3/TiO_2 比的试样的 XRD 图谱（水冷）

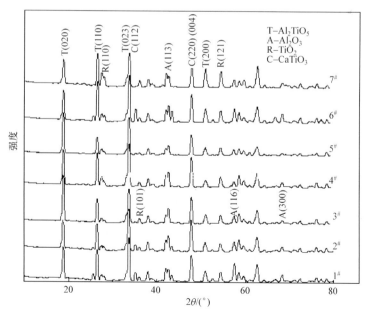

图 4-6　不同 Al_2O_3/TiO_2 比的试样的 XRD 图谱（炉冷）

表 4-3　各试样的晶相组成及其含量

试样编号	Al_2O_3/TiO_2 摩尔比	$Al_2TiO_5/\%$		$TiO_2/\%$		$Al_2O_3/\%$		$CaTiO_3/\%$	
		Water-c	Natral-c	Water-c	Natral-c	Water-c	Natral-c	Water-c	Natral-c
1	1.28	82.0	72.5	1.4	4.4	13.8	17.5	2.8	5.6
2	1.18	82.7	79.2	3.3	4.4	11.9	10.8	2.1	5.6
3	1.08	96.8	79.9	1.2	4.9	1.7	5.9	1.3	9.3
4	1.00	97.2	84.7	0.9	7.7	1.0	0	0.9	7.9
5	0.92	98.8	86.1	1.3	5.2	1.2	3.8	1.1	4.9
6	0.85	90.6	70.1	3.6	4.8	4.2	19.8	1.6	5.3
7	0.79	91.6	79.8	3.4	10	2.6	0.3	2.4	9.9

在水急冷法各试样合成料中的主晶相是 Al_2TiO_5，其含量介于 82%～99%，还存在的晶相有 $CaTiO_3$、Al_2O_3 和 TiO_2，其中 $CaTiO_3$ 是由废渣中的杂质氧化钙与二氧化钛反应生成的。由于铝厂废渣具有颗粒细、比表面积大、表面能高和活性高等特点，因此能有效地促进固相反应生成钛酸铝。在 400℃ 时，废渣里含水的 γ-AlOOH 开始热解为结晶的 γ-Al_2O_3。当温度升高到 1200℃ 时，γ-Al_2O_3 已经转化为 α-Al_2O_3，在 1300℃ 以上，α-Al_2O_3 和金红石反应生成钛酸铝，多余的金红石会和液相里的杂质 CaO 反应，形成 $CaTiO_3$。从 1～4 号试样中，钛酸铝的含量逐步增加，从 82.0% 上升到最大值 97.2%；Al_2O_3 含量基本呈下降的趋势，从 13.8% 一直降到 1.0%，TiO_2 也基本呈下降趋势。而 4～7 号试样中钛酸铝含量逐渐减少，从 97.2% 分别降到了 90.6% 和 91.6%，其他两相则呈上升趋势。七种试样中钙钛矿含量均较少，小于 3%。1～3 号试样的 Al_2O_3/TiO_2 摩尔比＞1，配方中 Al_2O_3 含量大于钛酸铝的理论组成，略有过量，所以煅烧后试样中刚玉相的含量较多。5～7号试样中 Al_2O_3/TiO_2 摩尔比＜1，Al_2O_3 含量低于钛酸铝的理论组成，TiO_2 含量高于钛酸铝的理论组成，因此煅烧后试样中金红石相的含量比前几个试样的多。4～6 号试样的 Al_2O_3/TiO_2 摩尔比接近钛酸铝的化学计量比，有利于反应完全形成钛酸铝，所以生成的钛酸铝含量较多。4 号和 5 号配方 Al_2O_3/TiO_2 摩尔比分别为 1.00 和 0.92 时，钛酸铝的产量达到较高值，分别为 97.2% 和 98.8%，刚玉晶相也达到最小值，这与理论分析相符。分析选择 4 号为最佳配方，其钛酸铝产量为 97.2%，虽然不是各配方中最高的，但考虑到其前后配方 3 号和 5 号样品中的钛酸铝含量都很高，且从工艺过程易于控制的角度出发，在原料配方波动时 4 号配方比 5 号稳定，所以选择 4 号为最佳配方。

随炉冷却各试样合成料中的主晶相也是 Al_2TiO_5，含量介于 70%～86%。与水急冷法相比，各试样的钛酸铝含量均比水急冷法的低，其中 4 号配方和 5 号配方试样的钛酸铝含量降低比较明显，分别从 97.2% 降到 84.7%，从 98.8% 降到86.1%，即 4 号配方和 5 号配方水急冷法试样中钛酸铝含量比随炉自然冷却法中钛酸铝的含量高出 12.5％和 12.7％。这是由于采取水急冷法,即把试样煅烧至 1400℃,保温 2h 之后,立即取出投入 20℃水中急冷,很快地越过 750～1300℃的分解区,使钛酸铝来不及分解,低温下保持着高温状态,避免已反应形成的钛酸铝在降温通过 750～1300℃温度范围内的分解而降低含量,使得试样中反应生成的钛酸铝含量比随炉自然冷却法高得多。这也证明可以用水急冷法来使钛酸铝越过 750～1300℃的分解区间,以达到提高合成产物中钛酸铝的得率,证实了水急冷法合成高纯度钛酸铝材料的技术和工艺是可行的,具有创新性。

综合分析确定最佳配方和合成工艺方法为 4 号配方,采用水冷法(淬火法)。

2. 钛酸铝显微结构的表征

选择 4 号和 5 号配方烧成试样进行扫描电镜分析,其 Al_2O_3/TiO_2 比分别为 1.00 和 0.92。图 4-7 和图 4-9 分别为水急冷条件下的 4 号和 5 号试样扫描电镜照片,钛酸铝含量分别为 97.2％和 98.8％;图 4-8 和图 4-10 分别为随炉冷却条件下的 4 号和 5 号试样的扫描电镜照片,钛酸铝含量分别为 84.7％和 86.1％。图 4-7～图 4-10 不同位置 A、B、C、D 的物相分别 Al_2TiO_5、α-Al_2O_3、TiO_2 和 Al_2TiO_5 晶相,其 EDS 能谱图分别如图 4-11 所示。

图 4-7　4 号试样 SEM 图(水冷)

图 4-8　4 号试样 SEM 图(炉冷)

图 4-9　5 号试样 SEM 图(水冷)

图 4-10　5 号试样 SEM 图(炉冷)

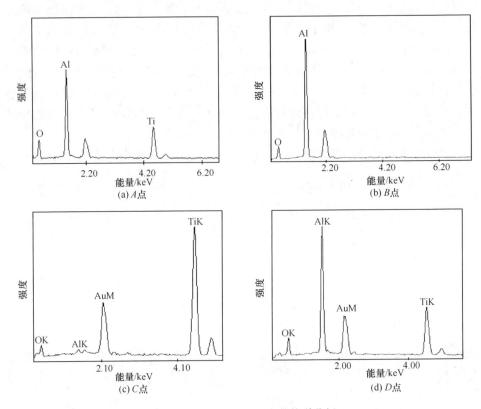

图 4-11　A、B、C、D 四点的能谱分析

图 4-7 为 4 号试样的 SEM 照片，配方组成为 Al_2O_3/TiO_2 摩尔比＝1，达到钛酸铝的理论比值，固相反应形成的钛酸铝较完全，反应形成钛酸铝高达 97.2%，在图像中分布的几乎都是钛酸铝晶体，晶粒完整，晶界清晰，横截面为长方形的柱状体，晶粒中具备斜方晶体的对称性。EDS 能谱如图 4-11(a) 所示，试样在煅烧过程中经历固相反应、烧结和晶体生长过程。其中烧结过程使晶粒黏结和变形，气孔减少，致密度提高；晶体生长过程使部分晶粒长大而变形，失去斜方晶体的对称性，呈不规则柱状体，这种柱状体晶界较平直，晶体生长基本停止。试样仅存在极少量的微裂纹，少量的微裂纹可使钛酸铝陶瓷具有较小的热膨胀系数，还可有较高的抗折强度，这是因为当温度升高时，晶体内 a、b 轴上的膨胀被其内部的微裂纹弥合所抵消，使钛酸铝陶瓷出现很低的表观热膨胀系数。图 4-9 为 5 号试样的 SEM 照片，配方组成为 Al_2O_3/TiO_2 摩尔比＝0.92，表明配方中 TiO_2 含量过剩，试样中尚有未反应的 TiO_2，EDS 能谱图见图 4-11(c)。TiO_2 晶粒呈变形四方晶体，但已失去四方晶体的对称性。同时可看到部分方形凹陷痕迹，表明试样中钛酸铝晶体

呈方形柱状。图中还看到圆滑的气孔,表明烧结程度已达到中后期,晶粒已变形。从图 4-9 还可以看到钛酸铝表面存在少量液相,晶粒形状和排列不规则,晶体结构过于松散,势必影响其热震和强度性能,导致钛酸铝强度和热震性能降低。

图 4-8 和图 4-10 分别为随炉冷却条件下的 4 号和 5 号试样的扫描电镜照片,从 SEM 图像中可以看出其普遍含有较多金红石和刚玉晶相,α-Al_2O_3 呈六方片状,TiO_2 呈变形四方晶体。这说明钛酸铝在随炉冷却过程中发生了较大的分解。由 XRD 分析结果可知,煅烧试样中还存在刚玉相,含量为 0.3%~3.8%,金红石相为 3.8%~7.9%,钙钛矿为 4.9%~7.9%。

对比分析随炉冷却法和水冷法合成钛酸铝的 XRD 和 SEM 结果,可以明确地得出水冷法比较好地解决了钛酸铝的分解情况,在水冷时其分解率降低幅度很大,产量最高达到 97.2%,晶体结构致密,形状不规则,微裂纹数量较少,使钛酸铝陶瓷具有较小的热膨胀系数,还可有较高的抗折强度,相对于随炉冷却法合成钛酸铝具有明显的优势。综合上述各种因素,4 号配方在实验条件下合成钛酸铝的产量稳定,结晶形态较好,确定为最佳配方,这也与理论值相符。

4.2.4　钛酸铝材料烧成工艺的研究

经 4.2.3 节和 4.2.2 节的 XRD 和 SEM 分析,确定了最佳配方组成和合成工艺方法为 4 号配方[其组成为:废渣 67.3%,二氧化钛 32.7%(质量分数),Al_2O_3/TiO_2 摩尔比=1],采用水冷法(淬火法)。本节主要任务是以实验结果所确定的最佳配方和合成工艺方法为基础,通过 XRD 和 SEM 等分析手段,探讨不同煅烧温度和保温时间对淬火法合成试样中钛酸铝晶相结构和显微结构的影响,从中确定最佳烧成工艺条件。

1. 煅烧温度对试样晶相的影响

以最佳的 4 号配方[其组成为:废渣 67.3%,二氧化钛 32.7%(质量分数),Al_2O_3/TiO_2 摩尔比=1]为基础进行配料、混合、陈腐、成型、烘干后,分别在 1300℃、1320℃、1340℃、1360℃、1380℃、1400℃、1420℃、1450℃下煅烧保温 2h,立即取出投入 20℃的水中急冷后得到各试样。对各温度下煅烧试样进行 X 射线衍射分析,XRD 图谱如图 4-12 所示,图中分别标注了 Al_2TiO_5、Al_2O_3、TiO_2 和 $CaTiO_3$ 的最强的衍射峰,分别以 T、A、R 和 C 表示。经 Rietveld Quantification 软件计算所得各晶相的含量列于表 4-4 中。

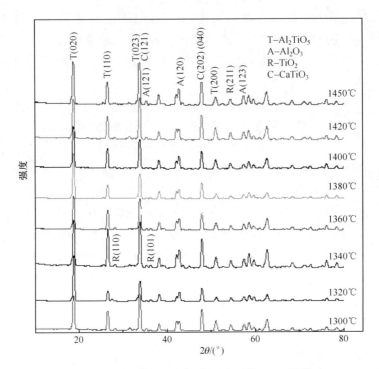

图 4-12　各试样经不同煅烧温度后的 XRD 图谱

表 4-4　各试样经不同煅烧温度后的晶相及含量(质量分数)

烧成温度/℃	Al_2TiO_5/%	Al_2O_3/%	TiO_2/%	$CaTiO_3$/%
1300	91.1	3.6	3.2	2.1
1320	90.7	3.9	2.0	3.4
1340	97.5	0.4	0.8	1.3
1360	97.0	1.3	0.6	1.1
1380	96.8	1.4	0.4	1.4
1400	97.2	1.0	0.9	0.9
1420	96.7	0.8	0.9	1.6
1450	81.2	4.8	8.4	5.6

　　从图 4-12 和表 4-4 可知,试样在不同煅烧温度下保温 2h 后都形成钛酸铝 Al_2TiO_5、钙钛矿 $CaTiO_3$、金红石 TiO_2 和刚玉 Al_2O_3。从图 4-12 可以看出,钛酸铝为主晶相,其含量较高,图谱中其他三相的衍射峰都比较弱。

各晶相的半定量分析结果表明,在 1340℃ 煅烧后钛酸铝含量达到 97.5%(质量分数),得率较高。与常规合成钛酸铝的方法相比,反应温度低了 60℃,常规方法采用工业氧化铝为原料,反应烧结温度都在 1400℃ 以上,这是本研究的一个亮点。表明以废渣为原料有利于合成钛酸铝。这是由于废渣粒度超细,比表面积大,反应物晶体表面存在晶格缺陷空位和位错,造成表面的不均一性,引起表面的极化变形和重排,使表面晶格畸变,有序度下降。这种表面无序度随着粒子变小不断向纵深发展,结果使废渣粒子结构趋于无定形,活性大大提高,反应和烧结的推动力增大。根据由扩散决定的固相反应动力学方程、杨德尔和金斯特林格动力学方程中可知,反应速度常数 K 值反比于颗粒半径的平方。由于合成钛酸铝的反应为固相反应,过程以扩散为控制步骤,反应在界面上进行,废渣的比表面积大,反应界面与扩散截面积大,使反应物扩散到反应界面的路程缩短,反应速度加快,有利于促进钛酸铝的形成。

煅烧温度从 1300℃ 升至 1340℃,钛酸铝的含量随着煅烧温度的升高逐渐增加,氧化铝、金红石和钙钛矿的含量随着煅烧温度升高而降低。煅烧温度从 1300℃ 上升到 1340℃,钛酸铝的含量从 90.7% 增加到 97.5%(质量分数)。这是因为固相反应大多数以反应物扩散为控制步骤,煅烧温度上升,引起反应物扩散到反应界面上的扩散速度加快,从而加快反应速度,促进钛酸铝的形成,因此升高温度对钛酸铝晶体形成有利。当温度从 1340℃ 上升到 1420℃ 时,钛酸铝的含量基本保持不变,维持在 97% 左右,表明 1340℃ 已是基本完全反应形成钛酸铝的温度。当温度从 1420℃ 上升到 1450℃ 时,钛酸铝的含量从 96.7% 下降至 81.2%,下降幅度较大。由于原料中含有 SiO_2、Fe_2O_3、Na_2O 和 K_2O 等杂质,在高温下会形成低共熔液相,液相的存在引起转熔过程,即反应形成的 Al_2TiO_5 溶入液相,从液相中析出 Al_2O_3 和 TiO_2,即 $L + Al_2TiO_5 \longrightarrow Al_2O_3 + TiO_2$,使得 Al_2TiO_5 的含量下降,Al_2O_3 和 TiO_2 含量增加。随着煅烧温度进一步提高,试样液相量增加,转熔过程加快,钛酸铝含量降低较多。由于煅烧温度从 1340℃ 上升至 1420℃,反应温度提高 80℃,而钛酸铝的含量只相差 0.8%,温度提高 80℃ 所需能耗的成本较大,所以确定 1340℃ 为最佳的煅烧温度,钛酸铝含量为 97.5%。

通过 Philips X'pert plus 软件分析和确定各温度下烧成样中的钛酸铝晶格常数,结果列于表 4-5 中。由于钛酸铝的三个晶格常数中 a 和 b 对其热稳定性没有影响,而与 c 的大小有直接的关系,c 的值越大则钛酸铝的热稳定性越好。这是因为晶格常数 c 对应于钛酸铝晶体结构中畸变的 $[MeO_6]$ 八面体的高度,c 值增大导致八面体的畸变程度降低,结果就使得钛酸铝更稳定。由表 4-5 可以看出,随温度升高,钛酸铝 c 轴常数变化规律总体上是减小的,但在 1360℃ 和 1400℃ 出现了异常变动,综合 XRD 分析的含量,在 1340℃ 下钛酸铝为 97.5%,而在 1400℃ 下为 97.2%,即虽然 1400℃ 下钛酸铝 c 轴常数比 1340℃ 时大,但考虑到其产量较高,而且后者温度较低可以节省能耗,故证明前面选择 1340℃作为最佳烧结温度是正确的。

表 4-5　不同烧结温度下所得钛酸铝的晶格常数

晶格常数	1300℃	1320℃	1340℃	1360℃	1380℃	1400℃	1420℃	1450℃
$a/\text{Å}$	3.5939	3.5902	3.5905	3.5921	3.5934	3.5937	3.5934	3.5935
$b/\text{Å}$	9.4456	9.4457	9.4451	9.4469	9.4439	9.4458	9.4455	9.4411
$c/\text{Å}$	9.6561	9.6549	9.6515	9.6548	9.6506	9.6576	9.6548	9.6490

2. 煅烧温度对试样显微结构的影响

图 4-13(a)、(b)和(c)分别为 1300℃、1340℃和 1450℃保温 2h 后各试样的显微结构照片。从图 4-13(a)可以看出,钛酸铝晶粒尺寸较小,被玻璃相黏结在一起,其尺寸为 3~4μm,晶粒呈变形方块状,已失去钛酸铝正交晶系的对称性,晶粒尺寸较小,这是由于反应温度低,晶体生长速度慢;图中可看到大尺寸晶体和少量六方片状的刚玉相;形成大尺寸晶体,是由于烧结后期发生二次再结晶,引起少数晶体异常生长。从图 4-13(b)可以看出,试样在 1340℃煅烧后,随着煅烧温度升高晶粒明显长大,晶粒呈不规则柱状,液相明显增多,晶界变得模糊,烧结程度提高,晶粒之间直接黏合,气孔基本消失,致密度提高。从图 4-13(c)可以看出,温度升高到 1450℃后,试样中玻璃相增多,晶粒已被黏结在一起,形成较大的整体,晶界很难辨认,形成不规则的凹陷痕迹,这是两晶粒接触的痕印,断面呈凹凸不平的粗糙面,边缘和棱角尖锐,属于不规则的结构。

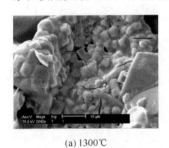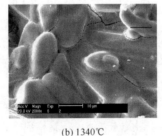

(a) 1300℃　　　　　　(b) 1340℃　　　　　　(c) 1450℃

图 4-13　经 1300℃、1340℃和 1450℃煅烧后各试样的显微结构

3. 保温时间对试样晶相的影响

以最佳的 4 号配方[其组成为:废渣 67.3%,二氧化钛 32.7%(质量分数),Al_2O_3/TiO_2 摩尔比=1]为基础进行配料、混合、陈腐、成型、烘干后在 1340℃下煅

烧,分别保温 0.5h、1h、1.5h、2h、2.5h、3h 后立即取出投入 20℃的水中急冷,得到各试样。对各保温时间下所得煅烧试样进行 X 射线衍射分析,XRD 图谱如图 4-14 所示。图中分别标注了 Al_2TiO_5、Al_2O_3、TiO_2 和 $CaTiO_3$ 的最强的衍射峰,分别以 T、A、R 和 C 表示。经 Rietveld Quantification 软件计算所得各晶相的含量列于表 4-6 中。

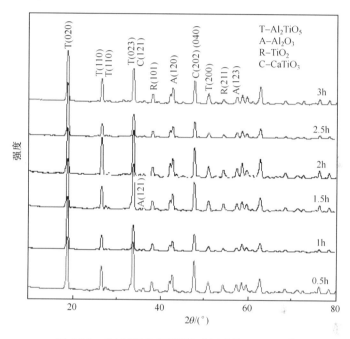

图 4-14 各试样经不同保温时间后的 XRD 图谱

从图 4-14 可以看出,各试样经 1340℃保温不同时间后都形成钛酸铝 Al_2TiO_5、钙钛矿 $CaTiO_3$、金红石 TiO_2 和刚玉 Al_2O_3。钛酸铝为主晶相,其含量较高,图谱中其他三相的衍射峰都比较弱,各晶相含量随着保温时间的不同发生微小的变化。从表 4-6 可知,反应时间从 0.5h 到 2h,反应形成钛酸铝的含量随着保温时间延长而增加,钛酸铝的含量从 90.2% 增加到 97.5%;从 2h 到 2.5h,钛酸铝的含量从 97.5% 下降到 93.5%;当保温时间超过 2h 后,钛酸铝的含量下降趋于平缓。由于固相反应与反应时间有关,时间越长,反应物扩散到界面的数量增加,反应产生的产物越多。但当保温时间继续增加时,产物层增厚,反应物扩散到界面的阻力增加,开始阻碍固相反应的进行,与此同时形成的液相显著增加,使反应形成的钛酸铝分解。这说明在以扩散为控制步骤的固相反应中,通过延长保温时间不能有效提高反应产物的得率。分析结果确定 2h 为最佳保温时间。

表 4-6　各试样经不同保温时间后的晶相及含量(质量分数)

保温时间/h	Al_2TiO_5/%	Al_2O_3/%	TiO_2/%	$CaTiO_3$/%
0.5	90.2	5.1	1.6	3.1
1	89.2	6.0	2.2	2.6
1.5	93.8	3.0	1.1	2.1
2	97.5	0.4	0.8	0.3
2.5	93.5	3.3	1.5	1.7
3	93.0	3.4	1.2	2.4

通过 Philips X'pert plus 软件分析和确定 1340℃下不同保温时间烧成样中的钛酸铝晶格常数,结果列于表 4-7 中。从表中可以看到,c 轴常数总体上随保温时间的延长而增加,这是由于延长保温时间,实际上就为钛酸铝晶体结构调整提供了有利的动力学条件,从而使钛酸铝晶体结构完整,稳定性增加,微观上表现为 c 轴常数的增加。在保温 2h 条件下钛酸铝的含量达到最高 97.5%,继续延长保温时间,反而会使试样中的液相量增加,由于液相的存在引起转熔过程,即反应形成的 Al_2TiO_5 被熔入液相,从液相中析出 Al_2O_3 和 TiO_2,即 $L+Al_2TiO_5 \longrightarrow Al_2O_3 + TiO_2$,使得 Al_2TiO_5 的含量下降。

表 4-7　1340℃下保温不同时间所得钛酸铝的晶格常数

晶格常数	0.5h	1h	1.5h	2h	2.5h	3h
a/Å	3.5907	3.5929	3.5918	3.5905	3.5910	3.5947
b/Å	9.4458	9.4461	9.4463	9.4451	9.4487	9.4463
c/Å	9.6557	9.6554	9.6558	9.6570	9.6564	9.6574

4. 保温时间对试样显微结构的影响

图 4-15(a)、(b)、(c)是在 1340℃下分别保温 0.5h、2h、3h 后各试样的 SEM 照片。从图 4-15(a)保温 0.5h 试样的电镜照片中可以看出,反应形成许多尺寸较小的钛酸铝晶体,表明钛酸铝晶体正在生长,保温 0.5h 不足以使晶体长大;Al_2O_3 晶体呈六方片状,其晶粒尺寸较小;TiO_2 晶体呈四方状并黏结在一起。从图 4-15(b)中看出钛酸铝晶体呈不规则柱状,晶粒较大,气孔基本消失,组织结构致密,出现水急冷形成的沿晶裂纹。这是由于保温时间从 0.5h 增加至 2h,这 2h 足以进行固相反应、晶体生长和烧结过程。图 4-15(c)属于 Al_2O_3 晶体为主的小区域,Al_2O_3 晶体呈六方片状,发现尚未反应的 Al_2O_3 晶体比保温 0.5h 的明显长大,晶粒尺寸为

$3\sim4\mu m$；钛酸铝晶体呈不规则柱状，晶粒较大，致密度高。综上所述，保温 2h 是比较合适的。

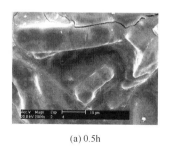 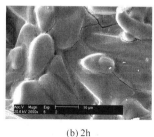 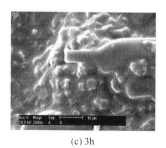

(a) 0.5h　　　　　　　(b) 2h　　　　　　　(c) 3h

图 4-15　经 1340℃保温 0.5h、2h 和 3h 后各试样的显微结构

4.2.5　本节小结

以铝型材厂工业废渣和二氧化钛为原料，采用水急冷法合成钛酸铝材料。对不同配方和不同烧结工艺条件合成的钛酸铝材料进行分析，得出下列结论。

（1）铝型材厂废渣的主要成分是 γ-AlOOH，其中部分是晶体，部分是无定形体；粒子粒径为 $0.1\sim1\mu m$，表面积大，活性高，有利于固相反应形成钛酸铝材料。

（2）基础配方研究结果：各试样形成的主晶相是钛酸铝，其含量为 82%～97.2%。配方 1～4 号（Al_2O_3/TiO_2 摩尔比：1.28～1），合成产物中钛酸铝的含量随着废渣含量的减少而增加；配方 4～7 号（Al_2O_3/TiO_2 摩尔比：1～0.79），合成产物中钛酸铝含量随着废渣用量的减少而降低；分析结果确定 4 号配方［废渣 67.3%，二氧化钛 32.7%（质量分数），Al_2O_3/TiO_2 摩尔比＝1］为最佳配方，其对应钛酸铝含量高达 97.2%；在相同 Al_2O_3/TiO_2 摩尔比条件下，常规自然冷却法合成的钛酸铝含量高出 11.1%。Al_2TiO_5 晶体呈方形柱状和不规则柱状，α-Al_2O_3 晶体呈六方片状，TiO_2 呈变形四方晶体。

（3）不同煅烧温度的各试样形成的主晶相都是 Al_2TiO_5；煅烧温度从 1300℃到 1340℃，钛酸铝的含量随着煅烧温度的升高而增加，其含量从 90.7% 增加到 97.5%（质量分数）；从 1340℃上升到 1420℃，钛酸铝的含量基本维持在 97% 左右；从 1420℃上升到 1450℃，试样中液相量增加，促使钛酸铝分解，其含量从 96.7% 下降至 81.2%。分析结果：确定 1340℃为最佳煅烧温度，2h 为最佳保温时间，其对应钛酸铝含量高达 97.5%（质量分数）。煅烧温度为 1300℃的试样中，钛酸铝晶粒呈尺寸较小的变形方柱状，晶粒被玻璃相黏结，刚玉相呈六方片状。随着煅烧温度升高，液相增多，晶粒明显长大，晶粒呈不规则柱状和自形状。钛酸铝晶体随保温时间增加逐渐长大而变形。

4.3　添加剂对利用铝厂废渣研制钛酸铝材料的影响

4.3.1　引言

为了改善钛酸铝致命缺陷的限制,国内外学者已做了大量的工作,在钛酸铝中加入各种添加剂改变其结构,从而改变其性能[41,42]。本研究中分别外加 MgO、硅微粉、ZrO_2 和 V_2O_5 四种添加剂[43,44],研究矿化剂对钛酸铝的性能和显微结构的影响,从中确定矿化剂的最佳用量,为制备高纯度、致密的钛酸铝材料提供可靠的依据[45]。总体来说,添加剂促进陶瓷材料反应烧结的作用是复杂的,它可以通过与反应物形成固溶体而使其晶格活化,反应能力增强,或与反应物形成低共熔物,使物系在较低温度下出现液相,加速扩散对固相的溶解作用,或是与反应物形成某种活性中间体而处于活化状态,或是通过矿化剂离子的极化作用,促使其晶格畸变相活化等[46,47]。因此合理选择添加剂及其含量是制备性能优良的钛酸铝材料的关键[48]。

4.3.2　实验部分

根据 4.2 节的实验数据和分析结果:以最佳配方和工艺(Al_2O_3/TiO_2 摩尔比=1,煅烧温度 1340℃,保温时间 2h,淬火法)为基础,在此条件下制备出高纯度的钛酸铝。为了进一步提高其烧结致密度和性能,在合成料的基础上,分别外加 MgO、硅微粉、ZrO_2 和 V_2O_5 四种添加剂,经研磨、混合、成型后,在高温炉中二次烧成(预设 1450℃,2h)试样,然后断电、随炉冷却,最后对所得的烧成样进行结构和性能表征,从中确定不同添加剂允许的存在量和最佳用量。

由于废渣在煅烧过程的烧失量为 34.26%(质量分数),烧后制品体积急剧收缩,因而一步煅烧后的钛酸铝试样都会开裂,很难制备高强度不开裂的钛酸铝材料,从而影响钛酸铝材料的高温性能[49]。为解决一步煅烧合成钛酸铝材料体积效应导致致密化困难的问题,采用两步煅烧法来制备钛酸铝材料[50,51]。

两步煅烧法的优点是第一步合成时通过固相反应生成的物质具有较高的表面能,即烧结活性[52]。再经二次高温反应烧结,使坯体在高温下收缩率变小,避免了由于收缩而产生的开裂,可制备性能优良的钛酸铝材料[53]。

4.3.3　MgO 对钛酸铝材料结构和性能的影响

1. MgO 对钛酸铝晶相的影响

在一步煅烧合成料中分别外加 0、1.0%、2.0%、2.5% 和 3.0%(质量分数)的 MgO 进行两步煅烧(预设 1450℃,2h)实验,制备的试样编号分别记为 M0、M1、

M2、M3、M4;取样进行 XRD 分析,用 Origin 软件画出各试样衍射图谱,如图 4-16 所示,图中分别标注了 Al_2TiO_5、TiO_2、Al_2O_3 的最强的衍射峰,以 T、A、R 表示。经 Rietveld Quantification 软件计算所得各晶相的含量列于表 4-8。从表中可知,未添加 MgO 的试样 M0 中形成四个晶相:钛酸铝(Al_2TiO_5)、二氧化钛(TiO_2)、刚玉(Al_2O_3)和 $CaTiO_3$;添加 MgO 的各试样形成三个晶相:Al_2TiO_5、TiO_2 和 Al_2O_3。Al_2O_3 和 TiO_2 主要是钛酸铝晶体冷却过程经过 1300～750℃温度区间分解形成的,其中 Al_2O_3 为刚玉结构,属于三方晶系;TiO_2 为金红石结构,属于四方晶系。

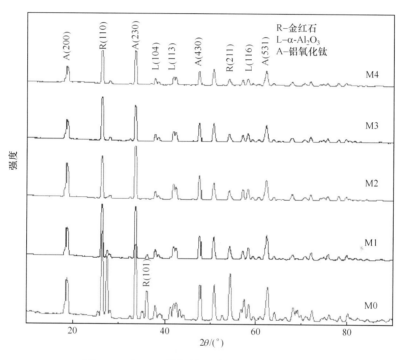

图 4-16　MgO 不同添加量的试样的 XRD 图谱

表 4-8　添加 MgO 矿化剂各试样的晶相及其含量(质量分数)

MgO 含量/%	Al_2TiO_5/%	Al_2O_3/%	TiO_2/%	$CaTiO_3$/%
0(M0)	81.2	4.8	8.4	5.6
1.0(M1)	95.0	0.9	4.1	0
2.0(M2)	100	0	0	0
2.5(M3)	100	0	0	0
3.0(M4)	100	0	0	0

在 1450℃ 烧结温度下，未添加 MgO 矿化剂的试样中 Al_2TiO_5 含量只有 81.2%，这是由于反应形成的 Al_2TiO_5 冷却过程经过 1300～750℃ 的温度区间，使 β-Al_2TiO_5 分解形成 $Al_2O_3+TiO_2$，使试样 Al_2TiO_5 由一次烧成的含量由 97.2% 下降至 81.2%。当试样中添加 1.0% MgO 时，MgO 引入 Al_2TiO_5 结构，使 MgO 中 Mg^{2+} 取代 Al_2TiO_5 中 Al^{3+} 形成置换固溶体，其缺陷方程如下：

$$2MgO \xrightarrow{Al_2O_3 \cdot TiO_2} 2Mg'_{Al}+2O_O+V''_O+Ti_{Ti}+2O_O$$

$$2MgO \xrightarrow{Al_2O_3 \cdot TiO_2} 2Mg'_{Al}+V''_O+Ti_{Ti}+4O_O \qquad (4\text{-}4)$$

缺陷化学式为

$$Al_{2-x}Mg_x V''_{O0.5x}O_{3-0.5x}TiO_2 \longrightarrow Al_{2-x}Mg_x V_{O0.5x}O_{3-0.5x}TiO_{5-0.5x}$$

$$\longrightarrow Al_{2-x}Mg_x TiO_{5-0.5x} \qquad (4\text{-}5)$$

由于 $r_{Al^{3+}}=0.054nm$，$r_{Mg^{2+}}=0.072nm$，$\Delta r=(0.072-0.054) \div 0.072 \times 100\%=25\%$，而且两者结构不同，只能形成有限型固溶体，即 MgO 在 Al_2TiO_5 中不是完全固溶，而是只有部分固溶，形成 $Al_{2-x}Mg_xTiO_{5-0.5x}$ 固溶体，有可能使钛酸铝分解温度范围缩小，或者使钛酸铝分解能力降低，从而抑制钛酸铝的分解，使 Al_2TiO_5 含量从 81.2% 增加到 95.0%，只存在少量的分解能力。当 MgO 添加量从 1.0% 增加至 2.0% 时，MgO 在 Al_2TiO_5 中固溶度增加，Al_2TiO_5 完全失去分解能力，使 Al_2TiO_5 含量从 95.0% 增加到 100%；MgO 添加量从 2.0% 增加至 3.0%，Al_2TiO_5 分解速度仍为零，其含量都是 100%。分析结果确定 MgO 较佳的添加量为 2.0%～3.0%，其对应的 Al_2TiO_5 含量全是 100%。实验结果表明，MgO 是抑制 Al_2TiO_5 分解的最佳矿化剂之一。

2. MgO 对钛酸铝显微结构的影响

图 4-17(a)、(b) 和 (c) 分别为 M0、M1、M3 试样的显微结构照片（放大倍数为 5000 倍）。从图 4-17(a) 看到，M0 试样中形成较多液相量，晶粒表面覆盖着一层玻璃相，粒子被玻璃相黏结连接成整体，粒子呈不规则短柱状，晶界模糊，有些晶粒已被玻璃相覆盖，晶粒无法辨别；还可看到变形六方片状的 α-Al_2O_3 晶体小区域，其晶界比较清晰，粒子已被玻璃相黏结，气孔较多，结构较疏松；具有这种结构的材料密度和强度相对较低，热稳定性也不是很高。当添加 1.0% MgO 矿化剂时，MgO 和 Al_2TiO_5 形成置换固溶体，抑制了 Al_2TiO_5 晶体的分解。在图 4-17(b) 中可以看出，Al_2TiO_5 晶粒均匀分布，TiO_2 和 Al_2O_3 晶体比较少。Al_2TiO_5 晶体呈不规则形状的多面体，晶体的棱角尖锐，有明显的立体感，晶界清晰而且是弯曲的，粒子尺寸为 4～8μm，粒子之间烧结程度较高，气孔几乎被排出，致密度较高，表明这种试样抗折强度高。同时从图中可以看出裂纹扩展过程，即存在沿晶扩展和穿晶扩展现象。当 MgO 添加量从 1.0% 增加至 2.5% 时，部分 MgO 与 Al_2TiO_5 形成固溶体，

这部分 MgO 已达到饱和固溶,余下的 MgO 与 Al_2O_3 形成少量的液相,使粒子之间烧结速度加快,粒子之间被玻璃相黏结,致密度和强度提高。在图 4-17(c)中,全部是 Al_2TiO_5 粒子和少量玻璃相,由于玻璃相出现使 Al_2TiO_5 粒子被黏结,Al_2TiO_5 晶体由棱角尖锐的不规则形状多面体转变为晶界圆钝的不规则晶粒;表明该试样烧结程度高,强度高。因此,分析结果确定 MgO 最佳的添加量为 2.5%,显微结构分析(SEM)与性能分析结果相符合。

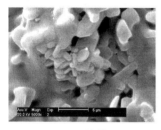  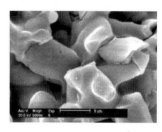

(a) M0试样   (b) M1试样   (c) M3试样

图 4-17　MgO 不同添加量的试样的显微结构

3. MgO 对钛酸铝材料性能的影响

在已确定的最佳配方(4 号)和最佳一次煅烧工艺(1340℃,2h,淬火法)条件下制备的钛酸铝合成料的基础上,外加不同含量的 MgO[0%、1.0%、2.0%、2.5% 和 3.0%(质量分数)],经研磨、混合、成型后,在高温炉中二次烧成(预设 1450℃,2h)试样,然后断电,随炉冷却;对烧成样进行性能表征,包括体积密度、显气孔率、吸水率、抗折强度、热震后的抗折强度和抗折强度保持率,实验结果列于表 4-9 中。

表 4-9　不同 MgO 加入量的各试样的性能

MgO 含量/%	密度/(g/cm³)	显气孔率/%	吸水率/%	抗折强度/MPa	热震后的抗折强度/MPa	抗折强度保持率/%
0(M0)	2.38	34.8	14.6	14.43	9.69	67.2
1.0(M1)	3.25	8.20	2.50	24.45	19.95	81.6
2.0(M2)	3.17	8.90	2.80	27.70	23.13	83.5
2.5(M3)	3.10	11.8	5.0	34.91	29.68	85.0
3.0(M4)	2.97	16.4	5.5	24.99	20.13	80.6

从表 4-9 中看出,MgO 添加量从 1.0% 到 3.0%,各试样抗折强度保持率均超过 80%,表明 MgO 添加剂能有效地抑制 Al_2TiO_5 的分解,表现出相当高的热稳定性,可证实钛酸铝属于膨胀系数很小,且热稳定性很高的材料之一。当 MgO 添加量从 0 增加到 1.0% 时,体积密度从 2.38g/cm³ 增加至 3.25g/cm³,显气孔率从

34.8%下降至 8.2%,吸水率从 14.6%下降至 2.5%,抗折强度从 14.43MPa 增加至 24.45MPa,热震后抗折强度保持率从 67.2%增加至 81.6%,试样致密度、抗折强度和抗折强度保持率增加幅度较大,而显气孔率和吸水率下降较大。这是由于加入 1.0% MgO 后,其中部分 MgO 与 Al_2TiO_5 形成置换固溶体,抑制了 Al_2TiO_5 的分解,使得添加 MgO 的试样中 Al_2TiO_5 含量比未添加 MgO 的试样高得多,表现出 Al_2TiO_5 的低热膨胀系数和优良的热稳定性,使得抗折强度保持率从 67.2%增加至 81.6%,增加率达到 21.4%;部分 MgO 与原料中的杂质形成液相,使得试样的体积密度和抗折强度增加,显气孔率和吸水率下降。当 MgO 添加量从 1.0%增加至 2.0%时,其中部分 MgO 在 Al_2TiO_5 中固溶度增加,更抑制了 Al_2TiO_5 的分解,使试样中 Al_2TiO_5 的含量继续增加,热稳定性增加,表现为抗折强度保持率从 81.6%增加至 83.5%;过剩的 MgO 形成的液相量也相应增加,冷却时玻璃相体积收缩产生微裂纹,使得试样中抗折强度下降,而体积密度、吸水率和显气孔率变化不大。当 MgO 添加量从 2.0%增加至 2.5%时,添加的 MgO 一部分满足在 Al_2TiO_5 中饱和固溶,一部分形成液相,使试样的强度增加,抗折强度保持率也随着增加,从 83.5%上升至 85.0%。当 MgO 添加量从 2.5%增加到 3.0%时,除满足形成固溶体 MgO 含量外,剩余 MgO 含量增加,高温下形成液相量比添加 2.5%的试样多,因此试样抗折强度保持率从 85.0%下降至 80.6%,抗折强度也相应降低,使试样的热稳定性下降。分析结果确定 2.5%为 MgO 的最佳添加量,对应的抗折强度保持率为 85%。

4.3.4 硅微粉对钛酸铝材料结构和性能的影响

硅微粉是铁合金厂冶炼过程产生的,可以作为耐火材料和窑具材料的活性剂、矿化剂和结合剂,可促进耐火材料的固相反应和烧结,有利于晶型的转变,提高耐火材料的高温性能[54,56]。硅微粉在高于或等于 1100℃时不析晶。1200℃和 1300℃析晶规律是:首先 α-石英转变为 α-方石英,然后转变为 α-鳞石英。在 1400~1450℃首先析出卡片号为 290085 的石英变体,然后转变为 α-方石英。而常规转化过程使 α-方石英很难形成 α-鳞石英,而且不形成变体,因此其转化规律与常规不同。硅微粉的化学成分见表 4-10。

表 4-10　原料的化学成分(质量分数)　　　　　　(单位:%)

化学成分	SiO_2	Al_2O_3	Fe_2O_3	K_2O	Na_2O	烧失量	总量
质量分数	91.94	2.06	1.65	0.90	0.30	3.15	100.00

硅微粉主要成分是 SiO_2,属于无定形体结构,粒子超细,粒径为 0.1~1μm,表面积大,活性很高,在高温下会促进材料的固相反应和烧结,增加材料的强度,它是一种较好的高温结合剂[57]。选择硅微粉作为 Al_2TiO_5 材料的结合剂,有利于提高

Al_2TiO_5 材料强度和高温性能[58]。本实验硅微粉的添加量分别为 4%、8% 和 12%,对应熟料添加量分别为 96%、92% 和 88%。

1. 硅微粉对钛酸铝晶相的影响

在一步煅烧合成料中分别外加 0、4%、8% 和 12%(质量分数)的硅微粉进行两步煅烧(预设 1450℃,2h)实验,制备的试样编号分别记为 S0、S1、S2、S3;取样进行 XRD 分析,用 Origin 软件画出各试样衍射图谱,如图 4-18 所示,图中分别标注了 Al_2TiO_5、TiO_2 和 Al_2O_3 的最强衍射峰,分别以 AT、T 和 A 表示。经 Rietveld Quantification 软件计算所得各晶相的含量列于表 4-11。从表中可知,未添加硅微粉的试样 S0 中形成四个晶相:钛酸铝(Al_2TiO_5)、二氧化钛(TiO_2)、刚玉(Al_2O_3)和 $CaTiO_3$;添加硅微粉的各试样形成三个晶相:Al_2TiO_5、TiO_2 和 Al_2O_3。Al_2O_3 和 TiO_2 主要是钛酸铝晶体冷却过程经过 1300~750℃ 温度区间分解形成的,其中 Al_2O_3 为刚玉结构,属于三方晶系;TiO_2 为金红石结构,属于四方晶系。

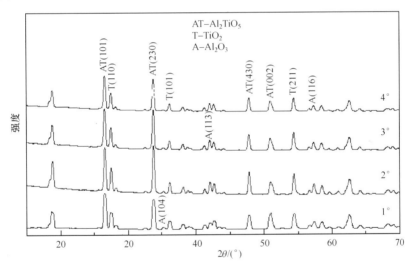

图 4-18　硅微粉不同添加量的试样的 XRD 图谱

表 4-11　添加硅微粉矿化剂各试样的晶相及其含量(质量分数)

硅微粉添加量/%	Al_2TiO_5/%	Al_2O_3/%	TiO_2/%	$CaTiO_3$/%
0(S0)	81.2	4.8	8.4	5.6
4(S1)	83.6	9.8	6.6	0
8(S2)	91.2	3	5.8	0
12(S3)	87.8	7	5.2	0

在1450℃烧结温度下，未添加硅微粉矿化剂的试样中，Al_2TiO_5含量只有81.2%，这是由于反应形成的Al_2TiO_5冷却过程经过1300～750℃的温度区间时，β-Al_2TiO_5分解形成Al_2O_3＋TiO_2。当试样中添加4.0%硅微粉时，Al_2TiO_5含量从81.2%增加到83.0%，只存在少量提高，硅微粉对钛酸铝稳定作用不明显。当硅微粉添加量从4.0%增加至8.0%时，Al_2TiO_5含量从83.6%增加到91.2%，表明硅微粉对钛酸铝起到了很好的稳定作用。原因归结如下：①硅微粉其主要成分是SiO_2，属于无定形体结构，粒子超细，粒径为0.1～1μm，表面积大，活性很高，在高温下会促进材料的固相反应和烧结，稳定主晶格，防止分解。②在Al_2TiO_5结构中，以氧离子紧密堆积，形成八面体空隙和四面体空隙，其中部分八面体空隙被Al^{3+}和Ti^{4+}所占据，形成[AlO_6]八面体与[TiO_6]八面体，结构中还剩余部分八面体空隙和全部四面体空隙，Si^{4+}的半径较小(0.040nm)，一般都是四配位，而且与Al^{3+}的化合价不一致，因此Si^{4+}难以取代[AlO_6]中的Al^{3+}而形成置换型固溶体，因此SiO_2的Si^{4+}进入结构中四面体空隙形成填隙型固溶体，从而抑制了Al_2TiO_5分解。③SiO_2与置换出的Al_2O_3生成A_3S_2相的包裹作用也限制了钛酸铝向刚玉和金红石的自由转化反应，从而抑制了Al_2TiO_5分解；当硅微粉添加量从8.0%增加至12%，试样中的钛酸铝含量增加很少，反而呈下降趋势。

对硅微粉来说，只有当其含量超过一定值时，才能对钛酸铝起到稳定作用，分析结果确定硅微粉较佳的添加量为8%，其对应的Al_2TiO_5含量全是91.2%。实验结果表明，硅微粉是抑制Al_2TiO_5分解的较佳矿化剂之一。

2. 硅微粉对钛酸铝显微结构的影响

图4-19(a)、(b)和(c)分别为S1、S2、S3试样的SEM图(放大倍数为5000倍)。由图4-19(a)可看出，添加4%的硅微粉试样中，Al_2TiO_5粒子呈不规则形状，形如岩石状，晶粒大小不一，有的晶粒长得较大，晶粒棱角较尖锐。大晶粒包围而且嵌着较小的晶粒，气孔也较多。当硅微粉添加量增加为8%时，如图4-19(b)所示，晶体也呈不规则的形状，棱角尖锐，晶粒长得较大，存在一定量的气孔，比添加

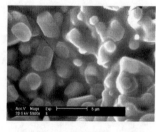
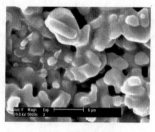
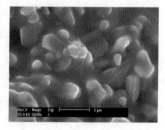

(a) S1试样　　　　　　　　(b) S2试样　　　　　　　　(c) S3试样

图4-19　硅微粉不同添加量的试样的显微结构

4％硅微粉试样的强度高。晶粒表面凹凸不平,出现不同弯曲表面。当硅微粉含量从 8％增加为 12％时,晶粒由棱角尖锐、凹凸不平的不规则粒子转变为晶界圆滑的晶体,粒子之间玻璃相黏结,变成致密的整体,气孔明显减少。从图中可看出变形四方状的 TiO_2 晶体、沿晶和穿晶的裂纹以及裂纹的分支等。分析确定硅微粉最佳添加量为 8％。

3. 硅微粉对钛酸铝材料性能的影响

在已确定的最佳配方(4 号)和最佳一次煅烧工艺(1340℃,2h,淬火法)条件下制备钛酸铝合成料的基础上,添加不同含量的硅微粉[0、4％、4％和 12％(质量分数)],经研磨、混合、成型后,在高温炉中二次烧成(预设 1450℃,2h)试样,然后断电、随炉冷却[59];对烧成样进行性能的表征,包括体积密度、显气孔率、吸水率、抗折强度、热震后的抗折强度和抗折强度保持率[60],实验结果列于表 4-12 中。

表 4-12　不同硅微粉加入量的各试样的性能

硅微粉/％	体积密度/(g/cm³)	显气孔率/％	吸水率/％	抗折强度/MPa	热震后抗折强度/MPa	抗折强度保持率/％
0(S0)	2.38	34.8	14.6	14.43	9.69	67.2
4(S1)	2.87	11.2	4.5	34.28	27.97	81.6
8(S2)	2.91	7.4	3.1	42.47	39.05	91.9
12(S3)	2.97	6.7	2.2	40.84	34.99	85.6

从表 4-12 看出,硅微粉添加量为 0～12％,试样的体积密度随着硅微粉添加量增加而逐渐增大,从 2.38g/cm³ 增加到 2.87g/cm³,且增加幅度较大;显气孔率和吸水率随着硅微粉添加量增加而逐渐减小,其中显气孔率从 34.8％减小到 6.7％,吸水率从 14.6％减小到 2.2％,且减小幅度较多;硅微粉添加量从 0 增加至 8％,抗折强度随着硅微粉添加量增加而提高,从 14.43MPa 提高到 42.47MPa,且提高幅度较大,硅微粉添加量从 8％增加至 12％,抗折强度反而从 42.47MPa 下降至 40.84MPa。硅微粉添加量从 0 增加至 8％,抗折强度保持率随着硅微粉添加量增加而增加,从 67.2％增加至 91.9％,且三种添加量试样的抗折强度保持率均超过 80％,表明硅微粉矿化剂能有效地抑制 Al_2TiO_5 的分解,表现出很高的热稳定性。原因归结如下:①硅微粉主要成分是 SiO_2,属于无定形结构,粒子超细,粒径为 0.1～1μm,表面积大,活性很高,在高温下会促进材料的固相反应和烧结,稳定主晶格,防止分解;②在 Al_2TiO_5 结构中,以氧离子紧密堆积,形成八面体空隙和四面体空隙,其中部分八面体空隙被 Al^{3+} 和 Ti^{4+} 所占据,形成[AlO_6]八面体与[TiO_6]八面体,结构中还剩余部分八面体空隙和全部四面体空隙,Si^{4+} 的半径较小(0.040nm),一般都是四配位,而且与 Al^{3+} 的化合价不一致,因此 Si^{4+} 难于取代

［AlO₆］中的 Al³⁺ 而形成置换型固溶体，因此 SiO₂ 的 Si⁴⁺ 进入结构中四面体空隙形成填隙型固溶体，从而抑制了 Al₂TiO₅ 分解；③SiO₂ 与置换出的 Al₂O₃ 生成 A₃S₂ 相的包裹作用也限制了钛酸铝向刚玉和金红石的自由转化反应，抑制了 Al₂TiO₅ 分解。

　　分析结果确定硅微粉添加量为 8%，试样具有最高的抗折强度和热震后抗折强度保持率，分别为 42.47MPa 和 91.9%。在采用废弃物为原料、烧结温度为 1450℃ 的条件下，这样的性能指标是比较理想的，已经可以满足一般工业场合的使用要求。

4.3.5　ZrO₂ 对钛酸铝材料结构和性能的影响

1. ZrO₂ 对钛酸铝晶相的影响

　　在一步煅烧合成料中分别外加 0、1.0%、2.0% 和 3.0%(质量分数)的 ZrO₂ 进行两步煅烧(预设 1450℃，2h)实验，制备的试样编号分别记为 Z0、Z1、Z2、Z3；取样进行 XRD 分析，用 Origin 软件画出各试样衍射图谱，如图 4-20 所示，图中分别标注了 Al₂TiO₅、TiO₂ 和 Al₂O₃ 最强的衍射峰，分别以 A、R 和 B 表示。经Rietveld Quantification 软件计算所得各晶相的含量列于表 4-13。从表中可知，未添加 ZrO₂ 的试样 Z0 中形成四个晶相：钛酸铝(Al₂TiO₅)、二氧化钛(TiO₂)、刚玉(Al₂O₃)和 CaTiO₃；添加 ZrO₂ 的各试样形成三个晶相：Al₂TiO₅、TiO₂ 和 Al₂O₃。Al₂O₃ 和 TiO₂ 主要是钛酸铝晶体冷却过程经过 1300～750℃ 温度区间时分解形成的，其中 Al₂O₃ 为刚玉结构，属于三方晶系；TiO₂ 为金红石结构，属于四方晶系。

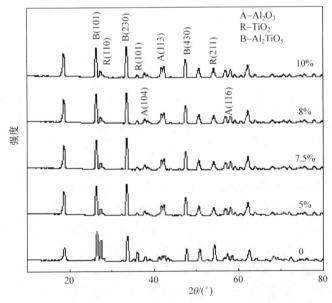

图 4-20　ZrO₂ 不同添加量的试样的 XRD 图谱

表 4-13　添加 ZrO_2 矿化剂各试样的晶相及其含量（质量分数）

ZrO_2 含量/%	Al_2TiO_5/%	Al_2O_3/%	TiO_2/%	$CaTiO_3$/%
0(Z0)	81.2	4.8	8.4	5.6
1(Z1)	88.4	7.3	4.3	0
2(Z2)	93.9	2.4	3.7	0
3(Z3)	89.3	4.4	6.3	0

从表 4-13 可知，未添加 ZrO_2 矿化剂时，试样经固相烧结生成 Al_2TiO_5，冷却过程都要经过 Al_2TiO_5 的分解区间 750～1300℃，因此，此时试样中的钛酸铝含量仅为 81.2%，发生 β-$Al_2TiO_5 \longrightarrow \alpha$-$Al_2O_3 + TiO_2$ 反应，未加添加剂的钛酸铝试样发生较大的分解，生成金红石和刚玉。当添加 1% ZrO_2 时，Al_2TiO_5 的晶相含量从 81.2% 上升至 88.4%，其含量增加了 7.2%，当 ZrO_2 添加量为 2% 时，Al_2TiO_5 的晶相含量显著上升，达到 93.9%，当 ZrO_2 添加量上升为 3% 时，Al_2TiO_5 的晶相含量呈下降趋势，变为 89.3%。

综上分析可得：① 加入的氧化锆与钛酸铝中形成固溶体，由于 $r_{Ti^{4+}} = 0.067nm$，$r_{Al^{3+}} = 0.054nm$，$r_{Zr^{4+}} = 0.072nm$，$\Delta r_1 = (r_{Zr^{4+}} - r_{Ti^{4+}})/r_{Zr^{4+}} = 6.94\% < 15\%$，$\Delta r_2 = (r_{Zr^{4+}} - r_{Al^{3+}})/r_{Zr^{4+}} = 25\% > 15\%$，而 Zr^{4+} 离子价与 Ti^{4+} 相同，因此 ZrO_2 取代 Al_2TiO_5 中的 Ti^{4+} 形成置换固溶体，而不是取代 Al_2TiO_5 中的 Al^{3+} 形成置换固溶体，其缺陷方程为

$$ZrO_2 \xrightarrow{Al_2O_3 \cdot TiO_2} 2Al_{Al} + 3O_O + Zr_{Ti} + 2O_O$$
$$ZrO_2 \xrightarrow{Al_2O_3 \cdot TiO_2} 2Al_{Al} + 17Zr_{Ti} + 5O_O$$

ZrO_2 在 Al_2TiO_5 中不是完全固溶，只能形成有限型固溶体，即 ZrO_2 在 Al_2TiO_5 中只有部分固溶，形成固溶体 $Al_2Ti_{1-x}Zr_xO_5$，抑制了钛酸铝的分解，从而使试样的钛酸铝晶相含量增大，与未添加矿化剂时的试样差异较大，因此加入 ZrO_2 能明显改善钛酸铝的稳定性。② 当矿化剂 ZrO_2 含量高于 2% 时，试样中的钛酸铝含量增加很少，反而呈下降趋势，因此 ZrO_2 矿化剂含量 2% 是固溶的极限含量，过量的矿化剂 ZrO_2 反而促进了钛酸铝的分解。

2. ZrO_2 对钛酸铝显微结构的影响

图 4-21(a)、(b)、(c)和(d)分别为 Z0、Z1、Z2、Z3 试样的显微结构照片。

图 4-21(a)为未添加 ZrO_2 矿化剂试样的 SEM 图像，试样中形成较多液相，晶粒表面覆盖着一层玻璃相，粒子被玻璃相黏结连接成整体，粒子呈不规则短柱状，晶界模糊，有些晶粒已被玻璃相覆盖，晶粒无法辨别；还可看到变形六方片状的

α-Al$_2$O$_3$晶体小区域,其晶界清晰,粒子已被玻璃相黏结,气孔较多,结构较疏松;具有这种结构的材料密度和强度相对较低,热稳定性也不是很高。当试样添加 1% ZrO$_2$ 矿化剂后,如图 4-21(b)所示,Al$_2$TiO$_5$粒子呈曲率较大的粒状,晶粒边界较清晰,粒子曲率大,晶界弯曲,晶体生长推动力大,晶体生长结果使部分晶体长大,部分晶体缩小和消失,烧结致密度较高,试样的强度增加。在图 4-21(c)中,ZrO$_2$ 矿化剂添加量从 1% 增加至 2% 时,液相明显增多,晶粒已变形,呈不规则多面体,粒子之间黏结,晶界模糊;晶体生长的推动力变小,晶体生长基本停止;烧结程度继续加大,材料抗折强度增加。当 ZrO$_2$ 矿化剂添加量从 2% 增加至 3% 时,如图 4-21(d)所示,试样中粒子被玻璃相黏结成一块,形成一个整体,有些粒子明显长大,有些粒子缩小,晶界变圆滑,气孔变为圆形气孔,玻璃相增多,脆性变大,强度下降。分析结果确定 ZrO$_2$ 最佳添加量为 2%。

(a) Z0　　　　　　　　　　　　　　　　(b) Z1

(c) Z2　　　　　　　　　　　　　　　　(d) Z3

图 4-21　ZrO$_2$ 不同添加量的试样的显微结构

3. ZrO$_2$ 对钛酸铝材料性能的影响

在已确定的最佳配方(4 号)和最佳一次煅烧工艺(1340℃,2h,淬火法)条件下制备钛酸铝合成料的基础上,外加不同含量的 ZrO_2[0、1.0%、2.0% 和 3.0%(质量分数)],经研磨、混合、成型后,在高温炉中二次烧成(预设 1450℃,2h)试样,然后断电、随炉冷却;对烧成样进行性能表征,包括体积密度、显气孔率、吸水率、抗折强度、热震后的抗折强度和抗折强度保持率,实验结果列于表 4-14 中。

表 4-14　不同 ZrO_2 加入量的各试样的性能

ZrO_2 含量/%	体积密度 /(g/cm³)	显气孔率 /%	吸水率 /%	抗折强度 /MPa	热震后的抗折强度/MPa	抗折强度保持率/%
0(Z0)	2.38	34.8	14.6	14.43	9.69	67.2
1(Z1)	2.80	24.1	8.6	28.98	23.93	82.6
2(Z2)	2.86	23.0	8.1	35.32	29.75	84.2
3(Z3)	2.82	25.4	8.9	28.38	22.31	78.6

分析表 4-14 可知,在未添加 ZrO_2 矿化剂的试样中,材料的显气孔率和吸水率较大,抗折强度、热震后抗折强度和抗折强度保持率都较低。当添加矿化剂后,各试样的性能均得到有效改善,材料的显气孔率和吸水率都减小,抗折强度、热震后抗折强度和抗折强度保持率都明显提高。当 ZrO_2 添加量从 0 增加至 1% 时,密度从 2.38g/cm³ 增大为 2.80g/cm³;抗折强度从 14.43MPa 增加为 28.98MPa,抗折强度保持率从 67.2% 增加为 82.6%,显气孔率从 34.8% 下降至 24.1%,吸水率从 14.6 下降至 8.6%,这些性能数据优化的改变量较大。当 ZrO_2 添加量从 1% 增加至 2% 时,体积密度从 2.80g/cm³ 增大为 2.86g/cm³,抗折强度从 28.98MPa 增加为 35.32MPa,抗折强度保持率从 82.6% 增加为 84.2%,显气孔率从 24.1% 下降至 23.0%,吸水率从 8.6% 下降至 8.1%。除了抗折强度,其他性能数据优化的改变量较小。ZrO_2 的加入可以提高强度,这可能是由于 ZrO_2 颗粒处于裂纹的交叉点,抑制裂纹的进一步扩展;也可能是由于 ZrO_2 的相变使裂纹尖端应力得以缓解并使主裂纹得以转变为更小的微裂纹。ZrO_2 添加量从 2% 增加至 3% 时,试样的体积密度、抗折强度和抗折强度保持率均下降,显气孔率和吸水率都增加。

各试样抗折强度保持率均超过 78%,表明 ZrO_2 添加剂能很有效地抑制 Al_2TiO_5 的分解,也表现出相当高的热稳定性,因此 ZrO_2 与 MgO 都是抑制 Al_2TiO_5 分解和优化材料性能的良好矿化剂。分析结果表明,确定 2% 为 ZrO_2 矿化剂最佳添加量,其对应体积密度为 2.86g/cm³,显气孔率为 23%,吸水率为 8.1%,此时材料具有高的抗折强度、热震后抗折强度和高的抗折强度保持率,分别为 35.32MPa、29.75MPa 和 84.2%。综上分析可得:加入的氧化锆与试样中的钛酸铝形成固溶体,抑制了钛酸铝的分解,与未添加矿化剂时的试样差异较大,因此加入氧化锆能明显改善钛酸铝的强度和热稳定性。

4.3.6　V_2O_5对钛酸铝材料结构和性能的影响

1. V_2O_5对钛酸铝晶相的影响

在一步煅烧合成料中分别外加 0、0.5%、1.0%、2.0%、3.0%（质量分数）的 V_2O_5 进行两步煅烧（预设 1450℃,2h）实验,制备的试样编号分别记为 V0、V1、V2、V3、V4;取样进行 XRD 分析,用 Origin 软件画出各试样衍射图谱,如图 4-22 所示,图中分别标注了 Al_2TiO_5、TiO_2 和 Al_2O_3 的最强衍射峰,分别以 A、R 和 L 表示。经 Rietveld Quantification 软件计算所得各晶相的含量列于表 4-15。从表中可知,未添加 V_2O_5 的试样 V0 中形成四个晶相:钛酸铝（Al_2TiO_5）、二氧化钛（TiO_2）、刚玉（Al_2O_3）和 $CaTiO_3$;添加 V_2O_5 的各试样形成三个晶相:Al_2TiO_5、TiO_2 和 Al_2O_3。Al_2O_3 和 TiO_2 主要是钛酸铝晶体冷却过程经过 1300～750℃温度区间时分解形成的,其中 Al_2O_3 为刚玉结构,属于三方晶系;TiO_2 为金红石结构,属于四方晶系。

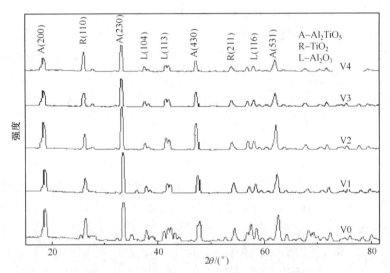

图 4-22　V_2O_5 不同添加量的试样的 XRD 图谱

表 4-15　添加 V_2O_5 矿化剂各试样的晶相及其含量（质量分数）

V_2O_5含量/%	Al_2TiO_5/%	Al_2O_3/%	TiO_2/%	$CaTiO_3$/%
0(V0)	81	4.8	8.4	5.6
0.5(V1)	85	9	6	0
1.0(V2)	90	6	4	0
2.0(V3)	80	12	8	0
3.0(V4)	78	14	8	0

由图 4-22 可以看出,与未添加 V_2O_5 的 V0 样品相比,V1 和 V2 样品中 Al_2TiO_5 相的衍射峰强度更高,说明一定量的 V_2O_5 添加剂对 Al_2TiO_5 相的形成有利。从表 4-15 中可以看出,不含添加剂的样品中 Al_2TiO_5 的含量为 81%,添加 0.5% V_2O_5 的样品中 Al_2TiO_5 含量增多至 85%,添加 1.0% V_2O_5 的样品中 Al_2TiO_5 达到最高,为 90%,而继续增加 V_2O_5 的含量,Al_2TiO_5 的含量则呈下降趋势,从 90% 降低至 80% 以下。这因为 V_2O_5 是一种强的溶剂原料,当试样进行煅烧过程,温度升至 V_2O_5 熔点 670℃时,试样中就开始形成液相,有助于坯体的重排,起到排除气孔的作用,这种液体随着温度增加黏度下降,当达到固相反应形成 Al_2TiO_5 的温度时,有助于液相烧结,增加材料常温强度。而 V_2O_5 含量继续增加会促使反应体系内液相量进一步增多,液相的存在会引起转熔过程,即反应形成的 Al_2TiO_5 溶入液相,从液相中析出 Al_2O_3 和 TiO_2,即 $L + Al_2TiO_5 \longrightarrow Al_2O_3 + TiO_2$,使得 Al_2TiO_5 的含量下降。当添加量小于 1.0% 时,形成的液相量较小,其转熔过程速度较慢,当添加量达到 2.0% 以上时,高温下形成液相量较多,转熔过程的速度加快,Al_2TiO_5 含量下降较多。因此,V_2O_5 矿化剂不能抑制 Al_2TiO_5 的分解,反而加剧 Al_2TiO_5 的分解,只能促进 Al_2TiO_5 材料的烧结,起到增加材料强度的作用。综合分析确定最佳的 V_2O_5 添加量为 1.0%。

2. V_2O_5 对钛酸铝显微结构的影响

图 4-23(a)、(b) 和 (c) 分别为 V0、V1、V4 试样的显微结构照片(放大倍数为 5000 倍)。从图 4-23(a) 中看到正在生长的不规则粒状 Al_2TiO_5、六边形的刚玉晶体和 TiO_2 晶粒。粒子之间被玻璃相黏结,出现不规则气孔,具有这种结构的材料密度和强度相对较低,热稳定性也不高。由于 V_2O_5 矿化剂熔点只有 670℃,当添加 0.5% V_2O_5 时,V_2O_5 不是与 Al_2TiO_5 形成置换固溶体,而是起到溶剂的作用,使试样中液相量增加,Al_2TiO_5 分解形成 Al_2O_3 和 TiO_2,粒子之间被玻璃相黏结;如图 4-23(b) 所示,粒子被玻璃相包裹,粒子晶界模糊,已看不出完整的晶体,不能分辨三种晶粒的形状。玻璃相促进试样烧结,使试样致密度和强度增加。当随着 V_2O_5 添加量增加时,玻璃相的量不断增加,玻璃相在高温时呈液态。增加的液相一部分促进试样的烧结,一部分引起 Al_2TiO_5 转熔,使 Al_2TiO_5 流入液相,从液相中析出 Al_2O_3 和 TiO_2,即 $L + Al_2TiO_5 \longrightarrow Al_2O_3 + TiO_2$;随着烧结时间推移,转熔不断进行,使得液相量和 Al_2TiO_5 含量不断减少,直至液相消失,转熔过程也停止,这时试样中存在 Al_2TiO_5、Al_2O_3 和 TiO_2 三种晶相,致密度下降,强度降低;如图 4-23(c) 所示,从图中可以看出不规则形状的 Al_2TiO_5 晶体,六方片状 Al_2O_3 晶体以及针状 TiO_2 晶体(金红石型结构),试样中玻璃相大大减少,表现为该试样抗折强度比添加 1.0% V_2O_5 试样的抗折强度低。

(a) V0试样

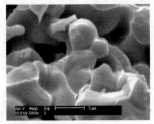
(b) V1试样

(c) V4试样

图 4-23　V₂O₅不同添加量的试样的显微结构

3. V₂O₅对钛酸铝材料性能的影响

在已确定的最佳配方(4 号)和最佳一次煅烧工艺(1340℃,2h,淬火法)条件下制备的钛酸铝合成料的基础上,外加不同含量的 V₂O₅[0%、0.5%、1.0%、2.0%和3.0%(质量分数)],经研磨、混合、成型后,在高温炉中二次烧成(预设 1450℃,2h)试样,然后断电、随炉冷却;对烧成样进行性能表征,包括体积密度、显气孔率、吸水率、抗折强度、热震后的抗折强度和抗折强度保持率,实验结果列于表 4-16 中。

表 4-16　不同 V₂O₅加入量的各试样的性能

V₂O₅含量/%	体积密度/(g/cm³)	显气孔率/%	吸水率/%	抗折强度/MPa	热震后的抗折强度保持率/MPa	抗折强度保持率/%
0(V0)	2.38	34.8	14.6	14.43	9.69	67.2
0.5(V1)	2.91	12.1	10.7	26.39	18.55	70.29
1.0(V2)	3.10	9.8	9.9	28.15	23.08	81.99
2.0(V3)	2.62	14.2	13.2	23.64	19.75	83.54
3.0(V4)	2.53	15.6	11.5	20.18	16.89	83.70

表 4-16 所示为 V₂O₅不同添加量各样品的性能指标。由表可以看出,与未添加 V₂O₅的样品相比,添加 V₂O₅各样品的性能指标明显优化。不含 V₂O₅的样品结构疏松,中间存在较大空隙,体积密度较小,只有 2.38g/cm³,显气孔率高达34.8%,抗折强度较低,为 14.13MPa。各性能指标随 V₂O₅添加量的增加而增加,在添加量为 1.0%时性能指标达到最优,其中体积密度为 3.10 g/cm³,显气孔率为9.8%,抗折强度为 28.15MPa,1 次抗折强度保持率达到 81.99%,原因在于,V₂O₅是一种强的溶剂原料,其熔点为 670℃,沸点为 2052℃,沸点与熔点之间相差1382℃。当试样煅烧,温度升至 670℃时,试样中 V₂O₅就开始形成液相,有助于坯体的重排,起到排除气孔的功能。但是 670℃尚未达到固相反应形成 Al₂TiO₅的温度,这种液体随着温度增加黏度下降,当达到固相反应形成 Al₂TiO₅温度时,它仍然是液相,有助于液相烧结,增加材料常温强度。当 V₂O₅添加量从 1.0%增加至

2.0%时,液相量增加,使试样中 Al_2TiO_5 进行转熔过程,即 $L+Al_2TiO_5 \longrightarrow Al_2O_3 + TiO_2$,$Al_2TiO_5$ 不断溶入液相,从液相中析出 $Al_2O_3+TiO_2$。Al_2TiO_5 含量降低使得材料热稳定性下降。液相增多,充满了整个空间,引起室温下玻璃相增加,材料脆性增大,抗折强度和热稳定性下降。当 V_2O_5 添加量继续增加至 3.0%时,一方面增加和促进转熔过程;同时,过量的 V_2O_5 使试样中液相过多,会发生二次再结晶,在高温下试样变形,冷却后形成过多的过冷玻璃相。液相增多,在毛细管力作用下,液相扩散迁移至表面,使得试样里玻璃相数量不同,试样均匀度变差,导致抗折强度和热稳定性下降。

性能分析结果显示,V_2O_5 高温下产生的液相可有效排除气孔,促进坯体致密,提高整体强度,其最佳添加量为 1.0%,对应的抗折强度和抗折强度保持率最高,分别为 28.15MPa 和 81.99%。在采用废弃物为原料,烧结温度为 1450℃的条件下,这样的性能指标是比较理想的,可以满足一般工业场合的使用要求。

4.3.7　本节小结

分别外加 MgO、硅微粉、ZrO_2 和 V_2O_5 四种矿化剂,研究矿化剂对钛酸铝的性能和显微结构的影响,得出下列结论。

(1) 添加 MgO 矿化剂能显著提高 Al_2TiO_5 材料的抗折强度和热稳定性,并且降低材料的显气孔率和吸水率;MgO 添加量从 1.0%增至 3.0%,各试样抗折强度保持率均超过 80%,表明 MgO 矿化剂能有效地抑制 Al_2TiO_5 的分解,表现出相当高的热稳定性。分析结果表明,确定 2.5%为 MgO 最佳的添加量,其对应体积密度为 3.10g/cm³,显气孔率为 11.8%,吸水率为 5.0%、抗折强度为 34.91MPa、热震抗折强度保持率为 85%。SEM 分析结果表明,未添加 MgO 试样中钛酸铝晶体呈不规则短柱状;添加 1.0%MgO 的试样中,Al_2TiO_5 晶体呈棱角尖锐的不规则多面体;添加 2.5%MgO 的试样中,Al_2TiO_5 晶体由棱角尖锐的不规则形状转变为晶界圆钝的不规则晶粒。

(2) 硅微粉其主要成分是 SiO_2,属于无定形体结构,粒子超细,粒径为 0.1～1μm,表面积大,活性很高,在高温下会促进材料的固相反应和烧结,防止分解;添加适量的硅微粉能使 SiO_2 与 Al_2TiO_5 形成间隙固溶体,能抑制 Al_2TiO_5 主晶相的分解,显著优化材料的性能和提高材料的稳定性。分析结果表明,确定最佳硅微粉添加量为 8%,其对应的体积密度 2.91g/cm³,显气孔率为 7.4%,吸水率为 3.1%,抗折强度为 42.47MPa,热震后抗折强度 39.05MPa,抗折强度保持率为 91.9%。SEM 分析结果表明,各试样形成的 Al_2TiO_5 呈不规则的形状。

(3) 添加 ZrO_2 矿化剂能显著提高 Al_2TiO_5 材料的抗折强度和热稳定性,显著降低材料的显气孔率和吸水率。确定 2.0%为最佳 ZrO_2 的添加量,其对应体积密度为 2.86g/cm³,显气孔率为 23.0%,吸水率为 8.1%,抗折强度为 35.32MPa,热震抗折强度保持率为 84.2%。SEM 分析结果表明，Al_2TiO_5 粒子呈曲率较大的粒状和不规则多面体。

（4）添加少量的 V_2O_5 矿化剂在高温下能形成液相，加快反应物粒子的扩散，可以提高钛酸铝的含量，但过量的 V_2O_5 矿化剂不能抑制 Al_2TiO_5 的分解，反而加剧 Al_2TiO_5 的分解，只能促进 Al_2TiO_5 材料的烧结，提高试样的体积密度和抗折强度，减小试样的显气孔率。确定 0.5%（质量分数）为最佳添加量，对应的密度为 $2.91g/cm^3$，显气孔率为 12.1%，吸水率为 10.7%，抗折强度为 26.39MPa，热震抗折强度保持率为 70.29%。SEM 分析结果表明，Al_2TiO_5 晶体呈方形柱状和不规则形状。

4.4　利用铝厂废渣研制莫来石-钛酸铝复相材料

4.4.1　引言

根据 Al_2O_3-TiO_2 二元系统相图（图 1-4）可知，750～1300℃是 β-Al_2TiO_5 不稳定存在区间，当 β-Al_2TiO_5 降温至 1300℃时就开始分解成 α-Al_2O_3 和 TiO_2，使 Al_2TiO_5 含量降低，α-Al_2O_3 和 TiO_2 含量增加。为了抑制 Al_2TiO_5 的分解提高其强度，本实验工艺上采取了两种方法[61,62]：①通过淬冷工艺可防止钛酸铝在 750～1300℃分解，低温下保持高温的状态，使实验结果得到优良的莫来石-钛酸铝热抗震材料，解决合成钛酸铝材料分解的难题。②本实验配方中引入了 SiO_2，使实验由原来的 Al_2O_3-TiO_2 二元系统转变为 Al_2O_3-TiO_2-SiO_2 三元系统（图 1-5），使不稳定的 Al_2TiO_5 转变为稳定的 Al_2TiO_5，以保证莫来石-钛酸铝复相材料在实际使用过程中防止从高温到低温过程的分解而使材料热稳定性降低。因此，利用钛酸铝结合莫来石制备复相陶瓷材料，就可以实现优势互补，克服各自的缺陷，制备出综合性能优良的莫来石-钛酸铝复相陶瓷材料[63-65]。目前多数人都以优质铝矾土、高岭土、金红石精矿为原料制备莫来石-钛酸铝复相材料，但这种方法能耗大，成本高。本课题则是利用铝厂废渣制备出性能优良的莫来石-钛酸铝复相陶瓷材料，变废为宝，具有重要的环保意义和经济效益[67,68]。

本章节主要研究以铝型材厂废渣和福建龙岩高岭土为主要原料，采用水急冷法合成莫来石-钛酸铝复相材料（MAT），同时结合良好的烧成工艺来提高钛酸铝的稳定性和高温烧结性，制成高纯度的莫来石-钛酸铝复相材料；在最佳配方的基础上，采用自结合工艺，添加 ZrO_2 进行改性，研究其对莫来石-钛酸铝材料的性能和显微结构的影响，确定最佳的自结合工艺和 ZrO_2 用量，使得莫来石-钛酸铝复相材料在保持低热膨胀系数的同时，较大幅度地提高材质的机械强度，达到良好的改性效果[71]。

4.4.2　实验部分

1. 合成料试样的配方和制备

本实验引入福建龙岩高岭土，因而原料配方从原先的 Al_2O_3-TiO_2 二元相图

转变为 Al_2O_3-TiO_2-SiO_2 三元相图(图 1-5),有利于形成良好的莫来石-钛酸铝复相材料,通过对三元相图分析确定预选的配比范围。在 Al_2O_3-TiO_2-SiO_2 三元系统相图中,除了 Al_2O_3、TiO_2 和 SiO_2,还形成两个化合物 Al_2TiO_5 和 $3Al_2O_3$ · $2SiO_2$,其中 Al_2O_3 · $2SiO_2$ 和 Al_2TiO_5 都有自己的初晶区,初晶区范围内都形成稳定化合物,根据生成五个点可将相图划分成三个三角形,$\triangle Al_2O_3$-$3Al_2O_3$ · $2SiO_2$-Al_2TiO_5、$\triangle SiO_2$-$3Al_2O_3$ · $2SiO_2$-Al_2TiO_5 和 $\triangle SiO_2$-TiO_2-Al_2TiO_5。本研究选择 $\triangle Al_2O_3$-$3Al_2O_3$ · $2SiO_2$-Al_2TiO_5,既有 Al_2TiO_5,也生成 $3Al_2O_3$ · $2SiO_2$,达到复合材料的目的。为尽可能采用较低的成本合成高纯度的莫来石-钛酸铝粉体,在配方设计时应尽可能增大废渣的用量。另一主要原料为国药集团(上海)化试公司产的分析纯 TiO_2。根据上述分析,拟定六个实验配方,列表 4-17 中。试样制备工艺:配料→研磨→烘干($100℃$,4h)→可塑成型→合成反应($1420℃$,2h),然后分别通过淬火法得到煅烧试样。淬火法即高温合成的产物立即取出试样投入 $20℃$ 的水中急冷,使其迅速越过 $750\sim1300℃$ 温度范围,避免钛酸铝在该温度范围内分解,从而增加 Al_2TiO_5 的含量。

表 4-17　各试样配方(质量分数)

试样代号	Al_2O_3/%	SiO_2/%	TiO_2/%	废渣/%	高岭土/%	金红石/%
1	60	7	33	68.3	7.3	24.4
2	61	9	30	67.6	10.3	22.1
3	62	11	27	66.9	13.2	19.9
4	63	13	24	66.2	16.1	17.7
5	64	15	21	65.4	19.2	15.4
6	65	17	18	64.7	22.2	13.1

所得样品通过 XRD 和 SEM 表征其晶相结构及显微形貌特征,采用 Rietveld Quantification 半定量分析软件计算各晶相的含量,确定最佳配方组成。

2. 莫来石-钛酸铝材料烧成工艺的研究

通过 XRD 和 SEM 等分析手段,探讨不同煅烧温度和保温时间对淬火法合成试样中莫来石-钛酸铝晶相结构和显微结构的影响,从中确定最佳烧成工艺条件,为莫来石-钛酸铝材料的制备提供可靠的依据。各样品的测试和表征手段同上。

3. 自结合莫来石-钛酸铝材料的研制

废渣在煅烧过程烧失量为 34.26%(质量分数),一步煅烧后的莫来石-钛酸铝复相试样体积急剧收缩导致开裂,影响了其高温性能,因而很难制备高强度的莫来石-钛酸铝复相材料。为解决一步煅烧合成莫来石-钛酸铝复相材料由体积效应导致的致密化困难问题,采用自结合法来制备莫来石-钛酸铝材料,其优点是首先可以合成具有较高表面能,即烧结活性的莫来石-钛酸铝熟料。其次在熟料中添加适量的莫来石-钛酸铝生料后经二次高温反应烧结,可使坯体在高温下收缩率变小,避免由于收缩而产生开裂;同时,可在较低温度下产生适量的液相,有利于反应物的扩散,促进固相反应和烧结,增加试样中莫来石-钛酸铝的含量和强度,制备出性能优良的莫来石-钛酸铝复相材料。

合成得到高纯度的莫来石-钛酸铝复相熟料,然后将熟料再次粉碎,加入生料组成 J1~J6 六组配方,列表 4-18 中,试样制备工艺:配料→研磨→可塑成型→二次烧成(1480℃,2h,随炉冷却),分别探讨六组配方对莫来石-钛酸铝材料晶相结构、显微结构和性能的影响,从中确定最佳自结合配方。

表 4-18　自结合配方(质量分数)　　　　　(单位:%)

编号	J1	J2	J3	J4	J5	J6
煅烧材料	92	89	86	83	81	80
未煅烧材料	8	11	14	17	19	20

4. 添加剂 ZrO_2 对自结合莫来石-钛酸铝材料影响的研究

以前文实验结果所确定的最佳自结合配方为基础配方,添加不同含量的 ZrO_2[1.0%,2.0%,2.5%,3.0%(质量分数)],二次烧成(1480℃,2h)制备试样,探讨不同添加剂对莫来石-钛酸铝材料结构和性能的影响,最后确定不同添加剂允许的存在量及最佳含量[72]。

4.4.3　不同配方经淬火法所得莫来石-钛酸铝晶相结构及含量

1. 莫来石-钛酸铝晶相结构的表征

将 J1~J6 号六组配方的试样,分别在 1420℃下煅烧,保温 2h 后,通过淬火法得到煅烧试样。经 XRD 分析,试样的衍射图谱如图 4-24 所示,定性分析结果表明各试样最多形成四个相:Al_2TiO_5、Al_2O_3、TiO_2 和莫来石固溶体,在图谱上标注四个晶相的衍射强峰,分别用 T、A、R、M 表示。根据衍射图谱采用 Rietveld Quantification 软件计算各晶相的相对含量,结果列于表 4-19 中。

从表 4-19 可以看出,本实验制备的莫来石固溶体以 $Al_{4.54}Si_{1.46}O_{9.73}$ 的形式存在。这是由于原料中的 Al_2O_3 和 SiO_2 先反应生成带有结构缺陷的莫来石晶相:$Al_2O_3 \cdot SiO_2$,体系内过剩的 Al_2O_3 进入 $Al_2O_3 \cdot SiO_2$ 结构取代[SiO_4]四面体中的 Si^{4+} 形成固溶体,缺陷方程式如下:

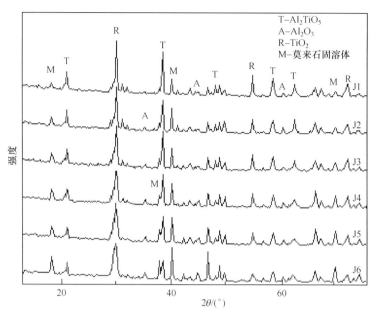

图 4-24　各试样的 XRD 图谱(水冷)

$$Al_2O_3 \xrightarrow{2(Al_2O_3 \cdot SiO_2)} 4Al_{Al}+2Al'_{Si}+6O_O+3O_O+V_O^{\cdot\cdot}$$

$$即\ Al_2O_3 \xrightarrow{2(Al_2O_3 \cdot SiO_2)} 4Al_{Al}+2Al'_{Si}+9O_O+V_O^{\cdot\cdot} \tag{4-6}$$

设有 $x\mathrm{Si}^{4+}$ 被 Al^{3+} 取代,则有 $\dfrac{x}{2}\mathrm{V}_O^{\cdot\cdot}$ 形成,相的缺陷化式可写为

$$Al_4[Al_xSi_{2-x}V_{O\frac{x}{2}}]O_{10-\frac{x}{2}} \xrightarrow{x=0.54} Al_4[Al_{0.54}Si_{2-0.54}V_{0..27}]O_{10-0.27} \longrightarrow \tag{4-7}$$

$$Al_4[Al_{0.54}Si_{1.46}V_{O27}]O_{9.73} \longrightarrow Al_{4.54}Si_{1.46}V_{O_{0.27}}O_{9.73} \longrightarrow Al_{4.54}Si_{1.46}O_{9.73}$$

结构中,4 个 Al^{3+} 与 O^{2-} 形成[AlO_6]八面体,0.54 个 Al^{3+} 与 O^{2-} 形成[AlO_4]四面体,1.46 个 Si^{3+} 与 O^{2-} 形成[SiO_4]四面体,[SiO_4]四面体和[AlO_4]之间由[AlO_6]八面体联结成岛状结构,斜方晶系,Pbam 空间群。

表 4-19　各试样的晶相及其含量(质量分数)

试样代号	$Al_2TiO_5/\%$	$Al_2O_3/\%$	$TiO_2/\%$	$Al_{4.54}Si_{1.46}O_{9.73}/\%$
1	57.3	18.7	8.2	15.8
2	58.8	15.6	7.8	17.8
3	58.3	13.2	6.1	22.4
4	42.5	21.3	5.8	30.4
5	40.5	18.3	4.0	37.2
6	36.6	16.4	2.9	44.1

钛酸铝属于空间群中的正交晶系,室温下晶格常数 a、b、c 分为 0.9429nm、0.9636nm、0.3591nm,$\alpha=\beta=\gamma=90°$,具有与 Fe_2TiO_5 和 $MgTi_2O_5$ 相似的层状结构。结构是 O^{2-} 紧密堆积,Al^{3+} 和 Ti^{4+} 填入堆积形成的八面体空隙中,即结构中形成[AlO_6]八面体和[TiO_6]八面体[73,74]。

Al_2TiO_5 是一种热膨胀系数很小和高热稳定性的材料,然而 Al_2TiO_5 很难烧结,影响材料的强度;莫来石固溶体呈柱状和针状,会形成网络结构,它的存在会增加材料的强度[75],且具有较好的热稳定性[76]。莫来石固溶体的存在,使不稳定的 Al_2TiO_5 转变为稳定的 Al_2TiO_5,抑制了 Al_2TiO_5 在高温时的分解[77]。因此材料中 Al_2TiO_5 与莫来石固溶体数量比例要适当,既能反映钛酸铝的低膨胀系数和高热稳定性,又能反映莫来石固溶体的高强度。综合结构分析结果,确定材料中钛酸铝含量为 60%左右,莫来石固溶体含量为 20%～30%。依据此理论指导分析,确定最佳配方如下。

从表 4-19 的晶相含量数据可以看出,不同试样 $Al_{4.54}Si_{1.46}O_{9.73}$ 含量随着配方中龙岩高岭土含量的增加,从 1 号配方的 15.8%而增加到 6 号配方的 44.1%,Al_2TiO_5 随着配方中 TiO_2 含量下降而下降,从 1 号的 57.3%下到 6 号的 36.6%;1～3 号配方虽然形成的 Al_2TiO_5 含量差不多,分别为 57.3%、58.8%和 58.3%,但是其莫来石固溶体含量分别为 15.8%、17.8%和 22.4%,这三种试样虽然热稳定性好,但 1 号和 2 号配方抗折强度低,因此 1 号和 2 号不能作为最佳的配方。5 号和 6 号试样中 Al_2TiO_5 含量从 40.5%到 36.6%,莫来石固溶体含量从 37.2%到 44.1%。这两组试样虽然强度高但热稳定性相对差些,因此 5 号和 6 号也不能作为最佳配方。4 号试样虽然莫来石固溶体含量达 30.4%,符合要求,但是 Al_2TiO_5 含量较低,只有 42.5%,也不符合要求。只有 3 号试样,其 Al_2TiO_5 含量为 58.3%,莫来石固溶体含量为 22.4%,该试样热稳定性好,强度高,既能发挥 Al_2TiO_5 低热膨胀系数作用,又能发挥莫来石固溶体强度高的性能。

XRD 晶相结构分析结果确定 3 号配方为较佳的配方。

2. 莫来石-钛酸铝显微结构的表征

图 4-25(a)、(b)、(c)和(d)分别为 1 号、3 号、5 号和 6 号试样的 SEM 图。从图中可以看出,1 号、3 号、5 号和 6 号配方,随着黏土含量的增加,试样液相量增加,这对莫来石的生长有利,可以从使短柱状和短针状莫来石长成较长的柱状和针状。针状莫来石晶体互相交错在一起,得到较致密的网络结构,以达到提高强度的目的。

从图 4-25(a)中可以看出:1 号试样内存在大量玻璃相,莫来石晶体几乎都被玻璃相黏结,晶粒尺寸很小,均不到 1μm。不规则自形状的钛酸铝晶体,晶粒尺寸很小,粒子大小不均匀,并通过玻璃相相连,玻璃相黏结成聚集型团状体,在团状体

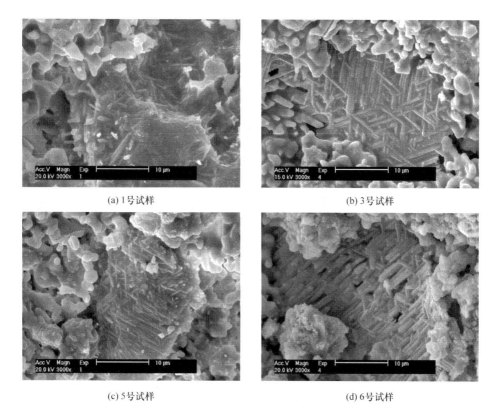

(a) 1号试样　　　　　　　　　　　　　　(b) 3号试样

(c) 5号试样　　　　　　　　　　　　　　(d) 6号试样

图 4-25　不同试样的显微结构

中分布着短柱状和短针状的莫来石晶体,呈不均匀的局部分布,莫来石团状体与钛酸铝晶体之间界线分明,交界处气孔较多,表明这种材料强度较低。随着黏土含量的增加,意味着 SiO_2 含量增加,3 号试样中莫来石含量增加,莫来石晶体形成一片区域,呈短柱状和短针状,如图 4-25(b)所示,粒径大约为 $1.0\mu m$,长度为 $3\sim7\mu m$,粒子之间交错结合在一起,气孔较少,致密度高。同时可以看到不规则粒状的 Al_2TiO_5 晶体,粒径为 $2\sim3\mu m$,粒子被玻璃相黏结。莫来石和 Al_2TiO_5 之间的过渡是连续的,没有明显的界线,而且在交界处莫来石和 Al_2TiO_5 晶体都长得很小,且莫来石区域晶体比界面处大好几倍,表明钛酸铝和莫来石晶体互相制约各自的发育和生长,即莫来石粒子抑制钛酸铝晶粒的长大,使钛酸铝的晶粒变小,导致复相陶瓷细晶化。对于以钛酸铝为主晶相的材料,内部虽存在大量的微裂纹,但晶粒细化后,内存的微裂纹尺寸变小,使复相陶瓷的强度提高。另外,研究中从复相陶瓷材料的断口形貌观察可以看到,钛酸铝复相陶瓷以沿晶型与穿晶型相结合的方式断裂,这主要归结于莫来石晶粒与钛酸铝晶粒的晶界结合得较紧密,断裂能增强,因而当外加应力增加时,裂纹便会穿过晶体继续扩展。裂纹扩展的形式越复杂,断裂所需消耗的能量越多,因此材料具有较高的强度。与 1 号试样相比,3 号试样致密度高,强度大,热稳定性好,既能发挥 Al_2TiO_5 的低热膨胀系数和热稳定性的特点,也能发挥莫来石强度高的特点,其对应的晶相结构为:Al_2TiO_5 含量为 58.3%,莫来石固溶体含量为 22.4%。随着黏土含量的继续增加,5 号和 6 号试样液相量增加,对莫来石的生长有利,可以从短柱状和短针状长成较长的柱状和针状,粒径为 $0.5\sim1.0\mu m$,长度为 $5\sim10\mu m$,针状莫来石晶体互相交错在一起,构成较致密的网络结构,如图 4-25(c)、(d)所示,表明这种材料强度高,但由于 Al_2TiO_5 含量低,只有 40.5% 和 36.6%,所以复合材料的热稳定性大大降低,达不到采用复合材料的目的。

SEM 显微结构分析结果确定 3 号配方为较佳的配方。

4.4.4　莫来石-钛酸铝材料烧成工艺的研究

经 4.3 节的 XRD 和 SEM 分析,确定了最佳配方组成为 3 号配方[其组成为:废渣 66.9%,高岭土 13.2%,TiO_2 19.9%(质量分数),合成工艺用水急冷]。本节主要是以实验结果所确定的最佳配方和合成工艺方法为基础,通过 XRD 和 SEM 等分析手段,探讨不同煅烧温度和保温时间对淬火法合成试样中莫来石-钛酸铝晶相结构和显微结构的影响,从中确定最佳烧成工艺条件。

1. 煅烧温度对试样晶相的影响

以最佳的 3 号配方为基础进行配料、混合、陈腐、成型、烘干后,分别在 1300℃、1320℃、1360℃、1390℃、1420℃、1450℃、1480℃下煅烧保温 2h,立即取出投入 20℃的水中急冷,得到各试样。对各温度下煅烧试样进行 X 射线衍射分析,XRD 图谱如图 4-26 所示,图中分别标注了 Al_2TiO_5、Al_2O_3、TiO_2 和莫来石的最强的衍射峰,以 T、A、R 和 M 表示。经 Rietveld Quantification 软件计算所得各晶相的含量列于表 4-20 中。

表 4-20　各试样经不同煅烧温度后的晶相及含量(质量分数)

烧成温度/℃	Al_2TiO_5/%	Al_2O_3/%	TiO_2/%	$Al_{4.54}Si_{1.46}O_{9.73}$/%
1360	43.3	13.7	10.8	32.2
1390	46.9	14.5	9.4	29.2
1420	58.3	13.2	6.1	22.4
1450	55.7	12.5	5.0	26.8
1480	59.9	7.4	3.5	29.2

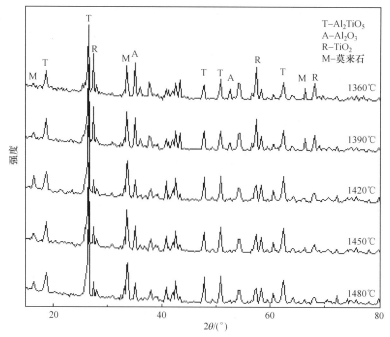

图 4-26　各试样经不同煅烧温度后的 XRD 图谱

　　从图 4-26 和表 4-20 中可确定,不同煅烧温度的各试样均形成四个晶相:
Al_2TiO_5、$Al_{4.54}Si_{1.46}O_{9.73}$、$Al_2O_3$ 和 TiO_2。表明煅烧温度对晶相结构没有影响,莫
来石化学式仍为 $Al_{4.54}Si_{1.46}O_{9.73}$,它是带有结构缺陷的莫来石固溶体,与不同配方
形成莫来石的缺陷化学式相同。根据经验公式 $G_c = K(\Delta T)^{-2}$(式中:G_c 为临界晶
粒尺寸,K 为材料常数,$\Delta T = T - T_B$,T_B 为钛酸铝陶瓷出现微裂纹时的温度)可
得:煅烧温度较低时,临界晶粒尺寸 G_c 值较大,而材料中形成的晶粒尺寸较小,所
以微裂纹相对较少,材料的热膨胀系数相对较高;煅烧温度升高,临界晶粒尺寸降
低,而煅烧温度升高后,材料中形成的晶粒又长大,于是就越容易形成裂纹,致使其
热膨胀系数降低,但其微裂纹尺寸随 AT 粒径增大而增大,甚至相互贯通,严重损
害了材料的机械完整性,使材料强度下降。因此要调节好强度和热膨胀系数之间
的关系,需选定一定的温度范围,才能满足需要。

　　当煅烧温度从 1360℃升至 1420℃时,Al_2TiO_5 含量随着温度的上升从 43.3%
增加到 58.3%;从 1420℃升至 1480℃,Al_2TiO_5 含量趋于平稳,几乎不变,表明
1420℃已达到该系统 Al_2TiO_5 完全反应的最高温度,再提高反应温度达不到提高
钛酸铝含量的目的。当煅烧温度从 1360℃升至 1480℃时,莫来石 $Al_{4.54}Si_{1.46}O_{9.73}$
的含量随着温度的上升先减少后增加,变化幅度不大。刚玉和金红石相含量随着
温度的上升而下降。提高煅烧温度会提高 Al_2TiO_5 和 $Al_{4.54}Si_{1.46}O_{9.73}$ 含量是由于
固相反应大多数以反应物扩散为控制步骤,因此温度上升,引起反应速度加快。又

由于温度升高,试样中形成液相量增加,部分固相扩散传质转变为液相扩散传质,液相扩散速度比固相扩散速度快。形成莫来石晶相的反应既存在固相扩散传质,又存在液相扩散传质,而刚玉耐火度比莫来石高,刚玉反应属于固相传质控制,因此形成莫来石的反应速度比形成刚玉的反应速度快,表现出莫来石含量随温度升高而增加,而刚玉含量随着反应温度提高而降低。同时,莫来石量的提高又抑制了钛酸铝的分解,随之钛酸铝的含量也上升。莫来石对钛酸铝热分解抑制作用的机理为:一是因为 Si^{4+} 在高温下扩散到钛酸铝晶体中发生置换或填隙反应,产生固溶化的钛酸铝晶体,稳定了晶格;其二是因热膨胀差异造成莫来石晶粒对钛酸铝晶体的压应力,起到束缚 Ti^{4+} 和 Al^{3+}、增强抑制晶格受热畸变的作用,有效提高了钛酸铝的热稳定性。分析结果确定 1480℃为最佳煅烧温度,煅烧试样中 Al_2TiO_5 含量为 59.9%,$Al_{4.54}Si_{1.46}O_{9.73}$ 含量为 29.2%,这种材料两种晶相总含量高,能很好地体现钛酸铝和莫来石的优越性。

2. 煅烧温度对试样显微结构的影响

图 4-27(a)、(b)、(c)和(d)分别为 1360℃、1390℃、1420℃和 1480℃保温 2h 后各试样的显微结构照片。

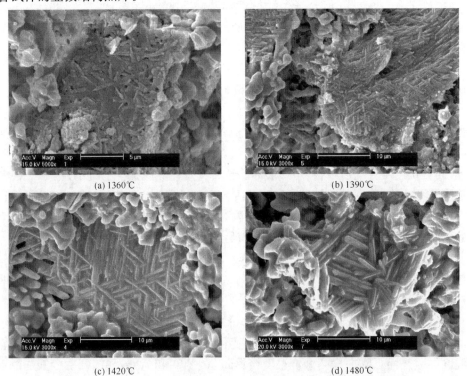

(a) 1360℃　　　　　　　　　　　　　(b) 1390℃

(c) 1420℃　　　　　　　　　　　　　(d) 1480℃

图 4-27　经 1360℃、1390℃、1420℃和 1480℃煅烧后各试样的显微结构

如图 4-27(a)所示,反应烧成温度为 1360℃的试样,由于温度较低,晶体生长速度慢,形成液相量较少,所以少量液相是局部分布的,没有液相的部位晶体长不大,使莫来石晶体长成短柱状和短针状,尺寸较小;钛酸铝长得很小,粒径为 0.2～0.5μm,反应还未完全,只出现在小型局部区域中,含量只有 43.3%,不能很好地体现钛酸铝优良的热震性能。1390℃反应烧结试样中,液相量有所增加,粒子被黏结,气孔减少,致密度增加;钛酸铝晶体长成无规则的粒状,粒径为 0.3～1μm,刚玉呈六方片状,粒径为 0.5～2μm,针状莫来石晶体被玻璃相黏结成团聚体,针状莫来石晶体数量很多,团聚体周围结构疏松,气孔较多,如图 4-27(b)所示。温度继续升至 1420℃,如图 4-27(c)所示,试样中液相量继续增加,有利于晶体生长,针状莫来石晶体也继续长大和长长,构成致密网络结构,钛酸铝晶体被玻璃相黏结在一起,粒子钛酸铝被玻璃相包裹,形成致密的结构。

烧结温度升至 1480℃,液相量继续增加,对莫来石的生长有利,如图 4-27(d)所示,莫来石晶体可以从短柱状和短针状长成较长的柱状和针状,粒径为 0.5～1.0μm,长度为 5～10μm,构成较致密的网络结构。钛酸铝晶体细小,粒径为 1～3μm。莫来石固溶体和钛酸铝晶体交互结合在一起,莫来石晶粒越来越多地分布在钛酸铝晶粒周围。由于晶体结构的差异,钛酸铝晶粒将受到周围晶粒的挤压,抑制钛酸铝的晶格畸变,从而制约 Al_2TiO_5 晶体的分解,使 Al_2TiO_5 晶体含量增加达到 59.9%,且莫来石晶体含量也高达 29.2%。该烧结温度下烧成试样致密度高,强度高,热稳定性好,不仅能发挥 Al_2TiO_5 的热膨胀系数低和热稳定性高的特点,也能发挥莫来石强度高的特点。

3. 保温时间对试样晶相的影响

以最佳的 3 号配方[组成为:废渣 66.9%,高岭土 13.2%,TiO_2 19.9%(质量分数),合成工艺用水急冷]为基础进行配料、混合、陈腐、成型、烘干后在 1480℃下煅烧,分别保温 1h、2h、3h、4h 后立即取出投入 20℃的水中急冷后得到各试样。对各保温时间下所得煅烧试样进行 X 射线衍射分析,XRD 图谱如图 4-28 所示,图中标注了 Al_2TiO_5、Al_2O_3、TiO_2 和莫来石的最强衍射峰,分别以 T、A、R 和 M 表示。经 Rietveld Quantification 软件计算所得各晶相的含量列于表 4-21 中。

表 4-21　各试样经不同保温时间后的晶相及含量(质量分数)

保温时间/h	Al_2TiO_5/%	Al_2O_3/%	TiO_2/%	$Al_{4.54}Si_{1.46}O_{9.73}$/%
1	57.9	10.2	4.5	27.4
2	59.9	7.4	3.5	29.2
3	70.7	4.4	0.4	24.5
4	68.2	4.9	0.7	26.2

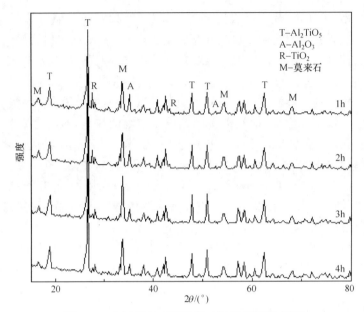

图 4-28　各试样经不同保温时间后的 XRD 图谱

从图 4-28 可确定,不同保温时间的各试样均形成四个晶相:Al_2TiO_5、$Al_{4.54}Si_{1.46}O_{9.73}$、$Al_2O_3$ 和 TiO_2。表明保温时间对晶相结构没有影响,莫来石化学式仍为 $Al_{4.54}Si_{1.46}O_{9.73}$,与不同配方和不同煅烧温度形成莫来石的缺陷化学式相同。从表 4-21 可以看出,当保温从 1h 到 3h 时,Al_2TiO_5 含量随着保温时间的上升从 57.9% 上升到 70.7%,延长保温时间有利于提高钛酸铝的热稳定性。这是由于保温时间的延长为晶粒的生长、发育提供了良好的动力学条件,促进了试样的烧结和晶粒的长大,钛酸铝晶体结构中的[AlO_6]、[TiO_6]趋于形成较规则的八面体,使得八面体的畸变程度降低,从而使钛酸铝的热稳定性提高。从 3h 到 4h,Al_2TiO_5含量趋于平稳,含量没有什么变化,但在 Al_2TiO_5 烧结过程中保温时间过长,会使晶粒和晶畴过大,陶瓷体强度下降。保温 3h 时已达到该系统 Al_2TiO_5 完全反应的时间,达到了实验要求;当保温时间从 1h 到 2h 时,莫来石 $Al_{4.54}Si_{1.46}O_{9.73}$ 的含量没有什么太大变化,升至 3h 时,含量降低,3h 到 4h 时,莫来石 $Al_{4.54}Si_{1.46}O_{9.73}$、刚玉和金红石相含量也没有明显变化,因此保温时间为 3h 就可以达到要求。试样中 Al_2TiO_5 含量为 70.7%(质量分数),$Al_{4.54}Si_{1.46}O_{9.73}$ 含量为 24.5%,且刚玉和金红石相含量少,只有 4.4% 和 0.4%。

XRD 分析结果确定 3h 为最佳保温时间,所得试样中 Al_2TiO_5、$Al_{4.54}Si_{1.46}O_{9.73}$ 两种晶相总含量高达 95.2%,能很好地体现钛酸铝和莫来石的优越性。

4. 保温时间对试样显微结构的影响

图 4-29(a)、(b)、(c)和(d)是在 1480℃下分别保温 1h、2h、3h、4h 后各试样的

SEM 照片。

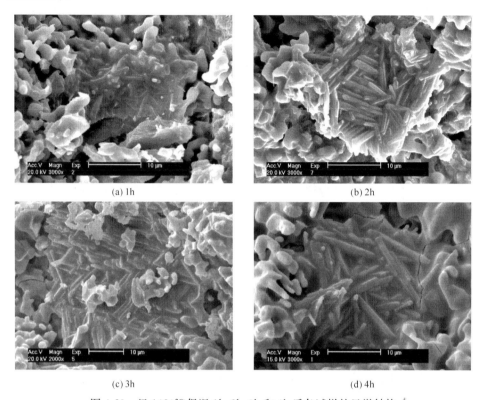

(a) 1h

(b) 2h

(c) 3h

(d) 4h

图 4-29　经 1480℃保温 1h、2h、3h 和 4h 后各试样的显微结构

　　如图 4-29(a)所示,保温 1h 的试样,由于保温时间短,莫来石的晶粒大部分是短柱状,尺寸较小,粒径为 $0.5\sim1.0\mu m$,长度为 $2\sim3\mu m$。钛酸铝晶体呈无规则状,粒径为 $0.5\sim2\mu m$,反应还未完全,只出现在小型局部区域中,含量只有 57.9%,不能很好地体现材料优良的热震性能。随着保温时间增加至 2h,试样液相量增加,对莫来石的生长有利,可以从短柱状和短针状长成较长的柱状和针状,粒径为 $0.5\sim2.0\mu m$,长度为 $5\sim8\mu m$,针状莫来石晶体互相交错在一起构成较致密的网络结构,如图 4-29(b)所示,这种材料强度高且稳定性较好。

　　保温时间继续增加至 3h,针状莫来石晶体继续长大发育完全,粒径 $1\sim2\mu m$,长度 $5\sim10\mu m$,构成致密网络结构,提高材料的力学性能。莫来石晶体区域上分布着较多的钛酸铝晶体,表明钛酸铝晶体和莫来石晶体相互作用,即由于晶体结构的差异,钛酸铝晶粒将受到周围晶粒的挤压,抑制钛酸铝的晶格畸变,从而制约 Al_2TiO_5 晶体的分解,这点可从 XRD 分析上得到验证。该条件下合成料的 Al_2TiO_5 晶体含量增加达到 70.7%,且莫来石晶体含量也高达 24.5%,金红石 TiO_2 仅为 0.4%。该烧结温度下烧成试样致密度高,强度高,热稳定性好,不仅能

发挥 Al_2TiO_5 热膨胀系数低和热稳定性高的特点,也能发挥莫来石强度高的特点。保温时间 4h,形成较多的液相,对莫来石晶体的形成有利,但会使生成的钛酸铝晶体分解,不利于材料热震性能的提高,而且可以看出有裂纹的存在,降低了机械强度,如图 4-29(d)所示。

　　综上所述,莫来石含量变化不大,都在莫来石可接受含量之内,从复相材料的角度考虑,选择 Al_2TiO_5 含量最高(70.7%)的保温时间 3h 为最佳保温时间。

4.4.5　自结合配方对莫来石-钛酸铝材料结构和性能的影响

　　以 4.4.3 节和 4.4.4 节实验所确定的最佳配方和合成工艺为基础,合成得到高纯度的莫来石-钛酸铝复相熟料,然后将熟料再次粉碎,分别添加 8%、11%、14%、17%、19% 和 20%(质量分数)的生料[3 号配方:废渣 66.9%,高岭土 13.2%,TiO_2 19.9%(质量分数)],组成 J1~J6 六组配方,见表 4-19。试样制备工艺:配料→研磨→可塑成型→二次烧成(1480℃,3h)。分别探讨六组配方对莫来石-钛酸铝材料晶相结构、显微结构和性能的影响,从中确定最佳自结合配方。

　　1. 自结合配方对莫来石-钛酸铝材料晶相的影响

　　在一步煅烧合成料中分别添加 8%、11%、14%、17%、19% 和 20%(质量分数)的生料[3 号配方:废渣 66.9%,高岭土 13.2%,TiO_2 19.9%(质量分数)]进行两步煅烧(预设 1480℃,3h,随炉冷却)实验,制备的试样编号记 J1~J6;取样进行 XRD 分析,用 Origin 软件画出各试样衍射图谱,如图 4-30 所示。分析结果表明各试样

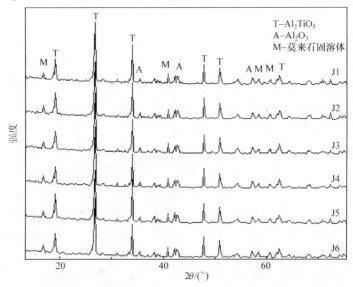

图 4-30　不同自结合配方烧结试样的 XRD 图谱

最多形成三个相：Al_2TiO_5、Al_2O_3 和莫来石固溶体，在图谱上标注三个晶相的衍射强峰，分别用 T、A、M 表示。根据衍射图谱采用 Rietveld Quantification 软件计算各晶相的相对含量结果列于表 4-22 中。

表 4-22　不同自结合配方烧结试样的晶相及含量(质量分数)

试样代号	合成熟料/%	生料/%	Al_2TiO_5/%	Al_2O_3/%	$Al_{4.54}Si_{1.46}O_{9.73}$/%
J1	92	8	68.9	1.6	29.5
J2	89	11	67.9	2.4	29.7
J3	86	14	66.5	1.7	31.8
J4	83	17	69.1	1.4	29.5
J5	81	19	68.8	1.2	30.0
J6	80	20	65.5	0.6	33.9

由基础配方分析可知莫来石固溶体的存在，使得不稳定的 Al_2TiO_5 转变为稳定的 Al_2TiO_5，抑制了 Al_2TiO_5 在高温时的分解。因此材料中 Al_2TiO_5 与莫来石固溶体数量比例要适当，既能反映钛酸铝的低热膨胀系数和高热稳定性，又能反映莫来石固溶体的高强度。综合考虑结构确定材料中钛酸铝含量为 60% 左右，莫来石固溶体含量为 20%～30%。依此理论确定较佳配方，分析表 4-22 的晶相含量数据可以看出，J3、J5 和 J6 配方虽然形成 Al_2TiO_5 含量较高，但是其莫来石固溶体含量大于 30%，这两种试样强度高热稳定性相对差些。J1、J2 和 J4 配方形成的 Al_2TiO_5 和莫来石固溶体含量都落在理论范围内，但综合考虑复合材料的性能，J2 配方合成钛酸铝与莫来石比例较好，既能发挥 Al_2TiO_5 低热膨胀系数作用，又能发挥莫来石固溶体高强度作用，起到复合材料调节优化各组成材料性能的作用。莫来石与钛酸铝在高温下复合，会在以下两个方面对钛酸铝的高温热分解起到良好的抑制作用。一是 Si^{4+} 在高温下扩散到钛酸铝晶体中发生置换或填隙反应，产生固溶化的钛酸铝晶体，稳定了晶格；其二是热膨胀差异造成莫来石晶粒对钛酸铝晶体的压应力，起到束缚 Ti^{4+}、Al^{3+}，增强抑制晶格受热畸变的作用，有效提高了钛酸铝的热稳定性。

综合分析结果，选择 J2 配方为较好的配方。

2. 自结合配方对莫来石-钛酸铝材料显微结构的影响

图 4-31(a)、(b)、(c)和(d)分别为 J1、J2、J3、J5 试样的显微结构照片。

图 4-31(a)为 J1 烧结试样的 SEM 图像。由图可知，钛酸铝晶体呈不规则形状，粒径在 3～4μm，粒子大小均匀，玻璃相含量较低。莫来石晶体呈粒状和短针状，晶粒长度在 1～3μm，被玻璃相黏结，聚集成团状，不均匀地分布在钛酸铝晶体当中，表明钛酸铝和莫来石晶体各自互不干扰，各自自行发育和生长。

　　　　(a) J1试样　　　　　　　　　　　　　　　　(b) J2试样

　　　　(c) J3试样　　　　　　　　　　　　　　　　(d) J5试样

图 4-31　不同自结合配方烧结样的 SEM 图像

　　J2 烧结试样 SEM 图如图 4-31(b)所示。由图可知,在莫来石周围 Al_2TiO_5 晶体不断生长,被玻璃相黏结,粒径为 $3\sim5\mu m$,气孔少,莫来石晶粒与钛酸铝晶粒的晶界结合得较紧密,致密度高,抑制钛酸铝晶粒的长大,使钛酸铝晶粒变小,导致复相陶瓷细晶化,内存的微裂纹尺寸变小,同时莫来石由于本身强度大,对裂纹扩展起阻碍作用,产生"钉扎"效应,因而使莫来石-钛酸铝复相材料的强度提高,表明这种材料强度高且稳定性较好。从图 4-31(c)中可以看出,随着生料比例的增加,莫来石生长为粒状和短柱状,粒径为 $0.2\sim2\mu m$,莫来石晶体不均匀地分布在钛酸铝晶体当中,气孔相对较多,结构松散。从图 4-31(d)中可以看出,随着生料比例继续增加,由于生料的活性低,反应物扩散速度变慢,莫来石大多生长为粒状莫来石,粒径为 $1\sim2\mu m$,莫来石增强钛酸铝减弱。从显微结构分析结果看出,J2 试样有较理想的微观形貌,确定 J2 为最佳自结合配方。

3. 自结合配方对莫来石-钛酸铝材料性能的影响

　　在一步煅烧合成料中分别添加 8%、11%、14%、17%、19% 和 20%(质量分数)

的生料[3 号配方:废渣 66.9%,高岭土 13.2%,TiO$_2$19.9%(质量分数)]进行两步煅烧(预设 1480℃,3h,随炉冷却)实验,制备的试样编号记为 J1~J6;对烧成样进行性能表征,包括体积密度、显气孔率、吸水率、抗折强度、热震后的抗折强度和抗折强度保持率,实验结果列于表 4-23 中。

表 4-23　不同自结合配方烧结试样的性能

试样编号	体积密度/(g/cm³)	显气孔率/%	吸水率/%	抗折强度/MPa	热震后的抗折强度/MPa	抗折强度保持率/%
J1	2.70	19.5	7.15	39.80	33.6	84.4
J2	2.73	19.0	6.94	40.25	34.47	85.6
J3	2.58	23.4	9.05	35.38	23.99	67.8
J4	2.71	19.9	7.32	38.41	18.49	48.1
J5	2.68	20.9	7.83	36.21	18.65	51.5
J6	2.62	22.8	8.72	38.06	19.84	52.1

从表 4-23 中看出,J1 和 J2 配方随着生料比例的增加,从 8%增加至 11%,试样的抗折强度有少量的增加,从 39.8MPa 增加至 40.25MPa;试样体积密度也呈现上升的规律,从 2.70g/cm³ 上升到 2.73g/cm³;显气孔率和吸水率逐渐也有所减少。这是由于在合成熟料的所占比例较高时,其致密度较高,引起合成试样体积密度的增加,强度提高;其次,生料比例增加时,从 8%增加至 11%,烧结试样中的液相也相应增加,增加的液相有利于液相烧结,起到黏结晶粒的作用,使显气孔率和吸水率有所下降,试样体积密度也呈现上升规律,抗折强度相应增加。同时少量液相量的存在,在较高温度时,会填充莫来石-钛酸铝复相材料里的微裂纹,使得试样有较高的抗急冷急热性能(从 84.4%增加至 85.6%)。因此 J2 配方烧成试样具有较高的抗折强度和抗折强度保持率,表现出莫来石-钛酸铝复相材料优秀的热稳定性和高的强度,既发挥 Al$_2$TiO$_5$ 低热膨胀系数特性,又能发挥莫来石固溶体高强度特性。随着生料的比例的继续增加,从 J3 到 J6 配方,从 14%增加至 20%,烧结试样的抗折强度有所减小,幅度不大,但抗折强度保持率明显减少。主要是因为,随着生料比例增加,烧结试样中的液相量明显增加,过量的液相使合成的钛酸铝部分分解,使其抗折强度保持率下降;同时过量玻璃体的存在也会降低试样抗折强度和抗折强度保持率。因此 J3~J6 配方不能为最佳配方。但六种配方的热震抗折强度保持率较高,均超过 50%,体现出莫来石-钛酸铝复相材料具有抗急冷急热性能。

综合性能分析结果,确定 J2 为较佳烧结配方,其对应的体积密度为 2.73g/cm³,抗折强度为 40.25MPa,热震抗折强度保持率为 85.6%。在采用废弃物为原料,烧结温度为 1480℃的条件下,这样的性能指标是比较理想的,已经可以满足一般工业场合的使用要求。

4.4.6　ZrO_2 对自结合莫来石-钛酸铝结构和性能的影响

1. ZrO_2 对自结合莫来石-钛酸铝材料晶相的影响

以 J2 配方(生料/熟料比为 11/89)为基础,在其中分别添加 0、1.0%、1.5%、2.0%、2.5%和 3.0%(质量分数)的 ZrO_2 进行两步煅烧(预设 1480℃,3h,随炉冷却)实验,制备的试样编号记为 Z0~Z5;对烧成样进行 XRD 分析,用 Origin 软件画出各试样衍射图谱,如图 4-32 所示。定性分析结果表明各试样最多形成三个相:Al_2TiO_5、Al_2O_3 和莫来石固溶体,在图谱上分别标注三个晶相的衍射最强峰,分别用 T、A、M 表示。根据衍射图谱采用 Rietveld Quantification 软件计算各晶相的相对含量结果列于表 4-24 中。

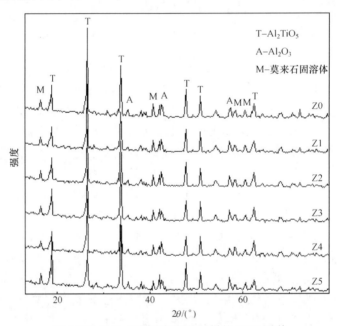

图 4-32　ZrO_2 不同添加量的试样的 XRD 图谱

表 4-24　添加 ZrO_2 矿化剂各试样的晶相及其含量(质量分数)

ZrO_2 含量/%	Al_2TiO_5/%	Al_2O_3/%	$Al_{4.54}Si_{1.46}O_{9.73}$/%
0(Z0)	67.9	2.4	29.7
1.0(Z1)	67.3	4.0	28.7
1.5(Z2)	70.3	2.9	26.8
2.0(Z3)	70.0	2.8	27.2
2.5(Z4)	71.4	3.1	26.5
3.0(Z5)	74.0	3.6	22.4

分析表 4-24 可知，添加不同含量 ZrO_2 的合成试样，均形成三个晶相：Al_2TiO_5、$Al_{4.54}Si_{1.46}O_{9.73}$ 和 Al_2O_3。Al_2TiO_5 主晶相含量基本保持不变，维持在 70%左右，莫来石固溶体含量维持在 27%左右，表明添加量在这范围内不仅钛酸铝是稳定的，而且莫来石固溶体也是稳定的。当 ZrO_2 含量为 $0\sim2.0\%$ 时，$Al_{4.54}Si_{1.46}O_{9.73}$ 的含量随着其添加量的增加逐渐减小，Al_2TiO_5 晶相含量逐渐增大，从 67.9%增加到 70.3%，说明添加 ZrO_2 有利于 Al_2TiO_5 的形成，提高其晶相含量。这主要是由于加入的 ZrO_2 与试样中的 Al_2TiO_5 形成固溶体，由于 $r_{Ti^{4+}}=0.067nm$，$r_{Zr^{4+}}=0.072nm$，$\Delta r_1=(r_{Zr^{4+}}-r_{Ti^{4+}})/r_{Zr^{4+}}=6.94\%<15\%$，而 Zr^{4+} 离子价与 Ti^{4+} 离子价相同，因此 ZrO_2 取代 Al_2TiO_5 中的 Ti^{4+} 形成置换固溶体，其缺陷方程如下：

$$ZrO_2 \xrightarrow{Al_2O_3 \cdot TiO_2} 2Al_{Al}+3O_O+Zr_{Ti}+2O_O$$

$$ZrO_2 \xrightarrow{Al_2O_3 \cdot TiO_2} 2Al_{Al}+Zr_{Ti}+5O_O$$

ZrO_2 在 Al_2TiO_5 中不是完全固溶，只能形成有限型固溶体，即 ZrO_2 在 Al_2TiO_5 中只有部分固溶，形成固溶体 $Al_2Ti_{1-x}Zr_xO_5$，起到稳定 Al_2TiO_5 晶格、降低晶体内部畸变的作用，有效抑制了钛酸铝的分解，从而使试样的钛酸铝晶相含量增大，与未添加矿化剂时的试样差异较大，因此加入 ZrO_2 能明显改善钛酸铝的稳定性。当添加量为 2.5%时，钛酸铝含量继续增加，莫来石固溶体含量开始下降，意味着莫来石固溶体开始分解，当添加量增加至 3.0%时，莫来石固溶体含量明显下降，从 26.5%下降至 22.4%。出于复相材料角度的考虑，得到既能发挥 Al_2TiO_5 低热膨胀系数的特性，又能发挥莫来石固溶体高强度特性的性能优异的复合材料，ZrO_2 矿化剂添加量不能超过 2.0%，较佳的添加量为 1.5%，对应的钛酸铝含量为 70.3%，莫来石固溶体含量为 26.8%，Al_2O_3 含量为 2.9%。

2. ZrO_2 对自结合莫来石-钛酸铝材料显微结构的影响

图 4-33(a)、(b)、(c) 和 (d) 分别为 Z0、Z1、Z2、Z4 试样的显微结构照片。图 4-33(a)为未加 ZrO_2 试样的图像。从图中看到，Al_2TiO_5 晶体呈不规则椭圆形，粒子尺寸为 $3\mu m$ 左右；Al_2O_3 晶体呈六方片状，粒子尺寸为 $2\sim5\mu m$；莫来石固溶体呈短柱状，晶粒尺寸较小。三种晶粒被玻璃相黏结成整体，存在一定数量的气孔。4-33(b)是 ZrO_2 添加量为 1.0%试样的图像。从图中可看出，三种晶体都有所长大，其中 Al_2TiO_5 晶体呈棱角尖锐的不规则形状；Al_2O_3 晶体呈六方片状，晶粒尺寸较大；莫来石固溶体呈方形柱状，玻璃相减少。图 4-33(c)是 ZrO_2 添加量为 1.5%试样的图像，三种晶体继续长大，Al_2TiO_5 晶体也呈棱角尖锐的不规则形状，晶体被黏结在一起，烧结程度提高，由不规则气孔转变为圆滑的气孔，方形柱状莫来石固溶体晶体明显长大，互相交错地排列。4-33(d)是 ZrO_2 添加量为 2.5%

试样的图像,钛酸铝晶体呈棱角尖锐的不规则形状和不规则椭圆形状,晶粒大小不等,方形柱状莫来石固溶体晶体长得比添加量为 1.5% 的试样小,气孔较少,致密度较高。

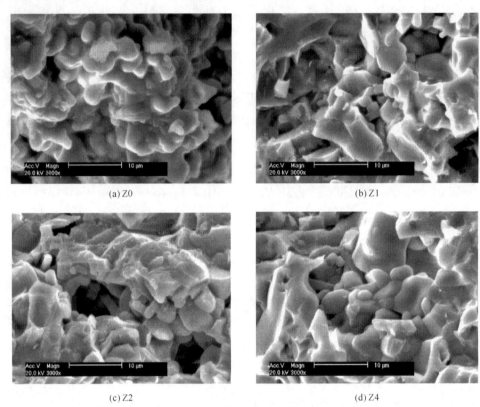

(a) Z0　　　　　　　　　　　　　　　　(b) Z1

(c) Z2　　　　　　　　　　　　　　　　(d) Z4

图 4-33　ZrO$_2$ 不同添加量的试样的显微结构

综合分析结果,确定 ZrO$_2$ 添加量为 1.5% 试样的形貌较佳。

3. ZrO$_2$ 对自结合莫来石-钛酸铝材料性能的影响

以 J2 配方(生料/熟料比为 11/89)为基础,在其中分别添加 0、1.0%、1.5%、2.0%、2.5% 和 3.0%(质量分数)的 ZrO$_2$ 进行两步煅烧(预设 1480℃,3h,随炉冷却)实验,制备的试样编号记 Z0~Z5;对烧成样进行性能表征,包括体积密度、显气孔率、吸水率、抗折强度、热震后的抗折强度和抗折强度保持率,实验结果列于表 4-25 中。

由表 4-25 可知,在未添加 ZrO$_2$ 矿化剂的试样中,材料的显气孔率和吸水率较大。当添加 1.5% ZrO$_2$ 矿化剂后,各试样的性能均得到有效改善,显气孔率从 19.3% 下降至 5.57%,吸水率从 6.95% 下降至 1.74%,密度从 2.73g/cm^3 增大为

$3.20g/cm^3$,抗折强度、热震后抗折强度和抗折强度保持率变化不明显。这是由于添加 ZrO_2 矿化剂后,烧结试样中的液相也相应地增加,增加的液相有利于液相烧结,起到黏结晶粒的作用,使显气孔率和吸水率有所下降,试样体积密度也呈现上升的规律,抗折强度相应增加。

当 ZrO_2 添加量为 1.5％时,密度增大至 $3.20g/cm^3$;抗折强度显著增加达到 44.2MPa,抗折强度保持率上升到 90.52％,表明 ZrO_2 的加入可以提高材料的强度和热稳定性,这可能是因为 ZrO_2 颗粒处于裂纹的交叉点,从而抑制裂纹的进一步扩展;另外,也可能是由于 ZrO_2 的相变使裂纹尖端应力得以缓解并使主裂纹得以转变为更小的微裂纹,起到微裂纹的增韧作用,有效地提高了材料的热震性能。同时,ZrO_2 中 Zr^{4+} 可取代 Al_2TiO_5 中 Ti^{4+} 形成 $Al_2Ti_{1-x}Zr_xO_5$ 固溶体,起到稳定 Al_2TiO_5 晶格、降低晶体内部畸变的作用,有效地抑制了钛酸铝的分解,因此加入 ZrO_2 能明显改善钛酸铝的稳定性。当 ZrO_2 添加量从 1.5％增至 2.0％时,抗折强度从 44.2MPa 下降为 39.4MPa,抗折强度保持率从 90.52％增加为 96.65％,显气孔率和吸水率改变量较小。ZrO_2 添加量从 2.5％增至 3.0％时,试样的体积密度、抗折强度和抗折强度保持率均下降,显气孔率和吸水率几乎不变。这是由于 ZrO_2 添加量过多,会使烧结试样中的液相量明显增加,过量的液相使合成的钛酸铝部分分解,使其抗折强度保持率下降;同时过量玻璃体的存在也会降低试样抗折强度和抗折强度保持率。

表 4-25　不同 ZrO_2 加入量的各试样的性能

ZrO_2 含量/％	体积密度 /(g/cm³)	显气孔率 /％	吸水率 /％	抗折强度 /MPa	热震后的抗折强度/MPa	抗折强度 保持率/％
0(Z0)	2.73	19.03	6.95	40.26	34.47	85.6
1.0(Z1)	3.18	6.08	1.91	40.53	34.44	84.97
1.5(Z2)	3.20	5.57	1.74	44.2	40.01	90.52
2.0(Z3)	3.18	6.53	2.05	39.4	38.08	96.65
2.5(Z4)	3.25	6.19	1.90	43.4	37.45	86.29
3.0(Z4)	3.24	6.21	1.91	37.8	31.3	82.80

综上分析可得,添加与未添加 ZrO_2 时的试样性能差异较大,表明 ZrO_2 是抑制 Al_2TiO_5 分解和优化材料性能的良好添加剂。确定 1.5％为 ZrO_2 矿化剂最佳添加量,其对应体积密度为 $3.20g/cm^3$,显气孔率为 5.57％,吸水率为 1.74％。此时材料具有高的抗折强度、热震后抗折强度和高的抗折强度保持率,分别为 44.2MPa、40.01MPa 和 90.52％。在采用废弃物为原料,烧结温度为 1480℃的条件下,这样的性能指标是比较理想的,已经可以满足一般工业场合的使用要求。

4.4.7　本节小结

以铝型材厂工业废渣、龙岩高岭土和二氧化钛为主原料,采用淬火法制备莫来石-钛酸铝复相熟料,采用自结合与添加 ZrO_2 矿化剂法研制莫来石-钛酸铝复相材料。实验得出下列结论。

1) 合成莫来石-钛酸铝熟料的结论

XRD 和 SEM 分析结果表明,不同制备配方、不同煅烧温度和保温时间的各试样均形成四个晶相: Al_2TiO_5、$Al_{4.54}Si_{1.46}O_{9.73}$、$Al_2O_3$ 和 TiO_2 ,其中 Al_2TiO_5 和 $Al_{4.54}Si_{1.46}O_{9.73}$ 为主晶相。前者是不稳定化合物,呈不规则的自形状,属于低级晶族正交晶系,具有层状结构;后者称为莫来石固溶体,呈柱状,属于低级晶族正交晶系,Pbam 空间群。本实验将 Al_2O_3-TiO_2 二元系统转变为 TiO_2-Al_2O_3-SiO_2 三元系统,使 Al_2TiO_5 晶体由不稳定化合物转变为稳定的化合物,避免了降温时的分解,提高了试样中 Al_2TiO_5 的含量。试样中 Al_2TiO_5 的含量随着配方中龙岩高岭土含量的增加而降低,随着二氧化钛含量的降低而降低;$Al_{4.54}Si_{1.46}O_{9.73}$ 的含量变化规律则却相反。随着煅烧温度的升高,试样中 Al_2TiO_5 和莫来石固溶体的含量增加,两种晶体长大或长长,玻璃相增多,结构更加致密。当保温时间从 1h 延长至 2h 时,Al_2TiO_5 含量随着保温时间的上升而增加;从 3h 到 4h,Al_2TiO_5 含量基本不变,表明 3h 时已达到该系统 Al_2TiO_5 完全反应的时间。分析结果确定最佳配方为 3 号(废渣 66.9%、高岭土 13.2%、TiO_2 19.9%),最佳煅烧温度为 1480℃,最佳煅烧保温时间为 3h,其对应 Al_2TiO_5、莫来石、Al_2O_3 和 TiO_2 的含量分别为 70.7%、24.5%、4.4% 和 0.4%。

2) 研制自结合莫来石-钛酸铝材料的结论

在 1480℃、保温 3h 下烧结,不同研制配方各烧结试样最多形成三个相: Al_2TiO_5、Al_2O_3 和莫来石固溶体 $Al_{4.54}Si_{1.46}O_{9.73}$,其中 Al_2TiO_5 和莫来石固溶体为主晶相。随着配方中熟料比例的下降,试样体积密度呈现逐渐下降的规律,而显气孔率和吸水率则逐渐增加;研制的不同配方各试样的热震抗折强度保持率都很高,体现出莫来石-钛酸铝复相材料具有很强的抗急冷急热性能,它是一种具有高热稳定性的耐高温材料。综合分析结果,确定最佳研制配方为 J2(熟料 89%,生料 11%),其对应的烧结莫来石-钛酸铝材料的体积密度为 2.88g/cm³,抗折强度为 40.44MPa,热震抗折强度保持率为 97.2%。

3) 添加 ZrO_2 矿化剂的研究结论

在自结合莫来石-钛酸铝材料中添加不同含量 ZrO_2 矿化剂的实验结果表明,各试样最多形成三个相: Al_2TiO_5、Al_2O_3 和莫来石固溶体 $Al_{4.54}Si_{1.46}O_{9.73}$。其中 Al_2TiO_5 和 $Al_{4.54}Si_{1.46}O_{9.73}$ 为主晶相。ZrO_2 矿化剂能与 Al_2TiO_5 形成置换固溶体,抑制 Al_2TiO_5 的分解,能提高和稳定各试样中钛酸铝的含量;ZrO_2 矿化剂添加量从 1.0% 增至 2.0%,钛酸铝和莫来石固溶体晶体是稳定的,当添加量为 2.5% 时,钛酸铝含量开始增加,莫来石固溶体开始分解使含量下降;添加不同含量的 ZrO_2 矿化剂都能增加试样的体积密度,降低试样的吸水率和显气孔率,添加量为 1.5% 时试样形貌较佳。分析结果确定 ZrO_2 矿化剂的添加量不能超过 2.0%,较佳添加量为 1.5%。

4.5　利用铝厂废渣制备钛酸铝材料的分解动力学研究

4.5.1　引言

钛酸铝属于低级晶族斜方晶系(正交晶系),Bbmm 空间群,具有与 Fe_2TiO_5 和 $MgTiO_5$ 相似的结构[78-80]。根据 1991 年国际粉末 X 射线衍射联合会(JCPDS)的卡片(41-0258),晶格常数为 $a=0.9439nm$,$b=0.9647nm$,$c=0.3592nm$[81]。每个晶胞含有四个 Al_2TiO_5 分子,单一的 Al_2TiO_5 晶体结构为层状,Al^{3+}、Ti^{4+} 和 O^{2-} 形成八面体结构,[AlO_6]与[TiO_6]的位置完全是随机的[82-85]。Al^{3+} 的半径为 0.054nm,而 Ti^{4+} 的半径为 0.068nm,二者相差较大,使得[AlO_6]八面体具有很大的扭曲度[86,87]。在层内(a、b 轴向)两个八面体以共棱方式相互连接,而垂直于层面(c 轴向)三个八面体以共顶方式连接,故层内结合稳定,层间结合较不稳定[88-90]。分析 Al_2O_3-TiO_2 二元相图(图 1-4)可知,形成的钛酸铝有两种晶相,在不同温度下分别为 α-Al_2TiO_5 和 β-Al_2TiO_5。其中 α-Al_2TiO_5 属于高温型,当温度升至 1860℃ 时,α-Al_2TiO_5 分解为 Al_2O_3 和液相,即 α-$Al_2TiO_5 \xrightarrow{1860℃} L + Al_2O_3$;当温度冷却至 1860℃ 时,$Al_2O_3$ 熔入液相发生转熔转变,即 $L + \alpha$-$Al_2O_3 \xrightarrow{1860℃} Al_2TiO_5$,因此,$\alpha$-$Al_2TiO_5$ 没有一个固定的熔点,是不稳定的二元化合物。当冷却至 1820℃ 时,α-Al_2TiO_5 转变为 β-Al_2TiO_5,因此,1820℃ 是 α 相转化为 β 相或者 β 相转化为 α 相的晶型转变等温线,所以 α-Al_2TiO_5 稳定存在的温度范围为 1820~1860℃。β-Al_2TiO_5 稳定存在的温度范围为 1820~1300℃,当温度下降至 1300℃ 时,β-Al_2TiO_5 开始分解为 α-Al_2O_3 和 TiO_2,即 β-$Al_2TiO_5 \longrightarrow \alpha$-$Al_2O_3 + TiO_2$,1300~750℃ 都属于 β-Al_2TiO_5 分解的温度范围,其中在 1100~1200℃ 分解速度较快[91-93]。因此,β-Al_2TiO_5 不稳定区间为 1300~750℃,温度低于 750℃ 时 β-Al_2TiO_5 又处于稳定状态[94,95]。

钛酸铝材料的制备和使用过程中,温度升高或冷却都会经过 β-Al_2TiO_5 的分解区间 750~1300℃,使得钛酸铝的含量下降,这给合成高纯度钛酸铝带来很大麻烦[96-98]。要解决这个问题,需要对钛酸铝的分解本质有更深一步的了解,才能帮助和指导材料工作者合成出高纯和稳定的钛酸铝[99,100]。本节正是通过对铝厂废渣和工业用 TiO_2 合成的具有良好稳定性的钛酸铝材料进行热分解实验[101,102],主要探讨钛酸铝材料在 750~1300℃ 的热分解动力学行为,通过对钛酸铝的热分解率的分析和对热分解机理的讨论,拟合动力学方程,计算反应活化能,为抑制钛酸铝的分解,采取必要的措施提供动力学基础数据。

4.5.2　实验部分

以已制备成的钛酸铝含量为 90% 的试样为基础,分别探讨试样在 900℃、1000℃、1100℃、1200℃的分解动力学。将试样置于高温炉中,固定一个分解温度,分别保温 3h、6h、9h、12h、15h、18h 进行分解实验,分解产物应在分解温度时立即投入水中淬冷,低温下保持高温状态,淬冷后产物经脱水烘干。采用 Philips X'pert-MPD 型 X 射线衍射仪分析确定各分解试样形成的晶相,分析条件:Cu 靶 (Kα),管电压 35kV,管电流 20mA;用 Rietveld Quantification 软件计算确定各试样中各晶相的含量[103];根据分解数据计算分解率,采用最小二乘法对所得的数据进行线性拟合(least squares fitting),建立动力学方程,并且计算反应活化能[104,105]。最小二乘法是一种数学优化技术,它可通过误差平方的最小化来匹配一组数据的最佳函数,使我们更精确地建立出热分解动力学模型[106,107]。

4.5.3　热分解温度对钛酸铝材料晶相结构的影响

分解实验所得的各试样经 XRD 分析,采用 Origin 软件画出不同分解温度 900℃、1000℃、1100℃ 和 1200℃ 各试样对比衍射图谱,如图 4-34～图 4-37 所示。定性分析结果显示各试样形成三个晶相:Al_2TiO_5、Al_2O_3、TiO_2,分别用 "▼""■"和 "◆"表示其最强的衍射峰。采用 Rietveld Quantification 法确定各晶相含量列于表 4-26～表 4-29 中,其中将不同分解温度各试样的钛酸铝含量以图 4-38 中的曲线表示。

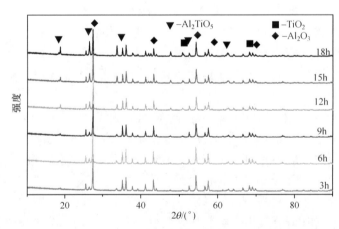

图 4-34　900℃分解各试样 XRD 图谱(水冷)

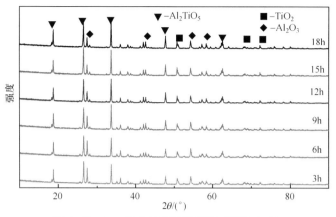

图 4-35 1000℃分解各试样 XRD 图谱(水冷)

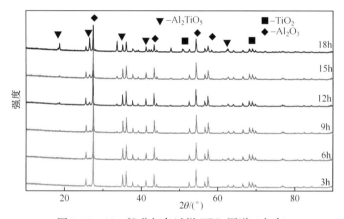

图 4-36 1100℃分解各试样 XRD 图谱（水冷）

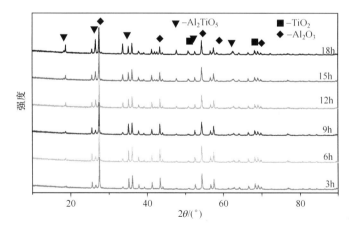

图 4-37 1200℃分解各试样 XRD 图谱(水冷)

表 4-26　900℃各保温时间下的钛酸铝材料晶相组成（质量分数）

晶相	保温时间/h					
	3	6	9	12	15	18
Al₂TiO₅/%	83.3	87.8	87.2	87.8	86.5	85.1
Al₂O₃/%	6.6	5.3	3.5	2.0	3.0	4.1
TiO₂/%	10.1	6.9	9.3	10.2	10.5	10.8

表 4-27　1000℃各保温时间下的钛酸铝材料晶相组成（质量分数）

晶相	保温时间/h					
	3	6	9	12	15	18
Al₂TiO₅/%	83.4	80.7	78.3	73.4	67.6	67.5
Al₂O₃/%	5.3	6.9	7.7	11.3	13.5	13.7
TiO₂/%	11.3	12.4	14	15.3	18.9	18.8

表 4-28　1100℃各保温时间下的钛酸铝材料晶相组成（质量分数）

晶相	保温时间/h					
	3	6	9	12	15	18
Al₂TiO₅/%	40.4	15.4	11.6	6.7	5.3	4.3
Al₂O₃/%	30.7	46.3	48.4	51.2	51.7	52.6
TiO₂/%	28.9	38.3	40	42.1	43	43.1

表 4-29　1200℃各保温时间下的钛酸铝材料晶相组成（质量分数）

晶相	保温时间/h					
	3	6	9	12	15	18
Al₂TiO₅/%	41.4	28.4	25.6	16.2	16.9	13.8
Al₂O₃/%	29.7	37.8	39.2	46.3	45.7	45.9
TiO₂/%	28.9	33.8	35.2	37.5	37.3	40.3

从表 4-26 可以看出,900℃下各试样的分解实验中,保温时间从 0 到 3h,钛酸铝晶体含量从 90% 降为 83.3%;保温时间从 3h 到 6h,钛酸铝晶体含量从 83.3%升至 87.8%;保温时间从 6h 到 12h,钛酸铝晶体含量基本维持在 87.8%左右;保温时间从 12h 到 18h,钛酸铝晶体含量从 87.8%降为 85.1%。这表明在 900℃保温过程中,存在两种动力学过程,其一是钛酸铝晶体的分解过程,其二是从玻璃相中析出钛酸铝晶体的过程;当保温时间从 0 到 3h,钛酸铝晶体的分解速度远大于从玻璃相中析出钛酸铝晶体的速度,表现为钛酸铝晶体含量从 90% 下降到 83.3%;当保温时间从 3h 到 6h,从玻璃相中析出钛酸铝晶体的速度大于钛酸铝晶

体的分解速度,表现出钛酸铝晶体的含量反而从 83.3% 增加到 87.8%;保温时间从 6h 到 12h,钛酸铝晶体的分解率与玻璃相中析出钛酸铝晶体的分解率相当,表现出钛酸铝晶体含量维持在 87.8% 左右;当保温时间从 12h 到 18h 时,钛酸铝晶体的分解率略大于从玻璃相中析出钛酸铝晶体的分解率,钛酸铝晶体含量从 87.8% 逐渐下降到 85.1%。分析结果表明,钛酸铝晶体在 900℃ 的分解率较小,由于温度处在750～1300℃范围的低限,分解率与温度有关,温度低分解产物的扩散速度慢,引起分解率小,同时受到从玻璃相中析出钛酸铝晶体的影响,钛酸铝晶体总的分解比较慢。

从表 4-27 中可以看出,分解温度从 900℃ 上升至 1000℃,钛酸铝晶体分解速度明显提高,钛酸铝晶体的含量随着保温时间增加而降低,保温时间从 0 到 15h,钛酸铝晶体的含量从 90% 下降至 67.6%,分解率为(90% - 67.6%)/90% = 24.89%;保温时间从 15h 到 18h,钛酸铝晶体的含量从 67.6% 下降至 67.5%,分解率为(67.6% - 67.5%)/67.6% = 0.15%,在保温时间范围内钛酸铝晶体几乎不分解。这是由于钛酸铝晶体的分解速度与分解时间和分解产物的扩散速度有关,在分解的前期,分解产物层的厚度比较薄,分解产物的扩散阻力小,因此随着分解时间延长,分解产物增多;随着分解时间继续延长,分解产物层的厚度越来越厚,分解产物的扩散阻力越来越大,使分解产物的扩散速度减慢,直至分解率降至很低。

从表 4-28 中可以看出,1100℃ 的分解率比 1000℃ 更大。保温时间从 0h 到 3h,钛酸铝晶体的含量从 90% 下降至 40.4%,分解率为 55.11%;保温时间从 3h 到 6h,钛酸铝晶体的含量从 40.4% 下降至 15.4%,分解率为 61.88%;保温时间从 6h 到 12h,钛酸铝晶体的含量从 15.4% 下降至 6.7%,分解率为 56.49%;保温时间从 12h 到 18h,钛酸铝晶体的含量从 6.7% 下降至 4.3%,分解率为 35.82%,分解率明显减小;原因为分解产物层的厚度变厚,分解产物的扩散阻力变大。

从表 4-29 中可以看出,1200℃ 的分解率反而比 1100℃ 小,保温时间从 0h 到 3h,钛酸铝晶体的含量从 90% 下降至 41.4%,分解率为 54.00%,比 1100℃ 略有减少;保温时间从 3h 到 6h,钛酸铝晶体的含量从 41.4% 下降至 28.4%,分解率为 31.40%;保温时间从 6h 到 12h,钛酸铝晶体的含量从 28.4% 下降至 16.2%,分解率为 42.96%,保温时间从 12h 到 18h,钛酸铝晶体的含量从 16.2% 下降至 13.8%,分解率为 14.81%。分析结果表明,1200℃ 的分解率比 1100℃ 明显减小;原因是 1200℃ 已达到 Al_2O_3 与 TiO_2 反应形成 Al_2TiO_5 的温度,Al_2TiO_5 分解的同时,有少量分解产生的 Al_2O_3 与 TiO_2 重新又反应形成 Al_2TiO_3,所以 Al_2TiO_3 在 1200℃ 的分解率比 1100℃ 的小。

分析结果表明,不同温度分解率大小顺序为:1100℃ > 1200℃ > 1000℃ > 900℃;不同温度的分解率如图 4-38 所示,在图中可明显加于比较。

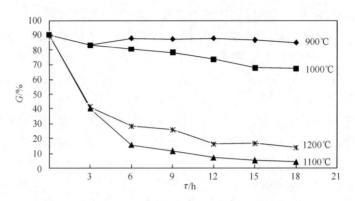

图 4-38　不同分解温度各试样的钛酸铝含量图

4.5.4　钛酸铝材料分解率的研究

1. 钛酸铝材料在各温度下的分解率

有文献报道[108,109]，分解动力学可用经验方程 $G = K\tau^n$ 表示，其中：G 为分解率；τ 为分解时间(h)；K 为分解速度常数；n 为分解反应级数。

对其进行变换可得 $\ln G = \ln K + n\ln\tau$，由此公式是一条直线方程(y 为 $\ln G$，x 为 $\ln\tau$)，其斜率即为 n，直线与 y 轴的交点即为 $\ln K$。根据 900℃、1000℃、1100℃、1200℃ 温度下钛酸铝含量，计算其分解率 $G = (A - D)/A \times 100\%$，$D$ 为分解实验后钛酸铝含量，A 为分解前含量。各温度下不同保温时间的 G、$\ln G$、$\ln\tau$ 值，见表 4-30~表 4-33。采用最小二乘法对表中数据进行线性拟合(least squares fitting, LS-Fit)，LS-Fit 图如图 4-39~图 4-42 所示，LS-Fit 方程标于图中。

表 4-30　钛酸铝材料在 900℃各保温时间下的分解率

τ/h	3	6	9	12	15	18
$\ln\tau$	1.099	1.792	2.197	2.485	2.708	2.89
G	7.4%	2.4%	3.1%	2.4%	3.9%	5.4%
$\ln G$	−2.598	−3.711	−3.47	−3.711	−3.247	−2.911

由图 4-39 可以看出，900℃下，$\ln G$ 随着 $\ln\tau$ 的增大而增大的幅度很小，说明此温度下，钛酸铝材料分解速度较低，分解率也比较小，且随着保温时间的延长，其分解率并没有太大的变化，增加的幅度很小。钛酸铝材料在此温度下是比较稳定的。钛酸铝材料在此温度下的分解反应级数 n 为 0.66($n = \Delta\ln G/\Delta\ln\tau$)，$\ln K$ 为 −4.913(分解速度常数 K 为 0.0074)。900℃下获得的分解动力学方程：$G = 7.40 \times 10^{-3}\tau^{0.66}$。

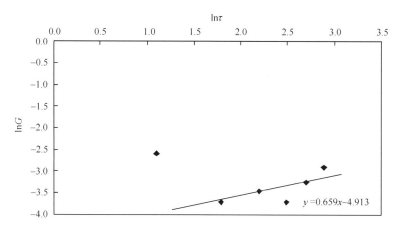

图 4-39　900℃拟合直线

表 4-31　钛酸铝材料在 1000℃各保温时间下的分解率

τ/h	3	6	9	12	15	18
$\ln\tau$	1.099	1.792	2.197	2.485	2.708	2.89
G	7.3%	10.3%	13%	18.4%	24.9%	25%
$\ln G$	−2.613	−2.27	−2.04	−1.69	−1.391	−1.386

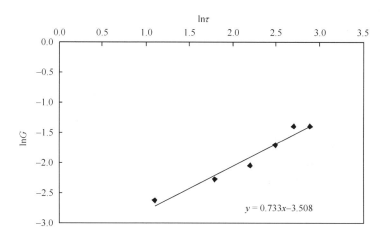

图 4-40　1000℃拟合直线

　　由图 4-40 可以看出,1000℃时,钛酸铝材料分解率明显比 900℃大,其分解反应级数 n 为 0.73($n=\Delta\ln G/\Delta\ln\tau$),$\ln K$ 为 −3.508(分解速度常数 K 为 0.03)。分解温度从 900℃上升至 1000℃,钛酸铝晶体分解率明显提高,钛酸铝晶体的含量随着保温时间增加而降低,因此不能在此温度下长时间使用,避免由于材料分解发生结构和性能的改变而导致材料破坏,造成损失。

由以上计算可得 1000℃下分解动力学方程:$G=3\times10^{-2}\tau^{0.73}$。

表 4-32　钛酸铝材料在 1100℃各保温时间下的分解率

τ/h	3	6	9	12	15	18
$\ln\tau$	1.10	1.79	2.20	2.49	2.71	2.89
G	55.1%	82.9%	87.1%	92.6%	94.1%	95.2%
$\ln G$	−0.596	−0.188	−0.138	−0.077	−0.061	−0.049

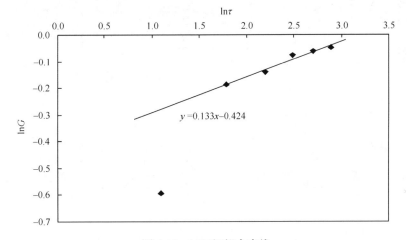

图 4-41　1100℃拟合直线

由图 4-41 可以看出,1100℃时,各点所对应的 y 值都比 1000℃要小,说明此时钛酸铝材料分解率较大,钛酸铝材料分解率较大,其分解反应级数 n 为 0.13($n=\Delta\ln G/\Delta\ln\tau$),$\ln K$ 为−0.424(分解速度常数 K 为 0.654)。此温度点是钛酸铝材料稳定性很差的温度点,因此在使用钛酸铝材料时要避免在此温度点烧制时间过长,最好能很快地通过此温度,避免钛酸铝大量分解而导致材料结构性能的变化。由以上计算可得 1100℃下分解动力学方程:$G=6.54\times10^{-1}\tau^{0.13}$。

表 4-33　钛酸铝材料在 1200℃各保温时间下的分解率

τ/h	3	6	9	12	15	18
$\ln\tau$	1.10	1.79	2.20	2.49	2.71	2.89
G	54%	68.4%	71.6%	82%	81.2%	84.7%
$\ln G$	−0.616	−0.379	−0.335	−0.198	−0.208	−0.166

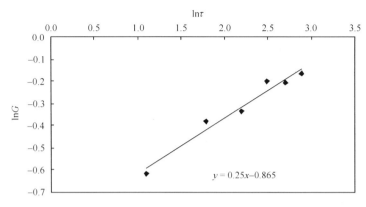

图 4-42　1200℃拟合直线

由图 4-42 可以看出,1200℃时,各点所对应的 y 值也都比较小,说明此时钛酸铝材料分解率也比较大,钛酸铝材料分解比较快,其分解反应级数 n 为 0.25($n=\Delta\ln G/\Delta\ln\tau$),$\ln K$ 为 -0.865(分解速度常数 K 为 0.42)。说明此温度点也是钛酸铝材料易分解的温度点,但其分解的趋势已比 1100℃时要小,说明高于此温度后,钛酸铝材料的分解有减小的趋势。

由以上计算可得 1200℃下分解动力学方程:$G=4.2\times10^{-1}\tau^{0.25}$。

综合分析以上图表数据及对比其 K 值可以看出,1100℃时分解速度常数 $K=0.654$ 为最大,1000℃和 1200℃其 K 值都小于 1100℃,说明钛酸铝材料在 1100℃左右时分解最快,材料在此温度也最不稳定。钛酸铝材料在 900℃以下可以较稳定存在。材料在 1000~1200℃温度范围加热时其时间不能很长,特别是在 1100℃左右的温度范围,要避免由于钛酸铝分解导致材料的性能发生变化。

综上所述,不同分解温度下的动力学方程如下:

$$900℃:G=7.40\times10^{-3}\tau^{0.66} \qquad 1000℃:G=3\times10^{-2}\tau^{0.73}$$
$$1100℃:G=6.54\times10^{-1}\tau^{0.13} \qquad 1200℃:G=4.2\times10^{-1}\tau^{0.25}$$

按上述各温度相对应的公式,分别计算不同分解温度的 G 值,结果见表 4-34。

表 4-34　不同温度钛酸铝的分解率

$T/℃$	τ/h						
	3	9	18	26	30	100	150
900	1.5%	3.2%	5.0%	6.4%	7.0%	15.5%	20.2%
1000	6.7%	14.9%	24.7%	32.4%	35.9%	86.5%	—
1100	75.4%	87%	95.2%	99.9%	—	—	—
1200	55.3%	72.7%	86.5%	94.8%	100%	—	—

2. 钛酸铝分解反应活化能

分解反应活化能是由阿伦尼乌斯公式 $K=A\exp\{-\Delta G/RT\}$ 得出的,式中:K 为分解速度常数;ΔG 为反应活化能(kJ/mol);R 为摩尔气体常数[8.314J/(mol/k)];T 为热力学温度(K)(℃+273);A 为常数。

由公式变换可得

$$\ln K=\ln A-\Delta G/RT$$

(T_1 时) $\qquad \ln K_1=\ln A-\Delta G/R(T_1+273)$ (4-8)

(T_2 时) $\qquad \ln K_2=\ln A-\Delta G/R(T_2+273)$ (4-9)

联立式(4-8)和式(4-9)可得

$$\Delta G=R\times(\ln K_1-\ln K_2)\times(T_1+273)\times(T_2+273)/(T_1-T_2) \quad (4\text{-}10)$$

将实验数据代入式(4-10),可得

$$T_1=900℃,T_2=1000℃时:\Delta G=174.43kJ/mol$$

$$T_1=900℃,T_2=1200℃时:\Delta G=193.83kJ/mol$$

$$T_1=1000℃,T_2=1200℃时:\Delta G=206.02kJ/mol$$

$$\Delta G_{ave}=191.43kJ/mol$$

由此可以得出钛酸铝分解反应活化能为 191.43kJ/mol。

4.5.5 钛酸铝材料热分解反应机理的讨论

固相反应动力学是通过反应机理的研究,提供反应体系、反应随时间变化的规律[110]。固相反应的种类和机理可以是多样的,对于不同的反应,乃至同一反应的不同阶段,其动力学关系也往往不同,研究中要依据实际反应情况,建立其反应动力学方程[111,112]。固相反应通常有以下几个物理化学过程:化学反应、扩散、结晶、熔融、升华等。因此,整个反应的速度将受到这几个过程的动力学过程影响,显然,所有环节中最慢的一个,将对整体反应速度起决定性作用[113-115]。在实际固相反应的研究中,由于各个环节具体动力学关系的复杂性,抓住问题的主要矛盾往往可使问题比较容易解决[116]。

考虑到钛酸铝的热分解反应过程是固相反应的过程,一般都伴随着物质的迁移和界面的化学反应[117,118],因而,本实验主要讨论以化学反应和扩散反应为控制步骤的热分解反应机理,确定固相反应过程的主导物理化学过程,并建立其相应的反应动力学方程。为抑制钛酸铝的分解,采取必要的措施提供动力学基础数据。

1. 扩散控制 Al_2TiO_5 分解过程的机理讨论

假设钛酸铝颗粒为球状,分解反应可用球状模型加以解释,扩散控制模型如图 4-43 所示。化学反应速度≫扩散速度($KC_0≫DC_0/\delta$),反应阻力主要来源于扩散速度,该固相反应属扩散动力学范畴。

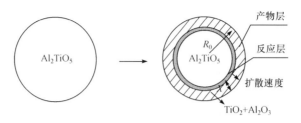

图 4-43　扩散控制过程为主的热分解反应球状模型

　　基于固相反应属扩散动力学范围,可将分解温度为 900℃、1000℃、1100℃、1200℃,分解时间分别为 3～18h 各试样的 G 值代入金斯特林格方程 $F(G) = 1 - 2G/3 - (1-G)^{\frac{2}{3}} = Kt$ 中进行拟合,计算出方程的 $F(G)$ 值列于表 4-35～表 4-38 中,以分解时间为横坐标,以 $F(G)$ 值为纵坐标画出动力学方程的曲线,如图 4-44～图 4-47 所示。

表 4-35　900℃金斯特林格方程计算数据

τ/h	3	6	9	12	15	18
G	7.4%	2.4%	3.1%	2.4%	3.9%	5.4%
$F(G)$	6.37×10^{-4}	6.7×10^{-5}	1.1×10^{-4}	6.7×10^{-5}	1.71×10^{-4}	3.38×10^{-4}

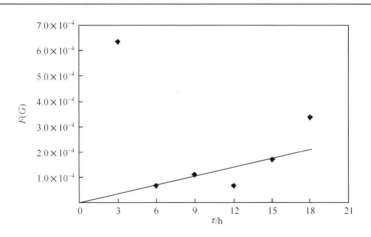

图 4-44　900℃金斯特林格方程拟合曲线

表 4-36　1000℃金斯特林格方程计算数据

τ/h	3	6	9	12	15	18
G	0.073	0.103	0.13	0.184	0.249	0.25
$F(G)$	6.18×10^{-4}	1.24×10^{-3}	2×10^{-3}	4.13×10^{-3}	7.78×10^{-3}	7.85×10^{-3}

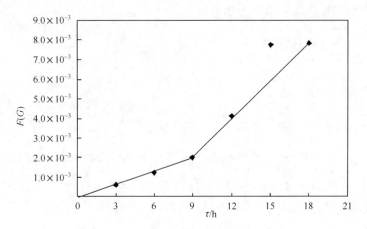

图 4-45　1000℃金斯特林格方程拟合曲线

表 4-37　1100℃金斯特林格方程计算数据

τ/h	3	6	9	12	15	18
G	0.551	0.829	0.871	0.926	0.941	0.952
F/G	4.63×10^{-2}	1.39×10^{-1}	1.64×10^{-1}	2.06×10^{-1}	2.21×10^{-1}	2.34×10^{-1}

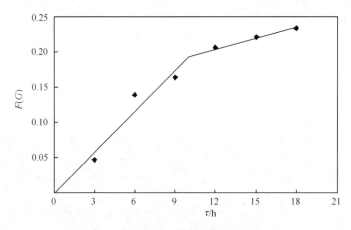

图 4-46　1100℃金斯特林格方程拟合曲线

表 4-38　1200℃金斯特林格方程计算数据

τ/h	3	6	9	12	15	18
G	0.54	0.684	0.716	0.82	0.812	0.847
$F(G)$	4.41×10^{-2}	8.02×10^{-2}	9.05×10^{-2}	1.35×10^{-1}	1.31×10^{-1}	1.49×10^{-1}

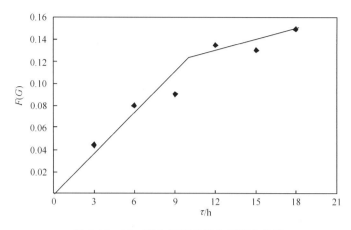

图 4-47 1200℃金斯特林格方程拟合曲线

钛酸铝的分解反应涉及两个重要的过程:钛酸铝在界面上进行分解反应,分解产物从界面向产物层扩散,其中之一必是控制步骤;若满足金斯特林格方程,则该过程以扩散为控制步骤,属于稳定扩散;不满足金斯特林格方程,属于化学反应或其他为控制步骤的过程。从图 4-44~图 4-47 可以看出,900℃时,其 $F(G)$ 与 τ 呈线性(通过原点)关系,符合金斯特林格方程,分解反应过程以扩散为控制步骤。1000℃的分解反应,其 $F(G)$ 与 t 的关系在 0~9h 可近似为通过原点的直线,符合金斯特林格方程,分解反应时间大于 9h,直线不通过原点,不符合金斯特林格方程,所以开始阶段以扩散为控制步骤。分解反应一定时间后,钛酸铝材料内部由于钛酸铝晶体分解加快,晶体晶型发生转变,液相含量增加等过程,使分解反应动力学方程偏离金斯特林格方程和杨德尔方程,因此用金斯特林格方程表征分解反应动力学是有误差的。同样,1100℃和1200℃时,其分解反应的 $F(G)$ 与 τ 的关系在0~10.5h 内可近似为通过原点的直线,符合金斯特林格方程,分解反应时间大于10.5h,其直线不通过原点,不符合金斯特林格方程,在此期间,温度的升高以及钛酸铝已大量分解,导致晶格松散,结构内部缺陷增多,其扩散和反应能力加强,所以此时扩散已不成为分解反应的主要控制步骤,此阶段以化学反应为控制步骤。

因此用金斯特林格方程表征分解反应动力学是有误差的,需要再进一步讨论 AT 热分解反应的机理,找到更精确的表征分解反应动力学的模型,建立分解动力学方程。

2. 化学反应控制 Al_2TiO_5 分解过程的机理讨论

基于用金斯特林格方程表征分解反应动力学的误差比较大,找到更精确的表征分解反应动力学的模型,建立分解动力学方程,采用化学反应控制模型,如图 4-48所示,对 AT 热分解反应的机理进行更进一步的讨论。

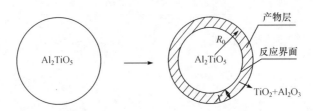

图 4-48　化学控制过程为主的热分解反应球状模型

　　设钛酸铝颗粒为球状,所以钛酸铝晶体分解反应可用球状模型加以解释,如图 4-48 所示。分解反应形成的产物是 Al_2O_3 与 TiO_2,反应速度与反应的界面面积有关,随着反应时间延长,产物层厚度加厚,反应的界面不断向曲率中心移动,使反应的界面面积减小和反应减慢。扩散速度≫化学反应速度($DC_0/\delta \gg KC_0$),反应阻力主要来源于化学反应,该固相反应属化学反应动力学范畴。

　　假设过程反应为一级反应,是以球状模型推导得到的,以化学反应为控制步骤的动力方程为 $F(G)=(1-G)^{-\frac{2}{3}}-1=Kt$,式中:$G$ 代表分解率,t 代表分解时间(h),K 代表分解反应速度常数;将分解温度为 900℃、1000℃、1100℃、1200℃,分解时间为 3~18h 各试样的 G 值分别代入 $F(G)=(1-G)^{-\frac{2}{3}}-1=Kt$ 中,分别计算出该方程的 $F(G)$ 值,列于表 4-39~表 4-42。以分解时间为横坐标,以 $F(G)$ 值为纵坐标,采用最小二乘法对表中数据进行线性拟合,如图 4-49~图 4-52 所示。

表 4-39　钛酸铝材料在 900℃各保温时间下的分解率

τ/h	3	6	9	12	15	18
G	0.074	0.024	0.031	0.024	0.039	0.054
$F(G)$	0.053	0.017	0.021	0.017	0.027	0.038

表 4-40　钛酸铝材料在 1000℃各保温时间下的分解率

τ/h	3	6	9	12	15	18
G	0.073	0.103	0.130	0.184	0.249	0.250
$F(G)$	0.052	0.075	0.097	0.146	0.210	0.211

表 4-41　钛酸铝材料在 1100℃各保温时间下的分解率

τ/h	3	6	9	12	15	18
G	0.551	0.829	0.871	0.926	0.941	0.952
$F(G)$	0.706	2.245	2.919	4.651	5.607	6.595

表 4-42　钛酸铝材料在 1100℃各保温时间下的分解率

τ/h	3	6	9	12	15	18
G	0.540	0.684	0.716	0.820	0.812	0.847
$F(G)$	0.678	1.157	1.312	2.137	2.050	2.491

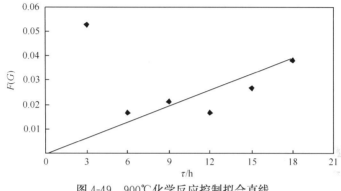

图 4-49　900℃化学反应控制拟合直线

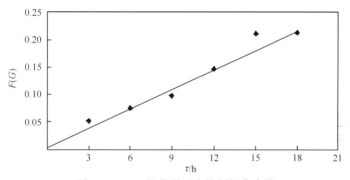

图 4-50　1000℃化学反应控制拟合直线

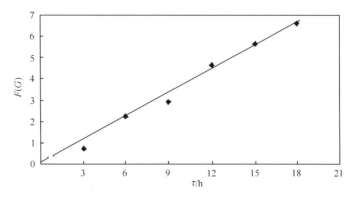

图 4-51　1100℃化学反应控制拟合直线

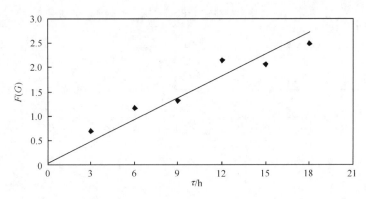

图 4-52 1200℃化学反应控制拟合直线

由图 4-49～图 4-52 看出,分解温度为 900℃、1000℃、1100℃、1200℃的 $F(G)$ 与 t 均是直线关系,其中 1000℃、1100℃、1200℃的直线与方程 $F(G)=(1-G)^{-\frac{2}{3}}-1=Kt$ 吻合很好,因此,钛酸铝分解过程以化学反应为控制步骤。由于钛酸铝分解过程属于纯固相反应,分解产生的产物(TiO_2 和 Al_2O_3)体积与钛酸铝体积相当,反应界面与产物层距离很短,产物通过产物层的扩散速度很快,而界面上的钛酸铝分解反应相对要慢得多,使得界面上的扩散速度远大于反应速度,反应阻力主要来源于化学反应,该固相反应属化学反应动力学范畴。这与开始的假设吻合,即证明了 AT 热分解反应的机理为化学反应速度控制过程。

下列求出不同分解温度动力学方程的反应速度常数和反应活化能。

由化学反应动力学方程 $F(G)=(1-G)^{-\frac{2}{3}}-1=Kt$ 可以看出,$F(G)$-τ 图中拟合直线的斜率即为 K 值,由此可得出 $K_{900℃}=2.2\times10^{-3}$,$K_{1000℃}=1.2\times10^{-2}$,$K_{1100℃}=4\times10^{-1}$,$K_{1200℃}=1.5\times10^{-1}$。

由 $F(G)=(1-G)^{-\frac{2}{3}}-1=Kt$ 可得

(900℃) $G=1-(2.2\times10^{-3}\tau+1)^{-3/2}$ (1000℃) $G=1-(1.2\times10^{-2}\tau+1)^{-3/2}$

(1100℃) $G=1-(4\times10^{-1}\tau+1)^{-3/2}$ (1200℃) $G=1-(1.5\times10^{-1}\tau+1)^{-3/2}$

按上述各温度相对应的公式,分别计算不同分解温度的 G 值,结果见表 4-43。

表 4-43 不同温度钛酸铝的分解率

T/℃	τ/h						
	3	9	18	30	50	100	150
900	0.98%	2.9%	5.7%	9.1%	14.5%	25.8%	34.8%
1000	5.2%	14.26%	25.4%	36.9%	50.6%	69.4%	78.7%
1100	69.03%	89.7%	95.7%	97.8%	98.9%	99.6%	99.8%
1200	42.19%	71.8%	85.6%	92.1%	95.9%	98.4%	99.1%

4.5.6　本节小结

（1）实验结果表明,在 900℃存在钛酸铝晶体的分解和从玻璃相中析出钛酸铝晶体的过程;温度低分解产物扩散慢,分解速度低;温度升高分解加快,分解速度提高;其中 1100℃分解速度最高;1200℃已达到 Al_2O_3 与 TiO_2 反应形成 Al_2TiO_5 的温度,Al_2TiO_5 分解的同时,有少量分解产生的 Al_2O_3 与 TiO_2 重新又反应形成 Al_2TiO_5,使得 1200℃分解速度反而比 1100℃低;不同温度分解速度大小顺序为 1100℃＞1200℃＞1000℃＞900℃。

（2）从以化学反应为控制步骤的动力学研究结果看出,不同分解温度的动力学符合一级化学反应动力学方程:$F(G)=(1-G)^{-\frac{2}{3}}-1=Kt$;分解温度 900℃、1000℃、1100℃、1200℃的 $F(G)$ 与 t 关系均是直线关系;界面上反应速度远大于扩散速度,所以整个过程以化学反应为控制步骤;不同分解温度的动力学方程为

（900℃）　$G=1-(2.2\times10^{-3}\tau+1)^{-3/2}$　　　（1000℃）　$G=1-(1.2\times10^{-2}\tau+1)^{-3/2}$

（1100℃）　$G=1-(4\times10^{-1}\tau+1)^{-3/2}$　　　（1200℃）　$G=1-(1.5\times10^{-1}\tau+1)^{-3/2}$

反应活化能为 203.21kJ/mol。

4.6　结　　论

本章主要研究了利用铝型材厂废渣制备和合成的钛酸铝材料。由于该废渣组成复杂,杂质含量高,至今尚未有对其有效回收利用的报道。本章主要开展了以下工作:①铝型材厂废渣原料化学成分及煅烧过程转化机理研究;②利用铝型材工业废渣研制钛酸铝材料的研究;③利用铝型材工业废渣研制莫来石-钛酸铝复相材料的研究;④利用铝厂废渣制备钛酸铝材料分解动力学的研究。研究的成功可改变钛酸铝材料的传统生产方法。由于该废渣粒径超细、活性很高,不仅可降低原料成本,降低这些产品对天然原料的依赖,还可降低烧结温度、节约能耗、简化工艺,具有显著的经济、环保和推广应用价值。主要结论归结如下。

（1）以铝型材厂工业废渣和二氧化钛为原料,采用水急冷法合成钛酸铝材料。对不同配方,不同烧结工艺条件合成的钛酸铝材料进行分析,得出下列结论:①铝型材厂废渣的主要成分是 γ-AlOOH,其中部分是晶体,部分是无定形体;粒径为 0.1～1μm,比表面积大,活性高,有利于固相反应形成钛酸铝材料。②基础配方研究结果表明,各试样形成的主晶相是钛酸铝,含量为 82%～97.2%。配方 1～4 号（Al_2O_3/TiO_2 摩尔比:1.28～1）,合成产物中钛酸铝的含量随着废渣含量的减少而增加;配方 4～7 号（Al_2O_3/TiO_2 摩尔比:1～0.79）,合成产物中钛酸铝含量随着废渣用量的减少而降低;分析结果确定 4 号配方〔废渣 67.32%,二氧化钛 32.68%

（质量分数），Al_2O_3/TiO_2 摩尔比＝1]为最佳配方，其对应钛酸铝含量高达97.2%；比在相同 Al_2O_3/TiO_2 摩尔比条件下常规自然冷却法合成的钛酸铝含量高出11.1%。Al_2TiO_5 晶体呈方形柱状和不规则柱状，α-Al_2O_3 晶体呈六方片状，TiO_2 呈变形四方晶体。③不同煅烧温度的各试样形成的主晶相都是 Al_2TiO_5；煅烧温度 1300～1340℃，钛酸铝的含量随着煅烧温度的升高而增加，其含量从90.7%增加到97.5%（质量分数）；从1340℃上升到1420℃，钛酸铝的含量基本维持在97%左右；从1420℃上升到1450℃，试样中液相量增加，促使钛酸铝分解，其含量从96.7%下降至81.2%。分析结果：确定1340℃为最佳煅烧温度，2h 为最佳保温时间，其对应钛酸铝含量高达97.5%（质量分数）。煅烧温度为1300℃的试样中，钛酸铝晶粒呈尺寸较小的变形方柱状，晶粒被玻璃相黏结；刚玉相呈六方片状。随着煅烧温度升高，液相增多，晶粒明显长大，晶粒呈不规则柱状和自形状。钛酸铝晶体随保温时间增加逐渐长大而变形。

（2）分别外加 MgO、硅微粉、ZrO_2 和 V_2O_5 四种添加剂，研究矿化剂对钛酸铝的性能和显微结构的影响，得出下列结论：①添加 MgO 矿化剂能显著提高 Al_2TiO_5 材料的抗折强度和热稳定性，并且降低材料的显气孔率和吸水率；MgO 添加量为 1%～3%，各试样抗折强度保持率均超过80%，表明 MgO 矿化剂能有效地抑制 Al_2TiO_5 的分解，表现出相当高的热稳定性。分析结果表明，确定2.5% 为 MgO 最佳添加量，其对应体积密度为 $3.10g/cm^3$，显气孔率为11.8%，吸水率为5.0%，抗折强度为34.91MPa，热震抗折强度保持率为85%。SEM 分析结果表明：未添加 MgO 试样中钛酸铝晶体呈不规则短柱状；添加 1%MgO 的试样中，Al_2TiO_5 晶体呈棱角尖锐的不规则多面体；添加 2.5%MgO 的试样中，Al_2TiO_5 晶体由棱角尖锐的不规则形状转变为晶界圆钝的不规则晶粒。②硅微粉其主要成分是 SiO_2，属于无定形体结构，粒子超细，粒径为 0.1～$1\mu m$，比表面积大，活性很高，在高温下会促进材料的固相反应和烧结，稳定主晶格，防止分解；添加适量的硅微粉能使 SiO_2 与 Al_2TiO_5 形成间隙固溶体，抑制 Al_2TiO_5 主晶相的分解，能显著优化材料的性能和提高材料的稳定性。分析结果表明，确定最佳硅微粉添加量为8%，其对应的体积密度为 $2.91g/cm^3$，显气孔率为7.4%，吸水率为3.1%，抗折强度为42.47MPa，热震后抗折强度39.05MPa，抗折强度保持率为91.9%。SEM 分析结果表明：各试样形成的 Al_2TiO_5 呈不规则的形状。③添加 ZrO_2 矿化剂能显著提高 Al_2TiO_5 材料的抗折强度和热稳定性，显著降低材料的显气孔率和吸水率。确定2.0% 为最佳的 ZrO_2 添加量，其对应体积密度为 $2.86g/cm^3$，显气孔率为23.0%，吸水率为8.1%，抗折强度为35.32MPa、热震抗折强度保持率为84.2%。SEM 分析结果表明：Al_2TiO_5 粒子呈曲率较大的粒状和不规则多面体。④添加少量的 V_2O_5 矿化剂在高温下能形成液相，加快反应物粒子的扩散，可以提高钛酸铝的含量，但过量的 V_2O_5 矿化剂不能抑制 Al_2TiO_5 的分解，反而加剧 Al_2TiO_5 的分解，只

能促进 Al_2TiO_5 材料的烧结,提高试样的体积密度和抗折强度,减小试样的显气孔率。确定 0.5%(质量分数)为最佳添加量,对应的密度为 $2.61g/cm^3$,显气孔率为 28%,吸水率为 10.7%,抗折强度为 20.39MPa,热震抗折强度保持率为 71.3%。 SEM 分析结果表明:Al_2TiO_5 晶体呈方形柱状和不规则形状。

(3) 以铝型材厂工业废渣、龙岩高岭土和二氧化钛为主原料,采用淬火法制备莫来石-钛酸铝复相熟料,采用自结合与添加 ZrO_2 矿化剂法研制莫来石-钛酸铝复相材料。实验结果得出下列结论。①合成莫来石-钛酸铝熟料的结论:XRD 和 SEM 分析结果表明,不同制备配方、不同煅烧温度和保温时间的各试样均形成四个晶相,即 Al_2TiO_5、$Al_{4.54}Si_{1.46}O_{9.73}$、$Al_2O_3$ 和 TiO_2,其中 Al_2TiO_5 和 $Al_{4.54}Si_{1.46}O_{9.73}$ 为主晶相。前者是不稳定化合物,呈不规则的自形状,属于低级晶族正交晶系,具有层状结构;后者称莫来石固溶体,呈柱状,属于低级晶族正交晶系,Pbam 空间群。本实验将 Al_2O_3-TiO_2 二元系统转变为 TiO_2-Al_2O_3-SiO_2 三元系统,使 Al_2TiO_5 晶体由不稳定化合物转变为稳定的化合物,避免了降温时的分解,提高了试样中 Al_2TiO_5 的含量。试样中 Al_2TiO_5 的含量随着配方中龙岩高岭土含量的增加而降低,随着二氧化钛含量的降低而降低;$Al_{4.54}Si_{1.46}O_{9.73}$ 的含量变化规律却相反。随着煅烧温度的升高,试样中 Al_2TiO_5 和莫来石固溶体的含量增加,两种晶体长大或长长,玻璃相增多,结构更加致密。当保温时间从 1h 延长至 2h 时,Al_2TiO_5 含量随着保温时间的延长而增加;从 3h 延长至 4h,Al_2TiO_5 含量基本不变,表明 3h 已达到该系统 Al_2TiO_5 完全反应的时间。分析结果确定最佳配方为 3 号(废渣 66.9%、高岭土 13.2%、TiO_2 19.9%),最佳煅烧温度为 1480℃,最佳煅烧保温时间为 3h,其对应 Al_2TiO_5、莫来石、Al_2O_3 和 TiO_2 的含量分别为 70.7%、24.5%、4.4% 和 0.4%。②研制自结合莫来石-钛酸铝材料的结论:在 1480℃ 保温 3h 烧结,不同研制配方各烧结试样最多形成三个相:Al_2TiO_5、Al_2O_3 和莫来石固溶体 $Al_{4.54}Si_{1.46}O_{9.73}$,其中 Al_2TiO_5 和莫来石固溶体为主晶相。随着配方中熟料比例的下降,试样体积密度呈现逐渐下降的规律,而显气孔率和吸水率则呈逐渐增加的规律;不同研制的配方各试样的热震抗折强度保持率都很高,体现出莫来石-钛酸铝复相材料具有很强的抗急冷急热性能,它是一种具有高热稳定性的耐高温材料。综合分析结果,确定最佳研制配方为 J2(熟料 89%,生料 11%),其对应的烧结莫来石-钛酸铝材料的体积密度为 $2.88g/cm^3$,抗折强度为 40.44MPa,热震抗折强度保持率为 97.2%。③添加 ZrO_2 矿化剂的研究结论:在自结合钛酸铝-莫来石材料中添加不同含量 ZrO_2 矿化剂实验结果,各试样最多形成三个相:Al_2TiO_5、Al_2O_3 和莫来石固溶体 $Al_{4.54}Si_{1.46}O_{9.73}$。其中,$Al_2TiO_5$ 和 $Al_{4.54}Si_{1.46}O_{9.73}$ 为主晶相。ZrO_2 矿化剂能与 Al_2TiO_5 形成置换固溶体,抑制 Al_2TiO_5 的分解,能提高和稳定各试样中钛酸铝的含量;ZrO_2 矿化剂添加量从 1.0% 增至 2.0%,钛酸铝和莫来石固溶体晶体是稳定的;当添加量为 2.5% 时,钛酸铝含量开始增加,莫来石固溶体开始分解使含量下降；添加不同含量的 ZrO_2 矿化剂都能增加试样的体积密度，降低试样的吸水率和显气孔率，添加量为 1.5% 时试样的形貌较佳。分析结果确定 ZrO_2 矿化剂的添加量不能超过 2.0%，较佳添加量为 1.5%。

（4）利用铝厂废渣制备钛酸铝材料的分解动力学研究实验结果表明：①在 900℃存在钛酸铝晶体的分解和从玻璃相中析出钛酸铝晶体的过程；温度低分解产物的扩散速度低，分解速度低，温度升高分解率提高，分解速度提高；其中 1100℃分解速度最高；1200℃已达到 Al_2O_3 与 TiO_2 反应形成 Al_2TiO_5 的温度，Al_2TiO_5 的分解同时，有少量分解产生的 Al_2O_3 与 TiO_2 重新又反应形成 Al_2TiO_5，使得 1200℃分解速度反而比 1100℃低；不同温度分解速度大小顺序为 1100℃>1200℃>1000℃>900℃。②从一般动力学研究结果得出，不同分解温度的动力学方程如下，900℃：$G = 7.40 \times 10^{-3} \tau^{0.66}$，1000℃：$G = 3 \times 10^{-2} \tau^{0.73}$，1100℃：$G = 6.54 \times 10^{-1} \tau^{0.13}$，1200℃：$G = 4.2 \times 10^{-1} \tau^{0.25}$。反应活化能为 191.43kJ/mol。③以扩散为控制步骤的动力学研究结果表明，开始阶段属于扩散为控制步骤，动力学方程符合金斯特林格方程和杨德尔方程；分解超过一定时间后不属于扩散为控制步骤。④以化学反应为控制步骤的动力学研究结果表明，不同分解温度的动力学符合一级化学反应动力学方程：$F(G) = (1-G)^{-2/3} - 1 = Kt$；分解温度 900℃、1000℃、1100℃、1200℃的 $F(G)$ 与 t 关系均是直线关系；界面上反应速度远大于扩散速度，所以整个过程以化学反应为控制步骤；不同分解温度的动力学方程如下。900℃：$G = 1 - (2.2 \times 10^{-3} \tau + 1)^{-3/2}$，1000℃：$G = 1 - (1.2 \times 10^{-2} \tau + 1)^{-3/2}$，1100℃：$G = 1 - (4 \times 10^{-1} \tau + 1)^{-3/2}$，1200℃：$G = 1 - (1.5 \times 10^{-1} \tau + 1)^{-3/2}$ 反应活化能为 203.21kJ/mol。

参 考 文 献

[1] Labrinchaa J A，Albuquerquea C M，Ferreira J M. Electrical characterisation of cordierite bodies containing Al-rich anodising sludge. Journal of the European Ceramic Society，2006，26：825-830.

[2] Ribeiroa M J，Blackburnb S，Ferreira J M. Extrusion of alumina and cordierite-based tubes containing Al-rich anodising sludge. Journal of the European Ceramic Society，2006，26：817-823.

[3] Ribeiroa M J，Tulyaganovb D U，Ferreirab J M. Recycling of Al-rich industrial sludge in refractory ceramic pressed bodies. Ceramics International，2002，28：9-326.

[4] Ribeiroa M J，Tulyaganovb D U，Ferreira J M F. Production of Al-rich sludge-containing ceramic bodies by different shaping techniques. Journal of Materials Processing Technology，2004，148：139-146.

[5] 王自寿. 中国铝型材工业的发展与现状. 轻合金加工技术，2002，30(2)：11-15.

[6] 陈晓玲. 铝型材废水处理工程的设计与运行. 云南环境科学，2003，22(21)：143-145.

[7] 戚浩文,林华斌. 铝型材废水的治理工艺. 中国给水排水,2000,16(11):42-43.

[8] 方青,张联盟,沈强. 钛酸铝陶瓷及其研究进展. 硅酸盐通报,2003,19(1):49-53.

[9] 胡宝玉,徐延庆,张宏达. 特种耐火材料手册. 北京:冶金工业出版社,2006:315-318.

[10] 周传雄. 钛酸铝的稳定化及钛酸铝-莫来石窑具的制备. 西安:西安建筑科技大学硕士学位
论文,2004.

[11] 宋继芳. 零热分解率的钛酸铝粉体的合成工艺研究. 成都:成都理工大学硕士学位论
文,2004.

[12] 于岩,阮玉忠. 铝厂废渣在不同煅烧温度的晶相结构的研究. 结构化学,2003,22(5):
607-612.

[13] Kato E,Daimon K,Takahashi J. Decomposition temperature of α-Al_2TiO_5. Journal of the
American Ceramic Society,1980,63(5-6):355.

[14] Thomas H A J,Stevens R. Aluminum titanate-a literature review part 2:engineering proper-
ties and thermal stabiliy. British Ceramic Transactions,1989,88(4):184.

[15] Morosin B,Lynch R N. Structure studies on Al_2TiO_5 at room temperature and at 600℃.
Acta Crystallogr,1972,B28(4):1040-1046.

[16] JCPDS X-RAY Powder Diffraction File 1991:No. 41-258.

[17] Okamura H,Barringer E A,Bowen H K. Preparation and sintering of narrow sized Al_2O_3-
TiO_2 composites. Materials Science,1989,24(186):1880-1885.

[18] 靳喜海,梁波,陈玉茹. 钛酸铝陶瓷. 中国陶瓷,1997,(6):31-33.

[19] Lang S M,Fillmore C L,Maxwell L H. The system beryllia-alumina titania:Phase relations
and general physical properties of three-component porcelains. Journal of the Research of
the National Bureau of Standards. 1952,48:298.

[20] 李文魁,胡晓凯. 钛酸铝陶瓷. 电瓷避雷器,2000,(2):15-18.

[21] Buscaglia V,Nannip A. Decomposition of Al_2TiO_5 Ceramics. Journal of the American Ce-
ramic Society,1980,8(10):2645-2653.

[22] Kameyama T,Yamaguchi T. Kinetic Studies on the Eutectoid Decomposition of Al_2TiO_5.
Journal of the Ceramic Association Japan,1976,84:589.

[23] Kato E,Kaimonand K. Factors affecting Decomposition rate of Al_2TiO_5. Journal of the Ce-
ramic Association Japan,1978,86:626.

[24] Kato E,Kobayashi Y. Decomposition kinetics of Al_2TiO_5 in powdered state. Journal of the
Ceramic Association Japan,1979,87:81.

[25] Hennicke H W,Lingenberg W. The Formation and decomposition of aluminum titanate.
Berdtsch Keram Ges,1986,63:100.

[26] 徐刚,韩高荣. 钛酸铝材料的结构、热膨胀及热稳定性. 材料导报,2003,17(12):44-47.

[27] 江伟辉,肖兴成. 晶格常数的变化对钛酸铝热稳定性的影响. 无机材料学报,2000,15(1):
163-168.

[28] Buessem W R,Thielke N R. The expansion hysteresis of aluminium titanate. Ceramic Age,
1952,60:38-40.

[29] Bush E A, Hummel F A. High-temperature mechanical properties of ceramic materials. I, magnesium dititanate. Journal of the American Ceramic Society, 1958, 41: 189.

[30] Yutaka O, Kenya H. Grain-boundary microcracking due to thermal expansion anisotropy in aluminum titanate ceramics. Journal of the American Ceramic Society, 1987, 70: 184.

[31] 陆佩文. 无机材料科学基础. 武汉: 武汉工业大学出版社, 1996: 42-308.

[32] 赵浩. 钛酸铝陶瓷的性能及其应用. 佛山陶瓷, 2003, 10(3): 4-6.

[33] 周健儿, 江伟辉. 烧成工艺对钛酸铝稳定性影响的研究. 中国陶瓷, 1996, 32(1): 1-4.

[34] Yutak O, Zenbe E N. Crack healing and bending strength of aluminum titanate ceramics at high temperature. Journal of the American Ceramic Society, 1988, 71(5): 232-233.

[35] 张军战, 张颖. 添加剂和烧成温度对钛酸铝的合成与烧结性能的影响. 耐火材料, 2004. 38(3): 177-179.

[36] 王诚训, 张义先, 于青. ZrO_2 复合耐火材料. 2版. 北京: 冶金工业出版社, 2003.

[37] 郝俊杰. 复合添加剂对钛酸铝材料合成及稳定性的影响. 中国陶瓷, 2000, 36(5): 18-20.

[38] 侯永改, 刘方晓. 添加剂对低温陶瓷结合剂性能的影响. 陶瓷研究, 2002, 17(3): 1-4.

[39] Sperisen T, Mocellin A. On structures of mixed titanium aluminum oxides. Journal of Materials Science Letters, 1991, (10): 831-833.

[40] Tadashi S, Masatoshi M, Kouji K, et al. Aluminum titanate-tetragonal zirconia composite with low thermal expansion and high strength simultaneously. Solid State Ionics, 1997, 101(103): 1127-1133.

[41] Hamano K, Nakagawa N E. Effect of additives on several properties of aluminum titanate ceramic. Journal of the Ceramic Society of Japan, 1981, 10: 1647-1655.

[42] 李志坚, 郭玉香, 王琳琳. 添加剂对钛酸铝性能的影响. 耐火材料, 2001, 35(2): 87-88.

[43] 刘智恩, 赵庆敏, 袁建君. 添加剂对热压钛酸铝陶瓷性能与结构的影响. 无机材料学报, 1995(4): 433-438.

[44] 陈建华, 陆洪彬, 杨林成. 钛酸铝陶瓷的热稳定性. 材料导报, 2005, 19(5): 395-340.

[45] Tilloca G. Thermal stabilization of aluminium titanate and properties of aluminium titanate solid solutions. Journal of Materials Science, 1991, 26: 2809-2814.

[46] 方青, 张联盟, 沈强. $MgTi_2O_5$ 对 Al_2TiO_5 的合成、分解及烧结的影响. 武汉理工大学学报, 1991, 4(24): 280-281.

[47] Buscaglia V, Alcazzi M. The effect of $MgAl_2O_4$ on the formation kinetics of Al_2TiO_5 from Al_2O_3 and TiO_2 fine powders. Journal Materials Science, 1996, 31: 1715-1724.

[48] 江伟辉, 肖兴成. 固溶体类型对钛酸铝热稳定性的影响. 无机材料学报, 1999, 14(5): 801-805.

[49] 闵国强. SnO_2、Y_2O_3 稳定钛酸铝陶瓷材料的实验. 陶瓷研究, 2004, 18(4): 33-34.

[50] Ishitsuka M, Sato T. Synthesis and thermal stability of aluminium titanate solid solutions. Journal of the American Society, 1987, 70(2): 69-71.

[51] Parker F J. Al_2TiO_5-$ZrTiO_4$-ZrO_2 composites: A new family of low-thermal-expansion ceramics. Journal of the American Ceramic Society, 1990, 73(4): 929-931

[52] Freudenberg B, Mocellin A. Aluminum titanate formation by solid-state reaction of coarse Al_2O_3 and TiO_2 powders. Journal of the American Ceramic Society, 1983, 71(1): 22-28.

[53] 莫少芬, 张云程. 包裹沉淀法制备 Al_2O_3-TiO_2 超细粉末及 Al_2TiO_5 的合成. 硅酸盐通报, 1991, 5: 4-7.

[54] Martucci A. Crystallization of Al_2O_3-TiO_2 sol-gel systems. Journal of the Ceramic Society of Japan, 1999, 107(10): 891-894.

[55] Gani M S J. The enthalpy of aluminum titanate. Themochimica Acta, 1973, (7): 251-251.

[56] Huang Y X. Proceedings of the Fifth Euro-Ceramics Conference. Grupo Editoriale Faenza Editrice Italy, 1999, 1: 187.

[57] 王育华, 杨宏秀. 溶胶凝胶法制备钛酸铝陶瓷粉末研究. 兰州大学学报(自然科学版), 1994, 30(3): 53-58.

[58] 邓伟强. 利用溶胶-凝胶法植被钛酸铝微粉. 佛山陶瓷, 2005(1): 1-3.

[59] 薛明俊, 孙承绪. 用 sol-gel 法制备钛酸铝粉末及其低膨胀陶瓷合成. 华东理工大学学报, 2000, (12): 581-585.

[60] 鄢洪建, 陈仲菊, 苏志珊. 钛酸铝陶瓷粉体的制备研究. 四川大学学报(自然科学版), 2003, 40(4): 740-744.

[61] 李春忠, 韩今依, 华彬. 流态化 CVD 制备 Al_2O_3-TiO_2 复合粒子. 无机材料学报, 1994, 9(4): 404-410.

[62] 王文中. 纳米材料的性能、制备和开发应用. 材料导报, 1994(6): 8-10.

[63] 王剑华. 超细粉制备方法及其团聚问题. 昆明理工大学学报, 1997(1): 71-73.

[64] 冯改山. 超细粉生产技术的新发展. 硅酸盐通报, 1993(2): 43-46.

[65] 任雪潭. 钛酸铝微粉的制备及其在窑具应用中的研究. 广州: 华南理工大学硕士学士论文, 2002.

[66] Pratapa S, Low I M. Synthesis and properties of functionally-gradient aluminum titanate mullite-ZTA composites. Journal of Materials Science Letters, 1996, 15: 800-802.

[67] 赵浩, 李海舰. 低热膨胀钛酸铝陶瓷的制备及应用现状. 陶瓷, 2005, 7: 30-33.

[68] 陈虹, 胡利明. 汽车用钛酸铝-堇青石质蜂窝陶瓷尾气净化消声器的开发. 工业技术与职业教育, 1999, 27(3): 26-28.

[69] 王亚军. 汽车尾气净化催化剂载体. 工业催化, 1999(6): 3-7.

[70] Uribe R. Alumina-aluminium titanate composites with improved thermal shock resistance. Key Engineering Materials, 2001, 206: 1041-1044.

[71] 才铁成. 高技术陶瓷在现代工业中的应用. 河北陶瓷, 1995(4): 34.

[72] Skala I M. Synthesis of functionally gradient aluminium titanate/aluminium composites. Journal of Materials Science Letters, 1996, 15: 345-347.

[73] 陈虹. 钛酸铝质精细耐火材料的开发和应用. 现代技术陶瓷, 1991(1): 29-31.

[74] 李忠权. 铸铝用钛酸铝陶瓷升液管的研制. 陶瓷工程, 2000(2): 4.

[75] 刘智恩, 方玉. 钛酸铝基陶瓷复合材料的研究. 硅酸盐学报, 1995, 23(6): 279-284.

[76] Stamenkovic I. Aluminium titanate-titania ceramics synthesized by sintering and hot press-

ing. Ceramics International,1989,15:155-160.

[77] Alecu I D. New developments in aluminium titanate ceramics and refractories. Key Engineering Materials,2001(213):1705-1710.

[78] 宋继芳,叶巧明,汤国虎. 钛酸铝材料研究进展及应用. 无机盐工业,2003,35(4):8-10.

[79] 滕祥红,李贵佳. 钛酸铝陶瓷的研究现状及产业化发展趋势. 陶瓷,2002,2:10-11.

[80] 任国斌,张海川. Al_2O_3-SiO_2 系实用耐火材料. 北京:冶金工业出版社,1986:360-396.

[81] 陈虹,陈达谦,李文善,等. 莫来石-钛酸铝复相陶瓷的强度与热膨胀. 陶瓷,1995,115(3):43-45.

[82] 周玉. 陶瓷材料学. 哈尔滨:哈尔滨工业大学出版社,1995:401.

[83] Huang Y X,Senos A M R,Baptista J L. Thermal and mechanical properties of aluminum titanate-mullite composites. Journal of Materials Research,2000,(2):357-363.

[84] Gulamova D D,Sarkisova M Kh. Influence of additions and synthesis method on the properties of an aluminum titanate ceramic. Scientific and Industrial Association,1993,(7):18-21.

[85] Shi C G,Low I M. Effect of spodumene additions on the sintering and densification of aluminum titanate. Materials Research Bulletin. 1998,33(6):817-824.

[86] 刘锡俊,王杰曾,冷少林,等. 莫来石-钛酸铝复相材料的研究. 中国建材科技,1998,5:18-22.

[87] Gleveland J J,Braett R C. Grain size/microcracking relations for pseudobrookite oxides. Journal of the American Ceramic Society,1978,61(11-12):478-481.

[88] 陈虹,陈达谦,李文善. 钛酸铝基复合陶瓷的研究. 河北陶瓷,1994,22(2):13-17.

[89] Lang S M,Fillmore C L,Maxwell L H. The system beryllia-alumina titania:Phase relations and general physical properties of three-component porcelains. Journal of the Research of the National Bureau of Standards,1952,48:298.

[90] 周健儿,章俞之. 莫来石抑制钛酸铝材料热分解的机理研究. 陶瓷学报,2000,21(3):125-130.

[91] 陈达谦,陈虹,李文善. 莫来石-钛酸铝复相陶瓷研究. 现代技术陶瓷,1995,16(3):3-11.

[92] Buscaglia V,Nanni P,Battilana G. Reaction sintering of aluminum titanate:1-Effect of MgO addition. Journal of the European Ceramic Society,1994,13(5):411-417.

[93] Themanam V M,Krishna H V,Gopakumara K W,et al. Aluminum titanate powder synthesis via thermal decomposition of transparent gels. Journal of the American Ceramic Society,1991,74(8):1807-1810.

[94] 程小苏,曾令可,任雪谭,等. 钛酸铝-莫来石高温窑具材料的微观分析. 工业加热,2004,(33):52-55.

[95] Chen Z,Zhang L,Cheng L,et al. Novel method of adding seeds for preparation of mullite. Journal of Materials Processing Technology,2005,166(2):183-187.

[96] 杨力. 铝型材表面处理废液及治理. 轻合金加工技术,1997,25(6):31-34.

[97] 王自寿. 中国铝型材工业的发展与现状. 轻合金加工技术,2002,30(2):11-15.

[98] 陈晓玲. 铝型材废水处理工程的设计与运行. 云南环境科学,2003,22(21):143-145.

[99] 许革.铝型材生产废水漂洗废水处理工艺初探.给水排水,1998,24(3):33-34.

[100] 江伟辉,肖兴成,周健儿.晶格常数的变化对钛酸铝热稳定性的影响.无机材料学报,2000,15(1):163-168.

[101] 郭勇.莫来石/钛酸铝层状陶瓷复合材料的制备与性能.西安:西安建筑科技大学博士学位论文,2010.

[102] 孙戎,王忠,周青,等.刚玉莫来石薄壁型匣钵的研制.陶瓷科学与艺术,2004(1):17-19.

[103] 路波.莫来石-钛酸窑具的制备、结构与性能的研究.西安:西安建筑科技大学硕士学位论文,2006.

[104] 赵英娜,任江,常刚,等.堇青石-莫来石-钛酸铝窑具复合材料性能研究.中国陶瓷,2014,01:48-51.

[105] 陈瑞文.CaF_2矿化剂对刚玉-莫来石-钛酸铝复相材料结构与性能的影响.中国陶瓷,2014,3:45-48.

[106] 杨现锋,李勇,徐协文,等.凝胶注模堇青石-莫来石复相材料的制备及其抗热震性能.硅酸盐学报,2014,9:1179-1183.

[107] 尹洪峰,夏莉红,任耘,等.莫来石/钛酸铝层状复合材料的制备.兵器材料科学与工程,2008,4:19-23.

[108] 尹洪峰,高魁,任耘,等.莫来石-钛酸铝高温窑具的研制.硅酸盐通报,2008,4:808-811.

[109] 谢志煌,阮玉忠,王新锋.利用铝材厂废渣研制刚玉/莫来石/钛酸铝复相材料//中国硅酸盐学会特种陶瓷分会.第十八届全国高技术陶瓷学术年会摘要集.中国硅酸盐瓷,2011,9:23-26.

[110] 朱凌,黄朝晖,房明浩,等.刚玉-Sialon-TiN复相材料的制备和抗热震性能的研究学会特种陶瓷分会,2014:1.

[111] 朱凌,黄朝晖,房明浩,等.刚玉-Sialon-TiN复相材料的制备和抗热震性能的研究//中国硅酸盐学会特种陶瓷分会.第十八届全国高技术陶瓷学术年会摘要集,2014:1.

[112] 王榕林,王志发,王瑞生,等.Al_2TiO_5-ZrO_2复相材料的制备与性能.材料工程,2005,5:38-41.

[113] 沈阳.以铝型材厂污泥为原料合成莫来石-堇青石复相材料及其应用.福州:福州大学硕士学位论文,2005.

[114] 陆洪彬,陈建华,冯春霞,等.注凝成型制备莫来石-钛酸铝复相陶瓷(英文).硅酸盐学报,2009,05:719-723.

[115] 任耘,尹洪峰,张军战,等.莫来石-钛酸铝窑具的制备与性能研究.耐火材料,2009,03:214-217.

[116] 陈永瑞.优质莫来石-刚玉-钛酸铝复相材料的研制.福州:福州大学硕士学位论文,2010.

[117] 周健儿,李会丽,王艳香,等.莫来石溶胶的制备及对钛酸铝粉体的包裹.复合材料学报,2007,01:97-103.

[118] 郭勇,张军战,尹洪峰,等.不同界面层对莫来石基体层性能的影响.材料导报,2010,S1:499-501,516.

第 5 章　利用铝厂废渣研制莫来石-刚玉-钛酸铝复相材料

5.1　实验内容和方法

5.1.1　原料

本实验以铝型材厂煅烧废渣、黏土和 TiO_2 为主要原料合成莫来石-刚玉-钛酸铝复相材料[1]。其中,煅烧后的废渣和经高温烧结后黏土中的部分 Al_2O_3 会生成刚玉[2,3];而来自黏土的 SiO_2 和 Al_2O_3 以一定比例混合后经高温烧结得到莫来石;TiO_2 和 Al_2O_3 以与合成莫来石同样的方法制得钛酸铝[4-6]。实验所用各原料的化学组成见表 5-1。

表 5-1　各原料的化学组成(质量分数)　　　　　　　(单位:%)

原料	SiO_2	Al_2O_3	Fe_2O_3	K_2O	Na_2O	CaO	MgO	其他	烧失量
煅烧废渣	3.60	94.11	0.42	0.05	0.52	0.24	0.57	—	—
黏土 1#	50.60	34.90	0.22	0.74	0.01	—	—	1.13	12.40
黏土 2#	50.10	36.20	0.50	0.40	0.20	—	—	—	12.60

5.1.2　仪器和设备

电子天平(型号:BS223S;赛多利斯科学仪器(北京)有限公司;量程:220g;分辨率:0.001g);

行星式球磨机(型号:ND6-4L;南京南大天尊电子有限公司;额定功率:0.75kW;额定电压:220V);

电热鼓风恒温干燥箱(型号:101A-I;上海康路仪器设备有限公司;额定功率:2.5kW;额定电压:220V;额定温度:300℃);

电动液压制样机(型号:DY-10;湘潭市仪器仪表有限公司;量程:40MPa;每格2MPa);

高温箱式炉(型号:KSL1700X;合肥科晶材料技术有限公司;升温最快速度:10℃/min;额定功率:4kW;最高控制温度:1700℃);

微机控制电子万能试验机(型号:CMT6104,深圳市新三思材料检测有限公司;最大实验力:60kN,功率:0.4kW);

X 射线粉末衍射仪(型号:XD-5A;日本岛津公司;测试条件为 Cu 靶(Kα),管电压 35kV,管电流 20mA,Ni 滤波 $\lambda = 1.5418$Å);

数显式陶瓷吸水率测试仪(型号:TXY;湘潭市仪器仪表有限公司;真空度:0.09;实验容积:250mm×300mm;功率:180W);

环境扫描电子显微镜(型号:Philips XL-30E SEM;荷兰 FEI 公司;成像方式:二次电子像、背射电子像;加速电压:1~30kV)。

5.1.3　实验方案

1. 实验研究内容

本课题的主要工作是以铝型材厂煅烧废渣、黏土和 TiO_2 为主要原料来制备莫来石-刚玉-钛酸铝复相材料[7-9],探讨以煅烧废渣取代传统刚玉原料是否能够制备出莫来石-刚玉-钛酸铝复相材料[10,11];重点探讨 Al_2O_3/TiO_2 或 SiO_2/TiO_2 比值的变化对形成的复相材料结构和性能的影响,从而确定最佳配方[12-14]。

(1) 通过对细煅烧废渣、黏土 1#、黏土 2# 与 TiO_2 的不同配比进行控制,探讨各配方中 Al_2O_3/TiO_2 或 SiO_2/TiO_2 比值的变化对合成莫来石-刚玉-钛酸铝复相材料结构与性能的影响,确定出最佳的配方组成。

(2) 在最佳配方的基础上,探讨不同烧结温度对制备的莫来石-刚玉-钛酸铝复相材料结构与性能的影响,确定出最佳烧结温度。

(3) 在已确定的最佳配方和最佳烧结温度的基础上,探讨不同煅烧保温时间对制备的莫来石-刚玉-钛酸铝复相材料结构与性能的影响,确定出最佳煅烧保温时间。

(4) 矿化剂的研究。在已确定的最佳配方、最佳烧结温度和最佳保温时间的基础上,分别添加不同的单一矿化剂,进行研磨、成型、烧结,分别探讨不同含量的矿化剂 $ZrSiO_4$[2%、3%、4%、5%、6%(质量分数)]和滑石[1%、2%、3%、4%、5%(质量分数)]对莫来石-刚玉-钛酸铝复相材料晶相结构和性能的影响,从而确定各添加剂的最佳添加量。

(5) 不同晶相比例的研究。在已确定的最佳配方、最佳煅烧温度和最佳保温时间的基础上,通过改变细煅烧废渣、黏土 1#、黏土 2# 与 TiO_2 的比例从而改变莫来石、刚玉、钛酸铝各晶相的比例,探讨其对复相材料结构和性能的影响,从而确定最佳的晶相比例。

2. 实验步骤

本实验所采用的主要步骤如下。

(1) 配料:根据表 5-1 不同的原料配比,按每组总质量为 200g,将各原料的所需质量换算出来,并在电子天平上一一称量,将细煅烧废渣、黏土和 TiO_2 置于同一塑料袋中,拧紧袋口,摇摆塑料袋使各原料混合均匀,标识;粗煅烧废渣另存于别的塑料袋中。

(2) 球磨:将配好的各原料过 40 目筛三四遍后,置于装有大小不一玛瑙球的筒中,用行星式球磨机球磨,转速 200r/min,球磨时间为 2h。

(3) 混料过筛:将球磨好的混合料倒出,与粗煅烧废渣混合,过筛(40 目)五或六次。

(4) 造粒:将以上三个步骤处理好的粉料各干燥 5h 以上,然后加入事先配制好的 PVA 胶黏剂,用手拌匀,直至得到整体流动性较好、平均粒径约为 0.1mm 的粉料。本实验所采用的胶黏剂为聚乙烯醇水溶液(PVA,质量分数约为 5%)。用这种胶黏剂制备莫来石-刚玉-钛酸铝复相材料,是因为工艺较为简单,且制得的试样气孔率较小[15-17]。通常来讲,实验的原料颗粒越细,越有利于烧成和固相反应的进行,但实际上粉料越细,颗粒的比表面积越大,粉料的流动性就越差,在干压成型时不能够均匀地填充满模具,因此在成型时试样经常出现空洞、边角不致密、层裂、弹性后效等问题[18-20]。造粒工艺正好解决了该问题。

(5) 陈腐:陈腐就是将造好粒的混合料密封后置于室温下 24h,目的是使胚料中的水分进一步均匀,胚料的成型性能和胚体强度将得到进一步提高[21]。

(6) 成型:陈腐后,用电子天平称取 7g 粉料,装入模具内,抖动磨具使粉料均匀,然后用电动液压制样机压制成长条状(7mm×7mm×30mm),每组试样压 5条。压强为 2MPa,保压时间为 10s。

(7) 干燥:利用电热鼓风干燥箱对成型后的试样进行干燥,温度为 100℃,干燥时间为 24h。

(8) 烧成:对干燥后的试样进行煅烧,为了使每个试样受热均匀,应根据需求摆放好各试样,关上炉门后,在高温箱式炉上根据工艺要求对烧结曲线进行设计,然后运行,烧结结束后断电使其随炉冷却[22]。

(9) 表征:烧结后的条状试样,经抗弯测试后,半根用玛瑙研体敲碎,从中挑选三或四片断面平整且较大的薄片作为 SEM 分析的试样,放入封装袋中并标识;剩余的则磨成细粉,置于另一袋中并标识,进行 XRD 分析。另半根则用于体积密度、吸水率和显气孔率的测试,测试后再对其进行热震性能的测试。

本实验的莫来石-刚玉-钛酸铝复相材料是通过固相反应烧结而成的,具体工艺如图 5-1 所示。

图 5-1　实验工艺图

5.1.4　性能测试

1. 抗折强度测试

通过万能试验机对所制备的样品进行三点弯曲试验,能够测出该材料的机械强度,机械强度是否优异是结构陶瓷的一个重要指标[23,24]。对烧成的五根样品分别测量其宽和高,记录在笔记本上;依次将试样放在试验机支座上,跨距为 30mm,在连接试验机电脑的配套软件上输入所测得的宽和高,各数据归零后,单击开始按钮,压头以 0.5mm/min 速度下降,直至将试样压断,生成实验报告,记录断裂时的强度和最大压力,之后继续下个试样的测试。

抗折强度的计算公式如下:

$$\sigma = \frac{3}{2} \times \frac{P \times L}{b \times h^2} \tag{5-1}$$

式中,σ 为抗折强度(MPa);P 为载荷(N);L 为跨距(mm);b 为断口处宽度(mm);h 为断口处高度(mm)。

2. 热震抗折强度保持率测试

热震抗折强度保持率也称为热稳定性,是衡量材料在急冷急热条件下抵抗破坏的能力,热震抗折强度保持率越高说明材料在温度急剧变化的时候抵抗变形破裂的能力越高[25,26]。材料的微观结构、化学组成、热导率、热膨胀系数、物料颗粒、强度、组织结构等因素都密切影响着抗热震性能[27-29]。

实验步骤如下。

(1) 在箱式高温炉中依照一定方式排放好待测试样,设置好程序使温度升到 850℃后保温 50min。

(2) 当程序结束时,迅速从炉中取出试样并马上倒入到室温水中。

(3) 试样冷却后从水中捞出,放入恒温干燥箱中干燥(即 1 次热震)。

(4) 按抗折强度测试的方法测定试样经过 1 次热震后的抗折强度,测得的数据用公式计算,得出其保持率。公式如下:

$$\eta = \frac{P_{r1}}{P_{r0}} \times 100\% \tag{5-2}$$

式中:η 为经过 1 次热震后试样的保持率(%);P_{r1} 为经过 1 次热震后试样的抗折强度(MPa);P_{r0} 为未经过热震试样的抗折强度(MPa)。

3. 吸水率、显气孔率、体积密度测试

将烧结后干燥完毕的试样依次放置于电子天平上称量其干重,记作 m_0;然后在数显式陶瓷吸水率测试仪中摆放好试样,先进行 20min 的抽真空,再经过 1min 的进水后,使待测试样浸泡 30min,待其水分吸收充分后排出测试仪中的水,用湿布包裹拿出待测试样;搭建好测量所需的仪器,要特别注意的是不能让铜丝网篮碰到容器内壁,在容器中注满蒸馏水,电子天平归零。试样通过镊子放入铜丝网篮,称得的饱和试样在水中的重量为悬浮重量,记为 m_1;称完后取出,用湿布吸收试样表面的多余水分,然后用电子天平称量饱和试样在空气中的重量为湿重,记作 m_2。以上所得的数据分别通过以下公式即可算出试样的吸水率、显气孔率和体积密度。

$$W_c = \frac{m_3 - m_1}{m_1} \times 100\% \qquad (5\text{-}3)$$

$$P_a = \frac{m_0 - m_1}{m_2 - m_1} \times 100\% \qquad (5\text{-}4)$$

$$P_v = \frac{\rho \times m_0}{m_2 - m_1} \times 100\% \qquad (5\text{-}5)$$

式中:W_c 为吸水率(%);P_a 为显气孔率(%);P_v 为体积密度(g/cm³);m_0 为干重(g);m_1 为悬水重(g);m_2 为湿重(g);ρ 为蒸馏水的密度(g/cm³)。

5.1.5　结构测试分析

1. X 射线衍射分析

用玛瑙研体将烧成后的莫来石-刚玉-钛酸铝复相材料研磨成细粉,用 200 目筛过筛两三遍,样品的 X 射线衍射谱通过日本岛津 XD-5A 型粉末衍射仪测定,然后进行物相分析。实验参数:Cu 靶(Kα),管电压 35kV,管电流 20mA,Ni 滤波($\lambda = 1.5418$Å),扫描角度 5°~91°,扫描速度为 8°/min。

试样的晶相含量和晶胞参数利用 Rietveld Quantification 和 Philips X'pert plus 软件进行分析和计算。

2. 扫描电子显微镜(SEM)分析

将烧结后的条状莫来石-刚玉-钛酸铝试样用玛瑙研体研磨,挑选三或四片断面平整的薄片,挑选断面最为平整且大的薄片进行喷金处理后,用 Philips XL-30E SEM 型扫描电镜对待测试样的表面形貌及显微结构进行观察。

5.2　配方的确定

5.2.1　实验配方的制定

图 1-5 是 Al_2O_3-TiO_2-SiO_2 三元系统相图,该相图存在一个副三角形 $\triangle Al_2O_3$-$3Al_2O_3 \cdot 2SiO_2$-Al_2TiO_5,能生成 Al_2O_3、$3Al_2O_3 \cdot 2SiO_2$ 和 Al_2TiO_5,因此本实验的配料组成点应该在该副三角形中确定。由于本实验是莫来石-刚玉-钛酸铝复相材料,目前有关此研究还比较少,因此如何才能发挥三者的优点,克服它们的不足,获得具有优异性能的复相材料,仍将对其进行探索,将 Al_2O_3/TiO_2 的比值控制在 $4.41 \sim 6.48$,SiO_2/TiO_2 的比值控制在 $0.96 \sim 1.95$,根据这两个比值,制定了六组配方,分别用 A、B、C、D、E、F 表示,表 5-2 表示各配方的组分百分比。

表 5-2　实验配方(质量分数)　　　　　　(单位:%)

试样编号	细煅烧废渣	粗煅烧废渣	黏土 1#	黏土 2#	TiO_2
A	28	25	11	26	10
B	29	25	10	25	11
C	30	25	9	24	12
D	31	25	8	23	13
E	32	25	7	22	14
F	33	25	6	21	15

根据表 5-1 和表 5-2,可以计算出各个配方的化学组成,列于表 5-3 中。

表 5-3　实验配方的化学组成(质量分数)　　　　　(单位:%)

试样编号	Al_2O_3/TiO_2	SiO_2/TiO_2	SiO_2	Al_2O_3	Fe_2O_3	K_2O	Na_2O	TiO_2	其他	L.O.I	总计
A	6.48	1.95	19.49	64.78	0.26	0.20	0.18	10	0.12	4.64	99.67
B	5.92	1.68	18.49	65.07	0.25	0.19	0.18	11	0.11	4.39	99.68
C	5.45	1.46	17.48	65.36	0.24	0.18	0.18	12	0.10	4.14	99.68
D	5.05	1.27	16.47	65.65	0.24	0.18	0.18	13	0.09	3.89	99.68
E	4.71	1.10	15.46	65.93	0.23	0.15	0.17	14	0.08	3.64	99.68
F	4.41	0.96	14.46	66.22	0.22	0.14	0.17	15	0.07	3.39	99.66

5.2.2 样品制备过程

按表 5-2 各配方进行配料,除粗煅烧废渣外,将其他称好的原料混合均匀,过 40 目筛三或四遍后,用行星式球磨机球磨 2h,将粗煅烧废渣混入球磨好的料中,过 40 目筛三或四遍;添加低温黏结剂,混合均匀后造粒;造粒料陈腐一天;陈腐料半 干压成型,成型试条烘干;试条经 1520℃高温烧结,保温 4h 后随炉冷却,得到制备 的试样,各试样编号分别为 A、B、C、D、E、F。

5.2.3 XRD 分析

各试样经 XRD 分析,分析数据用 Origin 软件整理,将各配方的 XRD 图谱整 合重叠在一起,如图 5-4 所示,衍射角(2θ)作为横坐标,衍射强度作为纵坐标。用 Rietvld Quantification 软件进行定量分析[30,31],结果显示各样品都形成了三种晶 相,分别是莫来石相$(Al_{4.59}Si_{1.41}O_{9.7})$为斜方晶系,Pbam 空间群;刚玉相$(Al_2O_3)$ 为三方晶系,$R\bar{3}c$ 空间群;钛酸铝相(Al_2TiO_5)为斜方晶系,Cmcm 空间群;各相 的较强衍射峰分别用 M、C、T 在图 5-2 上标注出来。各试样的晶相含量列于 表 5-4 中。

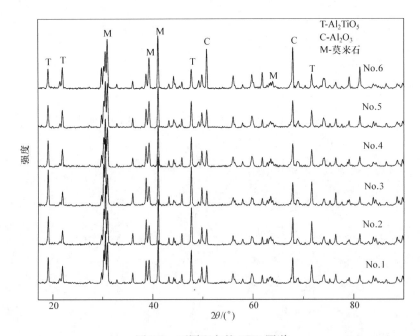

图 5-2　不同配方的 XRD 图谱

表5-4　不同配方的晶相及其含量(质量分数)　　　　　　(单位:%)

试样编号	Al_2O_3	$Al_{4.59}Si_{1.41}O_{9.7}$	Al_2TiO_5
A	14.7	58.8	26.5
B	14.6	64.2	21.2
C	11.8	68.7	19.5
D	15.2	57.6	27.2
E	17.1	53.4	29.5
F	30.4	39.0	30.6

从表 5-4 可以看出,六组试样形成的晶相中,莫来石相 $Al_{4.59}Si_{1.41}O_{9.7}$ 含量最多,从 39.0% 到 68.7%,故为主晶相。从试样 A 到 C,莫来石含量从 58.8% 增加到 68.7%,而钛酸铝含量则从 26.5% 下降到 19.5%;从试样 D 到 F,莫来石含量从 57.6% 下降到 39.0%,而钛酸铝则从 27.2% 增加到 30.6%;刚玉含量在 A~E 变化不是很大,在 F 时达到了 30.4%。实验结果表明,六组试样均形成三种晶相: $Al_{4.59}Si_{1.41}O_{9.7}$、$\alpha$-$Al_2O_3$ 和 Al_2TiO_5。莫来石有三种,其中 $3Al_2O_3 \cdot 2SiO_2$ 属于稳定态的莫来石;$2Al_2O_3 \cdot SiO_2$ 属于介稳定态的莫来石;$Al_2O_3 \cdot SiO_2$ 属于存在结构缺陷的莫来石,其确实具有莫来石结构,而不是硅线石结构,本实验形成的 $Al_{4.59}Si_{1.41}O_{9.7}$ 固溶体是过量的 α-Al_2O_3 与带有结构缺陷的莫来石($Al_2O_3 \cdot SiO_2$)形成固溶体。本复相系统高温过程同时进行两种固相反应:

$$\alpha\text{-}Al_2O_3 + SiO_2 \longrightarrow Al_2O_3 \cdot SiO_2 \tag{5-6}$$

$$\alpha\text{-}Al_2O_3 + TiO_2 \longrightarrow Al_2TiO_5 \tag{5-7}$$

两种固相反应在高温过程不仅可以同时进行,而且会相互干扰。在反应温度、反应时间和反应物粒度大小相同的前提下,反应(5-6)、反应(5-7)的反应速度分别与反应物(α-Al_2O_3、SiO_2)和(α-Al_2O_3、TiO_2)浓度有关,其中反应物 α-Al_2O_3 的浓度对于两种反应的作用基本上是相同的,所以反应物 SiO_2 和 TiO_2 浓度基本上可以决定反应(5-6)和反应(5-7)的反应速度,当反应物 SiO_2 浓度高时,有利于固相反应形成 $Al_2O_3 \cdot SiO_2$;当反应物 TiO_2 浓度高时,有利于固相反应形成 Al_2TiO_5。道理上,配方从 A 到 F,根据其化学组成可知,TiO_2 是递增的,Al_2TiO_5 含量应该是逐渐增加的;SiO_2 是递减的,$Al_2O_3 \cdot SiO_2$ 含量应该是逐渐降低的。然而,由于 TiO_2 的存在,部分 Ti^{4+}(大约为 3%)进入莫来石($Al_2O_3 \cdot SiO_2$)晶格形成固溶体,能促进莫来石固溶体的生成和晶体的发育:

$$3TiO_2 \xrightarrow{2(Al_2O_3 \cdot SiO_2)} 3Ti_{Al}' + V_O'' + 10O_O \tag{5-8}$$

同时 TiO_2 含量减少,不利于固相反应形成 Al_2TiO_5,因此,从 A 到 C,$Al_2O_3 \cdot SiO_2$ 含量随着 Al_2O_3/TiO_2 和 SiO_2/TiO_2 降低而增加,从 58.8% 增加至 68.7%(质量分数);Al_2TiO_5 含量随着 Al_2O_3/TiO_2 和 SiO_2/TiO_2 降低而降低,从 26.5% 下降至 19.5%(质量分数)。而从 D 到 F,Ti^{4+} 进入莫来石($Al_2O_3 \cdot SiO_2$)晶格的固溶度已饱和,能显示出 TiO_2 含量增加作用,使得 $Al_2O_3 \cdot SiO_2$ 含量从 68.7% 降低至 39.0%(质量分数),Al_2TiO_5 含量从 19.5% 增加至 30.6%(质量分数)。

只从形成晶相分析,试样中莫来石固溶体含量高,有利于提高试样的强度,反之会降低试样的强度;而 Al_2TiO_5 含量高,有利于提高试样的热稳定性,但会降低试样的强度;反之,不利于提高试样的热稳定性。由于本固相反应各试样均形成三种晶相,不仅能体现三种晶相的优缺点,而且会体现它们的相互作用,所以不能单从所形成的晶相比例确定最佳的配方,应该结合试样的结构和性能进行综合分析和考虑,最终确定最佳的配方。

5.2.4　SEM 分析

图 5-3(a)、(b)是配方 A 的 SEM 图像。从这两个图中可以看出,柱状莫来石固溶体互相交错,构成网络状结构,粒状的钛酸铝和薄片状类似刚玉的颗粒填充其中,该结构致密性较好、气孔较少,具备这种形貌的材料有较高的强度,抗热震能力也比较好。图 5-4(a)、(b)是配方 B 的 SEM 图像。该图也出现了柱状莫来石固溶体所构筑的网络结构,钛酸铝晶粒长得比刚玉大,晶体呈明显的斜方状和变形斜方状,刚玉呈变形的六方片状,由于呈多面体的钛酸铝晶粒长得较大,影响试样的致密度,所以试样的强度相和抗热震性能有所下降。图 5-5(a)、(b)是配方 C 的 SEM 图像,出现互相交错的柱状莫来石固溶体晶体,其长得比较大和长,而钛酸铝与刚玉晶体长得比图 5-4(b)的小,出现较大的气孔,从而影响试样的强度和抗热震性能,使试样的强度和热震抗折强度保持率比 B 试样低。图 5-6(a)、(b)是配方 D 的 SEM 图像,柱状莫来石固溶体能构成互相交错网络结构,钛酸铝与刚玉晶体分布在网络结构中,晶体相互黏结在一起,晶体之间接触面积增大,气孔基本被排除,试样的烧结程度高和致密度大,表明该试样的抗折强度高,热稳定性好,这种形貌比较理想。图 5-7(a)、(b)和图 5-8(a)、(b)为配方 E 和 F 的 SEM 图像。两者的微观与图 5-6(a)、(b)基本相似,但气孔相对比图 5-6 的多,所以这两种试样的抗折强度和热震抗折强度保持率比 D 试样的低。分析结果显示,D 试样有相对较(最)佳的微观形貌。

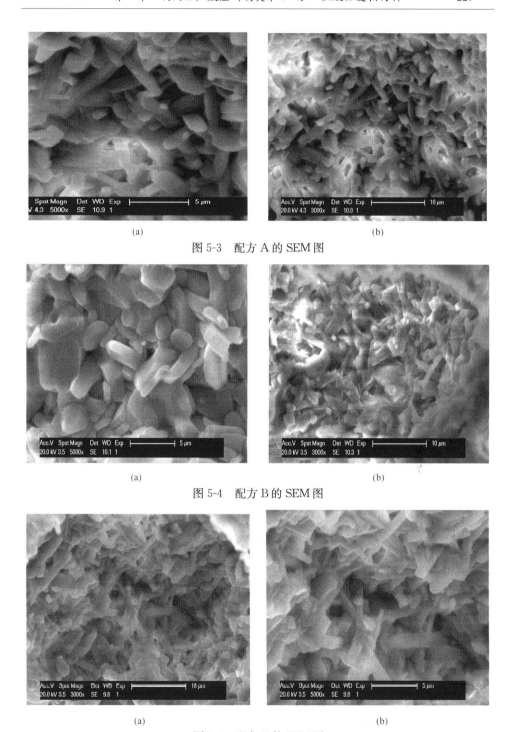

(a)　　　　　　　　　　　　　　　　(b)

图 5-3　配方 A 的 SEM 图

(a)　　　　　　　　　　　　　　　　(b)

图 5-4　配方 B 的 SEM 图

(a)　　　　　　　　　　　　　　　　(b)

图 5-5　配方 C 的 SEM 图

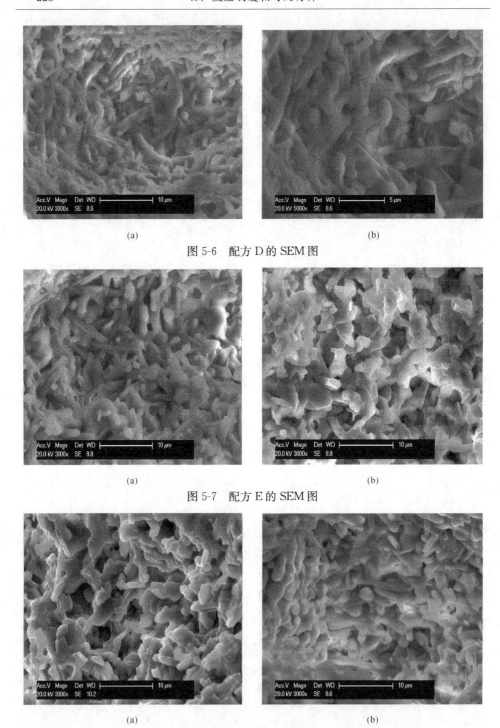

(a)　　　　　　　　　　　　　　　　　(b)

图 5-6　配方 D 的 SEM 图

(a)　　　　　　　　　　　　　　　　　(b)

图 5-7　配方 E 的 SEM 图

(a)　　　　　　　　　　　　　　　　　(b)

图 5-8　配方 F 的 SEM 图

5.2.5　性能分析

对烧成后的六组试样进行性能测试,其测得的抗折强度、1 次热震抗折强度及计算出的保持率被列于表 5-5 中;表 5-6 表示六组试样的体积密度、吸水率和显气孔率。

表 5-5　各试样抗折强度及保持率

试样编号	抗折强度/MPa	1 次热震抗折强度/MPa	1 次热震抗折强度保持率/%
A	105.22	43.08	40.99
B	91.56	34.04	37.48
C	83.44	29.58	35.50
D	107.63	44.59	41.51
E	81.52	41.05	50.56
F	96.07	40.91	42.61

表 5-6　各试样吸水率、显气孔率、体积密度

试样编号	吸水率/%	显气孔率/%	体积密度/(g/cm³)
A	4.95	13.93	2.82
B	6.39	17.20	2.69
C	7.12	18.75	2.64
D	4.95	14.02	2.84
E	7.08	19.24	2.72
F	6.37	18.02	2.83

由表 5-5 和表 5-6 可以看出,各试样的抗折强度都很高($81.52 \sim 107.63$MPa),各试样的体积密度较高($2.64 \sim 2.84$g/cm³),吸水率和显气孔率较低(分别为 $4.95\% \sim 7.12\%$ 和 $13.93\% \sim 19.24\%$),抗折强度比用常规原料制备的材料高得多,且热稳定性较好,说明煅烧废渣是制备高强度 $\alpha\text{-}Al_2O_3/Al_{4.59}Si_{1.41}O_{9.7}/Al_2TiO_5$ 复相材料的良好原料。从 A 至 C,试样的一次热震抗折强度保持率由 40.99% 下降到 35.50%,符合表 5-3 中 Al_2TiO_5 含量的变化规律,即随着 Al_2TiO_5 含量降低,试样的热稳定性降低;但是其抗折强度并没有随着莫来石含量的增加而上升,反而下降了,对此,我们发现,刚玉含量是在下降的[$14.7\% \sim 11.8\%$(质量分数)],体积密度也逐渐降低($2.82 \sim 2.64$g/cm³)。因此,我们分析,由于材料的强度跟材料的结构相关较大,本实验中的三种晶相,刚玉相一般为粒状结构,填充在以柱状或针状结构构成的空间网络中,将大大提高材料的强度,刚玉含量和体积密度都是减小的,说明材料的致密度是在逐渐下降的,因此,其抗折强度是降低的,这

点符合结构分析的结果；从 D 至 F，试样的抗折强度和 1 次热震抗折强度保持率变化没有规律性，但是其强度变化基本符合 SEM 分析结果。1 次热震抗折强度基本不变，从表 5-4 也可以看出，从 D 到 F，钛酸铝含量变化不大。试样的抗折强度没有呈规律性与许多影响因素有关，如试样形成晶相的种类、晶体形状、成型压力、试样均匀、烧结温度、高温形成的液相量、化学组成以及试样所放置窑炉的位置等都有关系。

综合分析结果，确定 D 为最佳的配方，其配方为：细煅烧废渣为 31%、粗煅烧废渣为 25%、黏土 1# 为 8%、黏土 2# 为 23%、TiO_2 为 13%；形成的 α-Al_2O_3 相为 15.2%（质量分数）、$Al_{4.59}Si_{1.41}O_9.7$ 相为 57.6%、Al_2TiO_5 相为 27.2%（质量分数），抗折强度为 107.63MPa，1 次热震强度抗折强度保持率为 41.51%，吸水率为 4.95%，显气孔率为 14.02%，体积密度为 2.84g/cm³。

5.2.6　本节小结

（1）XRD 分析结果表明，六种配方形成莫来石相（$Al_{4.59}Si_{1.41}O_{9.7}$）、刚玉相（$\alpha$-$Al_2O_3$）、钛酸铝相（$Al_2TiO_5$）。由于莫来石固溶体的含量最多，为主晶相，属于斜方晶系，Pbam 空间群；刚玉相属于三方晶系，R$\bar{3}$c 空间群；钛酸铝相属于斜方晶系，Cmcm 空间群。形成的晶相含量没有明显的变化规律，莫来石固溶体含量在 39.0%～68.7%（质量分数）变化，刚玉相含量变化范围为 11.8%～30.4%（质量分数）；钛酸铝相含量变化范围为 19.5%～30.6%（质量分数）。

（2）SEM 分析结果表明，D 试样的微观形貌相对最佳。在 D 试样的图像中，柱状莫来石固溶体能构成较完整的互相交错网络结构，钛酸铝与刚玉晶体分布在网络结构中，晶体相互黏结在一起，晶体之间接触面积增大，气孔基本被排除，试样的烧结程度高，致密度大。

（3）性能分析结果，各试样的抗折强度比常规原料制备材料的高，其范围是 81.52～107.63MPa，且热稳定性较好，其热震抗折强度保持率为 40%左右，因此，用煅烧废渣代替传统刚玉为原料，能够制备出性能优良的莫来石-刚玉-钛酸铝复相材料。各试样的体积密度为 2.64～2.84g/cm³，吸水率和显气孔率分别为 4.95%～7.12% 和 13.93%～19.24%。

（4）综合各试样的结构和性能的分析结果，确定 D 为最佳的配方，其配方为：细煅烧废渣为 31%、粗煅烧废渣为 25%、黏土 1# 为 8%、黏土 2# 为 23%、TiO_2 为 13%，形成的 α-Al_2O_3 相为 15.2%、$Al_{4.59}Si_{1.41}O_{9.7}$ 相为 57.6%、Al_2TiO_5 相为 27.2%（质量分数），抗折强度为 107.63MPa，1 次热震强度抗折强度保持率为 41.51%，吸水率为 4.95%，显气孔率为 14.02%，体积密度为 2.84g/cm³。

5.3　确定最佳工艺条件

5.3.1　最佳烧结温度的确定

在已确定最佳的 D 配方:细煅烧废渣为 31％、粗煅烧废渣为 25％、黏土 1# 为 8％、黏土 2# 为 23％、TiO_2 为 13％;在固定 D 配方和保温时间 4h 基础上,分别在 1460℃、1480℃、1500℃、1520℃和 1540℃进行烧结实验,探讨不同的烧结温度对莫来石-刚玉-钛酸铝复相材料的影响[32-35]。制备工艺与前面一致,各个温度的试样编号分别用 A、B、C、D、E 表示,试样制成后对各组样品进行一系列的结构和性能测试,分析测试结构,从中确定最佳的烧结温度。

1. XRD 分析

各试样经过适当处理后,对其进行 X 射线衍射分析,根据衍射图谱进行定性的晶相分析和定量分析[36,37]。如图 5-9 所示,各试样经 Origin 软件整合后的 X 射线衍射图谱,以衍射强度为纵坐标,以衍射角为横坐标。从图上可以看出,各试样都存在三个晶相,莫来石固溶体相($Al_{4.59}Si_{1.41}O_{9.7}$)、刚玉相($\alpha$-$Al_2O_3$)和钛酸铝相($Al_2TiO_5$),在图上分别用 M、C、T 表示,并标注出各自的几条较强的衍射峰。

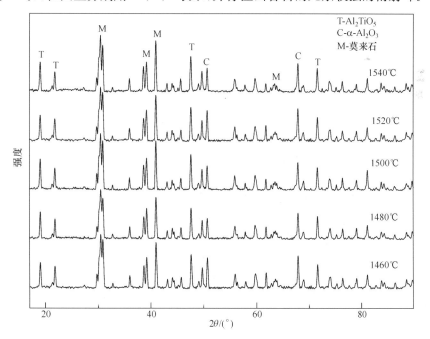

图 5-9　不同烧结温度的 XRD 衍射图谱

各试样经 Rietveld Quantification 软件定量分析后的各晶相含量列于表 5-7 中。

表 5-7　不同烧结温度各试样的晶相及其含量(质量分数)

试样代号	烧结温度/℃	Al_2TiO_5/%	α-Al_2O_3/%	$Al_{4.59}Si_{1.41}O_{9.7}$/%
A	1460	27.4	18.9	53.7
B	1480	26.0	17.1	56.9
C	1500	26.9	17.0	56.1
D	1520	26.2	15.9	57.9
E	1540	25.4	17.0	57.6

本实验的反应过程主要有两种。

固相反应形成 $Al_2O_3 \cdot SiO_2$：　　α-$Al_2O_3 + SiO_2 \longrightarrow Al_2O_3 \cdot SiO_2$　　　　　(5-9)

固相反应形成 Al_2TiO_5：　　　　　α-$Al_2O_3 + TiO_2 \longrightarrow Al_2TiO_5$　　　　　　(5-10)

两种反应可一起进行,从表 5-7 可以看出,反应温度从 1460℃ 升至 1480℃,Al_2TiO_5 含量从 27.4% 下降至 26.0%,$Al_{4.59}Si_{1.41}O_{9.7}$ 含量从 53.7% 增加至 56.9%,这是由于反应(5-9)对反应温度更加敏感,即温度的提高会增加其反应速度,生成的 $Al_2O_3 \cdot SiO_2$ 增多,而由于 α-Al_2O_3 减少,反应(5-10)受到抑制,因此就造成了 $Al_{4.59}Si_{1.41}O_{9.7}$ 含量增多,Al_2TiO_5 含量减少的现象;而当反应温度从 1480℃ 上升至 1520℃ 时,Al_2TiO_5 含量基本保持不变(26.0%~26.9%),表明反应(5-9)受温度上升的影响不大,反应形成 Al_2TiO_5 的平衡温度为 1480℃;而 $Al_{4.59}Si_{1.41}O_{9.7}$ 含量从 56.9% 增加至 57.9%,表明随着温度的增加,促进了 $Al_2O_3 \cdot SiO_2$ 的形成,但增加很少,说明影响也不大,在 1520℃ 时 $Al_{4.59}Si_{1.41}O_{9.7}$ 含量最高,可以认为该温度是该复相材料中反应形成 $Al_2O_3 \cdot SiO_2$ 已达到理论组成的反应温度。当反应温度从 1520℃ 上升至 1540℃ 时,$Al_{4.59}Si_{1.41}O_{9.7}$ 含量基本保持不变,Al_2TiO_5 含量从 26.2% 下降至 25.4%,α-Al_2O_3 含量从 15.9% 增加至 17.0%,根据相平衡理论,液相随着温度的增加而增加,最终,Al_2TiO_5 在液相的作用下可能发生单转熔过程 $L + Al_2TiO_5 \longrightarrow \alpha$-$Al_2O_3$,即 Al_2TiO_5 晶体溶入液相中,析出 α-Al_2O_3,从而发生了以上的情况,即 Al_2TiO_5 含量降低,α-Al_2O_3 含量增加。

由于在 1480~1520℃,各晶相含量的变化都不大,不能凭此来确定最佳烧结温度,因此,还要进一步的结构和性能分析来判定最佳的烧结温度[38-40]。

2. SEM 分析

图 5-10 是试样 A 的局部 SEM 图像。从图中可以看出,经 1460℃ 烧结后,莫

来石固溶体晶体呈长短和横截面直径不同的柱状体,能构成互相交错的网络结构,在网络结构中分布晶粒刚玉和钛酸铝晶体,两种晶体难于辨别,形成的玻璃相将两种晶体黏结在一起,烧结程度较高、气孔较少,表明试样在 1460℃烧结已达较高密度和强度。图 5-11 是试样 B 以刚玉和钛酸铝晶粒为主的 SEM 图像。从图中可以看出部分变形的斜方钛酸铝晶体、片状刚玉晶体和短柱状莫来石固溶体晶体,玻璃相有所增多,玻璃相将三种晶体黏结在一起,形成较致密的烧结体,所以 1480℃烧结试样的体积密度和强度比 1460℃试样有所提高。图 5-12 是试样 C 局部的 SEM

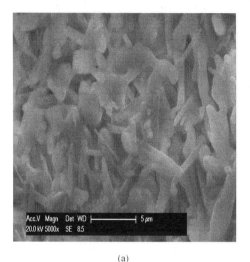

(a)

(b)

图 5-10　烧结温度为 1460℃的 SEM 图像

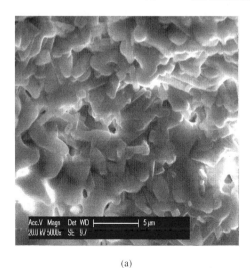

(a)

(b)

图 5-11　烧结温度为 1480℃的 SEM 图像

图像。其中图 5-12(a)是以莫来石固溶体晶体为主的 SEM 图像,从图上可以看出,莫来石固溶体晶体明显长大和长长,表明烧结温度从 1480℃升到 1500℃,温度升高使液相的黏度下降,有利于晶体生长,也能构成互相交错的网络结构;图 5-12(b)是以刚玉和钛酸铝晶粒为主的 SEM 图像,其中刚玉晶体为变形的六方片状,钛酸铝晶体呈自形的粒状,已失去斜方粒状,玻璃相黏结晶体构成较致密的烧结体,表明 1500℃烧结试样的强度与密度比 1480℃的高。图 5-13 是 1520℃烧

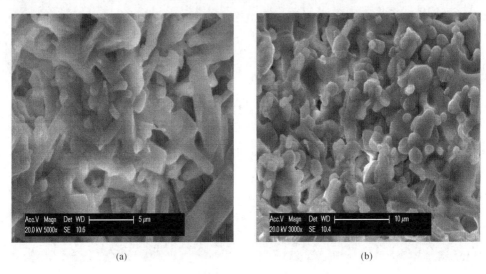

(a)　　　　　　　　　　　　　　　　　(b)

图 5-12　烧结温度为 1500℃的 SEM 图像

(a)　　　　　　　　　　　　　　　　　(b)

图 5-13　烧结温度为 1520℃的 SEM 图像

结试样的 SEM 图像,温度继续升高,形成液相的黏度继续下降,有利于晶体生长,使莫来石固溶体晶体长长,刚玉和钛酸铝晶体长大,特别有利于片状刚玉的生长,在图 5-13(b)中看到较大变形六方片状的刚玉晶体,在图 5-13(a)中能构成比较完整的网络结构,两图中气孔少,致密度高,表明 1520℃烧结试样的强度和密度高。图 5-14 是 1540℃烧结试样的 SEM 图像,在图 5-14(b)中钛酸铝晶体长得较大,呈自形状,气孔少,致密度高。分析结果表明,1500℃与 1520℃烧结试样的形貌为最佳。

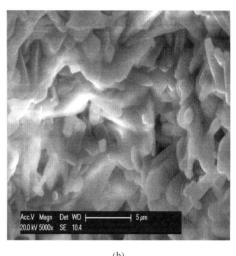

(a)　　　　　　　　　　　　　　　　　　　　(b)

图 5-14　烧结温度为 1540℃的 SEM 图像

3. 性能分析

将不同烧结温度的各试样进行性能测试[41,42],分别测试其抗折强度、1 次热震抗折强度并计算出 1 次热震抗折强度保持率,所得数据列于表 5-8 中;测算出的显气孔率、体积密度和吸水率列于表 5-9 中。

表 5-8　不同烧结温度各试样的抗折强度保持率

试样代号	烧结温度/℃	抗折强度/MPa	1 次热震抗折强度/MPa	1 次热震抗折强度保持率/%
A	1460	73.77	27.07	36.97
B	1480	74.45	31.33	42.09
C	1500	75.76	35.80	47.25
D	1520	92.11	40.83	44.30
E	1540	97.28	43.78	42.85

表 5-9　不同烧结温度各试样的性能

试样代号	烧结温度/℃	显气孔率 /%	吸水率 /%	体积密度 /(g/cm³)
A	1460	23.36	9.09	2.57
B	1480	21.39	8.20	2.61
C	1500	19.67	7.37	2.67
D	1520	17.59	6.47	2.72
E	1540	13.63	4.80	2.84

　　分析表 5-8 和表 5-9 中数据发现,随着烧结温度从 1460℃上升到 1540℃,各试样的抗折强度从 73.77MPa 增至 97.28MPa;显气孔率从 23.36%降至 13.63%,体积密度从 2.57g/cm³ 增加到 2.84g/cm³。结合结构分析结果,说明随着温度的升高,试样 A 到 E 的玻璃相增加,结构更加致密,抗折强度升高。温度从 1460℃升到 1500℃时,强度上升幅度较小,而当温度上升到 1520℃时,强度从 75.76MPa 增加到 92.11MPa,变化较大。对此的理解是,因为烧结过程有两种机制存在,固相烧结和液相烧结,液相烧结的速度比固相烧结大得多,烧结温度从 1460℃ 到 1500℃,试样中液相量形成和增加量都较少,此时烧结过程主要是固相烧结,所以此阶段抗折强度增加幅度不大;当烧结温度上升到 1520℃时,试样中液相量形成增多,增加量也大,液相量比较多,试样主要表现为液相烧结,液相烧结有利于晶粒的生长,所以试样的抗折强度大大提高。烧结温度从 1460℃上升到 1500℃,试样的 1 次热震抗折强度保持率随着烧结温度上升而增加,从 36.97% 增加至 47.25%;从 1500℃至 1540℃,试样 1 次热震抗折强度保持率从 47.25% 下降至 42.85%,这是由于从 1500℃至 1540℃试样中形成液相量较多,常温下玻璃相较多和脆性加大,引起试样的抗热震性能下降。

　　由于 1500℃试样的热震抗折强度保持率最高,为 47.25%,其他性能较佳。综合 XRD 分析、SEM 分析、性能分析以及能耗考虑,确定 1500℃为最佳烧结温度,形成的 $\alpha\text{-Al}_2\text{O}_3$ 相含量为 17.0%、$\text{Al}_{4.59}\text{Si}_{1.41}\text{O}_{9.7}$ 相含量为 56.1%、Al_2TiO_5 相含量为 26.9%(质量分数),抗折强度为 75.76MPa,1 次热震强度抗折强度保持率为 47.25%,吸水率为 7.37%,显气孔率为 19.67%,体积密度为 2.67g/cm³。

5.3.2　最佳烧结保温时间的确定

　　以确定的最佳配方 D 和最佳烧结温度 1500℃为基础,配制五组配方,于 1500℃烧结,分别保温 2h、3h、4h、5h、6h 后,随炉冷却,得到试样编号分别为 A、B、C、D、E。对烧结试样进行结构和性能分析,探讨不同保温时间对莫来石-刚玉-钛酸铝复相材料结构和性能的影响,并从中确定最佳的保温时间[43-45]。

1. XRD 分析

五组试样经处理后进行 XRD 分析,分析的结果通过 Origin 软件整理,各组衍射峰组合在一起,即为不同保温时间的 XRD 图谱,如图 5-15 所示,纵坐标代表衍射强度,横坐标代表衍射角度;经 Rietveld Quantification 软件定量分析所得到的五组试样的各晶相含量见表 5-10。

定性分析结果表明,不同保温时间的各试样都生成了三种晶相,莫来石固溶体相($Al_{4.59}Si_{1.41}O_{9.7}$)、刚玉相($\alpha\text{-}Al_2O_3$)、钛酸铝相($Al_2TiO_5$),在图 5-15 上分别用 M、C、T 表示,并标注出各自几条较强的衍射峰。

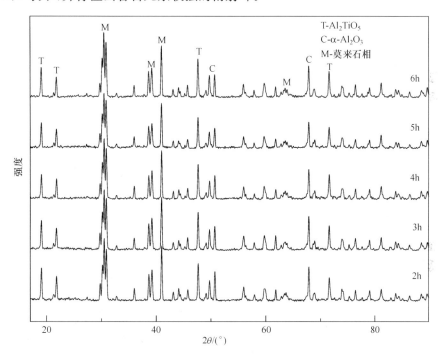

图 5-15　不同保温时间的各试样 XRD 图谱

表 5-10　不同保温时间各试样的晶相及含量(质量分数)

试样代号	保温时间/h	Al_2TiO_5/%	$\alpha\text{-}Al_2O_3$/%	$Al_{4.59}Si_{1.41}O_{9.7}$/%
A	2	17.73	26.89	55.38
B	3	16.94	26.74	56.33
C	4	15.48	26.62	57.90
D	5	15.34	26.41	58.25
F	6	15.19	26.22	58.59

从表 5-10 可以看出,随着保温时间从 2h 到 6h,Al_2TiO_5 含量从 17.73%(质量分数)下降到 15.19%(质量分数);$Al_{4.59}Si_{1.41}O_{9.7}$ 含量从 55.38%(质量分数)增加到 58.59%(质量分数);刚玉含量变化不大,虽然该组数据比较有规律,但是变化幅度不是很大。说明随着保温时间的延长,液相量增加,而原本同时进行且互相制约的两个反应,由于是在 1500℃烧结,该温度对于生成莫来石的反应是有利的,即生成莫来石的速度要大于钛酸铝的形成速度,烧结过程优先形成莫来石,根据相平衡理论,液相增多,钛酸铝将融入液相中,可能发生单转溶过程 $L+Al_2TiO_5 \longrightarrow \alpha\text{-}Al_2O_3$,$\alpha\text{-}Al_2O_3$ 含量的增加也会促进形成莫来石的反应,最终莫来石含量逐渐增加,而钛酸铝相应地逐渐减少,析出的刚玉与参与反应的刚玉刚好达到平衡,因此刚玉含量基本不变。

虽然五组试样的莫来石含量和钛酸铝含量都随着保温时间的延长呈规律型变化,但还不能据此确定最佳的保温时间,应该经过进一步的结构和性能分析,综合考虑,确定出最佳保温时间。

2. SEM 分析

图 5-16 是保温 2h 试样的局部 SEM 图像,图 5-16(a)中形成玻璃相将晶体黏结覆盖,三种晶体已难于识别;图 5-16(b)中莫来石固溶体为柱状体,刚玉晶体为六方片状,钛酸铝为粒状,三者相互穿插和交错地构成较致密的网络结构,表明该试样强度较高,热稳定性较好。图 5-17(a)、(b)是保温 3h 试样的局部 SEM 图像。从图中可以看出,其形貌与图 5-16(b)相似,莫来石已经长成柱状体,能构成比图 5-16(b)更为理想的网络结构,气孔比保温 2h 试样的少,表明保温 3h 试样的强

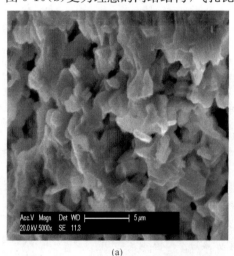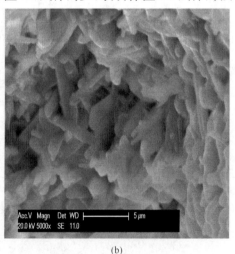

(a)　　　　　　　　　　　　　　　　　(b)

图 5-16　保温时间为 2h 的 SEM 图像

度比 2h 试样的高。图 5-18 是保温 4h 试样的局部 SEM 图像。从图 5-18(b)中可以看出，微观形貌中柱状莫来石固溶体晶体、片状刚玉晶体和变形斜方状钛酸铝晶体分布均匀，三者相互穿插和交错地构成较致密的结构，气孔少，烧结程度较高，强度也相对高。图 5-19(a)、(b)和图 5-20(a)、(b)是保温时间分别为 5h 和 6h 的局部 SEM 图像，两者形貌基本相似，图 5-19(a)和图 5-20(b)中具有较好的网络结构，玻璃相相对增多，气孔少，致密度高，表明这两种试样强度相对高，但热稳定性下降。分析结果表明，保温 4h 的形貌为较佳。

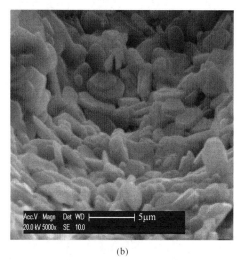

(a)　　　　　　　　　　　　　　　　　　(b)

图 5-17　保温时间为 3h 的 SEM 图像

(a)　　　　　　　　　　　　　　　　　　(b)

图 5-18　保温时间为 4h 的 SEM 图像

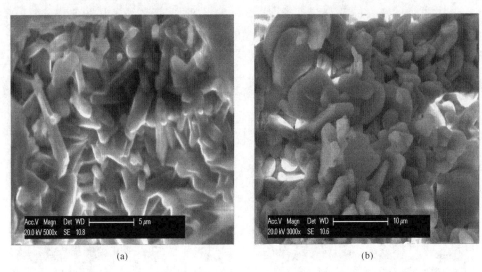

图 5-19　保温时间为 5h 的 SEM 图像

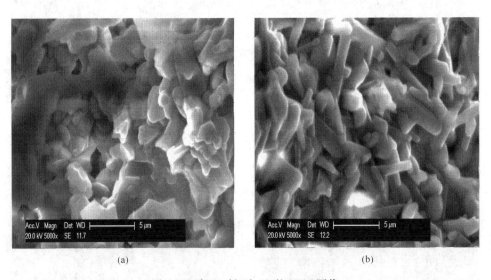

图 5-20　保温时间为 6h 的 SEM 图像

3. 性能分析

将不同烧结温度的各试样进行性能测试,分别测试其抗折强度[46-48]、1 次热震抗折强度并计算出 1 次热震抗折强度保持率,所得数据列于表 5-11 中;测算出的显气孔率、体积密度和吸水率列于表 5-12 中。

表 5-11　不同保温时间各试样的抗折强度保持率

试样代号	保温时间/h	抗折强度/MPa	1 次热震抗折强度/MPa	1 次热震抗折强度保持率/%
A	2	74.89	34.54	46.06
B	3	78.12	34.73	44.53
C	4	83.79	35.34	43.10
D	5	84.66	33.99	40.60
E	6	85.02	33.14	38.98

表 5-12　不同保温时间各试样的性能

试样代号	保温时间/h	显气孔率/%	吸水率/%	体积密度/(g/cm³)
A	2	21.67	8.39	2.59
B	3	20.46	7.69	2.64
C	4	19.92	7.60	2.66
D	5	19.32	7.25	2.68
E	6	18.72	6.93	2.70

从表 5-11、表 5-12 可以看出,随着煅烧保温时间的延长从(2h 到 6h),试样 A 到 E 的抗折强度从 74.89MPa 上升到 85.02MPa;1 次热震抗折强度保持率从 46.06% 下降到 38.98%;而体积密度则从 2.59g/cm³ 增加到 2.70 g/cm³;相应的显气孔率从 21.67% 下降到 18.72%。由此可说明,随着保温时间从 2h 延长到 6h,各组试样的液相量逐渐增加,由于本实验主要是固相烧结,涉及物质的扩散过程,固相反应是反应物扩散至反应界面进行反应,烧结过程是质点扩散至气孔,填充气孔的致密化过程,物质扩散到界面和气孔都与物质扩散时间有关,扩散时间越长,扩散到气孔的物质也越多,填充气孔的体积越多,坯体的致密度越高,表现出试样的强度增大;同时,时间越长,$Al_{4.59}Si_{1.41}O_{9.7}$ 晶体长得越大越长,能构成致密的网络结构,使试样的强度增加,因此,试样的抗折强度和体积密度随着保温时间延长而逐渐增大,这与物质扩散到气孔和晶体生长的时间有关。但是由于玻璃相增多,试样的热震稳定性下降。时间越长,玻璃相越多,热震抗折强度保持率越差。

综合晶相结构、显微结构与性能分析结果,考虑到生产成本越低越好[49,50],确定 4h 为最佳的保温时间,其形成的 $\alpha\text{-}Al_2O_3$ 相为 26.62%,$Al_{4.59}Si_{1.41}O_{9.7}$ 相为 57.90%、Al_2TiO_5 相为 15.48%(质量分数),抗折强度为 83.79MPa,1 次热震抗折强度保持率为 43.10%,吸水率为 7.60%,显气孔率为 19.92%,体积密度为 2.66g/cm³。

5.3.3 球磨时间对复相材料结构和性能的影响

　　材料的固相反应和烧结与原料的细度密切相关[51],原料研磨时间越长,其粒子越细,表面积越大,活性越高,固相反应和烧结的推动力越大,有利于固相反应和烧结,可使反应产物的转化率提高和增加材料烧结致密度,但研磨时间过长,会增加生产成本[52,53]。原料研磨时间越短,情况与上述情况相反;研磨时间过短,虽然能降低成本,但固相反应和烧结不完全,会影响反应产物的转化率和材料的强度。所以合理控制研磨时间对材料研究和生产是很重要的[54-56]。本研究在配方、反应烧结温度和保温时间固定前提下,分别探讨不同研磨时间对试样晶相与性能的影响,从中确定较佳研磨时间。已确定配方:细煅烧废渣为 31%、粗煅烧废渣为 25%、黏土 1# 为 8%、黏土 2# 为 23%、TiO_2 为 13%,反应烧结温度 1500℃,保温时间 4h,拟定研磨时间 1h、2h、3h、4h,试样编号分别为 A、B、C、D。

　　莫来石-刚玉-钛酸铝复相材料的性能优于莫来石-刚玉复相材料的性能[57],其强度高、热稳定性好、使用温度高和使用寿命长,可制造具有优良性能的高温窑具、陶瓷辊棒和其他耐火材料[58,59]。高温窑具、陶瓷辊棒等在实际窑炉使用过程,必须经过冷却带的鼓风冷却,这种鼓风冷却过程(即降温过程)可能使窑具和陶瓷辊棒的晶相、微观形貌、强度和热稳定性发生变化[60-62]。为了考察窑具材料和陶瓷辊棒材料的热稳定性和使用寿命,更好地评价和选择能适应生产使用的优质窑具和陶瓷辊棒材料,拟定水冷和风冷的热震实验[63,64]。其中水冷热震工艺为:将试样置于高温炉中,加热到 850℃,保温 50min 后,从炉中取出立即投入水中冷却。风冷热震工艺为:将试样置于高温炉中,加热到 850℃,保温 50min 后,立即从炉中取出,直接在室温的空气进行鼓风冷却[65]。将两种冷却的试样进行 XRD 分析、SEM 分析以及性能测试,探讨水冷热震和风冷热震实验对复相材料结构和性能的影响。

　　1. XRD 分析

　　试样经处理后进行 XRD 分析,分析的结果通过 Origin 软件整理,各组衍射峰组合在一起,即为不同保温时间的 XRD 图谱,图 5-21 代表不同球磨时间各试样 XRD 图谱,图 5-22 代表风冷热震实验各试样 XRD 图谱,纵坐标代表衍射强度,横坐标代表衍射角度;经 Rietveld Quantification 软件定量分析所得到的各晶相含量见表 5-13 和表 5-14,其中表 5-13 代表不同球磨时间各试样的晶相含量,表 5-14 代表风冷热震实验各试样的晶相含量。

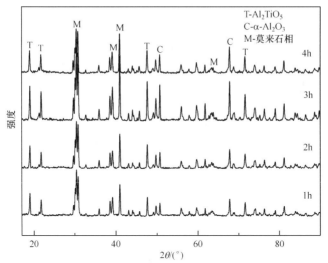

图 5-21 不同球磨时间的 XRD 图谱

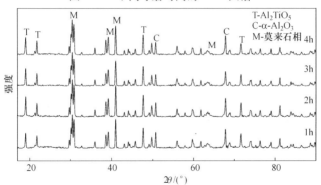

图 5-22 不同球磨时间风冷后的 XRD 图谱

表 5-13 不同球磨时间的各晶相含量(质量分数)

试样编号	球磨时间/h	Al$_2$TiO$_5$/%	α-Al$_2$O$_3$/%	Al$_{4.59}$Si$_{1.41}$O$_{9.7}$/%
A	1	32.75	14.29	52.96
B	2	32.85	12.53	54.62
C	3	30.15	16.39	53.46
D	4	30.06	17.55	52.39

表 5-14 不同球磨时间风冷后的各晶相含量(质量分数)

试样编号	球磨时间/h	Al$_2$TiO$_5$/%	α-Al$_2$O$_3$/%	Al$_{4.59}$Si$_{1.41}$O$_{9.7}$/%
A	1	29.17	14.98	55.85
B	2	28.61	17.64	53.74
C	3	29.10	14.08	56.82
D	4	28.91	16.36	54.73

定量分析结果表明,不同球磨时间和风冷热震实验各试样都生成了三种晶相,莫来石固溶体相($Al_{4.59}Si_{1.41}O_{9.7}$)、刚玉相($\alpha\text{-}Al_2O_3$)、钛酸铝相($Al_2TiO_5$),在图 5-21 和图 5-22 上分别用 M、C、T 表示,并标注出各自几条较强的衍射峰。

表 5-14 数据可以说明,经风冷后的试样仍然存在三种晶相,即莫来石固溶体相($Al_{4.59}Si_{1.41}O_{9.7}$)、刚玉相($\alpha\text{-}Al_2O_3$)、钛酸铝相($Al_2TiO_5$)。从表 5-13 可以看到,球磨时间从 1h 增加到 4h, Al_2TiO_5 含量从 29.17% 减少到 30.06%,减少量较小; $Al_{4.59}Si_{1.41}O_{9.7}$ 含量在 52.96%~54.62%(质量分数)变化,也变化较小,且没有变化规律性,表明球磨时间从 1h 到 4h,对固相反应形成 Al_2TiO_5 和 $Al_{4.59}Si_{1.41}O_{9.7}$ 晶相的影响不大。从表 5-14 可以看出,经球磨和风冷热震实验处理后,各球磨时间的 Al_2TiO_5 含量都有所降低,降低的量较少,从 28.61% 到 29.17%(质量分数); $Al_{4.59}Si_{1.41}O_{9.7}$ 含量在 55.85%~56.82%变化,变化较少,且也没有变化规律性,表明球磨时间从 1h 到 4h 的风冷热震实验对固相反应形成 Al_2TiO_5 和 $Al_{4.59}Si_{1.41}O_{9.7}$ 晶相的影响较小。

为了确定出最佳的球磨时间,需对各试样进行进一步的性能和结构测试,分析所测得的数据,以此来做出决定。

2. SEM 分析

图 5-23 和图 5-24 分别表示球磨 1h 和球磨 1h 风冷后的 SEM 图像。从图 5-23 可以看到柱状莫来石固溶体晶体、粒状的刚玉晶体和变形斜方粒状的钛酸铝晶体,三者被玻璃相黏结在一起,构成三种晶体分布较均匀的致密结构,玻璃相将晶体包裹,使晶体表面光滑,有的莫来石固溶体晶体变成偏形的柱状体,形成凹凸不平的表面,少数钛酸铝晶体仍保持着明显的斜方粒状,刚玉晶体不呈六方片状,试样的烧结程度较高,强度较高。图 5-24 是球磨 1h 风冷后的 SEM 图像。从图中可以看到,柱状莫来石固溶体晶体长得比图 5-23 大和长,能构成比较完整的网络结构,玻璃相明显减少,刚玉晶体和钛酸铝晶体长得相对较小,较均匀地分布在网络结构中,结构致密,表现出试样的强度高。这是由于球磨 1h 风冷后试样比球磨 1h 试样的高有所减少,少数钛酸铝晶体仍保持着明显的斜方粒状,刚玉晶体不呈六方片状,存在于各晶界处,连接着各晶体但又不至于使晶界太模糊,莫来石晶体尺寸较小,结构较为致密,宏观上表现为强度高。

3. 性能分析

不同球磨时间各试样折强度、水冷试样的抗折强度、水冷试样的抗折强度保持率列于表 5-15;不同球磨时间各试样抗折强度、风冷试样的抗折强度、风冷试样的抗折强度保持率列于表 5-16;不同球磨时间各试样的其他性能列于表 5-17。

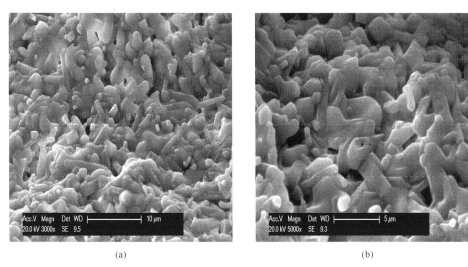

(a)　　　　　　　　　　　　　　　　(b)

图 5-23　球磨 1h 的 SEM 图像

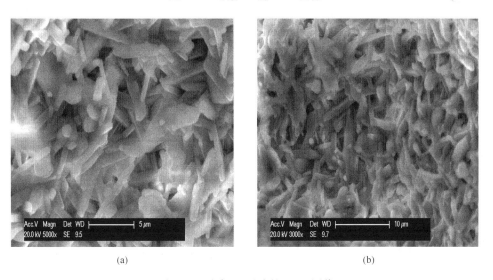

(a)　　　　　　　　　　　　　　　　(b)

图 5-24　球磨 1h 风冷的 SEM 图像

表 5-15　不同球磨时间各试样的水冷抗折强度

球磨时间/h	抗折强度/MPa	水冷抗折强度/MPa	水冷抗折强度保持率/%
1	85.18	41.65	48.90
2	89.26	43.48	48.71
3	92.84	42.15	45.40
4	102.20	40.76	39.88

表 5-16　不同球磨时间各试样的风冷抗折强度

球磨时间/h	抗折强度/MPa	风冷抗折强度/MPa	风冷抗折强度保持率/%
1	85.18	107.50	126.20
2	89.26	101.55	113.77
3	92.84	114.98	123.85
4	102.20	138.38	135.40

表 5-17　不同球磨时间各试样的性能

球磨时间/h	显气孔率/%	吸水率/%	体积密度/(g/cm³)
1	18.29	6.75	2.71
2	16.10	5.79	2.78
3	20.62	7.79	2.65
4	18.30	6.65	2.73

从表 5-15 和表 5-17 可以看出,随着球磨时间从 1h 延长到 4h,试样 A 到 D 的抗折强度从 85.18MPa 增加到了 102.20MPa;体积密度呈不规则变化,在 2.65g/cm³ 到 2.78g/cm³ 之间,变化较小。水冷后各试样的抗折强度急速下降,其中球磨 1h 试样从 85.18MPa 下降到 41.65MPa,保持率为 48.90%;2h 试样从 89.26MPa 下降到 43.48MPa,保持率为 48.71%;3h 试样从 92.84MPa 下降到 42.15MPa,保持率为 45.40%;4h 试样从 102.20MPa 下降到 40.76MPa,保持率为 39.88%。水急冷后各试样的抗折强度降低幅度较大,热震抗折强度保持率基本呈下降趋势,从 48.50% 下降到 39.64%。这是由于随着研磨时间的延长,原料粒子越细,粒子表面积增加,活性提高,烧结的推动力增大,有利于试样的烧结,增加材料烧结致密度,使试样的抗折强度随着磨时间的延长而增加。由于不同球磨时间各试样存在 $Al_{4.59}Si_{1.41}O_{9.7}$、$\alpha\text{-}Al_2O_3$ 和 Al_2TiO_5 三种晶相,三种晶相的热膨胀系数各自不同,当试样投入水中急冷时,各相收缩率不同,在晶面上会产生应力,导致试样内部产生裂纹;另外,850℃试样投入室温水中的瞬间,试样表面产生张应力而内层产生压力,这样容易在试样的表面上产生新裂纹,两种原因导致试样的抗折强度急速下降。

从表 5-16 中的数据可知,风冷后的抗折强度大大提高,甚至比原先烧结试样的抗折强度还要高,最低为 101.55MPa,最大达 138.38MPa,其中球磨 1h 风冷试样从 85.18MPa 增加到 107.50MPa,保持率为 126.20%;2h 风冷试样从 89.26MPa 增加到 101.55MPa,保持率为 113.77%;3h 风冷试样从 92.84MPa 增加到 114.98MPa,保持率为 123.85%;4h 风冷试样从 102.20MPa 增加到

138.38MPa,保持率为 135.40％。风冷后各试样的抗折强度和热震抗折强度保持率反而大幅度增加,这是由于风冷前将试样置于高温炉中,于 850℃保温 50min。其一,这种温度正好有助于从玻璃相中析出莫来石固溶体晶体和钛酸铝晶体,析出晶体正好填充气孔,增加致密度,能较大幅度地提高试样抗折强度。其二,这种温度正好有助于莫来石固溶体晶体的生长,使其长大和长长,有助于构成致密的网络结构,也能较大幅度地提高抗折强度。其三,风冷的冷却速度较慢,瞬时温差较小,结果产生的是微裂纹,微裂纹产生不仅使试样的抗折强度降低较少,且使试样的韧性增加,热稳定性提高。其结果使试样的抗折强度和热震抗折强度保持率较大幅度地提高。

综合各分析结果,确定最佳球磨时间为 2h,其形成的 α-Al_2O_3 相为 12.53％、$Al_{4.59}Si_{1.41}O_{9.7}$ 相为 54.62％、Al_2TiO_5 相为 32.85％(质量分数),抗折强度为 89.26MPa,1 次热震抗折强度保持率为 48.71％(水冷),1 次热震抗折强度保持率为 113.77％(风冷),吸水率为 5.79％,显气孔率为 16.10％,体积密度为 2.78g/cm³。

4. 小结

(1) XRD 分析表明,不同球磨时间和风冷热震实验各试样都形成三种晶相,分别是 α-Al_2O_3、$Al_{4.59}Si_{1.41}O_{9.7}$ 和 Al_2TiO_5,其中 $Al_{4.59}Si_{1.41}O_{9.7}$ 是主晶相。球磨 1~4h 和风冷热震实验对 Al_2TiO_5 和 $Al_{4.59}Si_{1.41}O_{9.7}$ 晶相的形成影响大,两者的含量随研磨时间变化较小。

(2) 延长研磨时间,有利于原料磨细,增加原料粒子的表面积和提高活性,有助于试样的烧结,能明显增加试样的抗折强度。球磨时间从 1h 至 4h,试样的抗折强度从 85.18MPa 增加到 102.20MPa,热震抗折强度保持率从 48.90％下降到 39.88％。

(3) 在风冷实验的保温过程中,有助于从玻璃相中析出晶体,有助于莫来石固溶体晶体的生长,增加致密度,能较大幅度地提高试样抗折强度和热震抗折强度保持率;风冷的冷却速度较慢,对试样的抗折强度影响较小。球磨时间从 1h 到 4h,试样的抗折强度从原有的 85.18MPa→89.26MPa→92.84MPa→102.20MPa 增加到 107.50MPa→101.55MPa→114.98MPa→138.38MPa,对应热震抗折强度保持率达到 126.20％→113.77％→123.85％→135.40％。

(4) 综合各分析结果,确定最佳球磨时间为 2h,其形成的 α-Al_2O_3 相为 12.53％、$Al_{4.59}Si_{1.41}O_{9.7}$ 相为 54.62％、Al_2TiO_5 相为 32.85％(质量分数),抗折强度为 89.26MPa,1 次热震抗折强度保持率为 48.71％(水冷),1 次热震抗折强度保持率为 113.77％(风冷),吸水率为 5.79％,显气孔率为 16.10％,体积密度为 2.78g/cm³

5.3.4　本节小结

（1）XRD 分析结果表明，不同反应烧结温度和不同保温时间的各试样都形成三种晶相，分别是 α-Al_2O_3、$Al_{4.59}Si_{1.41}O_{9.7}$ 和 Al_2TiO_5。反应温度从 1460℃ 到 1480℃，反应对 $Al_{4.59}Si_{1.41}O_{9.7}$ 的形成有利，而对 Al_2TiO_5 形成不利，所以 Al_2TiO_5 含量从 27.4% 下降至 26.0%，$Al_{4.59}Si_{1.41}O_{9.7}$ 含量从 53.7% 增加至 56.9%；从 1480℃ 到 1540℃，温度上升对两者的形成影响不大，Al_2TiO_5 含量维持在 26.0% 左右，$Al_{4.59}Si_{1.41}O_{9.7}$ 含量维持在 57% 左右。保温时间延长对 $Al_{4.59}Si_{1.41}O_{9.7}$ 的形成有利，而对 Al_2TiO_5 形成不利，保温时间从 2h 到 6h，Al_2TiO_5 含量从 17.73% 下降到 15.19%；$Al_{4.59}Si_{1.41}O_{9.7}$ 含量从 55.38% 增加到 58.59%。SEM 分析结果表明，1500℃ 与 1520℃ 烧结试样的形貌为最佳，保温 4h 试样的形貌为较佳。

（2）反应烧结温度升高有利于试样的烧结，有效地增加试样的强度和密度，烧结温度从 1460℃ 到 1540℃，试样的抗折强度从 73.77MPa 增至 97.28MPa，显气孔率从 23.36% 降至 13.63%，体积密度从 2.57g/cm³ 增加到 2.84g/cm³；烧结温度从 1460℃ 到 1500℃，试样的热震抗折强度保持率是增加的（36.9%→47.25%），烧结温度从 1500℃ 到 1540℃，热震抗折强度保持率是下降的（47.25%→42.85%）。

（3）延长保温时间对试样的烧结有利，能增加试样的强度和密度，但会降低试样的热稳定性；保温时间从 2h 到 6h，使试样的抗折强度从 74.89MPa 上升到 85.02MPa；体积密度则从 2.59g/cm³ 增加到 2.70g/cm³；显气孔率从 21.67% 下降到 18.72% 热震抗折保持率从 46.06% 下降到 38.98%。

（4）综合分析结果，确定 1500℃ 为最佳烧结温度，4h 为最佳保温时间。对应的性能为：α-Al_2O_3 相为 26.62%、$Al_{4.59}Si_{1.41}O_{9.7}$ 相为 57.90%、Al_2TiO_5 相为 15.48%（质量分数），抗折强度为 83.79MPa，1 次热震强度抗折强度保持率为 43.10%，吸水率为 7.60%，显气孔率为 19.92%，体积密度为 2.66g/cm³。

5.4　矿化剂对复相材料结构和性能的影响

在已确定的最佳配方（细煅烧废渣为 31%、粗煅烧废渣为 25%、黏土 1# 为 8%、黏土 2# 为 23%、TiO_2 为 13%）中加入一定量的矿化剂（滑石和 $ZrSiO_4$）[66,67]，根据前面的生产方法，采用最佳的工艺条件（煅烧温度 1500℃，保温时间 4h）制备试样，对烧成后的试样进行一系列测试，对测试结果进行结构和性能分析，探讨不同添加剂各添加量对莫来石-刚玉-钛酸铝复相材料结构和性能的影响并确定最佳的添加量[68]。各添加剂的添加量见表 5-18。

表 5-18　滑石和 $ZrSiO_4$ 的添加量(外加)　　　　　　(单位:%)

添加剂	添加量					
$ZrSiO_4$	0	2	3	4	5	6
滑石	0	1	2	3	4	5

5.4.1　$ZrSiO_4$ 矿化剂对复相材料结构和性能的影响

1. 样品制备

在已确定的最佳配方中分别加入 2%、3%、4%、5%、6% 的 $ZrSiO_4$ 矿化剂进行实验,配方号分别为 A、B、C、D、E、F,各组配方经成型后,采用最佳的工艺条件烧结(煅烧温度 1500℃,保温时间 4h)[69,70]。对烧成后的各试样进行 XRD、SEM 和性能分析,综合各分析结果,确定 $ZrSiO_4$ 最佳添加量[71,72]。

2. XRD 分析

各试样 XRD 实验数据用 Origin 软件处理,并整合成一组图谱,如图 5-25 所示,横坐标代表衍射角度,纵坐标代表衍射强度。根据 Rietveld Quantification 软件定量分析结果,各试样中都存在三种相:α-Al_2O_3 相、$Al_{4.59}Si_{1.41}O_{9.7}$ 相、Al_2TiO_5 相,各相的含量列于表 5-19 中。

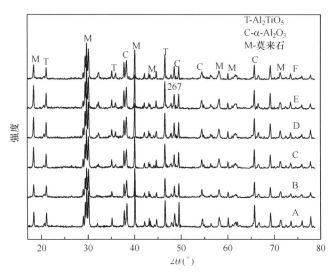

图 5-25　添加 $ZrSiO_4$ 矿化剂各试样的 XRD 图谱

表 5-19　添加 $ZrSiO_4$ 矿化剂各试样的晶相及其含量（质量分数）

试样编号	$ZrSiO_4$添加量/%	Al_2TiO_5/%	$\alpha\text{-}Al_2O_3$/%	$Al_{4.59}Si_{1.41}O_{9.7}$/%
A	0	17.83	26.23	55.94
B	2	30.06	17.24	52.74
C	3	29.66	14.24	55.34
D	4	29.25	15.18	54.56
E	5	28.20	13.14	56.22
F	6	28.10	11.42	57.63

图 5-25 中的 M、C、T 分别表示 $Al_{4.59}Si_{1.41}O_{9.7}$、$\alpha\text{-}Al_2O_3$、$Al_2TiO_5$，在图上的位置为各自晶相的较强衍射峰。

从表 5-19 可以看出，试样从 A 到 F，添加不同含量的 $ZrSiO_4$ 矿化剂都能明显地提高 Al_2TiO_5 含量，添加量从 $0 \rightarrow 2\% \rightarrow 3\% \rightarrow 4\% \rightarrow 5\% \rightarrow 6\%$，$Al_2TiO_5$ 含量从 $17.83\% \rightarrow 30.06\% \rightarrow 29.66\% \rightarrow 29.25\% \rightarrow 28.20\% \rightarrow 28.10\%$，$\alpha\text{-}Al_2O_3$ 含量明显地降低，从 $26.23\% \rightarrow 17.24\% \rightarrow 14.24\% \rightarrow 15.18\% \rightarrow 13.14\% \rightarrow 11.42\%$，而 $Al_{4.59}Si_{1.41}O_{9.7}$ 含量变化不大。Al_2TiO_5 含量明显地提高，这是由于 $ZrSiO_4$ 矿化剂高温分解成 ZrO_2 和 SiO_2：

$$ZrSiO_4 \longrightarrow ZrO_2 + SiO_2 \tag{5-11}$$

分解形成的 ZrO_2 与 Al_2TiO_5 形成置换固溶体，从而抑制 Al_2TiO_5 的分解，是 Al_2TiO_5 含量提高的原因。即 ZrO_2 中的 Zr^{4+} 分别取代 Al_2TiO_5 中 Al^{3+} 和 Ti^{4+} 形成带有结构缺陷的钛酸铝固溶体 $Al_{2-x}Zr_{x+y}Ti_{1-y}O_5$；其属于晶体结构不完整的点缺陷，讨论形成历程：

$Al_{2-x}Zr_{x+y}Ti_{1-y}O_5$ 是 ZrO_2 矿化剂中 Zr^{4+} 分别取代 Al_2TiO_5 中 Al^{3+} 和 Ti^{4+} 形成的固溶体，Zr^{4+} 取代 Al_2TiO_5 中 Al^{3+} 形成置换固溶体的缺陷方程如下：

$$ZrO_2 \xrightarrow{Al_2O_3 \cdot TiO_2} 2Al_{Al} + Zr_{Ti} + 5O_O \tag{5-12}$$

由于 $r_{Zr^{4+}} = 0.074nm$，$r_{Ti^{4+}} = 0.061nm$，$\Delta r_1 = (0.074 - 0.061) \div 0.074 \times 100\% = 17.56\%$，而且 Zr^{4+} 价态与 Ti^{4+} 相同，属于等价置换（取代），不形成带有电荷的离子空位，所以 Zr^{4+} 取代 Ti^{4+} 的浓度较大；其缺陷化学式为 $Al_2Zr_xTi_{1-x}O_5$。

Zr^{4+} 取代 Al_2TiO_5 中 Al^{3+} 形成置换固溶体缺陷方程如下：

$$3ZrO_2 \xrightarrow{2(Al_2O_3 \cdot TiO_2)} 3Zr^{\cdot}_{Al} + V'''_{Al} + 2Ti_{Ti} + 10O_O \tag{5-13}$$

由于 Zr^{4+} 和 Al^{3+} 价态不同，属于不等价置换，形成带有三个负电荷的 Al^{3+} 空位，而且锆离子半径为 $r_{Zr^{4+}} = 0.074nm$，铝离子半径为 $r_{Al^{3+}} = 0.054nm$，$\Delta r_1 = (0.074 - 0.054) \div 0.072 \times 100\% = 27.02\% > 15\%$，所以 Zr^{4+} 取代 Al^{3+} 的浓度较小，Zr^{4+} 取代 Ti^{4+} 的浓度比取代 Al^{3+} 的浓度大，其缺陷化学式为 $Al_{2-y}Zr_yV_{Al\,y/3}TiO_5$，

将 Al^{3+} 的空位省略,缺陷化学式可写成 $Al_{2-y}Zr_yTiO_5$。总缺陷化学式为 $Al_2Zr_xTi_{1-x}O_5+Al_{2-y}Zr_yTiO_5 \longrightarrow Al_{2-y}Zr_{x+y}Ti_{1-x}O_5$。

从表 5-19 可以看出,$ZrSiO_4$ 添加量从 0→2%,Al_2TiO_5 含量从 17.83%→30.06%,增加了 12.23%;α-Al_2O_3 含量从 26.23%→17.24%,降低了 8.99%;$Al_{4.59}Si_{1.41}O_{9.7}$ 含量从 55.94% 到 52.74%,只降低了 3.20%;表明添加 2% 的 $ZrSiO_4$,就能显著抑制 Al_2TiO_5 的分解。添加量从 2% 到 6%,Al_2TiO_5 含量从 30.06% 下降到 28.10%,下降的幅度较小,$Al_{4.59}Si_{1.41}O_{9.7}$ 含量从 52.74% 增加到 57.63%,这是由于 $ZrSiO_4$ 分解形成的 SiO_2 与 α-Al_2O_3 反应形成 $Al_{4.59}Si_{1.41}O_{9.7}$。随着 $ZrSiO_4$ 添加量的增加,分解形成的 SiO_2 增多,反应形成 $Al_{4.59}Si_{1.41}O_{9.7}$ 含量逐渐增多(增加幅度较小),必然引起 Al_2TiO_5 含量逐渐减少(减少幅度较小),表明 Al_2TiO_5 含量减少不是分解引起的,而是 $ZrSiO_4$ 中的 SiO_2 与 α-Al_2O_3 反应形成 $Al_{4.59}Si_{1.41}O_{9.7}$ 造成的,也表明 $ZrSiO_4$ 添加量从 2% 到 6%,能有效地抑制 Al_2TiO_5 的分解,使其处于较稳定状态,所以 $ZrSiO_4$ 是抑制 Al_2TiO_5 分解较理想的矿化剂。从形成的晶相考虑,2%～6% 都可以作为较佳的 $ZrSiO_4$ 矿化剂添加量,在确定最佳添加量时,还要结合试样的性能进行。

3. 各相晶胞参数表征

矿化剂的影响及晶相比例的不同,在合成莫来石-刚玉-钛酸铝复相材料的过程中,会造成晶体的晶胞参数发生一定程度的变化[73,74]。采用 Philips X'pert plus 软件分析和确定各试样中晶体的晶胞参数及其变化,并分别列于表 5-20、表 5-21 和表 5-22。

1) 不同 $ZrSiO_4$ 添加量对莫来石晶体结构的影响

表 5-20　各试样的莫来石固溶体晶胞参数

试样编号	a/nm	b/nm	c/nm	V/nm³	α/(°)	β/(°)	γ/(°)	晶系
A	0.7573	0.7702	0.2893	0.1687	90	90	90	斜方
B	0.7573	0.7703	0.2892	0.1687	90	90	90	斜方
C	0.7573	0.7701	0.2893	0.1687	90	90	90	斜方
D	0.7574	0.7702	0.2893	0.1688	90	90	90	斜方
E	0.7574	0.7703	0.2894	0.1688	90	90	90	斜方
F	0.7575	0.7702	0.2893	0.1688	90	90	90	斜方

从表 5-20 可看出,莫来石相属于斜方晶系,$a \neq b \neq c$,$\alpha = \beta = \gamma = 90°$,Pbam 空间群。其中 B 到 C 的 Δa 保持不变,D 到 F 依次递增,分别为 0.0001nm、0.0001nm、0.0002nm;b 轴的 Δb 为 -0.0001～0.0001nm,变化不大;而 c 轴变化幅度也是跟 b 轴一样的,变化不大。晶胞体积在 B→C 时不变,D→F 都增加了

0.0001nm³。E 的 a 轴与晶胞体积都达到了最大值,b 与 c 轴长度都在中间。

2) 不同 $ZrSiO_4$ 添加量对刚玉晶体结构的影响

表 5-21 各试样的刚玉晶胞参数

试样编号	a/nm	b/nm	c/nm	V/nm³	α/(°)	β/(°)	γ/(°)	晶系
A	0.4761	0.4761	1.2996	0.2550	90	90	120	三方
B	0.4761	0.4761	1.2996	0.2551	90	90	120	三方
C	0.4761	0.4761	1.2994	0.2550	90	90	120	三方
D	0.4760	0.4760	1.2995	0.2550	90	90	120	三方
E	0.4761	0.4761	1.2997	0.2551	90	90	120	三方
F	0.4761	0.4761	1.2996	0.2551	90	90	120	三方

从表 5-21 可知,刚玉相(α-Al_2O_3 相)属于三方晶系,$a=b\neq c$,$\alpha=\beta=90°$,$\gamma=120°$,$R\bar{3}c$ 空间群,从试样 A→F,虽然 $ZrSiO_4$ 含量比值发生变化,但刚玉相仍然保留三方晶系不变,且空间群同样不发生变化,而晶胞参数发生了微小变化。从表中可知,试样 A→F,各组试样 a、b 轴长度基本不变;而 c 轴的 Δc 在 $-0.0002\sim0.0001$nm 波动,变化不大。晶胞体积也变化不大,基本不变。

3) 不同 $ZrSiO4$ 添加量对钛酸铝晶体结构的影响

表 5-22 各试样的钛酸铝晶胞参数

试样编号	a/nm	b/nm	c/nm	V/nm³	α/(°)	β/(°)	γ/(°)	晶系
A	0.3589	0.9451	0.9665	0.3278	90	90	90	斜方
B	0.3587	0.9451	0.9666	0.3277	90	90	90	斜方
C	0.3586	0.9458	0.9682	0.3284	90	90	90	斜方
D	0.3586	0.9459	0.9684	0.3285	90	90	90	斜方
E	0.3587	0.9460	0.9683	0.3286	90	90	90	斜方
F	0.3586	0.9461	0.9679	0.3284	90	90	90	斜方

从表 5-22 可知,钛酸铝相属于斜方晶系,$a\neq b\neq c$,$\alpha=\beta=\gamma=90°$,Cmcm 空间群,试样 A 到 F,虽然 $ZrSiO_4$ 含量比值发生变化,钛酸铝相仍然保留三方晶系不变,且空间群同样不发生变化,而晶胞参数发生了微小的变化。从表中可知,试样 A 到 F,试样 a 轴长度呈现下降的趋势,从 0.3589nm 下降到 0.3586nm,Δa 为 0.0003nm;b 轴逐渐增加且幅度较大,从 0.9451nm 增加到 0.9461nm,Δb 高达 0.0010nm;而 c 轴增加幅度更大,由 0.9665nm 增加到 0.9684nm,Δc 为 0.0019nm,变化很大;晶胞体积变化浮动较大,但整体是增加的,从 0.3278nm³ 增到了 0.3286nm³,ΔV 为 0.0008nm²,变化较为明显。

4. SEM 分析

图 5-26～图 5-29 分别表示 $ZrSiO_4$ 添加量为 0、3%、4%、5% 的 SEM 图像。图 5-26 和图 5-27 为添加量分别为 0、3% 试样的局部图像,两者的微观形貌基本相似,从图上可以看出短柱状的莫来石固溶体晶体以及变形斜方的钛酸铝和变形六方刚玉晶体,其中添加量为 3% 的试样晶体长得比添加量为 0 的试样稍大些;整体微观结构较致密,但不构成网络结构,烧结程度较高,表明试样的强度较高。图 5-

(a)　　　　　　　　　　　　　　　　(b)

图 5-26　未添加 $ZrSiO_4$ 的 SEM 图像

(a)　　　　　　　　　　　　　　　　(b)

图 5-27　添加 3% $ZrSiO_4$ 的 SEM 图像

28 添加量为 4% 试样的局部图像。从图上可以看出,莫来石固溶体晶体明显长大和长长,且能构成相互交错的网络结构,结构中观察到个别异常长大的钛酸铝晶体,表明该试样的强度增加和热稳定性高。图 5-29 添加量为 5% 试样的局部图像。从图上可以看出,三种晶体都有不同程度的长大,其中钛酸铝和刚玉晶体长得相对大,可以看到位钛酸铝晶体有明显斜方多面体形状,刚玉晶体呈较大的片状,莫来石固溶体晶体呈短柱状,微观结构比较致密,但不能构成网络结构,因此,该试样的强度比添加量为 5% 的试样低,热稳定性也相对下降。分析结果表明,添加 4% $ZrSiO_4$ 的试样有相对最佳的微观形貌。

(a)

(b)

图 5-28 添加 4% $ZrSiO_4$ 的 SEM 图像

(a)

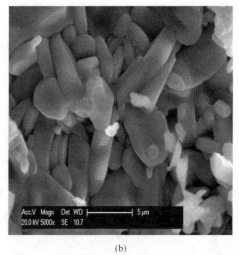
(b)

图 5-29 添加 5% $ZrSiO_4$ 的 SEM 图像

5. 性能分析

对不同 $ZrSiO_4$ 添加量的各试样进行性能测试,分别测试其抗折强度、1 次热震抗折强度并计算出 1 次热震抗折强度保持率,所得数据列于表 5-23 中;测算出的显气孔率、体积密度和吸水率,列于表 5-24 中。

表 5-23　不同 $ZrSiO_4$ 添加量对复相材料性能的影响(Ⅰ)

$ZrSiO_4$ 添加量/%	抗折强度/MPa	1 次热震抗折强度/MPa	1 次热震抗折强度保持率/%
0	88.87	30.47	34.29
2	89.45	39.49	44.15
3	96.70	40.41	41.79
4	95.98	41.75	43.50
5	86.55	35.37	40.87
6	83.09	40.77	49.07

表 5-24　不同 $ZrSiO_4$ 添加量对复相材料性能的影响(Ⅱ)

$ZrSiO_4$ 添加量/%	显气孔率/%	吸水率/%	体积密度/(g/cm³)
0	18.36	6.75	2.73
2	16.41	5.88	2.79
3	14.56	5.12	2.80
4	10.85	3.72	2.91
5	12.10	4.31	2.89
6	14.37	4.97	2.81

从表 5-23 和表 5-24 可看出,各试样的抗折强度较高,且基本呈现先升高后下降的趋势。从 A 到 C,$ZrSiO_4$ 添加量从 0 到 3%,试样的抗折强度从 88.87MPa 升至 96.70MPa;从 C 到 F,$ZrSiO_4$ 添加量从 3% 到 6%,试样的抗折强度从 96.70MPa 降至 83.09MPa。从 A 到 D,$ZrSiO_4$ 添加量从 0 到 4%,其体积密度随 $ZrSiO_4$ 添加量的增加而增加,显气孔率与吸水率随 $ZrSiO_4$ 添加量的增加而下降,体积密度从 2.73g/cm³ 增加至 2.91g/cm³,显气孔率从 18.36% 降低至 10.85%,吸水率从 6.75% 降低至 3.72%;从 D 到 F,$ZrSiO_4$ 添加量从 4% 到 6%,其体积密度随 $ZrSiO_4$ 添加量的增加而减少,从 2.91g/cm³ 降低至 2.81g/cm³,显气孔率与吸水率随 $ZrSiO_4$ 添加量的增加而增加,显气孔率从 10.85% 增加至 14.37%,吸水率从 3.72% 增加至 4.97%。分析发现,在莫来石-刚玉-钛酸铝复相材料中添加

$ZrSiO_4$矿化剂时,能提高材料的抗折强度和体积密度、降低材料的显气孔率与吸水率的较佳晶相含量比例为钛酸铝∶刚玉∶莫来石固溶体＝29％～30％∶14％～17％∶52％～55％。从表5-23看出,添加2％～6％$ZrSiO_4$矿化剂都能明显地提高试样的热震抗折强度保持率,$ZrSiO_4$添加量从0→2％→3％→4％→5％→6％,试样的热震抗折强度保持率从34.29％→44.15％→41.79％→43.50％→40.87％→49.07％。由于D试样的抗折强度次高、1次热震抗折强度为最高,分别95.98MPa、41.75MPa,1次热震抗折强度保持率较高,为43.50％,性能分析结果表明,D试样的性能为最佳。

综合晶相结构与性能分析结果,确定D为最佳的配方,其配方为:$ZrSiO_4$添加量为4％,形成的α-Al_2O_3相为15.18％、$Al_{4.59}Si_{1.41}O_{9.7}$相为54.56％、$Al_2TiO_5$相为29.25％,抗折强度为95.98MPa、体积密度为2.91g/cm^3、显气孔率为10.85％、吸水率为3.72％,1次热震抗折强度保持率为43.50％。

5.4.2　滑石矿化剂对复相材料结构和性能的影响

1.试样制备

在已确定的最佳配方中分别加1％、2％、3％、4％、5％的滑石矿化剂进行实验,配方号分别为A、B、C、D、E、F,各组配方经成型后,采用最佳的工艺条件烧结(煅烧温度1500℃,保温时间4h)。对烧成后的各试样进行XRD、SEM和性能分析,综合各分析结构,确定滑石的最佳添加量[75,76]。

2.XRD分析

各试样经XRD分析,实验数据用Origin软件处理,并整合成一组图谱,如图5-30所示,横坐标代表衍射角度,纵坐标代表衍射强度。根据Rietveld Quantification软件定量分析结果知道,各试样中都有三个相存在,α-Al_2O_3相、$Al_{4.59}Si_{1.41}O_{9.7}$相、$Al_2TiO_5$相,计算出各相的含量并列于表5-25中。

表5-25　添加滑石矿化剂各试样的晶相及其含量(质量分数)

试样代号	滑石添加量/％	Al_2TiO_5/％	α-Al_2O_3/％	$Al_{4.59}Si_{1.41}O_{9.7}$/％
A	0	17.83	26.23	55.94
B	1	18.69	27.26	54.05
C	2	25.76	25.95	48.28
D	3	26.34	25.87	47.79
E	4	26.91	25.79	47.30
F	5	31.87	23.35	44.78

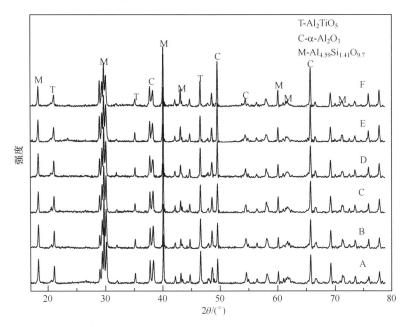

图 5-30　添加滑石矿化剂各试样的 XRD 图谱

图 5-30 中的 M、C、T 分别表示 $Al_{4.59}Si_{1.41}O_{9.7}$、$\alpha\text{-}Al_2O_3$、$Al_2TiO_5$，在图上的位置为各自晶相的较强衍射峰。

从表中看出，添加滑石矿化剂增加了 Al_2TiO_5 相的含量，从 17.83%上升到 31.87%（质量分数）；$Al_{4.59}Si_{1.41}O_{9.7}$ 含量降低，从 55.94%减少到 44.78%（质量分数）。滑石矿化剂添加量 1%～4%，$\alpha\text{-}Al_2O_3$ 含量变化不大，当添加量为 5%时，$\alpha\text{-}Al_2O_3$ 含量下降到 23.35%（质量分数）。由此说明，滑石矿化剂能够抑制钛酸铝的分解，在 1%时效果还不是很明显，而当添加量从 2%逐渐增到 5%时，钛酸铝含量增加比较多，说明此时的滑石矿化剂对于形成钛酸铝的反应是十分有利的，而形成莫来石的反应受到抑制，从而莫来石含量相应减少。滑石（$3MgO \cdot 4SiO_2 \cdot H_2O$）矿化剂抑制钛酸铝的分解机理为

$$3MgO \cdot 4SiO_2 \cdot H_2O \longrightarrow 3MgO + 4SiO_2 + H_2O \uparrow \tag{5-14}$$

根据式(5-14)知道，滑石矿化剂在高温分解成 MgO、SiO_2 和 H_2O，MgO 与 Al_2TiO_5 形成固溶体，以达到抑制 Al_2TiO_5 分解的效果，使 Al_2TiO_5 含量从 17.83% 提高到 31.87%。即 MgO 中的 Mg^{2+} 分别取代 Al_2TiO_5 中 Al^{3+} 和 Ti^{4+} 形成带有结构缺陷的钛酸铝固溶体 $Al_{2-x}Mg_{x+y}Ti_{1-y}O_5$；其形成历程如下：

Mg^{2+} 取代 Al_2TiO_5 中 Ti^{4+} 形成置换固溶体缺陷方程为

$$MgO \xrightarrow{Al_2O_3 \cdot TiO_2} 2Al_{Al} + Mg''_{Ti} + V_O^{\cdot\cdot} + 4O_O \tag{5-15}$$

由于 $r_{Mg^{2+}} = 0.072nm$，$r_{Ti^{4+}} = 0.061nm$，$\Delta r_1 = (0.072 - 0.061) \div 0.072 \times 100\% = 15\%$，而且 Mg^{2+} 价态与 Ti^{4+} 不同，属于不等价置换（取代），形成带有两个

正电荷的氧离子空位,所以 Mg^{2+} 只能部分取代 Ti^{4+},其缺陷化学式为 $Al_2Mg_xV_OTi_{1-x}O_5$。

Mg^{2+} 取代 Al_2TiO_5 中 Al^{3+} 形成置换固溶体缺陷方程如下:

$$2MgO \xrightarrow{Al_2O_3 \cdot TiO_2} 2Mg'_{Al} + V_O^{\cdot\cdot} + Ti_{Ti} + 4O_O \tag{5-16}$$

由于 Mg^{2+} 和 Al^{3+} 价态不同,属于不等价置换,形成带有两个正电荷的氧离子空位,而且镁离子半径为 $r_{Mg^{2+}} = 0.072nm$,铝离子半径为 $r_{Al^{3+}} = 0.054nm$,$\Delta r_1 = (0.072 - 0.054) \div 0.072 \times 100\% = 25\% > 15\%$,因此 Mg^{2+} 取代 Al^{3+} 的浓度较小,Mg^{2+} 取代 Ti^{4+} 的浓度比取代 Al^{3+} 的浓度大,其缺陷化学式为 $Al_{2-y}Zr_yV_{O1/2}TiO_5$,将 Al^{3+} 的空位省略,缺陷化学式可写成 $Al_{2-y}Zr_{y/3}TiO_5$。总缺陷化学式为 $Al_2Mg_xV_OTi_{1-x}O_5 + Al_{2-y}Zr_yV_{O1/2}TiO_5 \longrightarrow Al_{2-y}Zr_{x+y}V_{O3/2}Ti_{1-x}O_5$,将氧离子空位省略,缺陷化学式可写成 $Al_{2-y}Zr_{x+y}Ti_{1-x}O_5$。

从形成的晶相考虑,$2\% \sim 5\%$ 都可以选择为较佳的 $ZrSiO_4$ 矿化剂添加量,在确定最佳添加量时,应该结合试样的晶相与性能综合进行考虑。

3. 各相晶胞参数表征

采用 Philips X'pert plus 软件分析和确定各试样中晶体的晶胞参数及其变化,并分别列于表 5-26、表 5-27 和表 5-28。

1) 不同滑石添加量对莫来石晶体结构的影响

表 5-26　各试样的莫来石固溶体晶胞参数

试样编号	a/nm	b/nm	c/nm	V/nm³	α/(°)	β/(°)	γ/(°)	晶系
A	0.7573	0.7702	0.2893	0.1687	90	90	90	斜方
B	0.7573	0.7704	0.2893	0.1688	90	90	90	斜方
C	0.7574	0.7703	0.2894	0.1688	90	90	90	斜方
D	0.7573	0.7706	0.2894	0.1689	90	90	90	斜方
E	0.7574	0.7705	0.2894	0.1689	90	90	90	斜方
F	0.7574	0.7706	0.2894	0.1689	90	90	90	斜方

从表 5-26 可看出,莫来石相属于斜方晶系,$a \neq b \neq c$,$\alpha = \beta = \gamma = 90°$,Pbam 空间群。在配制试样时,虽然滑石含量比值发生变化,但莫来石仍保留斜方晶系,且空间群亦不发生变化。虽然晶胞参数发生变化,但幅度不大。从试样 A 到 F 可看出,随着滑石含量比值升高,a、b、c 三轴均发生了不同程度的伸长,即 $a = 0.7573nm$ 到 $a = 0.7574nm$;$b = 0.7702nm$ 到 $b = 0.7706nm$;$c = 0.2893nm$ 到 $c = 0.2894nm$,晶胞体积也有所增加,晶胞体积由 $V = 0.1687nm^3$ 到 $V = 0.1689nm^3$。试样 F 莫来石相的三轴长度及体积达到最大值。

2）不同滑石添加量对刚玉晶体结构的影响

表 5-27　各试样的刚玉晶胞参数

试样编号	a/nm	b/nm	c/nm	V/nm³	α/(°)	β/(°)	γ/(°)	晶系
A	0.4761	0.4761	1.2996	0.2549	90	90	120	三方
B	0.4762	0.4762	1.2999	0.2553	90	90	120	三方
C	0.4762	0.4762	1.2999	0.2552	90	90	120	三方
D	0.4763	0.4763	1.2999	0.2553	90	90	120	三方
E	0.4763	0.4763	1.3000	0.2545	90	90	120	三方
F	0.4763	0.4763	1.3000	0.2554	90	90	120	三方

从表 5-27 可知，刚玉相（α-Al_2O_3 相）属于三方晶系，$a=b\neq c$，$\alpha=\beta=90°$，$\gamma=120°$，R$\bar{3}$c 空间群，从试样 A 到 E，虽然滑石含量比值发生变化，但刚玉相仍然保留三方晶系不变，且空间群同样不发生变化，而晶胞参数发生了微小变化。从表中可知，试样 A 到 F，试样三轴长度有所增大，$a=b$，从 0.4761nm 增到了 0.4763nm，其中 B 与 C 都为 0.4762nm，Δa 与 Δb 都为 0.0001nm，而从 D 到 F 都为 0.4763nm，Δa 与 Δb 分别为 0.0001nm 和 0.0002nm；c 轴的增幅较大，A 到 C 都是 Δc 为 0.0003nm，D 和 E 则为 0.0004nm；晶胞体积也是增加的，从 0.2549nm³ 到 0.2554nm³，幅度较大。

3）不同滑石添加量对钛酸铝晶体结构的影响

表 5-28　各试样的钛酸铝晶胞参数

试样编号	a/nm	b/nm	c/nm	V/nm³	α/(°)	β/(°)	γ/(°)	晶系
A	0.3589	0.9451	0.9665	0.3278	90	90	90	斜方
B	0.3591	0.9458	0.9676	0.3287	90	90	90	斜方
C	0.3592	0.9461	0.9680	0.3290	90	90	90	斜方
D	0.3594	0.9469	0.9684	0.3296	90	90	90	斜方
E	0.3592	0.9472	0.9694	0.3298	90	90	90	斜方
F	0.3596	0.9472	0.9690	0.3301	90	90	90	斜方

从表 5-28 可知，钛酸铝相属于斜方晶系，$a\neq b\neq c$，$\alpha=\beta=\gamma=90°$，Cmcm 空间群，试样 A 到 F，虽然滑石含量比值发生变化，钛酸铝相仍然保留斜方晶系不变，且空间群同样不发生变化，而晶胞参数发生了微小变化。从表中可知，试样 A 到 F，试样 a 轴长度基本呈现上升的趋势，从 0.3589nm 增到了 0.3596nm，Δa 最大为 0.0007nm；b 轴也有大幅度增加，从 0.9451nm 到 0.9472nm，增幅最大为 0.0021nm；c 轴同样也有较大程度的增加，由 0.9665nm 增到了 0.9694nm，Δc 为 0.0029nm，变化很大；晶胞体积从 0.3278nm³ 增到了 0.3301nm³，ΔV 为 0.0023nm³，变化很大。

4. SEM 分析

图 5-31 添加量为 0 试样的局部图像。图 5-31(a)为以钛酸铝晶体为主的局部图像。由图可以看出,由于无其他晶体生长的干扰,钛酸铝晶体可自由自在地生长,使其长成较大变形的斜方状晶体;从图 5-31(b)可以看出,短柱状的莫来石固溶体、变形斜方的钛酸铝和粒状刚玉晶体三者同时存在,生长时三者之间会相互干扰,所以三者的尺寸比图 5-31(a)中小得多。图 5-32 为添加量为 1%试样的局部图像。由图可以看出,变形斜方的钛酸铝和粒状刚玉晶体长得较大,莫来石固溶体呈短柱状,玻璃相增多,微观形貌不理想,这可能是电镜分析时取点局部位置不理想。

 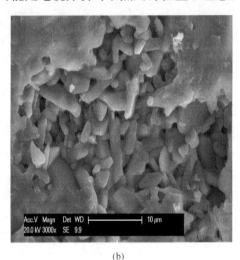

(a)   (b)

图 5-31   未添加滑石的 SEM 图像

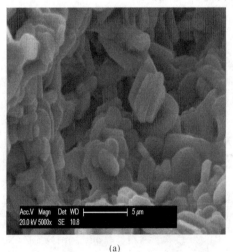 

(a)   (b)

图 5-32   添加 1%滑石的 SEM 图像

图 5-33 是滑石添加量为 2% 试样的局部图像。由图可以看出,形成玻璃相将三种晶体黏结成致密的网络结构,气孔少,烧结程度高,构成比较完善的微观形貌,表明该试样的强度高且热稳定性好。图 5-34、图 5-35、图 5-36 分别为滑石添加量为 3%、4% 和 5% 试样的局部图像,三者微观形貌基本相似,滑石矿化剂添加量增加,液相的黏度下降,有利于晶体生长,使三种晶体普遍长大,特别使莫来石固溶体晶体长成较长柱状体,都能不同程度地构成较理想的网络结构,其中添加 4% 滑石试样的更为理想,但是三者中气孔增多,致密度比添加 2% 滑石试样的低,所以添加 4% 滑石试样的微观形貌不是最佳的。分析结果表明,添加 2% 滑石试样有相对最佳的微观形貌。

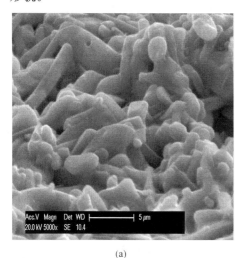
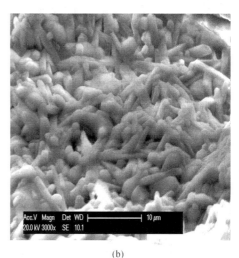

(a)   (b)

图 5-33 添加 2% 滑石的 SEM 图像

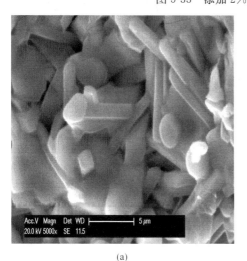
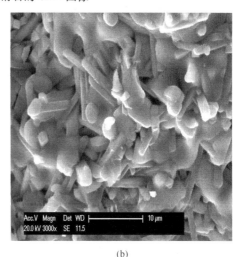

(a)   (b)

图 5-34 添加 3% 滑石的 SEM 图像

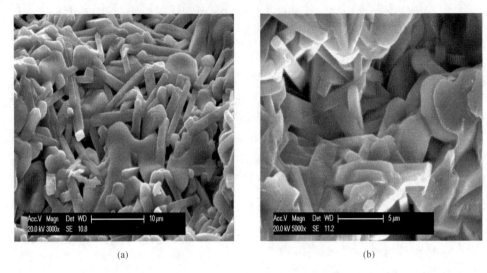

图 5-35　添加 4% 滑石的 SEM 图像

图 5-36　添加 5% 滑石的 SEM 图像

5. 性能分析

对不同滑石添加量的各试样进行性能测试,分别测试其抗折强度,1 次热震抗折强度并计算出 1 次热震抗折强度保持率,所得数据列于表 5-29;测算出的显气孔率、体积密度和吸水率,列于表 5-30。

表 5-29　不同滑石添加量对复相材料的性能影响（Ⅰ）

滑石添加量/%	抗折强度/MPa	1 次热震抗折 强度/MPa	1 次热震抗折强 度保持率/%
0	71.04	34.82	49.02
1	74.58	38.60	51.76
2	77.47	43.17	55.72
3	82.20	37.79	45.97
4	99.37	32.42	32.63
5	109.58	35.01	31.95

表 5-30　不同滑石添加量对复相料性能的影响（Ⅱ）

滑石添加量/%	显气孔率/%	吸水率/%	体积密度/(g/cm³)
0	18.36	6.75	2.73
1	16.71	6.06	2.76
2	12.03	4.16	2.90
3	7.95	2.64	3.00
4	2.12	0.69	3.06
5	1.78	0.59	3.08

从表 5-29 和表 5-30 可看出，添加不同含量的滑石矿化剂都能增加试样的抗折强度，其中添加 4% 和 5% 的试样增加相对明显。添加量从 0 到 5%，各试样的抗折强度和体积密度呈现升高趋势，分别从 71.04MPa 升至 109.58MPa 和从 2.73g/cm³ 增加至 3.08g/cm³。其显气孔率与吸水率则呈现下降趋势，分别从 18.36% 下降至 1.78% 和从 6.75% 下降至 0.59%；结合 SEM 分析结果，认为这是由于添加的部分滑石分解形成的 MgO 与 Al_2TiO_5 形成固溶体，以达到抑制 Al_2TiO_5 分解从而提高 Al_2TiO_5 含量的作用，未固溶的部分滑石与 SiO_2 以及原料中低温组分形成少量的液相，促进了烧结，增加试样致密度和强度，使试样的抗折强度和体积密度随着添加量增加而逐渐增加，使试样的显气孔率与吸水率量随着添加量增加而逐渐降低。从表 5-29 和表 5-30 可看出，添加量从 0 到 2%，试样的热震抗折强度保持率从 49.02% 提高到 55.72%，添加量从 2% 到 5%，试样的热震抗折强度保持率反而从 55.72% 降低到 31.95%。对此我们的解释是，添加滑石矿化剂在整个反应烧结过程有两个作用功能，一是能抑制 Al_2TiO_5 的分解，增加 Al_2TiO_5 的含量和提高材料的热稳定性的功能；二是未固溶过剩的滑石能与 SiO_2 以及原料中低温组分形成少量的液相，促进烧结和增加强度的功能，两者同时进行，添加量不同两者发挥作用的大小也不同，当添加量从 0 到 2% 时，试样形成的

液相相对较少,固溶 Al_2TiO_5 抑制其分解和增加 Al_2TiO_5 含量的作用占优势,所以 Al_2TiO_5 含量的增加有利提高试样热稳定性,使试样的热震抗折强度保持率从 49.02% 提高到 55.72%;当添加量从 2% 到 5% 时,试样形成的液相逐渐增多,液相增多促进了烧结的进行,同时增加强度比,从而抑制 Al_2TiO_5 分解的作用占优势,即常温下玻璃相增多,引起试样的脆性增加,热稳性下降,使试样的热震抗折强度保持率反而从 55.72% 降低到 31.95%。

综合各试样结构和性能分析结果,确定滑石最佳的添加量为 2%,其形成的晶相包括:α-Al_2O_3 相含量为 25.95%、$Al_{4.59}Si_{1.41}O_{9.7}$ 相含量为 48.28%、Al_2TiO_5 相含量为 25.76%。抗折强度为 77.47MPa、体积密度为 2.90g/cm³、显气孔率为 12.03%、吸水率为 4.16%,1 次热震抗折强度保持率为 55.72%。

5.4.3 本节小结

(1) XRD 分析结果表明,添加 $ZrSiO_4$ 矿化剂和滑石矿化剂各试样都形成三种晶相,分别为 α-Al_2O_3 相、$Al_{4.59}Si_{1.41}O_{9.7}$ 相和 Al_2TiO_5 相,其中 $Al_{4.59}Si_{1.41}O_{9.7}$ 和 Al_2TiO_5 是主晶相。两种矿化剂能促成钛酸铝形成 $Al_{2-x}Zr_{x+y}Ti_{1-y}O_5$ 和 $Al_{2-x}Mg_{x+y}Ti_{1-y}O_5$ 固溶体,起到抑制钛酸铝分解的作用,使试样中钛酸铝含量明显增加。晶胞参数分析结果表明,各晶相的晶胞参数和晶胞体积发生微小变化,但不改变各晶相的空间群。SEM 分析结果表明,添加 4% $ZrSiO_4$ 和 2% 滑石的试样有相对最佳的微观形貌。

(2) $ZrSiO_4$ 添加量从 0 到 3%,试样的抗折强度从 88.87MPa 增加至 96.70MPa,添加量从 3% 到 6%,抗折强度从 96.70MPa 下降至 83.09MPa。添加量从 0 到 4%,其体积密度随 $ZrSiO_4$ 添加量的增加而增加,显气孔率与吸水率随 $ZrSiO_4$ 添加量的增加而下降,添加量从 4% 到 6% 其变化相反。添加 $ZrSiO_4$ 矿化剂都能明显地提高试样的热震抗折强度保持率,从 34.29% 增加到 49.07%。综合分析结果,确定最佳的 $ZrSiO_4$ 添加量为 4%,其形成的 α-Al_2O_3 相含量为 15.18%、$Al_{4.59}Si_{1.41}O_{9.7}$ 相含量为 54.56%、Al_2TiO_5 相含量为 29.25%,抗折强度为 95.98MPa、体积密度为 2.91g/cm³、显气孔率为 10.85%、吸水率为 3.72%,1 次热震抗折强度保持率为 43.50%。

(3) 添加不同含量的滑石矿化剂都能增加试样的抗折强度和体积密度,其中添加 4% 和 5% 试样的抗折强度增加相对明显,分别为 99.37MPa 和 109.58MPa。试样的显气孔率与吸水率随着添加量增加而逐渐降低。添加量从 0 到 2%,试样的热震抗折强度保持率从 49.02% 提高到 55.72%,添加量从 2% 到 5%,保持率反而从 55.72% 降低到 31.95%。综合分析结果,确定滑石最佳的添加量为 2%,其形成的晶相有:α-Al_2O_3 相含量为 25.95%、$Al_{4.59}Si_{1.41}O_{9.7}$ 相含量为 48.28%、Al_2TiO_5 相含量为 25.76%。抗折强度为 77.47MPa、体积密度为 2.90g/cm³、显气孔率为 12.03％、吸水率为 4.16％,1 次热震抗折强度保持率为 55.72％。

5.5 不同的晶相比例对复相材料结构和性能的影响

本研究合成的莫来石-刚玉-钛酸铝复相材料,主要是为了发挥三相各自的优点,并让三相之间互相制约以克服各自的缺点,其中三相之间的比例将对最终合成的复相材料的结构和性能起到重要作用[77-80]。因此,将探讨通过降低刚玉含量对复相材料结构和性能的影响,从中确定最佳的三相比例[81-83];探讨通过增加钛酸铝含量对复相材料结构和性能的影响,从中确定最佳的三相比例[84,85]。

5.5.1 降低刚玉相含量对复相材料结构和性能的影响

1. 制备试样

在已确定的最佳配方 D 的基础上,通过改变 Al_2O_3/SiO_2 和 Al_2O_3/TiO_2 的比值,即改变配方中各原料的百分比,从而达到改变三相比例的目的[86,87],同样的试样制备过程,烧结工艺为已确定的最佳工艺(煅烧温度 1500℃、烧结保温时间 4h)。确定六组配方,分别用 A、B、C、D、E、F、G 表示,列于表 5-31 中,其中 A 配方为已确定的最佳配方。

表 5-31 降低刚玉相含量的配方(质量分数)   (单位:％)

试样编号	粗煅烧废渣	细煅烧废渣	黏土 1#	黏土 2#	TiO_2
A	25	31	8	23	13
B	20	25	11	31	13
C	18	27	10	32	13
D	16	29	9	33	13
E	14	31	8	34	13
F	12	33	7	35	13
G	10	35	6	36	13

根据表 5-1 和表 5-31,计算出各配方的化学组成列于表 5-32 中。

表 5-32 降低刚玉相含量各配方的化学组成(质量分数)   (单位:％)

试样编号	SiO_2	Al_2O_3	Fe_2O_3	K_2O	Na_2O	TiO_2	其他	烧失量	总计
A	16.47	65.65	0.24	0.16	0.18	13	0.09	3.89	99.68
B	21.82	58.88	0.26	0.22	0.17	13	0.12	5.27	99.74
C	21.74	59.01	0.26	0.21	0.16	13	0.11	5.27	99.77

续表

试样编号	SiO₂	Al₂O₃	Fe₂O₃	K₂O	Na₂O	TiO₂	其他	烧失量	总计
D	21.66	59.14	0.25	0.21	0.15	13	0.10	5.27	99.79
E	21.59	59.28	0.25	0.20	0.14	13	0.09	5.28	99.82
F	21.51	59.41	0.24	0.20	0.13	13	0.08	5.28	99.84
G	21.43	59.54	0.24	0.19	0.12	13	0.07	5.28	99.87

2. XRD 分析

将烧结好的各组试样分别磨成细粉,进行 X 射线衍射实验,实验数据用 Origin 软件整合成一个图谱[88,89],如图 5-37 所示,横坐标代表衍射角度,纵坐标代表衍射强度。根据 Rietveld Quantification 软件定量分析结果可以知道[90],各试样中都有三个相存在:α-Al_2O_3 相、$Al_{4.59}Si_{1.41}O_{9.7}$ 相、Al_2TiO_5 相,各相的含量被计算出并列于表 5-33 中。

图 5-37 中的 M、C、T 分别表示 $Al_{4.59}Si_{1.41}O_{9.7}$、$\alpha$-$Al_2O_3$、$Al_2TiO_5$,在图上的位置是各自晶相的较强衍射峰。

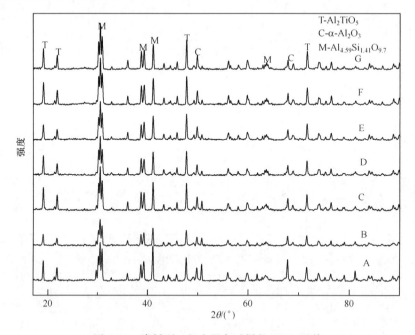

图 5-37 降低刚玉相含量各试样的 XRD 图谱

表 5-33　降低刚玉相含量各试样的晶相及其含量（质量分数）

试样编号	Al_2O_3/TiO_2	Al_2O_3/SiO_2	$Al_2TiO_5/\%$	$\alpha\text{-}Al_2O_3/\%$	$Al_{4.59}Si_{1.41}O_{9.7}/\%$
A	5.05	1.27	27.17	16.87	55.96
B	4.53	1.68	27.57	10.97	61.46
C	4.54	1.67	26.66	7.40	65.94
D	4.55	1.67	26.06	4.70	69.25
E	4.56	1.66	27.64	4.81	67.55
F	4.57	1.65	27.63	4.48	67.89
G	4.58	1.65	28.32	2.83	68.85

从表 5-33 可以看出，七组试样形成的晶相中，莫来石相 $Al_{4.59}Si_{1.41}O_{9.7}$ 含量最高，基本呈上升的趋势，最低为 55.96%，最高为 69.25%（质量分数），故为主晶相。配方从 B 到 G，Al_2O_3/TiO_2 比从 4.53 逐步增加到 4.58，而 Al_2O_3/SiO_2 比从 1.68 减少到 1.65；配方 B 到 D，莫来石固溶体含量从 61.46% 增加至 69.25%；而 Al_2TiO_5 含量从 27.57% 下降至 26.06%；这是由于这些试样的烧成主要进行两种固相反应：其一由刚玉与 SiO_2 反应形成带有结构缺陷的莫来石；其二由刚玉与 TiO_2 反应形成钛酸铝。由于 Al_2O_3 作为反应物对于两个反应的影响是相同的，因此随着 Al_2O_3/TiO_2 比的上升和 Al_2O_3/SiO_2 比的下降，即从 B 到 D，在反应物中，单位 Al_2O_3 所含的 TiO_2 数量是相对降低的，对钛酸铝形成不利，所以其生成的钛酸铝含量随之下降，而 SiO_2 的情况却相反，即单位 Al_2O_3 所含的 SiO_2 数量是上升的，对莫来石固溶体形成有利，所以其生成莫来石固溶体含量是相对增加的。从 E 到 G，可能生成钛酸铝的反应占有优势，使莫来石固溶体含量有所降低，而 Al_2TiO_5 含量有所增加。因此降低配方中刚玉相的含量能较明显地提高莫来石固溶体含量，对钛酸铝的含量影响不大。

本实验研制莫来石-刚玉-钛酸铝复相材料的主要目的是，在确保材料热稳定性和使用寿命前提下，尽量提高材料的抗蠕变能力、抗变形能力、荷重软化点温度和使用温度，特别用于陶瓷辊棒材料，因此要求材料中刚玉含量不能太低。

3. 晶胞参数的表征

在合成莫来石-刚玉-钛酸铝复相材料的过程中，由于晶相比例不同，晶体的晶胞参数会发生一定程度的变化[91-93]。采用 Philips X'pert plus 软件分析和确定各试样中晶体的晶胞参数及其变化[94,95]，并分别列于表 5-34～表 5-36。

1) 降低刚玉相含量对莫来石晶体结构的影响

表 5-34　各试样的莫来石固溶体晶胞参数

试样编号	a/nm	b/nm	c/nm	V/nm³	α/(°)	β/(°)	γ/(°)	晶系
A	0.7572	0.7701	0.2893	0.1687	90	90	90	斜方
B	0.7569	0.7701	0.2892	0.1685	90	90	90	斜方
C	0.7571	0.7701	0.2893	0.1687	90	90	90	斜方
D	0.7568	0.7701	0.2893	0.1686	90	90	90	斜方
E	0.7564	0.7701	0.2892	0.1685	90	90	90	斜方
F	0.7563	0.7701	0.2893	0.1685	90	90	90	斜方
G	0.7562	0.7701	0.2893	0.1685	90	90	90	斜方

从表 5-34 可看出,莫来石相属于斜方晶系,$a \neq b \neq c$,$\alpha = \beta = \gamma = 90°$,Pbam 空间群。虽然晶相比值发生变化,晶胞参数也发生微小变化,但空间群没有发生变化,仍保持着 Pbam 空间群。从试样 A 到 G 可看出,随着 Al_2O_3/SiO_2 比值和 Al_2O_3/TiO_2 比值的降低(莫来石含量升高),莫来石固溶体晶体的 a 轴缩短,即由 $a = 0.7572$nm 减小到 $a = 0.7562$nm,其中 $\Delta 1 = a_1 - a_0 = -0.0003$、$\Delta 2 = a_2 - a_0 = -0.0001$、$\Delta 3 = a_3 - a_0 = -0.0004$、$\Delta 4 = a_4 - a_0 = -0.0008$、$\Delta 5 = a_5 - a_0 = -0.0009$、$\Delta 6 = a_6 - a_0 = -0.0010$,E→G 的 a 轴降低相对多些;b 轴保持不变;c 轴微小缩短,即 $c = 0.2893$nm 到 $c = 0.2892$nm,晶胞体积也有所减少,晶胞体积由 $V = 0.1687$nm³ 到 $V = 0.1685$nm³。试样 A,莫来石相的三轴长度及体积达到最大值。此外,其他试样三轴长度发生微小波动,体积也变化不大。

2) 降低刚玉相含量对刚玉晶体结构的影响

表 5-35　各试样的刚玉晶胞参数

试样编号	a/nm	b/nm	c/nm	V/nm³	α/(°)	β/(°)	γ/(°)	晶系
A	0.4761	0.4761	1.2997	0.2552	90	90	120	三方
B	0.4760	0.4760	1.2993	0.2550	90	90	120	三方
C	0.4763	0.4763	1.2996	0.2553	90	90	120	三方
D	0.4761	0.4761	1.2997	0.2551	90	90	120	三方
E	0.4762	0.4762	1.2989	0.2550	90	90	120	三方
F	0.4761	0.4761	1.2996	0.2551	90	90	120	三方
G	0.4762	0.4762	1.2987	0.2551	90	90	120	三方

从表 5-35 可知,刚玉相(α-Al_2O_3 相)属于三方晶系,$a = b \neq c$,$\alpha = \beta = 90°$,$\gamma = 120°$,R$\bar{3}$c 空间群,从试样 A 到 G,虽然晶相比值发生变化,但刚玉相仍然保留三方

晶系不变,且空间群同样不发生变化。从表中可知,试样 A→G,α-Al$_2$O$_3$ 相的 a＝b 变化很小,在±0.0001上下波动,而 c 相对变化较为明显,即从 c＝1.2997nm 减小到 c＝1.2987nm,其中 $\Delta1＝c_1-c_0＝-0.0004$、$\Delta2＝c_2-c_0＝-0.0001$、$\Delta3＝c_3-c_0＝0.0000$、$\Delta4＝c_4-c_0＝-0.0008$、$\Delta5＝c_5-c_0＝-0.0001$、$\Delta6＝c_6-c_0＝-0.0010$,4 和 6 的 c 轴降低相对多些。晶胞体积总体上有所减少,但幅度不大,在 ΔV 为 0.0001～0.0002nm^3。

3)降低刚玉相含量对钛酸铝晶体结构的影响

从表 5-36 可知,钛酸铝相与莫来石相一样属于斜方晶系,$a\neq b\neq c$,$\alpha＝\beta＝\gamma＝90°$,Cmcm 空间群,试样 A 到 G,虽然莫来石含量比值发生变化,钛酸铝相仍然保留三方晶系不变,且空间群同样不发生变化,而晶胞参数发生了微小的变化。从表中可知,试样 A 到 G,α-Al$_2$O$_3$ 相的 a、b 变化较小,在-0.0004～0.0001nm 范围波动,而 c 发生相对明显的变化,即 c＝0.9672nm 减小到 c＝0.9661nm,其中 $\Delta1＝c_1-c_0＝-0.0006$nm、$\Delta2＝c_2-c_0＝-0.0007$nm、$\Delta3＝c_3-c_0＝-0.0007$nm、$\Delta4＝c_4-c_0＝-0.0011$nm、$\Delta5＝c_5-c_0＝-0.0010$nm、$\Delta6＝c_6-c_0＝-0.0009$nm。晶胞体积从 0.3278nm^3 减小到 0.3274nm^3,有略微浮动。

表 5-36　各试样的钛酸铝晶胞参数

试样编号	a/nm	b/nm	c/nm	V/nm^3	α/(°)	β/(°)	γ/(°)	晶系
A	0.3587	0.9451	0.9672	0.3278	90	90	90	斜方
B	0.3586	0.9451	0.9666	0.3276	90	90	90	斜方
C	0.3588	0.9450	0.9665	0.3277	90	90	90	斜方
D	0.3588	0.9449	0.9665	0.3277	90	90	90	斜方
E	0.3587	0.9448	0.9661	0.3274	90	90	90	斜方
F	0.3589	0.9448	0.9662	0.3276	90	90	90	斜方
G	0.3588	0.9447	0.9663	0.3275	90	90	90	斜方

4. SEM 分析

图 5-38 表示配方 A 的局部 SEM 图像。从图中可以看出,莫来石呈柱状;刚玉晶体为粒状,粒子尺寸相对较小;钛酸铝晶体长得较大,呈双锥形柱状体。三种晶相被玻璃相黏在一起,构成较致密的结构,表明该试样强度和热稳定性较高。图 5-39(a)、(b)表示配方 G 的局部 SEM 图像。从图中可以看出,莫来石呈短柱状,刚玉晶体为片状,钛酸铝晶体也呈粒状,三者在结构中分布较均匀,由于刚玉含量降低,有利于莫来石固溶体形成,莫来石固溶体含量增加,玻璃相含量有所减少,但烧结程度增加,表现在图 5-39(b)中三种晶体黏结在一起,且相互压紧,晶体呈偏形状,晶体间的接触面积增加,表明该试样的强度和热震抗折强度保持率比配方

A 的高。

(a)　　　　　　　　　　　　　　　(b)

图 5-38　配方 A 的 SEM 图像

(a)　　　　　　　　　　　　　　　(b)

图 5-39　配方 G 的 SEM 图像

5. 性能分析

对不同刚玉添加量的各试样进行性能测试,分别测试其抗折强度、1 次热震抗折强度并计算出 1 次热震抗折强度保持率[96-98],所得数据列于表 5-37;测算出的显气孔率、体积密度和吸水率,列于表 5-38 中。

表 5-37　各试样的性能（Ⅰ）

试样编号	抗折强度/MPa	1 次热震抗折强度/MPa	1 次热震抗折强度保持率/%
A	73.50	36.19	49.24
B	61.60	27.99	45.44
C	58.42	27.21	46.58
D	61.45	26.01	42.32
E	68.57	31.55	46.01
F	77.54	35.74	46.09
G	83.21	39.51	47.48

表 5-38　各试样的性能（Ⅱ）

试样编号	显气孔率/%	吸水率/%	体积密度/(g/cm³)
A	17.74	6.50	2.73
B	19.60	7.45	2.62
C	19.25	7.38	2.61
D	17.25	6.50	2.65
E	16.54	6.23	2.65
F	12.73	4.68	2.72
G	10.92	4.11	2.80

根据表 5-37 和表 5-38 数据可看出，A 试样（已确定最佳配方）的 Al_2O_3/SiO_2 比值为 1.65，其抗折强度、体积密度、显气孔率、吸水率和热震抗折强度保持率分别为 73.50MPa、2.73g/cm³、17.74%、6.50% 和 49.24%。当 Al_2O_3/SiO_2 比值从 1.65 到 1.12 时，B、C、D、E 试样的抗折强度、体积密度和热震抗折强度保持率都比 A 试样的低，其中抗折强度为 61.60MPa → 58.42MPa → 61.45MPa → 68.57MPa，体积密度为 2.62g/cm³ → 2.61g/cm³ → 2.65g/cm³ → 2.65g/cm³，热震抗折强度保持率为 45.44% → 46.58% → 42.32% → 46.01%。当 Al_2O_3/SiO_2 比值从 1.12 到 1.01 时，F 和 G 试样的抗折强度和体积密度都比 A 试样的高，其中抗折强度分别为 77.54MPa 和 83.21MPa，体积密度分别为 2.72g/cm³ 和 2.80g/cm³；而热震抗折强度保持率比 A 试样的低，分别为 46.09% 和 47.48%。A 到 B，试样的显气孔率和吸水率逐渐增加，显气孔率从 17.74% 增加至 19.60%，吸水率从 6.50% 增加至 7.45%；B 到 F，试样的显气孔率和吸水率逐渐降低，显气孔率从 19.60% 降低至 10.92%，吸水率从 7.45% 降低至 4.68%。

综合分析结果，A 配方可作为辊棒材料的较佳配方。G 配方可作为窑具材料的较佳配方，其配方为：粗煅烧废渣为 10%、细煅烧废渣为 33%、黏土 1# 为 6%、黏土 2# 为 36%、TiO₂ 为 15%；晶相组成为：α-Al₂O₃ 相为 2.83%，Al₄.₅₉Si₁.₄₁O₉.₇ 相为 68.85%，Al₂TiO₅ 相为 28.32%；抗折强度为 83.21MPa、体积密度为 2.80g/cm³、显气孔率为 10.92%、吸水率为 4.11%和 1 次热震抗折强度保持率为 47.48%。

5.5.2　增加钛酸铝相含量对复相材料结构和性能的影响

1. 制备试样

本实验是在已确定的最佳配方 D 的基础上，通过改变 Al₂O₃/SiO₂ 和 Al₂O₃/TiO₂ 的比值，即改变配方中各原料的百分比，从而达到改变三相比例的目的[99,100]，同样的试样制备过程，烧结工艺为已确定的最佳工艺（煅烧温度 1500℃、烧结保温时间 4h)[101-103]。我们确定了六组配方分别用 B、C、D、E、F、G 表示，列于表 5-39 中，其中 A 配方为已确定的最佳配方 D。

表 5-39　增加钛酸铝相含量的配方（质量分数）　　　　（单位：%）

试样编号	粗煅烧废渣	细煅烧废渣	黏土 1#	黏土 2#	TiO₂
A	25	31	8	23	13
B	25	28	11	20	16
C	25	29	10	18	18
D	25	30	9	16	20
E	25	31	8	14	22
F	25	32	7	12	24
G	25	33	6	10	26

根据表 5-1 和表 5-39 就算出各配方的化学组成，列于表 5-40。

表 5-40　增加钛酸铝相含量各配方的化学组成（质量分数）　　　　（单位：%）

试样编号	SiO₂	Al₂O₃	Fe₂O₃	K₂O	Na₂O	TiO₂	其他	烧失量	总计
A	16.47	65.65	0.24	0.16	0.18	13	0.09	3.89	99.68
B	16.49	62.61	0.23	0.17	0.17	16	0.12	3.88	99.68
C	14.98	62.53	0.22	0.16	0.17	18	0.11	3.51	99.68
D	13.47	62.46	0.20	0.14	0.16	20	0.10	3.13	99.68
E	11.96	62.39	0.19	0.13	0.16	22	0.09	2.76	99.68
F	10.45	62.31	0.11	0.15		24	0.08	2.38	99.68
G	8.95	62.24	0.17	0.10	0.15	26	0.07	2.00	99.68

2. XRD 分析

将烧结好的各组试样分别磨成细粉,进行 X 射线衍射实验,实验数据用Origin
软件整合成一个图谱[104],如图 5-40 所示,横坐标代表衍射角度,纵坐标代表衍射
强度。根据 Rietveld Quantification 软件定量分析结果可知,各试样中都有三个相
存在:α-Al_2O_3 相、$Al_{4.59}Si_{1.41}O_{9.7}$ 相、Al_2TiO_5 相,各相的含量被计算出并列于
表 5-41中。

图 5-40 中的 M、C、T 分别表示 $Al_{4.59}Si_{1.41}O_{9.7}$、$\alpha$-$Al_2O_3$、$Al_2TiO_5$,在图上的位
置为各自晶相的较强衍射峰。

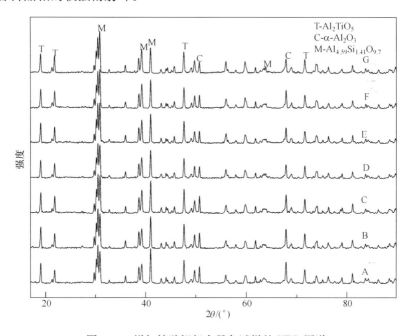

图 5-40　增加钛酸铝相含量各试样的 XRD 图谱

表 5-41　增加钛酸铝相含量各试样的晶相及其含量(质量分数)

试样编号	Al_2O_3/TiO_2	Al_2O_3/SiO_2	$Al_2TiO_5/\%$	α-$Al_2O_3/\%$	$Al_{4.59}Si_{1.41}O_{9.7}/\%$
A	5.05	3.99	27.17	16.87	55.96
B	3.91	3.80	31.90	17.85	50.24
C	3.47	4.18	36.96	17.43	45.61
D	3.12	4.64	41.29	17.49	41.22

试样编号	Al_2O_3/TiO_2	Al_2O_3/SiO_2	$Al_2TiO_5/\%$	$\alpha\text{-}Al_2O_3/\%$	$Al_{4.59}Si_{1.41}O_{9.7}/\%$
E	2.84	5.22	47.86	16.61	35.53
F	2.60	5.96	53.81	15.39	30.80
G	2.39	6.96	59.07	15.41	25.52

从表 5-41 可以看出,七组试样形成的晶相中,A 到 G,TiO_2 含量增加和 SiO_2 含量降低,有利于 Al_2TiO_5 的形成,而不利于 $Al_{4.59}Si_{1.41}O_{9.7}$ 的形成。所以随着 Al_2O_3/TiO_2 比值从 5.02 降低至 2.39 或 Al_2O_3/SiO_2 比值从 3.99 增加至 6.96,$Al_{4.59}Si_{1.41}O_{9.7}$ 含量从 55.96% 下降到 25.52%;而 Al_2TiO_5 含量从 27.17% 升高到 59.07%,刚玉相相对变化不大。由于过程同时进行生成莫来石和钛酸铝的反应。说明 Al_2O_3 的含量对这两个反应的作用是相同的,而 Al_2O_3/TiO_2 的降低表明 TiO_2 含量 A 到 G 逐渐增加,Al_2O_3/SiO_2 比值的增加表明 SiO_2 含量 A 到 G 逐渐降低,所以过程对反应形成 Al_2TiO_5 有利,对反应形成 $Al_2O_3 \cdot SiO_2$ 不利,即能促进生成 Al_2TiO_5 的反应,增加其反应速度,所以 Al_2TiO_5 含量随着 Al_2O_3/TiO_2 比值的降低(随着 Al_2O_3/SiO_2 比值的增加)而增加,$Al_{4.59}Si_{1.41}O_{9.7}$ 含量随着 Al_2O_3/TiO_2 比值的降低(随着 Al_2O_3/SiO_2 比值的增加)而降低。从表 5-41 可以看出,$\alpha\text{-}Al_2O_3$ 含量在 16%(质量分数)上下变化,而 $Al_{4.59}Si_{1.41}O_{9.7}$ 和 Al_2TiO_5 含量较高,两者是主晶相;其中从试样 A 到 C,$Al_{4.59}Si_{1.41}O_{9.7}$ 含量从 55.96% 到 45.61%,Al_2TiO_5 含量从 27.17% 到 36.96%,$Al_{4.59}Si_{1.41}O_{9.7}$ 含量占优势,可体现出 $Al_{4.59}Si_{1.41}O_{9.7}$ 相强度高的优势,即强度高的作用优于热稳定性;试样 D,其 $Al_{4.59}Si_{1.41}O_{9.7}$ 含量与 Al_2TiO_5 含量分别为 41.22% 和 41.29%,其对强度和热稳定性的作用是相当的;试样 E 到 G,$Al_{4.59}Si_{1.41}O_{9.7}$ 含量 35.53% 到 25.52%,Al_2TiO_5 含量 47.82% 到 59.07%,Al_2TiO_5 含量占优势,可体现出 Al_2TiO_5 相热稳定性高的优势,即热稳定性的作用优于强度作用。所以 A 到 G 的各试样中都存在 $Al_{4.59}Si_{1.41}O_{9.7}$、$Al_2TiO_5$ 和 $\alpha\text{-}Al_2O_3$ 三个晶相,由于各晶相比例不同,表现出各自的性能和热稳定性的差异,各有用途选择,单从晶相组成来看,若要求热稳定性好和使用寿命长的用途,就得选择 Al_2TiO_5 含量高的配方,若要求荷载能力强和使用温度高的用途,就得选择 $Al_{4.59}Si_{1.41}O_{9.7}$ 含量高的配方,若要求上述两者兼顾的用途,就得选择 $Al_{4.59}Si_{1.41}O_{9.7}$ 和 Al_2TiO_5 相当含量的配方。总之,能提供制造强度高和热稳定性好的材料是最理想的配方。

3. 晶胞参数分析

在合成莫来石-刚玉-钛酸铝复相材料的过程中,晶相比例不同,会造成晶体的晶胞参数发生一定程度的变化[105,106]。采用 Philips X'pert plus 软件分析和确定各试样中晶体的晶胞参数及其变化,并分别列于表 5-42~表 5-44。

1)增加钛酸铝相含量对莫来石晶体结构的影响

表 5-42　各试样的莫来石固溶体晶胞参数

试样编号	a/nm	b/nm	c/nm	V/nm³	α/(°)	β/(°)	γ/(°)	晶系
A	0.7572	0.7702	0.2893	0.1687	90	90	90	斜方
B	0.7572	0.7701	0.2893	0.1687	90	90	90	斜方
C	0.7574	0.7703	0.2893	0.1688	90	90	90	斜方
D	0.7571	0.7701	0.2893	0.1686	90	90	90	斜方
E	0.7573	0.7700	0.2892	0.1687	90	90	90	斜方
F	0.7572	0.7702	0.2892	0.1686	90	90	90	斜方
G	0.7572	0.7700	0.2892	0.1686	90	90	90	斜方

从表 5-42 可看出,莫来石相属于斜方晶系,$a \neq b \neq c$,$\alpha = \beta = \gamma = 90°$,Pbam 空间群。虽然钛酸铝含量比值发生变化,但莫来石仍保留斜方晶系,且空间群不发生变化。虽然晶胞参数发生变化,但幅度很小。从试样 A~G 可看出,随着钛酸铝含量升高,a、b、c 三轴均发生了不同程度的变化,其中 Δa 在 -0.0001~0.0002 变化,Δa 最小为 -0.0001,最大为 0.0002;Δb 在 -0.0001~0.0002 变化,Δb 最小为 -0.0001,最大为 0.0002;Δc 在 -0.00001~0.0000 变化,Δc 变化最小。晶胞体积由 $V = 0.1687\text{nm}^3$ 到 $V = 0.1686\text{nm}^3$ 与 $V = 0.1688\text{nm}^3$ 之间,有微小浮动。

2)增加钛酸铝相含量对刚玉晶体结构的影响

表 5-43　各试样的刚玉晶胞参数

试样编号	a/nm	b/nm	c/nm	V/nm³	α/(°)	β/(°)	γ/(°)	晶系
A	0.4761	0.4761	1.2997	0.2552	90	90	120	三方
B	0.4761	0.4761	1.2994	0.2551	90	90	120	三方
C	0.4761	0.4761	1.2997	0.2552	90	90	120	三方
D	0.4761	0.4761	1.2995	0.2551	90	90	120	三方
E	0.4761	0.4761	1.2994	0.2551	90	90	120	三方
F	0.4760	0.4760	1.3000	0.2550	90	90	120	三方
G	0.4760	0.4760	1.2992	0.2549	90	90	120	三方

从表 5-43 可知,刚玉相($\alpha\text{-Al}_2\text{O}_3$ 相)属于三方晶系,$a = b \neq c$,$\alpha = \beta = 90°$,$\gamma = 120°$,$R\bar{3}c$ 空间群,试样 A~G,虽然钛酸铝含量比值发生变化,但刚玉相仍然保留三方晶系不变,且空间群同样不发生变化,而晶胞参数发生了微小的变化。从表中

可知,试样 A 到 E,a、b 轴没有变化,E 到 F 的 a、b 轴从 0.4761nm 降低至 0.4760nm,只发生 0.0001nm 的变化;c 轴变化相对较多,变化没有规律性,试样 A 到 F,c 轴在 $-0.0001\sim0.0006$nm 变化,其中 Δc_1(B→A)$=-0.0003$nm,Δc_2(D→A)$=$ -0.0002nm,Δc_3(E→A)$=-0.0003$nm,Δc_4(F→A)$=0.0003$nm,Δc_5(G→A)$=$ -0.0005nm。晶胞体积变化为 $-0.0005\sim0.0003$nm^3,幅度不大。

3)增加钛酸铝相含量对钛酸铝晶体结构的影响

表 5-44   各试样的钛酸铝晶胞参数

试样编号	a/nm	b/nm	c/nm	V/nm^3	α/(°)	β/(°)	γ/(°)	晶系
A	0.3587	0.9451	0.9672	0.3278	90	90	90	斜方
B	0.3589	0.9446	0.9664	0.3276	90	90	90	斜方
C	0.3589	0.9449	0.9663	0.3277	90	90	90	斜方
D	0.3590	0.9444	0.9655	0.3273	90	90	90	斜方
E	0.3590	0.9442	0.9656	0.3273	90	90	90	斜方
F	0.3590	0.9441	0.9655	0.3272	90	90	90	斜方
G	0.3590	0.9437	0.9648	0.3269	90	90	90	斜方

从表 5-44 可知,试样 A～G,虽然钛酸铝含量比值发生变化,但钛酸铝相仍然保留三方晶系不变,且空间群同样不发生变化,而晶胞参数发生了微小的变化。从表中可知,试样 A 到 G,试样 a 轴长度微小伸长,即 T0(A→B)时 $a=0.3589$nm,到 T5(A→G)时 $a=0.3590$nm;b 轴变化相对较大,试样 A 到 G,b 在 $-0.0009\sim$ 0.0003nm 变化;试样 B 到 C,b 从 0.9446nm 增加至 0.9449nm,Δb_1($b_1\rightarrow b_0$)$=$ 0.0003nm;试样 D 到 G,b_2、b_3、b_4、b_5 值是减少的,即 Δb 是负值,b_2($b_2\rightarrow b_0$)$=$ -0.0002,Δb_3($b_3\rightarrow b_0$)$=-0.0004$nm,Δb_4($b_4\rightarrow b_0$)$=-0.0005$nm,$\Delta b_5=$($b_5\rightarrow b_0$)$=$ -0.0009;试样 B 到 C,c 从 0.9664nm 减少至 0.9663nm,Δc_1($c_1\rightarrow c_0$)$=$ 0.0001nm;试样 D 到 G,c_2、c_3、c_4、c_5 值是增加的,即 Δc 是正值,Δc_2($c_2\rightarrow c_0$)$=$ 0.0001nm,Δc_3($c_3\rightarrow c_0$)$=0.0002$nm,Δc_4($c_4\rightarrow c_0$)$=0.0001$nm,Δc_5($c_5\rightarrow c_0$)$=$ 0.0004nm。晶胞体积变化也较大,从 0.3276nm^3 减小到 0.3269nm^3,ΔV 为 0.0007nm^3。

4. SEM 分析

图 5-41(a)、(b)表示配方 A 的局部 SEM 图像。从图中可以看出,莫来石呈柱状,刚玉晶体为粒状,粒子尺寸相对较小;钛酸铝晶体长得较大,呈双锥形柱状体;三种晶体被玻璃相黏在一起,构成较致密的结构,表明该试样强度和热稳定性较高。图 5-42(a)、(b)表示配方 B 的局部 SEM 图像,莫来石呈短柱状,刚玉晶体为片状,钛酸铝晶体长得较大,呈多面状,其数量增多;三种晶体以多面体接触,晶界

清晰,晶体长得明显比配方 A 大,表明该试样强度有所降低,热稳定性提高。图 5-43、图 5-44、图 5-45 分别表示配方 D、F、G 的局部 SEM 图像。从图中可以看出,配方 D→F→G,试样中玻璃相逐渐增多,钛酸铝晶体的数量增多,钛酸铝晶体长得较大,呈凹凸不平的不规则形状,且被玻璃相黏在一起,粒状的刚玉晶粒尺寸较小,分散在结构中;短柱状莫来石固溶体晶体填充在钛酸铝晶体包围形成的空隙中,能相互交错排列,发现莫来石固溶体晶体聚集的位置玻璃相较少[107,108]。由于配方 D→F→G,试样中钛酸铝晶体的数量增多,表现出抗折强度降低,而热稳定性提高和热震抗折强度保持率增加。分析结果表明,D、G 试样中微观形貌相对最佳。

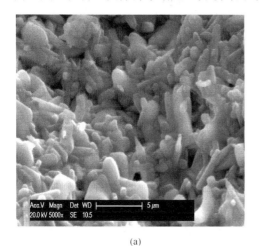

(a)　　　　　　　　　　　　　　　　　　　(b)

图 5-41　配方 A 的 SEM 图像

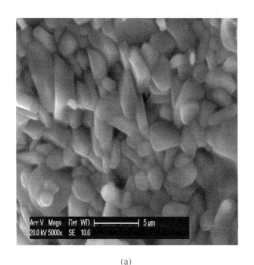

(a)　　　　　　　　　　　　　　　　　　　(b)

图 5-42　配方 B 的 SEM 图像

(a)　　　　　　　　　　　　　　　　　(b)

图 5-43　配方 D 的 SEM 图像

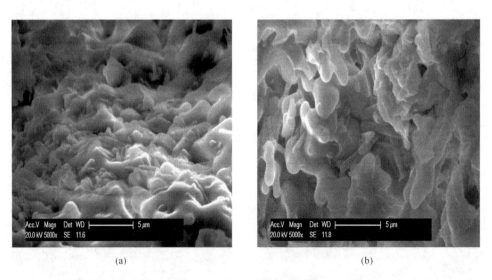

(a)　　　　　　　　　　　　　　　　　(b)

图 5-44　配方 F 的 SEM 图像

5. 性能分析

　　将各试样的抗折强度[109,110],1 次热震抗折强度和 1 次热震抗折强度保持率列于表 5-45;各试样的显气孔率、体积密度和吸水率列于表 5-46。

(a)　　　　　　　　　　　　　　　　　　(b)

图 5-45　配方 G 的 SEM 图像

表 5-45　各试样的性能（Ⅰ）

试样编号	抗折强度/MPa	1 次热震抗折强度/MPa	1 次热震抗折强度保持率/%
A	73.50	36.19	49.24
B	66.49	36.10	54.29
C	63.24	34.67	54.82
D	39.20	32.39	82.63
E	39.10	35.55	90.91
F	38.78	38.47	99.19
G	23.71	27.33	115.26

表 5-46　各试样的性能（Ⅱ）

试样编号	显气孔率/%	吸水率/%	体积密度/(g/cm³)
A	17.74	6.50	2.73
B	18.19	6.69	2.72
C	18.83	6.44	2.92
D	24.08	8.99	2.59
E	22.58	8.55	2.64
F	21.03	7.78	2.70
G	25.19	9.72	2.59

从表 5-45 和表 5-46 可看出,随着试样钛酸铝含量从 27.17% 增加到 59.07%或 $Al_{4.59}Si_{1.41}O_{9.7}$ 含量从 55.96% 降低到 25.52%,试样的抗折强度呈逐渐下降的趋势,从 73.50MPa 下降到 23.71MPa;而试样热震抗折强度保持率随着试样钛酸铝含量增加而增加(随 $Al_{4.59}Si_{1.41}O_{9.7}$ 含量降低而增加),从 49.24% 增加至115.26%;表明各试样有相当高的热稳定性,且 D、E、F、G 试样的热震抗折强度保持率提高比较明显,分别为 82.63%、90.91%、99.19%、115.26%,所以增加钛酸铝的含量是提高材料热稳定性的理想方法。这些性能的变化规律,是由于钛酸铝含量增加和 $Al_{4.59}Si_{1.41}O_{9.7}$ 含量降低,$Al_{4.59}Si_{1.41}O_{9.7}$ 构成网络结构的程度降低,钛酸铝晶体增多,使试样的结构变为疏松,两者引起试样的抗折强度随钛酸铝含量的增加或 $Al_{4.59}Si_{1.41}O_{9.7}$ 含量的降低而降低;而钛酸铝含量的增加,使试样抗急冷急热的能力加强,热稳定性提高,使得试样的热震抗折强度保持率随着钛酸铝含量增加而增加或随着 $Al_{4.59}Si_{1.41}O_{9.7}$ 含量降低而增加。随着钛酸铝含量增加,试样的体积密度基本呈下降的趋势,显气孔率和吸水率呈下降的趋势。对表 5-45 和表 5-46中的数据进行分析,虽然 G 试样的热震抗折强度保持率最高,为 115.26%,但抗折强度和体积密度相对为最低,显气孔率和吸水率相对为最高,这种配方制造的材料荷载能力低,使用时容易断裂,因此,G 不是最佳的配方。B 和 C 试样,其抗折强度较高,已超过 60MPa,热震抗折强度保持率分别为 54.29% 和 54.82%,表明有较高热稳定性,因此 B 和 C 可作为制造陶瓷辊棒较理想的配方。D、E 和 F 试样有相当高的热震抗折强度保持率(82.63%、90.91%、99.19%),且抗折强度已达到窑具材料的要求,所以 D、E 和 F 可作为窑具材料较为理想的配方,其中 F 试样的抗折强度达到窑具材料的要求,且热震抗折强度保持率是三者中最高的,分别为38.78MPa 和 99.19%。因此确定 F 为窑具材料的最佳配方,其配方为:粗煅烧废渣为 25%、细煅烧废渣为 32%、黏土 1# 为 7%、黏土 2# 为 12%、TiO_2 为 24%,形成的晶相:$\alpha\text{-}Al_2O_3$ 相为 15.39%、$Al_{4.59}Si_{1.41}O_{9.7}$ 相为 30.80%、Al_2TiO_5 相为53.81%,其性能:抗折强度为 38.78MPa,体积密度为 2.70g/cm³,显气孔率为21.03%,吸水率为 7.78%,1 次热震抗折强度保持率为 99.19%。

5.5.3　本节小结

(1) 在探讨降低刚玉相含量、增加钛酸铝相含量对复相材料晶相影响的实验中,各试样都形成三种晶相:Al_2TiO_5、$\alpha\text{-}Al_2O_3$ 和 $Al_{4.59}Si_{1.41}O_{9.7}$。其中,$Al_2TiO_5$和 $Al_{4.59}Si_{1.41}O_{9.7}$ 是主晶相。实验结果表明,各晶相的晶胞参数和晶胞体积只发生微小变化,但不改变各晶相的空间群。

(2) 降低试样中刚玉相含量的实验结果表明,配方从 B 到 G,试样中形成的$\alpha\text{-}Al_2O_3$ 含量从 10.97% 降低至 2.83%(质量分数),$Al_{4.59}Si_{1.41}O_{9.7}$ 含量从 61.46%增加到 68.85%(质量分数),而 Al_2TiO_5 含量变化不大,维持在 27.00% 左右。配方从 B 到 D,试样的抗折强度、体积密度和热震抗折强度保持率都比 A(已确定最佳配方)试样的低;配方从 E 到 G,试样的抗折强度和体积密度都比 A 试样的高。从 A 到 B,试样的显气孔率和吸水率是逐渐增加的;从 B 到 F,试样的显气孔率和吸水率是逐渐降低的。综合分析结果,确定 G 试样为窑具材料的最佳配方,其配方:粗煅烧废渣为 10%、细煅烧废渣为 35%、黏土 1# 为 6%、黏土 2# 为 36%、TiO_2 为 13%,形成的 α-Al_2O_3 相为 2.83%、$Al_{4.59}Si_{1.41}O_{9.7}$ 相为 68.85%、Al_2TiO_5 相为 28.32%,抗折强度为 83.21MPa,体积密度为 2.80g/cm³,显气孔率为 10.92%,吸水率为 4.11%,1 次热震抗折强度保持率为 47.48%。

(3) 增加试样中钛酸铝相含量的实验结果表明,从配方 A 到 G,TiO_2 含量逐渐增加,且 SiO_2 含量逐渐降低,有利于 Al_2TiO_5 的形成,而不利于 $Al_{4.59}Si_{1.41}O_{9.7}$ 的形成。当试样中 Al_2O_3/TiO_2 比值从 5.05 降低到 2.39 时,试样的 Al_2TiO_5 含量从 27.17% 增加到 59.07%,$Al_{4.59}Si_{1.41}O_{9.7}$ 含量从 55.96% 降低到 25.52%。试样的抗折强度从 66.49MPa 下降到 23.71MPa。试样热震抗折强度保持率从 54.29% 增加至 115.26%,表明各试样具有相当高的热稳定性。试样的体积密度、显气孔率和吸水率随着 Al_2O_3/TiO_2 比值降低呈下降的趋势。综合分析结果,确定 F 为窑具材料最佳的配方,其配方为:粗煅烧废渣为 25%、细煅烧废渣为 32%、黏土 1# 为 7%、黏土 2# 为 12%、TiO_2 为 24%,形成的晶相:α-Al_2O_3 相为 15.39%、$Al_{4.59}Si_{1.41}O_{9.7}$ 相为 30.80%、Al_2TiO_5 相为 53.81%,其性能:抗折强度为 38.78MPa,体积密度为 2.70g/cm³,显气孔率为 21.03%,吸水率为 7.78%,1 次热震抗折强度保持率为 99.19%。

5.6　结　　论

1. XRD 分析结果

不同配方、不同反应烧结温度、不同保温时间、不同球磨时间、添加 $ZrSiO_4$ 和滑石矿化剂以及调整不同晶相比例的各试样都形成三种晶相:莫来石固溶体 ($Al_{4.59}Si_{1.41}O_{9.7}$)、刚玉 ($\alpha$-$Al_2O_3$)、钛酸铝 ($Al_2TiO_5$)。其中 $Al_{4.59}Si_{1.41}O_{9.7}$ 和 Al_2TiO_5 为主晶相。$Al_{4.59}Si_{1.41}O_{9.7}$ 晶体为柱状,属于斜方晶系,Pbam 空间群;刚玉晶体为变形的六方片状和粒状,属于三方晶系,R$\bar{3}$c 空间群;钛酸铝晶体为变形的斜方粒状和不规则粒状,属于斜方晶系,Cmcm 空间群。实验前后各晶相的空间群没有改变,而晶胞参数只发生微小的变化。

2. 不同配方实验结果

各试样形成三种晶相的含量没有明显的变化规律,其中 $Al_{4.59}Si_{1.41}O_{9.7}$ 含量变化范围为 39.0%~68.7%,刚玉含量变化范围为 11.8%~30.4%,钛酸铝相含量变化范围为 19.5%~30.6%。各试样的抗折强度比常规原料制备材料的高,其范围是 81.52~107.63MPa,且热稳定性较好,其中 D 试样的微观形貌相对最佳。综合分析结果,确定 D 为最佳的配方,其配方为:细煅烧废渣为 31%、粗煅烧废渣为 25%、黏土 1# 为 8%、黏土 2# 为 23%、TiO_2 为 13%,形成的 $\alpha\text{-}Al_2O_3$ 相为 15.2%、$Al_{4.59}Si_{1.41}O_{9.7}$ 相为 57.6%、Al_2TiO_5 相为 27.2%(质量分数),抗折强度为 107.63MPa,1 次热震强度抗折强度保持率为 41.51%,吸水率为 4.95%,显气孔率为 14.02%,体积密度为 2.84g/cm³。

3. 工艺实验结果

(1) 反应温度从 1460℃到 1480℃,反应对 $Al_{4.59}Si_{1.41}O_{9.7}$ 的形成有利,而对 Al_2TiO_5 形成不利,所以 Al_2TiO_5 含量从 27.4% 下降至 26.0%,$Al_{4.59}Si_{1.41}O_{9.7}$ 含量从 53.7% 增加至 56.9%;从 1480℃到 1540℃,温度上升对二者的形成影响不大,使 Al_2TiO_5 含量维持在 26.0% 左右,$Al_{4.59}Si_{1.41}O_{9.7}$ 含量维持在 57% 左右。反应烧结温度升高有利于试样的烧结,有效地增加试样的强度和密度,烧结温度从 1460℃到 1540℃,试样的抗折强度从 73.77MPa 增至 97.28MPa,显气孔率从 23.36% 降至 13.63%,体积密度从 2.57g/cm³ 增加到 2.84g/cm³;从 1460℃到 1540℃,试样的热震强度保持率从 36.9% 增加到 47.25%,从 1500℃到 1540℃ 热震抗折强度保持率从 47.25% 下降到 42.85%。1500℃与 1520℃烧结试样有相对最佳的微观形貌。

(2) 延长保温时间对 $Al_{4.59}Si_{1.41}O_{9.7}$ 的形成有利,而对 Al_2TiO_5 形成不利,保温时间从 2h 到 6h,Al_2TiO_5 含量从 17.73% 下降到 15.19%;$Al_{4.59}Si_{1.41}O_{9.7}$ 含量从 55.38% 增加到 58.59%。延长保温时间对试样的烧结有利,能增加试样的抗折强度和体积密度,但会降低试样的热稳定性;保温时间从 2h 到 6h,使试样的抗折强度从 74.89MPa 上升到 85.02MPa;体积密度则从 2.59g/cm³ 增加到 2.70g/cm³;显气孔率从 21.67% 下降到 18.72%,热震抗折强度保持率从 46.06% 下降到 38.98%。保温 4h 试样有相对最佳的微观形貌。

(3) 综合分析结果,确定 1500℃为最佳烧结温度,4h 为最佳保温时间。对应的含量和性能为:$\alpha\text{-}Al_2O_3$ 相为 26.62%、$Al_{4.59}Si_{1.41}O_{9.7}$ 相为 57.90%、Al_2TiO_5 相为 15.48%(质量分数),抗折强度为 83.79MPa,1 次热震强度抗折强度保持率为 43.10%,吸水率为 7.60%,显气孔率为 19.92%,和体积密度为 2.66g/cm³。

(4) 延长研磨时间,有利于原料磨细,提高活性,有助于试样的烧结,能明显增加试样的抗折强度。球磨时间从 1h 到 4h,试样的抗折强度从 85.18MPa 增加到 102.20MPa,热震抗折强度保持率从 48.50% 下降到 39.88%。风冷实验的保温过程,有助于从玻璃相中析晶和莫来石固溶体晶体的生长,增加致密度,能较大幅度地提高试样抗折强度和热震抗折强度保持率,其中抗折强度为 $101.55 \sim 138.38$MPa,热震抗折强度保持率为 $113.77\% \sim 135.40\%$。

(5) 综合分析结果,确定最佳球磨时间为 2h,其形成的 α-Al_2O_3 相为 12.53%、$Al_{4.59}Si_{1.41}O_{9.7}$ 相为 54.62%、Al_2TiO_5 相为 32.85%(质量分数),抗折强度为 89.26MPa,1 次热震抗折强度保持率为 48.50%(水冷),1 次热震抗折强度保持率为 113.77%(风冷),吸水率为 5.79%,显气孔率为 16.10%,体积密度为 2.78g/cm³。

(6) 添加 $ZrSiO_4$ 和滑石矿化剂都能促成钛酸铝形成 $Al_{2-x}Zr_{x+y}Ti_{1-y}O_5$ 和 $Al_{2-x}Mg_{x+y}Ti_{1-y}O_5$ 固溶体,起到抑制钛酸铝分解的作用,使试样中钛酸铝含量明显增加。SEM 分析结果表明,添加 4%$ZrSiO_4$ 和 2%滑石的试样有相对最佳的微观形貌。

(7) $ZrSiO_4$ 添加量从 0 到 3%,试样的抗折强度从 88.87MPa 增加至 96.70MPa,添加 3%到 6%,抗折强度从 96.70MPa 下降至 83.09MPa。添加量从 0 到 4%,其体积密度随 $ZrSiO_4$ 添加量的增加而增加,显气孔率与吸水率随 $ZrSiO_4$ 添加量的增加而下降,添加量从 4%到 6%其变化相反。添加 $ZrSiO_4$ 矿化剂能明显地提高试样的热震抗折强度保持率,从 34.29% 增加到 49.07%。综合分析结果,确定最佳的 $ZrSiO_4$ 添加量为 4%,其形成的 α-Al_2O_3 相为 15.18%、$Al_{4.59}Si_{1.41}O_{9.7}$ 相为 54.56%、Al_2TiO_5 相为 29.25%,抗折强度为 95.98MPa,体积密度为 2.91g/cm³,显气孔率为 10.85%,吸水率为 3.72%,1 次热震抗折强度保持率为 43.50%。

(8) 添加不同含量的滑石矿化剂都能增加试样的抗折强度和体积密度,其中添加 4%和 5%试样的抗折强度增加相对明显,分别为 99.37MPa 和 109.58MPa。试样的显气孔率与吸水率随着添加量增加而逐渐降低。添加量从 0 到 2%,试样的热震抗折强度保持率从 49.02%提高到 55.72%,添加量从 2%到 5%,保持率反而从 55.72%降低到 31.95%。综合分析结果,确定滑石最佳的添加量为 2%,其形成的晶相:α-Al_2O_3 相为 25.95%、$Al_{4.59}Si_{1.41}O_{9.7}$ 相为 48.28%、Al_2TiO_5 相为 25.76%,抗折强度为 77.47MPa,体积密度为 2.90g/cm³,显气孔率为 12.03%,吸水率为 4.16%,1 次热震抗折强度保持率为 55.72%。

(9) 降低试样中刚玉相含量的实验结果表明,配方从 A 到 G,试样中形成的 α-Al_2O_3 含量从 16.87%降低至 2.83%,$Al_{4.59}Si_{1.41}O_{9.7}$ 含量从 55.96%增加到 68.85%,而 Al_2TiO_5 含量变化不大,维持在 27.00%左右。配方从 B 到 D,试样的抗折强度、体积密度和热震抗折强度保持率都比 A(已确定最佳配方)试样的低,配方从 E 到 G,试样的抗折强度和体积密度都比 A 试样的高。从 A 到 B,试样的显气孔率和吸水率是逐渐增加的;从 B 到 F,试样的显气孔率和吸水率是逐渐降低的。分析结果,确定 G 试样为窑具材料的最佳的配方,其配方:粗煅烧废渣为

10%、细煅烧废渣为 35%、黏土 1# 为 6%、黏土 2# 为 36%、TiO_2 为 13%,形成的 α-Al_2O_3 相为 2.83%、$Al_{4.59}Si_{1.41}O_{9.7}$ 相为 68.85%、Al_2TiO_5 相为 28.32%,抗折强度为 83.21MPa,体积密度为 2.80g/cm³,显气孔率为 10.92%,吸水率为 4.11%,1次热震抗折强度保持率为 47.48%。

(10) 增加试样中钛酸铝相含量的实验结果表明,从配方 A 到 G,配方中 TiO_2 含量逐渐增加,且 SiO_2 含量逐渐降低,有利于 Al_2TiO_5 的形成,而不利于 $Al_{4.59}Si_{1.41}O_{9.7}$ 的形成。当试样中 Al_2O_3/TiO_2 比值从 5.05 降低到 2.39 时,试样的 Al_2TiO_5 含量从 27.17% 增加到 59.07%,$Al_{4.59}Si_{1.41}O_{9.7}$ 含量从 55.96% 降低到 25.52%。试样的抗折强度从 66.49MPa 下降到 23.71MPa。试样热震抗折强度保持率从 54.29% 增加至 115.26%,表明各试样具有相当高的热稳定性。试样的体积密度、显气孔率和吸水率随着 Al_2O_3/TiO_2 比值降低呈下降的趋势。综合分析结果,确定 F 为窑具材料最佳的配方,其配方:粗煅烧废渣为 25%、细煅烧废渣为 32%、黏土 1# 为 7%、黏土 2# 为 12%、TiO_2 为 24%,形成的晶相:α-Al_2O_3 相为 15.39%、$Al_{4.59}Si_{1.41}O_{9.7}$ 相为 30.80%、Al_2TiO_5 相为 53.81%,其性能:抗折强度为 38.78MPa,体积密度为 2.70g/cm³,显气孔率为 21.03%,吸水率为 7.78%,1 次热震抗折强度保持率为 99.19%。

参 考 文 献

[1] 中投顾. 2010—2015 年中国耐火材料行业投资分析及前景预测报告.

[2] 李文魁,胡晓凯,彭芒,等. 钛酸铝陶瓷. 电瓷避雷器,2000,(5):15-16.

[3] 刘锡俊,王杰曾,冷少林. 莫来石-钛酸铝复相材料的研究. 中国建材科技,1998,(5):18-22.

[4] 薛明俊,孙承绪. 钛酸铝陶瓷研究新进展. 硅酸盐通报,1999,(4):53-59.

[5] Thomas H A,Stevens R. Aluminium titanate-A literaturs review-pmt 1,2. British Ceramic Transactions,1989,88(4):144-184.

[6] Kato E,Daimom K,Takahashi J. Decomposition temprature of β-Al_2TiO_5. Journal of the American Ceramic Society,1980,63(3):355-356.

[7] 钱之荣,范广举. 耐火材料实用手册. 北京:冶金工业出版社,1992:87-90 .

[8] 李文魁,李玉书. 莫来石-钛酸铝复相陶瓷的研究. 电瓷避雷器,2001,2:14-17.

[9] 周健儿,章俞之,马光华,等. 莫来石抑制钛酸铝材料热分解的机理研究. 陶瓷学报,2000,21(3):125-130.

[10] 徐平坤. 刚玉耐火材料. 北京:冶金工业出版社,1996:129-135.

[11] 杨中正,姚贤华,张越,等. 刚玉-莫来石复合材料的制备研究. 中国陶瓷,2010,(6):25-27.

[12] 殷海荣,陈福,王昱,等. 刚玉-莫来石材料的研究. 陶瓷,2004,(6):19-22 .

[13] 沈阳. 以铝型材厂废渣为原料合成莫来石-堇青石复相材料及其应用. 福州:福州大学硕士学位论文,2005.

[14] 朱志斌,郭志军,刘英,等. 氧化铝陶瓷的发展与应用. 陶瓷,2003,(1):5-8.

[15] 陈舰,唐飞全. 刚玉对陶瓷地砖釉面耐磨性能影响的研究. 东莞理工学院学报,2007,

14(5):58-64.

[16] 徐青. 刚玉陶瓷在火电厂防磨中的应用. 华东交通大学学报,2004,21(2):14-17.

[17] 徐平坤,董应榜. 刚玉耐火材料. 北京:冶金工业出版社,1999:119-130.

[18] 周建儿,赵世凯,汪永清,等. 针状莫来石材料的应用研究进展. 陶瓷学报,2009,30(3):
388-341.

[19] 代彦平. 几种添加成分对钛酸铝的影响作用. 材料科学化工之友,2007,(9):45-46.

[20] 谭宏斌. 莫来石物理性能研究进展. 山东陶瓷,2008,31(4):24-27.

[21] Aksay I A, Pask J A. Stable and metastable equilibria in the system SiO_2-Al_2O_3. Journal of
the American Ceramic Society,1995,58(11-12):507-512.

[22] 郭瑞松. 工程结构陶瓷. 天津:天津大学出版社,2002.

[23] 杜春生. 莫来石的工业应用. 硅酸盐通报,1998,(2):57-60.

[24] Aksay A, Wiederhorn S M. Symposium for mullite processing, structure, and properties.
Journal of the American Ceramic Society,1991.74(10):2341.

[25] Schneider H, Okada K, Pask J. Mullite and Mullite Ceramics. Chichester: John Wiley &
Sons. 1994:232.

[26] 刘振英,熊小兵. 新型刚玉-莫来石质承烧座的研制. 耐火材料,2006,(3):237.

[27] 郑珠,赵渭权. 莫来石推板砖的研制. 耐火材料,1993,33(6):332-334.

[28] 沈阳,阮玉忠,于岩. 烧结温度对莫来石刚玉复相材料微观结构的影响. 稀有金属材料与工
程,2007,36(1):830-832.

[29] 钱之荣,范广举. 耐火材料实用手册. 北京:冶金工业出版社,1992.

[30] 杨中正,姚贤华,张越,等. 刚玉-莫来石复合材料的制备研究. 中国陶瓷,2010,46(6):
25-29.

[31] 范恩荣. 烧结范围宽的莫来石-刚玉陶瓷. 电瓷避雷器,1994(4):41-47.

[32] 李权. SHF 陶瓷衬垫的研究. 陶瓷工程,1997,31(4):8-11.

[33] 郭玉香,张玲,窦叔菊,等. 莫来石-钛酸铝复相材料的研究. 鞍山钢铁学院学报,2001,
24(1):8-10.

[34] 孙戎,王忠,周青,等. 刚玉莫来石薄壁型匣钵的研制. 陶瓷科学与艺术,2004(1):17-19.

[35] Andreas S. New R-SiC extends service life in kiln furniture. American Ceramic Society Bul-
letin,1997,76(11):51-54.

[36] 卫晓辉,王金相,孙加林,等. 刚玉-莫来石推板高温行为和显微结构. 北京科技大学学报,
2010,(3):360-365.

[37] Asmi D, Low I M. Physical and mechanical characteristics of in-situ alumina/cafclum
hexaluminate composites. Journal Materials Science Letters,1998,17:1735-1738.

[38] Kato E, Daimon K, Takahashi J. Decomposition temprature of β-Al_2TiO_5. Journal of the
American Ceramic Society,1980,63:355-356.

[39] 靳喜海,梁波. 钛酸铝陶瓷. 中国陶瓷,1997,(12):37-40.

[40] 郝俊杰. 复合添加剂对钛酸铝材料合成及稳定性的影响. 中国陶瓷,2000,(5):18-20.

[41] 薛明俊,孙承绪. 添加剂对钛酸铝低膨胀陶瓷热稳定性影响. 华东理工大学学报,2001,

　　　　(1):76-79.

[42] 董秀珍,王益民,李悦. 添加剂对钛酸铝陶瓷性能影响. 中国陶瓷,2008,(6):7-10.

[43] 李明忠,方青,沈强,等. 钛酸铝陶瓷及其改性研究. 现代技术陶瓷,2009,(4):3-6.

[44] 赵浩. 钛酸铝陶瓷及其应用. 山东陶瓷,2000,23(2):18

[45] 滕祥红,李贵佳. 钛酸铝陶瓷的研究现状及产业化发展趋势. 陶瓷,2002(2):11-21.

[46] Oikonomou P,Dedeloudis C,Stournaras C J,et al. Stabilized tialite-mullite composites with low thermal expansion and high strength for catalytic converters. Journal of the European Ceramic Society,2007,27(12):3475-3482.

[47] Teruaki O,Yosuke S,Masayuki I,et al. Acoustic emission studies of low thermal expansion aluminum-titanate ceramics strengthened by compounding mullite. Ceramics International. 2007,33(5):879-882.

[48] 郭景坤,诸培南. 复相陶瓷材料的设计原则. 硅酸盐学报,1996,(1):7-12.

[49] 郭景坤. 二十一世纪材料研究的新趋向——多相材料. 中国科学基金,2001,(5):289-290.

[50] 陈永瑞. 优质莫来石-刚玉-钛酸铝复相材料的研制. 福州:福州大学硕士学位论文,2010.

[51] 韩火年,李强,洪昱斌,等. 莫来石-刚玉多孔陶瓷膜支撑体的制备. 功能材料,2011,03:425-428-431.

[52] 李列武. 刚玉-莫来石预制件在水泥窑炉系统的使用. 水泥技术,2011,2:111.

[53] 杨强,黄剑锋,杨婷,等. 莫来石抗氧化外涂层的制备及抗氧化性能. 无机化学学报,2011,5:907-912.

[54] 刘智彬,戴斌煜,商景利,等. 钛酸铝陶瓷研究现状及其应用. 中国陶瓷工业,2011,2:22-26.

[55] 王少立. 加入剂对烧成高铝砖性能的影响. 耐火与石灰,2011,3:39-42,47.

[56] 姜澜,陈晓燕,韩国明,等. 添加剂对钛酸铝陶瓷性能的影响(英文). Transactions of Nonferrous Metals Society of China,2011,7:1574-1579.

[57] 吴锋,李志坚,霍琳,等. ZrO_2 和 TiO_2 对刚玉质陶瓷蓄热体热震稳定性的影响. 硅酸盐通报,2011,03:550-553.

[58] 谢志煌,阮玉忠,王新锋. 利用铝材厂废渣研制刚玉/莫来石/钛酸铝复相材料. 中国陶瓷,2011,9:23-26.

[59] 李静. 蓝晶石基刚玉-莫来石陶瓷. 科技资讯,2011,30:220.

[60] 李全红,陈南春,唐鑫,王薇. 莫来石复相晶体生长习性. 科学通报,2011,35:2970-2974.

[61] 蔡艳芝,杨彬,尹洪峰,等. 硅源对莫来石结合刚玉耐火材料性能的影响. 材料科学与工艺,2011,5:35-39

[62] 于仁红,周宁生,张菲菲. Zr-Si-C-N-O 系复相材料的制备及热力学分析(英文). 稀有金属材料与工程,2014,02:301-305.

[63] 陈瑞文. CaF_2 矿化剂对刚玉-莫来石-钛酸铝复相材料结构与性能的影响. 中国陶瓷,2014,3:45-48.

[64] 周少鹏,田玉明,陈战考,等. 烧结温度对陶粒支撑剂材料显微结构及力学性能的影响. 陶瓷学报,2014,02:154-158.

[65] 陈庆洁,罗琼,李友胜,等. 1600℃烧结合成高铝矾土均化料的性能研究. 硅酸盐通报,

2014,08:2119-2123,2127.

[66] 张云,郑化安,苏艳敏,等.蜂窝陶瓷蓄热材料的研究现状.广州化工,2014,21:15-17.

[67] 刘江波,王周福,王玺堂,等.镁铝尖晶石-钇铝石榴石复相材料的制备研究.人工晶体学报,
　　　2015,11:3219-3222,3233.

[68] 徐志荣.熔融铝对钛酸铝陶瓷的腐蚀.黑龙江科技信息,2013,5:2-4.

[69] 宋先刚,谭汝泉,彭文,等.刚玉-莫来石质烧承板的研制.佛山陶瓷,2013,2:23-26.

[70] 何平伟,李晓云,陆鑫翔,等.低温常压烧结制备碳化硅-莫来石复相材料.硅酸盐学报,
　　　2013,05:696-700.

[71] 刘广海,唐辉,柳溪,等.高温气体过滤器支撑体的抗热震性能改进研究.中国陶瓷工业,
　　　2013,2:11-15.

[72] 陈方,王静,路学敏,等.无碳免烧刚玉-莫来石质滑板砖的研制与应用.耐火材料,2013,2:
　　　132-134.

[73] 徐义彪,李亚伟,桑绍柏,等.MgO-Mg$_2$TiO$_4$复相材料的制备及其抗电解质侵蚀研究.耐火
　　　材料,2013,3:166-169.

[74] 彭云涛,任强,熊继全,等.点火炉用硅溶胶结合刚玉-莫来石浇注料的性能及应用.耐火材
　　　料,2013,3:207-209.

[75] 周梦华,吴其祥,姜真,等.矿化剂对合成刚玉/莫来石/堇青石复相材料的影响.福建建设
　　　科技,2013,4:27-29.

[76] 张艳利,谢朝晖,李志刚,等.复合型耐火原料的研究进展.耐火材料,2013,4:298-302.

[77] 曹贺辉,王刚,袁波,等.泡沫注凝法制备刚玉-莫来石多孔陶瓷.耐火材料,2013,5:
　　　334-337.

[78] 徐勇.莫来石/刚玉耐火材料与掺碱沉积材料的反应研究.耐火与石灰,2013,5:39-45.

[79] 刘江波,王周福,王玺堂,等.镁铝尖晶石-钇铝石榴石复相材料的制备研究//中国硅酸盐学
　　　会特种陶瓷分会.第十八届全国高技术陶瓷学术年会摘要集,2014:2.

[80] 鄢文,陈俊峰,林小丽,等.多孔骨料的显微结构对轻质刚玉-莫来石耐火材料抗渣性能的影
　　　响//中国硅酸盐学会特种陶瓷分会.第十八届全国高技术陶瓷学术年会摘要集,2014:1.

[81] 顾幸勇,李萍,董伟霞,等.莫来石晶须前驱体含量对定量原位生长莫来石/刚玉轻质耐火
　　　材料性能的影响//中国硅酸盐学会特种陶瓷分会.第十八届全国高技术陶瓷学术年会摘
　　　要集,2014:1.

[82] 李翠伟,韩耀,陈筱媛.烧结温度对多孔钛酸铝陶瓷结构和性能的影响//中国硅酸盐学会
　　　特种陶瓷分会.第十七届全国高技术陶瓷学术年会摘要集,2012:1.

[83] 罗旭东,张国栋,曲殿利,等.铁合金厂铝钛渣合成制备钛酸铝材料的研究//中国硅酸盐学
　　　会特种陶瓷分会.第十七届全国高技术陶瓷学术年会摘要集,2012:2.

[84] 李志刚,张振燕,任刚伟.硅溶胶结合刚玉和刚玉-莫来石浇注料研究//中国金属学会耐火
　　　材料分会,耐火材料分会不定形耐火材料专业委员会.2011全国不定形耐火材料学术会议
　　　论文集,2011:8.

[85] 魏国平,朱伯铨,李享成.铝渣的烧结性能研究//中国金属学会耐火材料分会,耐火材料分
　　　会不定形耐火材料专业委员会.2011全国不定形耐火材料学术会议论文集,2011:5.

[86] 徐晓虹,马雄华,吴建锋,等. 太阳能热发电用莫来石-堇青石复相陶瓷低温制备与性能研究//中国仪器仪表学会仪表功能材料学会,重庆市科学技术协会,重庆市科学技术研究院,等. 2011 中国功能材料科技与产业高层论坛论文集(第二卷),2011:6.

[87] 李翠伟,韩耀,陈筱媛. 烧结温度对多孔钛酸铝陶瓷结构和性能的影响//中国硅酸盐学会特种陶瓷分会. 第十七届全国高技术陶瓷学术年会摘要集,2012:1.

[88] 罗旭东,张国栋,曲殿利,等. 铁合金厂铝钛渣合成制备钛酸铝材料的研究//中国硅酸盐学会特种陶瓷分会. 第十七届全国高技术陶瓷学术年会摘要集,2012:2.

[89] 张伟,石干. 富铝尖晶石中刚玉的析晶与固溶//中国金属学会耐火材料分会,耐火材料分会青年工作委员会,等. 第十三届全国耐火材料青年学术报告会暨 2012 年六省市金属(冶金)学会耐火材料学术交流会论文集,2012:4.

[90] 刘江波,王周福,王玺堂,等. 镁铝尖晶石-钇铝石榴石复相材料的制备研究//中国硅酸盐学会特种陶瓷分会. 第十八届全国高技术陶瓷学术年会摘要集,2014:2.

[91] 顾幸勇,李萍,董伟霞,等. 莫来石晶须前驱体含量对定量原位生长莫来石/刚玉轻质耐火材料性能的影响//中国硅酸盐学会特种陶瓷分会. 第十八届全国高技术陶瓷学术年会摘要集,2014:1.

[92] 张越,赵文轩. 利用铝厂废渣生产莫来石的研究现状. 河南建材,2012,1:134-135.

[93] 李享成,朱伯铨,王堂玺,等. α-Al_2O_3 含量对刚玉-莫来石材料物理性能的影响. 硅酸盐通报,2012,1:132-135.

[94] 李志刚,张振燕,任刚伟. 硅溶胶结合刚玉和刚玉-莫来石浇注料的性能研究. 耐火材料,2012,2:90-95.

[95] 韩秀枝. 二氧化锰及其复合添加剂对莫来石刚玉复相材料的影响研究. 中国陶瓷,2012,10:17-20.

[96] 徐晓虹,马雄华,吴建锋,等. 刚玉-莫来石-镁铝尖晶石复合陶瓷的原位合成及热震行为(英文). 硅酸盐学报,2012,10:1387-1393.

[97] 胡彬. 金属/非氧化物结合刚玉基耐火材料的结构性能研究. 金属材料与冶金工程,2012,5:12-16.

[98] 黄新开,颜桂炀,郑柳萍. 告别陶瓷传统工艺开创纳米施釉新技——纳米釉堇青石日用耐热瓷简介. 化学工程与装备,2012,9:152-153.

[99] 陆佩文. 无机材料科学基础. 武汉:武汉工业大学出版社,1996:42-308.

[100] 陈虹,陈达谦,李文善,等. 莫来石-钛酸铝复相陶瓷的强度与热膨胀. 陶瓷,1995,115(3):43-45.

[101] 李姿,王战民,曹喜营. 结合剂对刚玉质耐火浇注料性能的影响. 内蒙古煤炭经济,2015,4:153-154.

[102] 桑月侠,刘维良,郑乃章,等. 复合稳定剂对钛酸铝陶瓷性能的影响. 中国陶瓷工业,2015,02:14-16.

[103] 高振昕. Al_2O_3-TiO_2 系相关系与钛酸铝共析分解. 耐火材料,2015,3:226-231.

[104] 王观鹏,王庆伟,晋腾超. 高铝粉煤灰合成刚玉莫来石抛光材料的实验研究. 现代化工,2015,5:105-108.

[105] 刘永鹤.原位合成莫来石晶须增韧刚玉-莫来石微波陶瓷断裂韧性的响应曲面优化研究//
中国复合材料学会.第十届中日复合材料学术会议论文集,2012:6.

[106] 周泽衡,李祖雄,陈亚辉,等.刚玉-镁铝尖晶石炉衬的应用//中国铸造协会(China Found-
ry Association).第十届中国铸造协会年会会刊(论文篇),2012:5.

[107] 周玉.陶瓷材料学.哈尔滨:哈尔滨工业大学出版社,1995:401.

[108] 周健儿,章俞之.莫来石抑制钛酸铝材料热分解的机理研究.陶瓷学报,2000,21(3):
125-130.

[109] 陈达谦,陈虹,李文善.莫来石-钛酸铝复相陶瓷研究.现代技术陶瓷,1995,16(3):3-11.

[110] 程小苏,曾令可,任雪谭,等.钛酸铝-莫来石高温窑具材料的微观分析.工业加热,2004,
(33):52-55

第6章 利用铝厂废渣研制六铝酸钙-刚玉复相材料

6.1 六铝酸钙的合成及性能研究

6.1.1 烧结温度对六铝酸钙结构及性能影响

1. 实验过程

本实验选用煅烧铝厂废渣(1300℃下煅烧,经 XRF 测试,Al_2O_3 含量为94.11%)、牡蛎壳粉($CaCO_3$ 含量95.95%)和生石灰作为原料,采取两种工艺方案高温合成六铝酸钙(CA_6)材料。方案1:以牡蛎壳为钙质原料,煅烧铝厂废渣为铝质原料,按理论配比($CaO/Al_2O_3=1:6$)称好,置于球磨机中研磨 2h,研磨后的浆料过滤脱水,置于烘箱中 100℃烘干,破碎得到 30 目的统料[1,2];方案2:以生石灰为钙质原料和煅烧铝厂废渣按理论配比称好,直接置于球磨机中干混 2h[3-6]。然后将方案1和2中的混合料分别置于小塑料盆中,加入结合剂聚乙烯醇水溶液PVA(5%),搅拌均匀,使混料具有一定的塑性,并过筛;分别混料 12h,然后将混料压制成长条状(50mm×7mm×7mm);成型试样于 100℃烘干 12h,再置于窑炉中,分别在 1300℃、1400℃、1450℃、1500℃、1550℃、1600℃下烧结并保温 3h,最后随炉冷却至室温[7,8]。

取出样品,分别测试其线变率、体积密度、显气孔率和抗折强度,并利用 X 射线衍射分析仪测定试样的物相组成,用扫描电镜观察试样的显微结构,探讨不同烧结温度对 CA_6 材料性能及结构的影响。

2. 结果与分析

1) 烧结温度对 CA_6 物相的影响

图 6-1 和图 6-2 分别是方案1和2在不同温度烧结下的 X 射线衍射图。从图 6-1可以看出,采用牡蛎壳为钙质原料,烧成温度为 1300℃时,试样的主晶相为 Al_2O_3 和二铝酸钙(CA_2),并有极少量的 CA_6 衍射峰出现。当温度升高到 1400℃时,试样中部分 CA_2 峰消失,CA_6 开始大量生成。温度继续升高到 1500℃,试样的主晶相为 CA_6 相,部分的 Al_2O_3 与 CA_2 存在。到 1600℃时,Al_2O_3 和 CA_2 进一步反应,部分的 Al_2O_3 与 CA_2 衍射峰消失,试样中主晶相为 CA_6。

图 6-2 是方案2以生石灰为含钙原料时在不同温度下烧结得到样品的 XRD图。由图可以看出,在 1300℃时,试样的主晶相为 Al_2O_3 和 CA_2 两种,没有 CA_6

生成。这与图 6-1 以牡蛎壳为原料制备的试样有所不同,可能是牡蛎壳粉加热分解生成的 CaO 活性更高的缘故[9,10]。在 1400℃时,CA_6 开始生成,但其含量仍较低。温度继续升高到 1500℃和 1600℃时,试样的主晶相为 CA_6,两种方案对物相的影响不大。

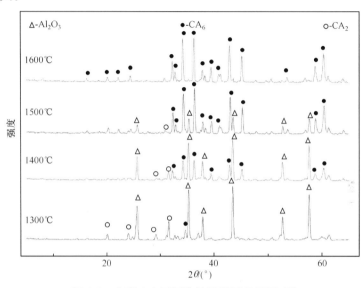

图 6-1　方案 1 在不同烧结温度下的 XRD 图

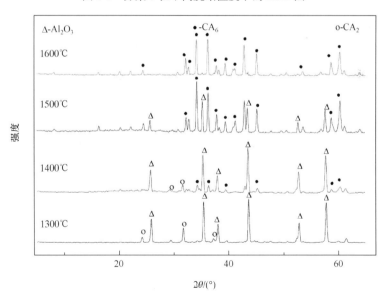

图 6-2　方案 2 在不同烧结温度下的 XRD 图

2) 烧结温度对 CA_6 微观形貌的影响

采用扫描电子显微镜,对方案 1 中经 1400℃、1500℃、1550℃和 1600℃烧结并保温 3h 的试样进行观察,如图 6-3 (a)~(d)所示。由图可以看出,在 1400℃时,物相中有团聚在一起并互相包裹的颗粒状和不规则的片状晶体生成,并存在少量较为完整的六方晶体。随着温度升高到 1500℃和 1550℃,试样的显微结构发生变化,出现了大量发育完整的 CA_6 片状晶体,片状晶体厚度较薄,分布均匀,相互间结合较为疏松,有大量的空隙[11-13]。当温度到 1600℃时,晶体厚度增加,片状晶体结合紧密,空隙减少。

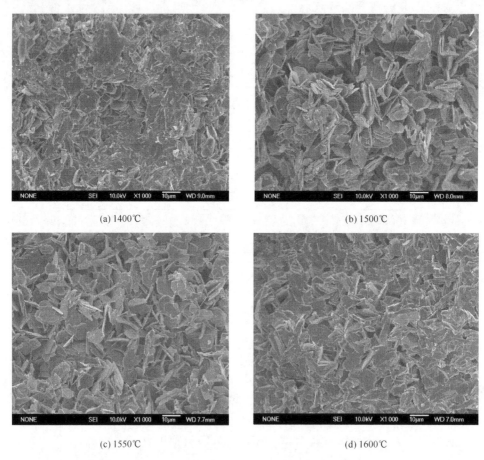

(a) 1400℃

(b) 1500℃

(c) 1550℃

(d) 1600℃

图 6-3　不同烧结温度下方案 1 试样的 SEM 图

　　将经 1500℃烧结后的两组试样的 SEM 图分别放大 3000 倍进行观察,发现两试样有大量的 CA_6 片状晶体生成。以牡蛎壳为钙质原料的试样有大量发育完整的片状晶体生成,晶体之间结合较疏松,呈均匀分布,如图 6-4(a)所示。以生石灰为钙质原料的试样有少量较为完整的六方晶体生成,且 CA_6 晶体的片状结构不明显,多呈不规则状,晶体间相互层叠,连接较为紧密,致密性加强,如图 6-4(b)所示。

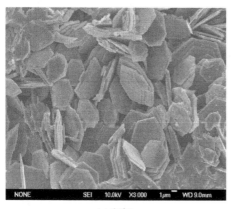

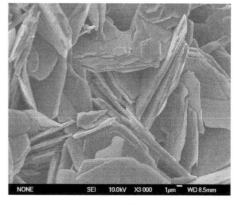

| (a) 方案1 | (b) 方案2 |

图 6-4　两种方案试样经 1500℃ 处理下的 SEM 图

3）烧结温度对 CA_6 性能的影响

图 6-5 是两种不同方案试样的线变率与烧结温度的关系图。由图可知,在 1400～1450℃ 范围内,两组试样的线变率都呈上升趋势,收缩率减少。在 1450～1500℃ 范围内,两组试样的线变率趋势基本保持不变。这主要是因为在 1400～1450℃,CA_6 的大量生成伴随着体积膨胀,线变率不断增大。在 1450～1500℃ 范围内,CA_6 持续生成并发育成片状晶体抑制了试样的烧结形为,使得线变率变化不大[17-19]。另外,由图可以看出,以牡蛎壳为钙质原料的方案 1 试样线变率要高于以生石灰为钙质原料的试样,在 1450℃ 时,线变率达到了 2.0%。究其原因可能是牡蛎壳受热分解产生的氧化钙活性较高,有利于 CA_6 的大量生成[20]。而 CA_6 的生成

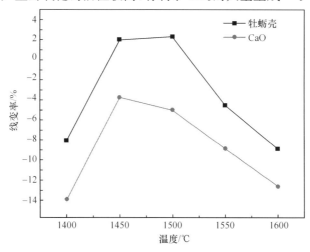

图 6-5　烧结温度对线变率的影响

为体积膨胀过程,使得线变率增大[21,22]。当温度高于1500℃时,固相反应基本结束,试样内部主要是晶粒的长大和烧结,试样表现为收缩。但前者的收缩率明显低于后者,在1600℃时,前者为8.8%,后者达到了12.6%。这可能是因为牡蛎壳在烧成过程中受热分解,放出二氧化碳,在试样内部形成大量气孔,气孔的存在影响了后续试样的致密化[23]。

　　图6-6和图6-7分别为两种方案试样的体积密度和显气孔率与烧结温度的关系图。从图6-6可以看出,在烧成温度低于1450℃时,随着温度的上升,两组试样的体积密度都先下降,在1450~1500℃范围内变化不大,1500℃后又逐渐升高。显气孔率则与之相反,如图6-7所示。这与试样在不同烧结温度下内部微观结构的演变和固相反应有关。在1400~1450℃时,CA_6开始大量生成,试样体积不断膨胀,内部晶体形成片状并相互穿插形成网状,产生大量空隙,致使体积密度减小,显气孔率变大。在1450~1500℃范围内时,由于温度升高,材料的烧结程度提高,但此时六铝酸钙的片状晶体发育抑制了材料的烧结行为,故体积密度和显气孔率变化不大。当温度继续升高到1500℃以上时,由于固相反应基本结束,片状晶体逐渐变厚,试样致密度加强,从而体积密度变大,显气孔率减小。另外,由图6-7不难发现,两组试样显气孔率都在1450℃达到最大值,分别为55.2%和44.9%。其中以牡蛎壳为钙质原料的显气孔率,要优于在相近制备工艺条件下,直接以$CaCO_3$为钙质原料的类似文献[24]~[30]中显气孔率最大值(50%)。这是由于牡蛎壳是通过生物矿化作用,以有机基质为三维网络结构,通过吸附碳酸钙成核,晶体长大形成的一种多孔结构材料,在煅烧过程中为六铝酸钙晶体的生长提供了足够的空间,便于生成片状晶体[31-33]。同时,牡蛎壳中有机质的燃烧和$CaCO_3$的分解,在试样内留下大量气孔,也有助于显气孔率的提高。显气孔率的提高影响了试样的致

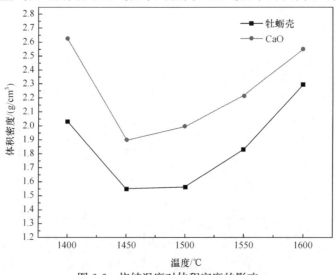

图6-6　烧结温度对体积密度的影响

密化,使得以牡蛎壳为钙质原料的试样在 1400～1500℃ 范围内体积密度低于以生石灰为钙质原料的试样,显气孔率则反之[34]。

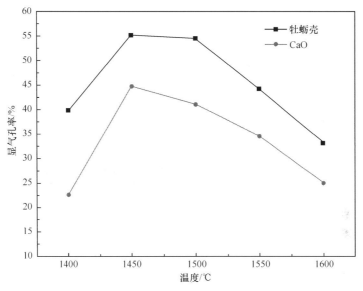

图 6-7　烧结温度对显气孔率的影响

图 6-8 是方案 1 和 2 试样的抗折强度。由图可以看出,两种试样的抗折强度和体积密度的变化规律一致,随着 CA_6 含量的增加,抗折强度先减小,在 1450℃ 时

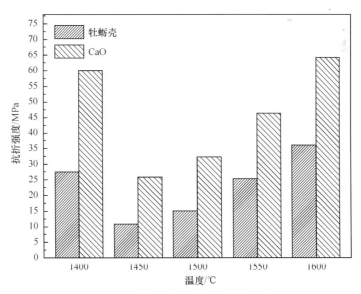

图 6-8　烧结温度对抗折强度的影响

达到最小值。当温度继续升高时,CA_6 片状晶体逐渐变厚,试样致密度加强,抗折强度增大[35-37]。由于以生石灰为钙质原料的试样在烧结过程中没有大量气孔产生,致密性较好,在同等烧结温度下其抗折强度都要高于以牡蛎壳为钙质原料的试样[38]。

3. 小结

采用牡蛎壳和生石灰为不同钙质原料,分别与煅烧铝厂废渣高温反应烧结合成 CA_6 材料,得到如下结论。

(1) 不同的钙质原料对 CA_6 的合成有影响,相比生石灰,以牡蛎壳为原料时,CA_6 的生成温度更低,在 1300℃ 时就有少量的 CA_6 生成,当温度升高到 1400℃ 时,CA_6 相大量生成,到 1600℃ 时,产物主晶相为 CA_6,合成反应基本完成。

(2) CA_6 的晶体形貌与原料种类和烧结温度有关。以牡蛎壳为钙质原料的试样有大量发育完整的片状晶体生成,晶体之间结合较疏松,呈均匀分布。以生石灰为钙质原料的试样中 CA_6 晶体的片状结构不明显,多呈不规则状,晶体间相互层叠,连接较为紧密,致密性较强。这是由试样在合成过程中的内部结构决定的,牡蛎壳分解产生的气孔为晶核的发育提供了足够的空间,有利于其沿基面反应形成片状晶体。CA_6 晶体随着温度的升高,晶体发育愈加完整。在 1500~1550℃,片状晶体厚度较薄,分布均匀,相互间结合较为疏松,有大量的空隙。当温度到 1600℃ 时,晶体厚度增加,片状晶体结合紧密,空隙减少。

(3) CA_6 的合成反应为体积膨胀过程,在 1400~1450℃,CA_6 的大量生成伴随着体积膨胀,线变率不断增大,从 -8% 增大到 2.016%(方案 1)。在 1450~1500℃ 范围内,CA_6 持续生成并发育成片状晶体抑制了试样的烧结行为,使得线变率、体积密度、显气孔率及抗折强度变化不大。当温度高于 1500℃ 时,试样的烧结作用明显,试样表现为收缩,致密性增强。以牡蛎壳为原料的试样膨胀率高于生石灰的试样;以生石灰为原料的试样由于烧结过程中无气体生成,试样的致密性要高于以牡蛎壳为原料的试样。

6.1.2 保温时间对六铝酸钙结构及性能影响

1. 实验过程

本实验选用牡蛎壳和煅烧过的铝厂废渣为主要原料,按理论配比($CaO/Al_2O_3 = 1:6$)进行称量。按图 6-9 的工艺流程将制备好的试样在 1500℃ 下烧结并分别保温 1h、2h、3h、4h 和 5h。然后,将烧成的试样进行 XRD、SEM 和性能的测试,探讨不同保温时间对 CA_6 结构及性能的影响。

2. 结果与分析

1) 保温时间对 CA_6 物相的影响

图 6-9 为试样在 1500℃下烧结并分别保温 1h、2h、3h、4h 和 5h 的 XRD 图谱。由图可以看出,保温 1h 时,试样中物相为 CA_6、Al_2O_3、CA_2 及 CA 四种。其中 CA_6 为主晶相,Al_2O_3 为次晶相,CA_2 和 CA 含量较少。随着时间的延长,CA 相消失,Al_2O_3 衍射峰强度逐渐降低,CA_6 衍射峰强度不断增强。可见,保温时间的延长更有利于 CA_6 反应的完全进行,但当保温时间为 5h 时,物相中仍有部分 Al_2O_3 和 CA_2 相,所以仅依靠延长保温时间不足以得到纯净的 CA_6 材料,还需要提高煅烧温度。

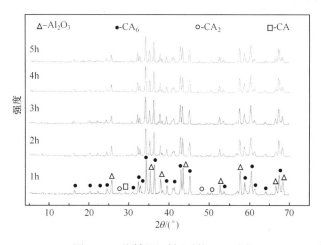

图 6-9　不同保温时间下的 XRD 图

2) 保温时间对 CA_6 微观形貌的影响

采用扫描电子显微镜,分别对保温 1h、3h 和 5h 的试样进行观察,如图 6-10(a)~(c)所示。由图可以看出,保温 1h 时,试样中已经产生大量的片状晶体,但分布不规则,发育不够完整,有大量的空隙。随着时间的延长,当保温 3h 时,CA_6 片状形貌更加明显,分布更为规则,片状晶体相互层叠,空隙减少。当保温时间为 5h 时,CA_6 片状晶体明显变厚,晶体结构较为致密。

3) 保温时间对 CA_6 性能的影响

图 6-11 给出了不同保温时间下试样的线变率。由图可以看出,在 1~5h,试样处于膨胀状态,在 2h 时线变率最大为 2.58%,随后逐渐下降,保温时间为 5h 时最低,达到 1.08%。结合物相和微观结构分析可知,当保温时间为 1~2h 时,CA、CA_2 与 Al_2O_3 不断反应生成 CA_6,片状晶体逐渐增多,导致体积变大[35-40]。随着保温时间进一步延长,试样内部不再发生 CA_6 的合成反应,片状晶体的厚度不断增加,晶体内部的空隙减少,试样致密性加强,从而线变率减小[41]。

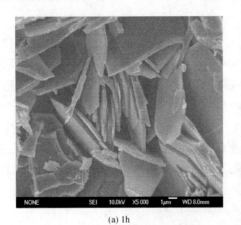

(a) 1h   (b) 3h

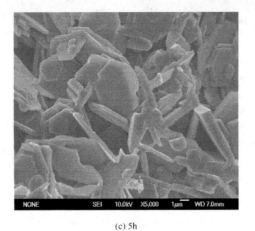

(c) 5h

图 6-10   不同保温时间下的 SEM 图

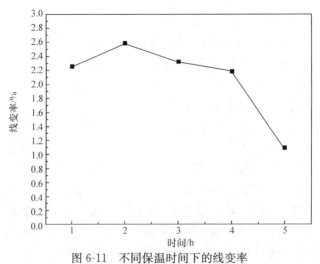

图 6-11   不同保温时间下的线变率

图 6-12 为试样在不同保温时间下的体积密度和显气孔率。与线变率的变化规律相似,当保温时间为 2h 时显气孔率最大,达到 57.55%。随着时间的延长,显气孔率不断减小,在保温 5h 时,达到 53.68%,体积密度反之。图 6-13 为试样在不同保温时间下的抗折强度。由图可以看出,随着时间的延长,试样的抗折强度不断变大。在 2~3h,变化幅度最大,从 12.28MPa 增加到 14.99MPa,这主要是因为试样内部 CA_6 合成反应结束,晶体不断发育完整并逐渐变厚,试样致密性增强[42,43]。

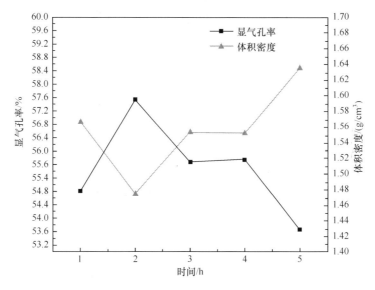

图 6-12 不同保温时间下的体积密度与显气孔率

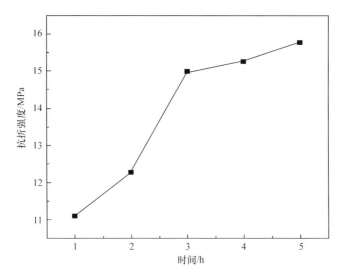

图 6-13 不同保温时间下的抗折强度

3. 小结

本节采用牡蛎壳与煅烧铝厂废渣为原料,在 1500℃下烧结并分别保温 1h、2h、3h、4h 和 5h 合成 CA_6 材料,得到如下结论。

(1) 延长保温时间有利于 CA_6 反应的充分进行及晶体的发育。

(2) 在 1500℃下,CA_6 的快速生成时间为 1～2h,完全形成则需要高于 2h。

(3) 综合物相、微观结构及性能分析可知,在 1500℃下烧结的最佳保温时间为 2～3h。

6.1.3 共磨时间对六铝酸钙结构及性能影响

1. 实验过程

本实验选用牡蛎壳和煅烧过的铝厂废渣为主要原料,按理论配比($CaO/Al_2O_3 =$ 1:6)进行称量,置于球磨机中分别研磨 1h、2h、3h、4h 和 5h。按实验工艺流程将制备好的试样在 1500℃下烧结并分别保温 3h。然后,将烧成的试样进行 XRD、SEM 和性能测试,探讨不同球磨时间对 CA_6 材料结构及性能的影响。

2. 结果与分析

1) 共磨时间对 CA_6 物相的影响

图 6-14 为试样在不同共磨时间下经 1500℃烧结并保温 3h 后的 XRD 图谱。由图可见,试样中物相为 CA_6、Al_2O_3 和 CA_2 三种,其中 CA_6 为主晶相。并且随

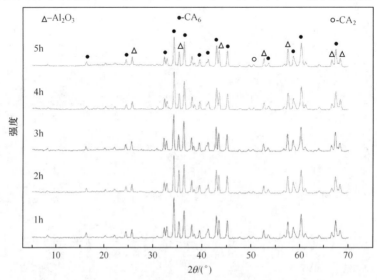

图 6-14 不同球磨时间下的 XRD 图

着共磨时间的延长,试样中 Al_2O_3 和 CA_2 的衍射峰逐渐减弱,CA_6 的衍射峰逐渐增强,表明共磨时间越长,粒径越细,越有利于 Al_2O_3 与 CA_2 进一步反应生成 CA_6。

2) 共磨时间对 CA_6 微观形貌的影响

图 6-15(a)～(c)给出了试样在不同共磨时间下经 1500℃烧结并保温 3h 后的 SEM 图。由图可以看出,共磨时间为 1h 时,CA_6 片状晶体发育不够完整,呈不规则分布,有大量的空隙。随着时间的延长,当共磨时间为 3h 时,有大量的六方片状 CA_6 晶体生成,并相互层叠,空隙减小。在 5h 时,CA_6 晶体呈清晰的六方片状,台阶式生长,排列较规则,分布均匀,致密性强。可见,共磨时间越长,粒度越细,便于颗粒间结合紧密,增大接触面积,有利于界面反应和扩散的进行,进而促使 CA_6 片状晶体优先形成[44-46]。

(a) 1h　　　　　　　　　　　　　　　　　(b) 3h

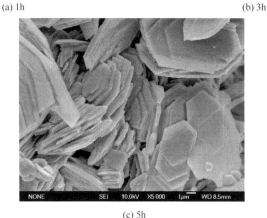

(c) 5h

图 6-15　不同共磨时间下的 SEM 图

3) 共磨时间对 CA_6 性能的影响

图 6-16 给出了不同共磨时间下混料的平均粒径。由图可见,随着时间的延

长,混料的平均粒径从最初的 $38.86\mu m$ 到球磨 5h 后的 $6.54\mu m$。平均粒径不断减小,提高了试样的烧结活性,促进了反应的发生。使得试样的线变率呈直线下降,从 0h 的 2.58% 下降到 5h 的 0.88%,如图 6-17 所示。

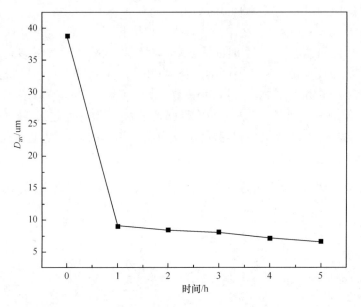

图 6-16　不同共磨时间下的平均粒度

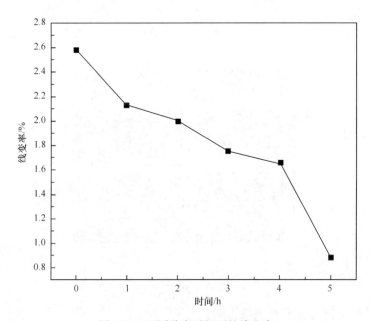

图 6-17　不同共磨时间下的线变率

图 6-18 和图 6-19 分别为不同共磨时间下试样的体积密度、显气孔率和抗折强度。由图可以看出,随着共磨时间的延长,体积密度和抗折强度不断增大,显气孔率不断减小。图 6-18 中,在 1～4h 范围内,显气孔率从 55.6% 降到 54.74%,变化幅度不大;随着时间的继续延长,在 4～5h 范围内时,显气孔率从 54.74% 下降

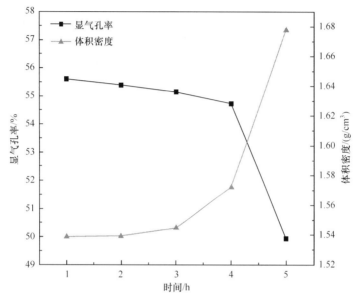

图 6-18　不同共磨时间下的体积密度与显气孔率

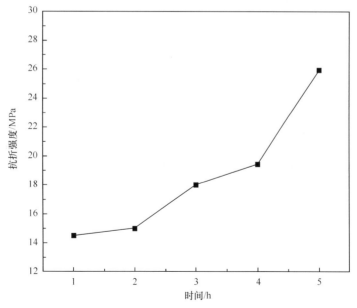

图 6-19　不同共磨时间下的抗折强度

至 49.94%,减小了 4.8%,体积密度反之。同样,在 4~5h 范围内时,抗折强度从 19.47MPa 升至 25.95MPa,增加幅度最大。结合试样的微观结构分析,当牡蛎壳和煅烧铝厂废渣混合料破碎至 $7.11\mu m$ 以下时,混合料的活性显著提高,烧结推动力增大,有利于试样的烧结,致密性增强。

3. 小结

本节采用牡蛎壳与煅烧铝厂废渣为原料,分别在球磨机中研磨 1h、2h、3h、4h 和 5h,然后在 1500℃下烧结并保温 3h 合成 CA_6 材料,得到如下结论。

(1)共磨时间的延长,提高了混料的活性,增大了混料的表面积,有利于 CA_6 合成反应的快速进行。

(2)共磨时间延长,更有利于 CA_6 片状晶体的发育,形成典型的 CA_6 六方晶形,并且排列较为规则,分布均匀。

(3)延长共磨时间,减小了混料的平均粒度,提高了试样的烧结活性,有利于试样的致密化,提高试样的抗折强度。

6.2　六铝酸钙-刚玉复相材料的合成与性能研究

6.2.1　引言

刚玉具有高熔点、高硬度、高强度、化学稳定性好、耐酸碱等特性,在耐火材料领域已经得到了广泛应用,但是其抗热震性较差,在急冷急热的环境下使用时容易破裂,寿命较短,大大制约了其在钢铁、陶瓷等对热震性要求较高的工业上的应用[47-50]。

CA_6 熔点较高,具有较低的热导率、优良的高温体积稳定性、抗热震性等性能,且其热膨胀系数与刚玉相近,热膨胀失配的可能性低,可以和氧化铝以任何比例配合使用[51-55]。另外,CA_6 属六方晶系,O^{2-} 在垂直于 c 轴方向的扩散速度比在平行于 c 轴方向的扩散速度快,具有优先形成片状或板状晶体的特性,可以将其作为增韧相引入刚玉中,以期改善刚玉材料的力学性能,提高其抗热震性。所以,对六铝酸钙-刚玉复相材料的研究与探讨具有很大的现实意义。

本实验选用牡蛎壳和煅烧过的铝厂废渣两种固体废弃物为主要原料,在 6.1 节 CA_6 材料合成及其性能研究的基础上,以 CA_6 理论配比为基本配方,增加铝厂废渣的含量,按照实验工艺流程将制备好的试样在不同条件下烧成。然后,将烧成的试样分别进行 XRD、SEM 和性能测试,探讨不同配方对六铝酸钙-刚玉复相材料的烧结性能、力学性能、物相组成、高温体积稳定性、抗热震性能以及显微结构的影响。

6.2.2　实验过程

在 CA_6 理论配比($CaO/Al_2O_3=1:6$)的基本上,增加铝厂废渣的含量,设定了六组实验配方,如表 6-1 所示。

表 6-1　实验配方

编号	CaO/Al₂O₃	铝厂废渣/%(质量分数)	牡蛎壳/%(质量分数)
1#	1:7	88.0	12.0
2#	1:8	89.5	10.5
3#	1:9	90.5	9.5
4#	1:10	91.4	8.6
5#	1:11	92.1	7.9
6#	1:12	92.7	7.3

将原料按实验配方称量并分别置于球磨机中研磨 2h,研磨后的浆料过滤脱水,置于烘箱中 100℃烘干,破碎得到 30 目的统料;然后将统料分别置于小塑料盆中,加入 5%的聚乙烯醇(PVA)水溶液作为结合剂[59,60],搅拌均匀,直到混料具有一定的塑性,再过筛;分别混料 12h,然后将混料压制成长条状(50mm×7mm×7mm);成型试样在 100℃烘干 12h,再置于窑炉中。根据相关文献及 6.1 节的研究结果分析,初步拟定烧成温度为 1550℃,保温时间为 3h。最后,将烧成的试样分别进行 XRD、SEM 和性能测试。

6.2.3　结果与分析

1. CaO/Al₂O₃ 不同配比对复相材料物相的影响

六组不同配方的试样经 1550℃烧结并保温 3h 的 XRD 图谱如图 6-20 所示。

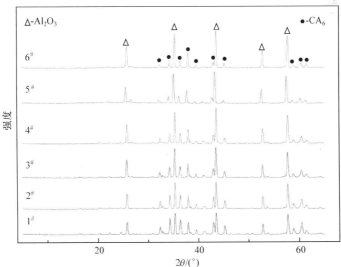

图 6-20　不同配方试样的 XRD 图

由图可知,六组试样的主晶相都为 CA_6 和刚玉(Al_2O_3)两种,没有二铝酸钙(CA_2)衍射峰存在,这是因为 CA_2 在 CA_6 合成过程中以过渡相存在,在 Al_2O_3 过量的情况下,CA_2 不断地与 Al_2O_3 发生反应,在 1550℃时已经全部转化为 CA_6[61-65]。图中随着铝厂废渣含量的增多,CA_6 的峰值逐渐降低,Al_2O_3 衍射峰不断增强。表明铝质原料含量越多,生成的刚玉相含量也越多。

2. CaO/Al_2O_3 不同配比对材料显微结构的影响

采用扫描电子显微镜,分别对试样 1#、3#、5# 和 6# 进行观察,得到微观形貌如图 6-21(a)~(d)所示。从图 6-21(a)可以看出,1# 试样中有部分较为完整的六方片状 CA_6 晶体,周围被不规则的刚玉晶相包裹,并有少量的片状 CA_6 晶体相互穿插,存在大量的空隙。与图(a)相比,图(b)中六方 CA_6 晶体数量较少,刚玉相增多。图(c)中,六方片状的 CA_6 晶体消失,刚玉相与片状 CA_6 晶体交错生长,相互穿

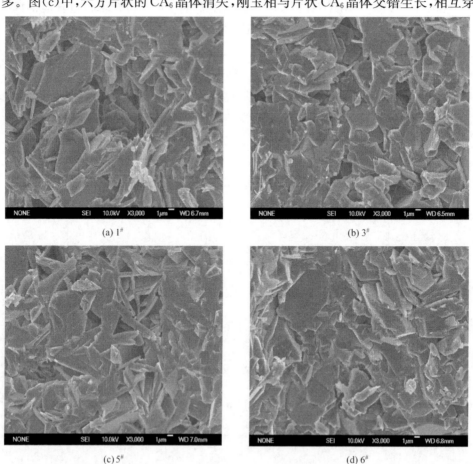

(a) 1#

(b) 3#

(c) 5#

(d) 6#

图 6-21　不同配方试样的 SEM 图

插,呈不规则网状分布。图(d)为试样 6# 的 SEM 图,由图可以看出,随着铝厂废渣含量的进一步增加,板状刚玉晶体不断增多,少量的 CA_6 晶体与刚玉贴接在一块,空隙较少,试样较为致密。

3. CaO/Al_2O_3 不同配比对复相材料性能的影响

1) 常温性能

图 6-22 为不同配方试样分别经 1550℃、1600℃烧结并保温 3h 的线变率变化图。由图可以看出,在 1550℃、1600℃下,试样呈收缩状态,且随着铝厂废渣含量的增多,试样的收缩率不断增大。结合物相及其微观结构分析可知,随着 Al_2O_3 含量增多,生成的 CA_6 量减少,故由 CA_6 引起的体积膨胀效应逐渐减弱,试样的收缩率不断增大。另外,由于钙质原料为牡蛎壳,其在烧结过程中会分解产生二氧化碳,在试样内部形成大量气孔,且含量越多,形成的微小气孔越多,便于晶粒的生长和片状晶体的发育,对试样的收缩有一定的抑制作用[66-69]。随着铝厂废渣的增多,牡蛎壳含量相应减少,从而减弱了这种抑制作用,导致试样的收缩率不断增大。

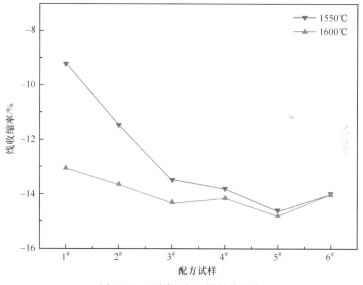

图 6-22　不同配方试样的线变率

图 6-23 和图 6-24 分别为不同配方试样经 1550℃ 和 1600℃烧结并保温 3h 的体积密度和显气孔率曲线。如图所示,试样在两种烧结温度下,体积密度与显气孔率变化趋于一致。在 3# 试样之前,随着 Al_2O_3 含量的增多,体积密度呈不断增大的趋势,如在 1550℃烧结下,体积密度从 $2.75g/cm^3$ 升至 $3.19g/cm^3$;在 3# 试样之后,体积密度变化幅度不太明显,大约为 $3.2g/cm^3$。显气孔率的变化规律与之相反,3# 试样之前,随着 Al_2O_3 含量的增多,显气孔率不断减小,3# 试样之后,显气孔

率变化不大,约为10%。究其原因,与试样的物相及其微观结构有关,随着 Al_2O_3 含量的增多,生成的 CA_6 量减少,刚玉相不断增加[70-74]。少量片状的 CA_6 晶相逐

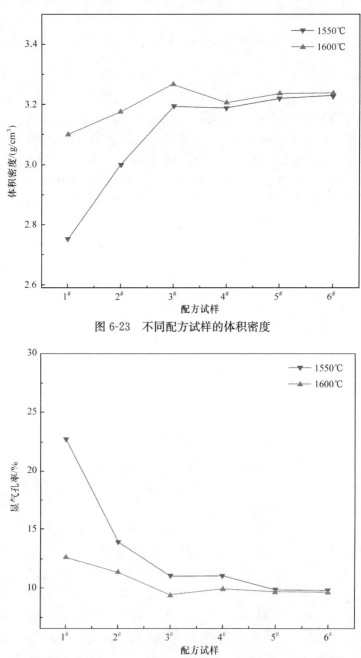

图 6-23　不同配方试样的体积密度

图 6-24　不同配方试样的显气孔率

渐被刚玉相包裹,形成致密结构,如图 6-21 所示。另外,由于铝厂废渣中含有部分杂质,随着其含量的增加,液相量也不断增加,促进了试样的烧结,有利于试样的致密化,提高了强度[75]。

2) 高温性能

取在 1600℃烧成的不同配方试样,分别在 1500℃下进行二次重烧,并保温 3h,随炉冷却到室温后测试其二次重烧线变率,如图 6-25 所示。由图可以看出,在 1# 试样收缩率为 0.21%。随着铝厂废渣含量的增多,试样的线变率逐渐增大,铝厂废渣含量为 92.1%时(5# 试样),收缩率达到了 0.56%。可见,随着试样中 Al_2O_3 含量的增多,试样的高温体积稳定性不断减弱。分析其原因,是由于以片状晶体为主的 CA_6 在复相材料内部结构中起着骨架支撑作用,随着试样中 Al_2O_3 含量的增多,相对的 CA_6 的含量不断减少,减弱了对烧结收缩的抑制作用[76-78]。

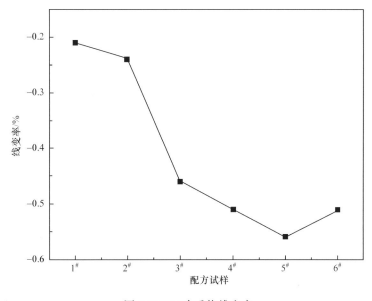

图 6-25　二次重烧线变率

取在 1600℃烧成的不同配方试样,按 3.4.1 节所述方法测定并计算试样常温抗折强度、1 次热震抗折强度和 5 次热震抗折强度,并分别计算其保持率,对应的曲线如图 6-26 和图 6-27 所示。从图 6-26 可以看出,未经热震的试样抗折强度最高,为 40.36~96.15MPa,且随着铝厂废渣含量增多,不同热震次数的抗折强度都不断增大。对比图 6-26 和图 6-27 可以看出,试样的抗折强度与抗折强度保持率的变化规律相反。铝厂废渣的含量越多,其抗折强度越大,保持率越低。1# 的 1 次和 5 次热震抗折强度保持率最高,分别为 80%和 57.98%。6# 的抗折强度最高,但随着热震次数的增多,其抗折强度急剧减小,1 次和 5 次热震抗折强度保持率分别为 58.16% 和 41.51%。说明随着试样中刚玉相的增多,试样在反复使用中

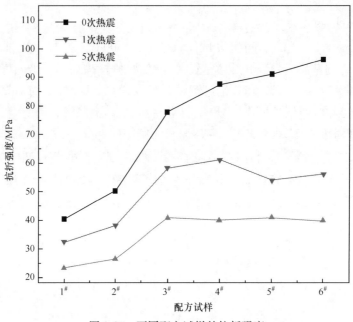

图 6-26　不同配方试样的抗折强度

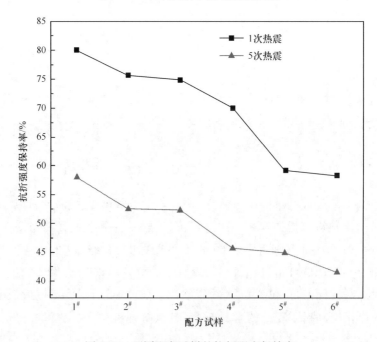

图 6-27　不同配方试样的抗折强度保持率

性能恶化较快,使用寿命较短。可见,在复相材料中,CA_6含量越高,材料的抗热震性能越好。这主要是因为,材料在热震过程中首先出现裂纹,随后发生裂纹的扩展[79]。以片状晶体为主的CA_6在复相材料内部形成的层状结构,使产生的裂纹在传播过程中发生偏转,消耗了热应力。同时,层状结构的特殊性,可方便在一个层中产生的裂纹沿着同它邻近层的界面横向扩展,从而阻止材料发生断裂[80],可以有效地提高材料的抗热震性能。另外,牡蛎壳分解在试样内部形成的大量气孔,可以让裂纹在经过气孔时被逮捕或被迫发生偏转,这样,为了产生一个新的裂纹,必须提供额外的能量,从而使得裂纹在多孔体中延伸变得比较困难[81-83],也有利于试样抗热震性能的提高。

4. 性能对比

表 6-2 为 CA_6 与六铝酸钙-刚玉复相材料的性能对比。由表可以看出,六铝酸钙-刚玉复相材料由于刚玉相的引入,在同等热处理条件下,其体积密度和抗折强度高于单一的 CA_6 材料,致密性加强,显气孔率减小。在高温条件下,两种材料的重烧收缩率很低,在 1300℃ 处理下几乎无变化,1500℃ 下收缩率为 0.21％ ～ 0.56％,可见两种材料具有很好的高温体积稳定性。

将经 1600℃ 处理下的两种材料试样分别在 850℃ 下进行抗热震测试,数据如表 6-2 所示。由表可知,CA_6 材料经 1 次和 5 次热震后,其抗折强度保持率分别为 79.81％ 和 43.84％;六铝酸钙-刚玉复相材料经 1 次和 5 次热震后的抗折强度保持率分别为 58.2％～80％ 和 41.51％～57.98％,且由结果与分析可知,随着 CA_6 含量提高,保持率越大。可见,单一的 CA_6 材料强度保持率更高,热稳定性更好。但是,由于 CA_6 材料抗折强度相对较低,经 1 次和 5 次热震后的抗折强度分别下降为 28.75MPa 和 15.79MPa,使其在实际应用中荷载能力不及六铝酸钙-刚玉复相材料。

表 6-2　六铝酸钙与六铝酸钙-刚玉复相材料性能对比

性能	热处理条件	六铝酸钙	六铝酸钙-刚玉复相
体积密度/(g/cm³)	1550℃/3h	2.31	2.75～3.23
	1600℃/3h	2.87	3.10～3.27
显气孔率/%	1550℃/3h	37.07	9.7～22.71
	1600℃/3h	20.81	9.3～12.6
常温抗折强度/MPa	1600℃/3h	36.02	40.36～96.15
高温抗折强度/MPa	850℃/1 次热震	28.75	32.3～61.15
	850℃/5 次热震	15.79	23.4～40.92

性能	热处理条件	六铝酸钙	六铝酸钙/刚玉复相
重烧线变率/%	1300℃	−0.062	−0.043
	1500℃	−0.56	−0.56～−0.21
抗热震保持率/%	850℃/1 次热震	79.81	58.2～80
	850℃/5 次热震	43.84	41.51～57.98

6.2.4　本节小结

本节采用牡蛎壳与煅烧铝厂废渣为原料,在烧结温度 1550℃、1600℃处理并保温 3h,制备不同配比的六铝酸钙-刚玉复相材料,得到如下结论。

(1) 在 1550℃下,不同配方试样都形成刚玉和 CA_6 两种晶相,没有 CA_2 过渡相的存在,说明其已经完全与 Al_2O_3 反应合成 CA_6。从 1# 到 6# 试样,随着铝厂废渣含量的增多,刚玉相不断增多,CA_6 相逐渐减少。

(2) 由 SEM 分析结果可知,随着 Al_2O_3 含量的增多,六方片状的 CA_6 晶体逐渐消失,不规则的刚玉晶相增多。从 3#、4# 和 6# 的 SEM 图可以看出,CA_6 晶体被刚玉相包裹,片状晶形相互交叉,呈不均匀分布,且由于铝厂废渣中含有部分杂质,随着其含量的增加,液相量也不断增加,试样晶相空隙减小,呈致密状。

(3) 1#～3# 试样,随着铝厂废渣含量的增多,试样的收缩率和体积密度不断增大,在 1550℃烧结,体积密度从 $2.75g/cm^3$ 升至 $3.19g/cm^3$。3#～6# 试样变化幅度减小;试样显气孔率变化规律反之。在高温条件下,随着试样中 Al_2O_3 含量的增多,试样的热震抗折强度不断升高,但由于试样中 CA_6 含量不断减少,试样二次重烧线变率及热震抗折强度保持率逐渐减小。可见,在复相材料中,CA_6 含量越高,材料的高温稳定性越好。

(4) 对比 CA_6 与六铝酸钙-刚玉复相材料的性能发现,在常温性能上,复相材料由于较好的致密性,其力学性能要优于六铝酸钙材料。在高温条件下,两种材料都具有很好的高温体积稳定性及抗热震性能,但 CA_6 力学性能不及复相材料,经多次热震后,其抗折强度较低,使其在实际应用中受到一定的限制。

6.3　利用响应曲面工艺优化法制备六铝酸钙-刚玉
复相隔热材料

6.3.1　引言

6.2 节研究结果表明,六铝酸钙-刚玉复相材料结合了 CA_6 和刚玉的优良特性:具有较好的抗折强度、高熔点、高温体积稳定性、抗热震性和一定的气孔率[84,85]。相比单一的 CA_6 材料,其在高温下的荷载能力更强,能更好地应用于钢铁、炼铝、陶瓷、石化等迫切需要有优良耐高温性能、隔热性能及抗热震性能的耐火材料高温行业中。

本实验以铝厂废渣和牡蛎壳粉为主要原料,以聚苯乙烯球为造孔剂,在第 4 章和第 5 章研究的基础上,依照 6.2.2 节所述的工艺流程在不同工艺条件下制备六铝酸钙-刚玉复相隔热材料试样,通过探讨牡蛎壳粉掺量、烧结温度、保温时间及造孔剂添加量对六铝酸钙-刚玉复相隔热材料(物相组成、体积密度与显气孔率)的影响,得出各单因素对实验结果影响的最佳范围,再运用响应曲面法进行优化实验设计,确定六铝酸钙-刚玉复相隔热材料最佳制备工艺条件,并研究在最佳工艺条件下六铝酸钙-刚玉复相隔热材料的各项性能。

6.3.2　单因素分析

1. 牡蛎壳掺量的影响

在第 4 章研究的基础上,设定牡蛎壳粉掺量分别为 6%、8%、9%、10% 和 12%,按照图 4-4 的工艺流程将制备好的试样在 1550℃烧结并保温 3h,随炉冷却至室温。将烧成的各组试样进行体积密度与显气孔率的测试,如图 6-28 所示。

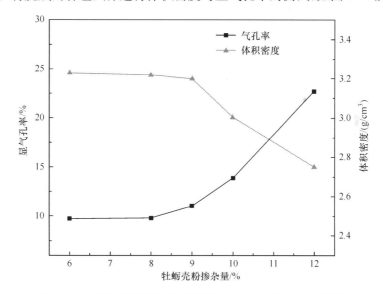

图 6-28　不同牡蛎壳粉掺量对材料显气孔率和体积密度的影响

从图可知,随着牡蛎壳粉掺量的增加,材料的显气孔率呈现增大趋势。掺量在 6%~9%,显气孔率增大趋势较缓慢,超过 9% 后,显气孔率开始急剧上升;体积密度则呈相反变化。这是因为随着配料中牡蛎壳粉掺量的增加,试样中 $CaCO_3$ 含量升高,烧结过程中 $CaCO_3$ 在高温下分解产生的 CO_2 量和反应合成的 CA_6 含量逐渐增多,显气孔率逐渐增大。掺量超过9%后,试样中大量生成CA₆,显气孔率也急剧上升。因此,合适的牡蛎壳粉掺量应为9%～12%。

2. 烧结温度的影响

在牡蛎壳粉掺量为12%、保温时间3h的基础上,分别在1400℃、1450℃、1500℃、1550℃和1600℃下进行烧结。将烧成的各组试样进行物相组成、体积密度与显气孔率的测试,分别如图6-29和图6-30所示。

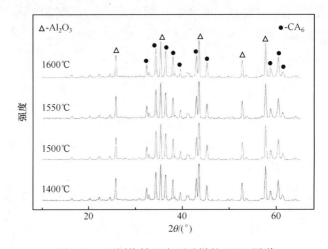

图 6-29　不同烧结温度下试样的 XRD 图谱

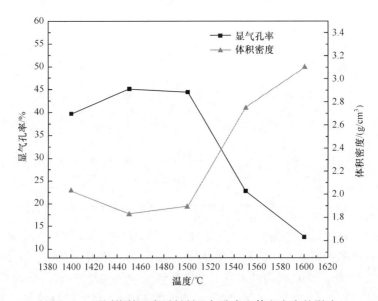

图 6-30　不同烧结温度对材料显气孔率和体积密度的影响

由图 6-29 可知,烧结温度从 1400℃升到 1600℃时,其图谱基本一致,主晶相只有 Al_2O_3 和 CA_6,没有 CA_2 衍射峰存在。可见,在 Al_2O_3 含量增多的情况下,作为反应中间产物的 CA_2 在 1400℃时已经全部与 Al_2O_3 反应生成 CA_6。

烧结温度对试样显气孔率和体积密度的影响如图 6-30 所示。由图可见,随着烧结温度的升高,试样的显气孔率在 1400~1500℃变化幅度不大,1500℃后开始大幅度下降,而体积密度呈现相反变化。此规律变化与不同烧结温度所引起的固相反应和显微结构有关。1400℃左右开始生成 CA_6,随着温度的升高,有利于 CA_6 发育成片状晶形,显气孔率也随之大幅度增大;但当温度过高时,材料中的固相反应基本结束,发生晶粒的长大和烧结,CA_6 的片状结构变厚,从而愈加致密,显气孔率降低。可见,最佳烧结温度应为 1400~1500℃。

3. 保温时间的影响

在牡蛎壳粉掺量为 12%,烧结温度 1500℃的基础上,分别保温 1h、2h、3h、4h 和 5h 进行烧结。将烧成的各组试样进行物相组成、体积密度与显气孔率的测试,分别如图 6-31 和图 6-32 所示。

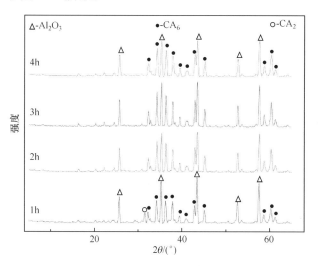

图 6-31　不同保温时间下试样的 XRD 图谱

由图可知,保温 1h 时,试样中物相有 CA_6、Al_2O_3 及少量的 CA_2。在保温时间为 2h 时,CA_2 相消失,物相仅为 CA_6 和 Al_2O_3 两种,且与保温 1h 时的物相对比,Al_2O_3 衍射峰强度减弱,CA_6 衍射峰强度增强。这是因为适当地延长保温时间有利于 CA_2 与 Al_2O_3 的充分反应合成 CA_6。随着时间的进一步延长,物相中 CA_6 和 Al_2O_3 的衍射峰强度并没有明显变化。可见,当保温时间超过 2h 时,CA_6 的合成反应已经结束。

　　保温时间对试样显气孔率和体积密度的影响如图 6-32 所示。由图可见,保温时间 2h 之前,显气孔率逐渐上升;2～3h,略微下降,3h 之后,显气孔率逐渐降低,而体积密度的变化则相反。保温时间的延长有利于固相反应的进行,进一步生成 CA_6,显气孔率升高,体积密度减小,但在保温 3h 后,固相基本反应完全,延长保温时间,会使 CA_6 的片状结构变厚,从而愈加致密,显气孔率降低。因此,合适的保温时间应为 2～3h。

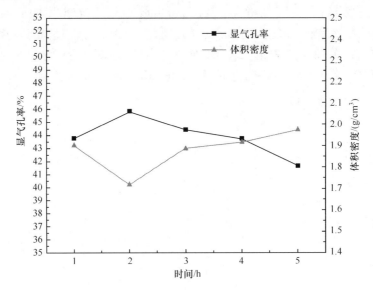

图 6-32　不同保温时间对材料显气孔率和体积密度的影响

4. 造孔剂添加量的影响

　　为了使六铝酸钙-刚玉复相隔热材料在具有一定强度的情况下,具有尽可能大的气孔率,本实验以废聚苯乙烯球为造孔剂[86,87]。在固定牡蛎壳粉掺量为 12%,烧结温度为 1500℃,保温时间 3h 的基础上,分别添加不同质量分数(指占煅烧废渣和牡蛎壳粉总质量,1%、1.5%、2%、2.5%、3%)的造孔剂,探讨造孔剂添加量对六铝酸钙-刚玉复相隔热材料抗压强度的影响。试样编号如下:1%、1.5%、2%、2.5%、3% 分别对应 1#、2#、3#、4#、5#。图 6-33 比较了不同废聚苯乙烯球添加量对材料抗压强度的影响。

　　对于相同体积的试样,掺入越多的废聚苯乙烯球,烧后留下的孔洞越多,密度也就越小,相应气孔率越大,但其强度也随之下降。从图中可见,废聚苯乙烯球添加量超过 2% 后,制样的抗压强度急剧下降,4#、5# 试样的抗压强度很低,分别为 1.65MPa 和 1.28MPa。虽然其体积密度较小,显气孔率较高,保温隔热性能较好,但低强度的材料荷载能力差,使用寿命短,使用范围受到限制。1#、2#、3# 试样的抗压强度均较高,且相差不大,分别为 7.77MPa、6.59MPa 和 5.12MPa;但 3# 试样使用的废聚苯乙烯球较多,密度较低,显气孔率较高,保温隔热性能较好。因此,确定 2% 作为最佳的造孔剂添加量,经测试此时试样的显气孔率为 67.25%,体积密度为 1.04g/cm³。

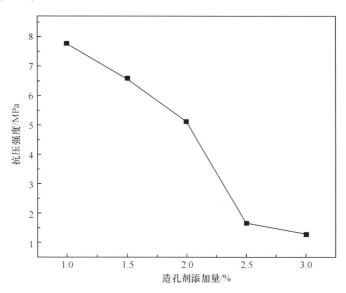

图 6-33　试样抗压强度随造孔剂添加量变化曲线

6.3.3　RSM 实验设计

在单因素实验分析结果的基础上,采用响应曲面(RSM)优化实验设计中的 Box-Behnken 设计方法,以烧结温度、保温时间和牡蛎壳粉掺量为自变量,分别用 X_1、X_2 和 X_3 表示,并以 −1、0、+1 分别代表自变量的低、中、高水平。按公式 $x_i = (X_i - X_o)/X$ 计算编码[88],其中 x_i 为自变量的编码值,X_i 为自变量的真实值,X_o 为实验中心点处自变量的真实值,X 为自变量的变化步长[89],各因素编码及对应因素设置如表 6-3 所示。

表 6-3　Box-Behnken 设计实验的因素和水平

水平	因素		
	X_1:烧结温度/℃	X_2:保温时间/h	X_3:牡蛎壳粉末添加量/%
−1	1400	1	6
0	1450	2	9
1	1500	3	12

6.3.4　实验过程

　　按实验设计的要求,分别称量好煅烧废渣、牡蛎壳粉和 2% 的聚苯乙烯球(直径为 1~3mm),混合并分别装入球磨罐中,加入适量水和磨球,球磨 2h,研磨后的混合浆过 30 目筛倒入静置容器,陈腐 24h,使浆体的浆料与水分分层,滤去上层水分,下层浆料于 100℃ 干燥箱烘干;将烘干的原料破碎过 30 目筛,得到颗粒均匀的统料;再将上述统料和 2% 的废聚苯乙烯球到入塑料盆中,加水进行搅拌,直至混合料具有一定的可塑性;将混合料放入模具中制成 60mm×40mm×40mm 的试条;将试条连同模具放室温条件下静置一天脱模,再经 100℃ 下干燥 12h;最后将试条置于窑炉中,按表 6-4RSM(响应曲面法)设计表所列不同的工艺条件下进行反应烧结,并随炉冷却至室温,再对试样进行各项性能的测试。

6.3.5　结果与讨论

　　1. 回归模型的拟合

　　基于 Box-Behnken 设计的 RSM 设计表数据及实验结果如表 6-4 所示。采用 Design Expert 软件进行数据的回归分析及回归方程的系数估值。由表可以看出,本实验以烧结温度(X_1)、保温时间(X_2)和牡蛎壳粉掺量(X_3)为自变量,以试样显气孔率为响应值,共设计了 17 次不同组合的实验,为了减少估值的误差,其中有 5 次重复在中心点,其编号分别为 5、11、14、15 和 17。表中,最大显气孔率出现在 12 号,为 74.53%;最小值为 2 号,显气孔率为 58.79%。

表 6-4　RSM 实验设计与结果

运行	因素 1 X_1:烧结温度/℃	因素 2 X_2:保温时间/h	因素 3 X_3:牡蛎壳 粉末添加量/%	响应水平 显气孔率/%
1	0	1	−1	61.02
2	1	0	−1	58.79
3	1	0	1	73.75
4	1	1	0	61.29
5	0	0	0	64.45
6	0	1	1	74.33
7	1	−1	0	60.3
8	−1	0	1	70.67
9	0	−1	−1	62.97

续表

运行	因素 1 X_1:烧结温度/℃	因素 2 X_2:保温时间/h	因素 3 X_3:牡蛎壳 粉末添加量/%	响应水平 显气孔率/%
10	−1	−1	0	62.75
11	0	0	0	64.57
12	0	−1	1	74.53
13	−1	1	0	60.44
14	0	0	0	65.74
15	0	0	0	63.44
16	−1	0	−1	60.32
17	0	0	0	63.59

通过运行 Design Expert 软件对实验设计表 6-4 中的数据进行多元回归拟合，得到六铝酸钙-刚玉复相隔热材料显气孔率与各因素之间的拟合方程：

$$Y = 64.36 - 6.25 \times 10^{-3} X_1 - 0.31 X_2 + 6.40 X_3 + 0.82 X_1 X_2 + 1.15 X_1 X_3$$
$$+ 0.69 X_2 X_3 - 2.87 X_1^2 - 0.29 X_2^2 + 4.40 X_3^2 \tag{6-1}$$

式中:Y 是预测响应值(六铝酸钙-刚玉复相隔热材料显气孔率);X_1、X_2、X_3 分别是烧结温度、保温时间、牡蛎壳粉掺量。

2. 拟合模型的评估

对模型方程(6-1)进行回归分析,可得到其方差分析表,如表 6-5 所示。采用 F-test 法检查模型(6-1)的统计显著性[90,91]。由表可以看出,模型有较大的 F 值(74.65)和较低的概率($P_{model} > F$)<0.0001,该模型高度显著。变异系数(CV)可用来表征实验的可靠性,CV 越小,其可靠性越好[92]。本实验 CV 值为 1.26%,数值较低,表明实验有很好的可靠性。失拟项用来检测回归模型与实际实验值拟合程度的好坏。失拟项不显著表明模型对响应值进行了准确的预测和分析。本实验中失拟项 $P=0.7001 > 0.05$,表明失拟不显著。模型的精密度可用调整决定系数 R^2 和相关系数 R 来检验。表 6-5 中,调整决定系数 $R^2 = 0.9764$,表明响应值变化的 97.64% 能被该模型解释,仅 2.36% 的变化不能解释,说明该模型的拟合度高,实验误差很小。相关系数 R 越接近 1,表明实验值与预测值的相关性越好。表中 $R=0.9881$,与 1 非常接近,可见该模型的预测值与实验值相关性很好。

由表 6-5 可分析出模型方程(6-1)的一次项 X_1、X_2 不显著,X_3 极显著;交互项 $X_1 X_2$ 显著,$X_1 X_3$、$X_2 X_3$ 不显著;二次项 X_2^2 不显著,其他极显著,表明自变量对材料显气孔率的影响不是简单的线性关系。

表 6-5　回归方程的方差分析

Source	平方和	自由度	平方根	F 值	P 值 Prob>F
Model	449.09	9	49.90	74.65	<0.0001
X_1	3.125×10^{-4}	1	3.125×10^{-4}	4.675×10^{-4}	0.9834
X_2	0.76	1	0.76	1.14	0.3209
X_3	327.42	1	327.42	489.84	<0.0001
$X_1 X_2$	2.72	1	2.72	4.07	0.0834
$X_1 X_3$	5.31	1	5.31	7.95	0.0258
$X_2 X_3$	1.89	1	1.89	2.83	0.1365
X_1^2	34.72	1	34.72	51.94	0.0002
X_2^2	0.36	1	0.36	0.54	0.4882
X_3^2	81.37	1	81.37	121.73	<0.0001
Residual	4.68	7	0.67		
Lack of Fit	1.28	3	0.43	0.50	0.7001
Pure Error	3.40	4	0.85		
Cor Total	453.77	16			

注:CV=1.26%;调整 R^2=0.9764;R=0.9881;(Prob>F)>0.05 为不显著;0.01<(Prob>F)<0.05 为显著;(Prob>F)<0.01 为极显著。

3. 模型的适用性检查

检查拟合模型的适用性,以确保它提供了一个充分逼近事实的预测。若该模型没有显示出足够的匹配度,对其进行优化拟合响应分析,可能就会给出较差或误导性的结果[93]。

回归模型可用来预测与自变量相对应的响应 Y 的预测值。图 6-34 展示了六铝酸钙-刚玉复相隔热材料显气孔率(响应值)的实际值与从实证模型方程(6-1)得到的预测值的对比情况。由图可见,大部分点都落在直线上,其余少数点对称分布在靠近直线的两侧。可见,从实证模型得到的预测响应值与自变量范围内实验值基本一致[94]。

图 6-35 是残差正态概率分布图。由图可以看出,图上各点分布在一条直线上,当残差正态概率分布图近似一条直线时,表明残差呈正态分布。说明回归方程(6-1)中 X 与 Y 的关系及分析结果是可靠的。

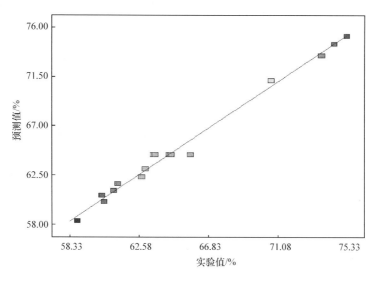

图 6-34　实验值与预测值对比分布图

本章中所有图形的颜色代表意义如下:深色到浅色渐变过程表示材料显气孔率由低到高渐变(下同)

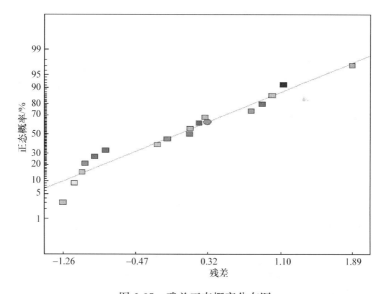

图 6-35　残差正态概率分布图

　　图 6-36 呈现了残差与预测响应值的对比图。由图可以看出,相应的残差点在零点误差线上下位随机地分布。说明回归直线对原观测值的拟合情况良好。另外,图中各残差点波动都在 1.5 范围内,波动幅度小,说明回归曲线方程与实际值之间的差别也比较小。

　　因此,通过图 6-35 和图 6-36 可以判断此二次模型近似于真实的曲面,适用于优化六铝酸钙-刚玉复相隔热材料的制备工艺条件。

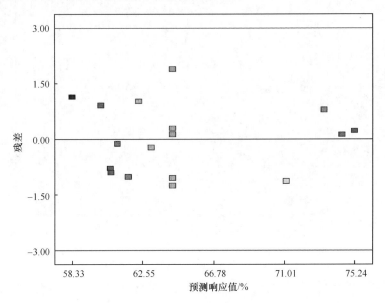

图 6-36　残差与预测响应值对比图

4. 优化工艺参数分析(模型 3D 及等高线图分析)

为更直观地说明烧结温度、保温时间、牡蛎壳粉掺量对六铝酸钙-刚玉复相隔热材料显气孔率的影响以及表征模型方程(6-1)的形状,使用 Design Expert 软件建立多元线性回归模型,并绘制以两两自变量为坐标的 3D 回归模型及等高线图,如图 6-37~图 6-40 所示。三维响应曲面图可以直接反映出独立变量及其相互作用对响应值的影响,其相应的等高线图可以用来表明各独立变量间的相互作用显著性。

图 6-37 为烧结温度和保温时间与六铝酸钙-刚玉复相隔热材料显气孔率的 3D 响应曲面及相应的等高线图,其中牡蛎壳粉掺量恒定在 9%。由图 6-37(a)可见,在保温时间不变时,随着烧结温度的提高,材料的显气孔率先明显增加再降低。当烧结温度位于中间位置附近,保温时间编号代码在-0.75 附近时,曲面达到最高点,此时显气孔率为 64.4592%,如图 6-37(b)所示。由等高线图不难看出,投影到水平面上的等高线呈椭圆状,说明烧结温度和保温时间存在显著的交互作用。为了较直观地观察两者间交互作用的影响,采用 Design Expert 软件画图,如图 6-38 所示。

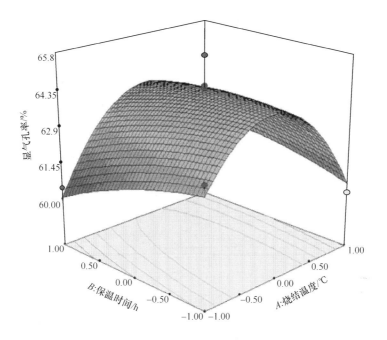

(a) 响应曲面图

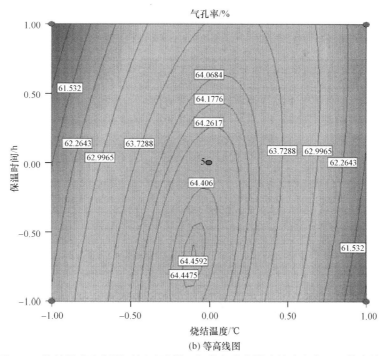

(b) 等高线图

图6-37　烧结温度和保温时间对试样显气孔率综合影响的响应曲面和等高线图

图 6-38 为烧结温度和保温时间之间的相互作用图,图中■表示处于低水平下的保温时间,▲表示处于高水平下的保温时间。由图可以看出,当保温时间在不同水平下时,材料的显气孔率总是随着烧结温度的升高,呈先增大后减小的变化趋势,这与单因素分析的结论相一致。可见在两者相互作用中,烧结温度起主要作用。

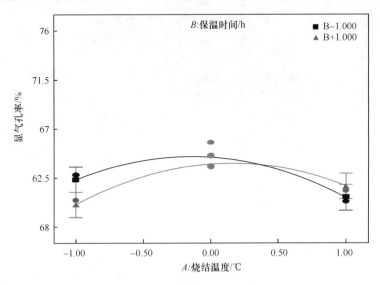

图 6-38　烧结温度和保温时间之间相互作用图

图 6-39 呈现的三维图和其对应的等高线图显示了烧结温度和牡蛎壳粉掺量对六铝酸钙-刚玉复相隔热材料显气孔率的影响,其中保温时间定为 2h。由图可以很明显地看到,烧结温度不变时,随着牡蛎壳粉掺量的增加,在编号代码-1~0范围内时,材料显气孔率变化不大,在 0~1 范围时,显气孔率呈上升趋势;当牡蛎壳粉掺量不变时,随着烧结温度的提高,材料显气孔率略微上升后下降,但现象不明显。由图 6-39(b)可知,牡蛎壳粉掺量和烧结温度的交互作用不显著。因此,通过图 6-39 可以总结出,在最佳烧结温度下,即编号代码在 0 点附近范围内时,材料显气孔率随牡蛎壳粉掺量的增大而增大,直至显气孔率最大值为 73.847%。

图 6-40 为保温时间、牡蛎壳粉掺量和六铝酸钙-刚玉复相隔热材料显气孔率的三维图及其对应的等高线图,其中烧结温度定为 1450℃。由图可知,在牡蛎壳粉掺量不变时,随着保温时间的延长,材料显气孔率变化不大。在保温时间不变时,随着牡蛎壳粉掺量的增加,在编号代码-1~0 范围内时,材料显气孔率变化不大;在 0~1 范围时,材料显气孔率大幅度提高。可见,牡蛎壳粉掺量对材料显气孔率的影响与保温时间的相互作用不大。表 6-5 中 X_2X_3 的 $(P_{model} > F) = 0.1365$ 大于 0.05,也证实其交互作用的不显著性。

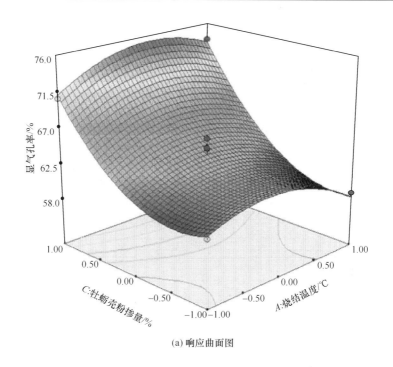

(a) 响应曲面图

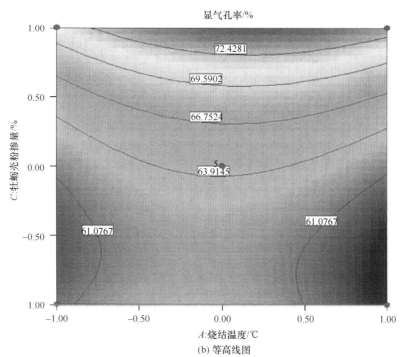

(b) 等高线图

图 6-39　烧结温度和牡蛎壳粉掺量对试样显气孔率综合影响的响应曲面和等高线图

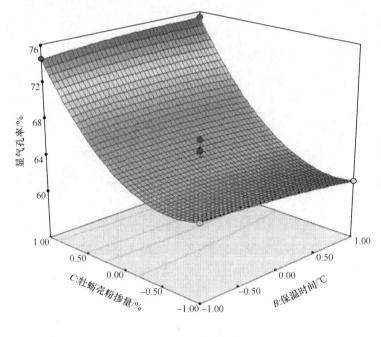

(a) 响应曲面图

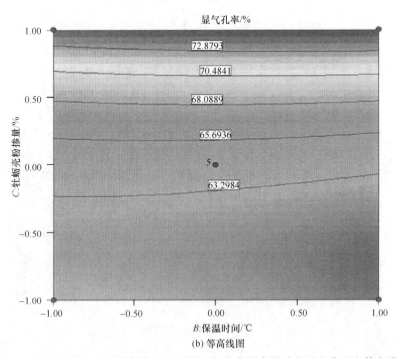

(b) 等高线图

图 6-40　保温时间和牡蛎壳粉掺量对试样显气孔率综合影响的响应曲面和等高线图

通过对图 6-37、图 6-38、图 6-39 和图 6-40 响应曲面和等高线图的综合分析可知，以上三个因素对材料显气孔率的影响顺序分别是牡蛎壳粉掺量、烧结温度和保温时间。

5. 模型的验证

响应曲面和等高线图的典型分析表明了模型方程(6-1)的最佳区域。在选取的各因素范围内，由 Design Expert 软件分析出呈现最大材料显气孔率的最佳工艺条件：X_1 为 0.375，X_2 为 0.43，X_3 为 1。根据编码转换，即烧结温度为 1468.75℃，保温时间 145.8 min，牡蛎壳粉掺量为 12%。在这些条件下的预测六铝酸钙-刚玉复相隔热材料显气孔率为 75.45%。考虑到实际操作的方便，修正制备六铝酸钙-刚玉复相隔热材料最优化工艺条件：烧结温度为 1469℃，保温时间 146min，牡蛎壳粉掺量为 12%。

为验证最优化，在分析出的最佳条件下重复实验三次，得到的实验结果如表 6-6 所示。从表中可见，验证实验得到的 1#、2#、3# 六铝酸钙-刚玉复相隔热材料显气孔率分别为 75.13%、75.08%、76.08%，与预测值 75.45% 非常相近，两者的相对误差为 0.42%～0.84%，即该方程与实际情况拟合很好。通过对三种试样进行性能测试，其体积密度分别为 0.78g/cm³、0.77g/cm³、0.78g/cm³，说明试样质量轻且保温隔热性能好。通过对 2# 和 3# 试样进行抗压测试，得到 2# 和 3# 试样的抗压强度分别为 4.17MPa 和 6.03MPa，由图 6-33 可知，此抗压强度符合实验要求。让 1# 试样在 1500℃下重新烧结 60min，进行体积稳定性测试，测得其二次重烧线变率为 -0.95%，即重烧后试样收缩很小，体积稳定性高。各项性能数值见表 6-7。

表 6-6　模型的验证实验结果

实验编号	烧结温度/℃	保温时间/h	牡蛎壳粉掺量/%	显气孔率/%		相对误差/%
				实验值	预测值	
1#	1469	146	12	75.13	75.45	0.42
2#	1469	146	12	75.08	75.45	0.49
3#	1469	146	12	76.08	75.45	0.84

表 6-7　模型的验证实验结果

实验编号	抗压强度/MPa	体积密度/(g/cm³)	线变率/%
1#	4.17	0.78	—
2#	6.00	0.77	—
3#	—	0.78	-0.95

6.3.6 本节小结

本实验以铝厂废渣和牡蛎壳粉为主要原料,以聚苯乙烯球为造孔剂,探讨了牡蛎壳粉掺量、烧结温度、保温时间及造孔剂添加量对六铝酸钙-刚玉复相隔热材料的影响,并在此基础上,采用响应曲面法进行优化实验设计,制备六铝酸钙-刚玉复相隔热材料,得出以下结论。

(1) 牡蛎壳粉掺量对六铝酸钙-刚玉复相材料的影响:掺量为 6%～12% 时,材料中均只有 α-Al_2O_3 和 CA_6,气孔率随掺量的增大呈上升趋势,掺量最佳范围确定为 9%～12%。

(2) 烧结温度对六铝酸钙-刚玉复相材料的影响:从 1400℃ 起,CA_6 已大量生成;随着烧结温度的升高,材料的气孔率呈现先升高后降低的规律,密度则呈相反变化,烧结温度的最佳范围为 1400～1500℃。

(3) 保温时间对六铝酸钙-刚玉复相材料的影响:随着保温时间的延长,材料的物相基本无影响,材料的气孔率先上升后下降,密度呈相反变化,最佳保温时间为 2～3h。

(4) 造孔剂添加量对六铝酸钙-刚玉复相隔热材料的影响:对于相同体积的试样,废聚苯乙烯球用量越大,密度越小,气孔率越大,但其强度也随之下降。最佳的造孔剂添加量为 2%,此时材料的显气孔率较高,达到了 67.25%,体积密度为 1.04g/cm³,保温性能较好,较为节能,抗压强度为 5.12MPa,有较好的载荷能力和使用寿命。

(5) 利用响应曲面法的 Box-Behnken 设计,通过实验并对实验数据进行多元回归拟合,得到六铝酸钙-刚玉复相隔热材料显气孔率与各因素之间的拟合方程: $Y = 64.36 - 6.25 \times 10^{-3} X_1 - 0.31 X_2 + 6.40 X_3 + 0.82 X_1 X_2 + 1.15 X_1 X_3 + 0.69 X_2 X_3 - 2.87 X_1^2 - 0.29 X_2^2 + 4.40 X_3^2$。对该模型进行回归分析,可得知实验有很好的精度和可靠性,模型拟合度高,实验误差小。并优化出最佳工艺条件为:烧结温度为 1469℃,保温时间 146min,牡蛎壳粉掺量为 12%,验证得出在此条件下材料的显气孔率真实值为 75.08%～76.09%,与预测值 75.45% 非常相近,两者的相对误差为 0.42%～0.84%,表明该方程与实际情况拟合很好,该模型能较好地预测六铝酸钙-刚玉复相隔热材料显气孔率随各参数变化的规律。

6.4 结　论

本章采用反应烧结法,以铝厂废渣为主要铝质原料合成 CA_6,研究了不同钙质原料、烧结温度、保温时间和共磨时间对 CA_6 材料合成及性能的影响;并在研究合成 CA_6 材料及其性能的基础上,制备了六铝酸钙-刚玉复相材料。探讨了不同配比对六铝酸钙-刚玉复相材料物相组成、显微结构、高温稳定性和抗热震性的影响，从而确定出最佳配比范围。并在此范围下，采用响应曲面分析法，用 Design Expert 软件进行试验设计，对六铝酸钙-刚玉复相隔热材料的工艺参数进行优化，并研究了最佳工艺条件下，六铝酸钙-刚玉复相隔热材料的各项性能。得出以下结论。

1. 探讨不同钙质原料和工艺条件对 CA_6 的合成及性能的影响

（1）不同的钙质原料对 CA_6 的合成有一定的影响，相比生石灰，以牡蛎壳为原料时，CA_6 的生成温度更低，在 1300℃ 时就有少量的 CA_6 生成，当温度升高到 1400℃ 时，CA_6 相大量生成；到 1600℃ 时，产物主晶相为 CA_6，合成反应基本完成。

（2）CA_6 的晶体形貌与原料种类和烧结温度有关。以牡蛎壳为钙质原料的试样有大量发育完整的片状晶体生成，晶体之间结合较疏松，呈均匀分布。以生石灰为钙质原料的试样中 CA_6 晶体的片状结构不明显，多呈不规则状，晶体间相互层叠，连接较为紧密，致密性较强。这是由试样在合成过程中的内部结构决定的，牡蛎壳分解产生的气孔为晶核的发育提供了足够的空间，有利于其沿基面反应形成片状晶形。CA_6 晶体随着温度的升高，晶形发育愈加完整。在 1500～1550℃，片状晶体厚度较薄，分布均匀，相互间结合较为疏松，有大量的空隙。当温度到 1600℃ 时，晶体厚度增加，片状晶体结合紧密，空隙减少。

（3）CA_6 的合成反应为体积膨胀过程，在 1400～1450℃，CA_6 的大量生成伴随着体积膨胀，线变率不断增大。在 1450～1500℃，CA_6 持续生成并发育成片状晶体，抑制了试样的烧结行为，使得线变率、体积密度、气孔率及抗折强度变化不大。当温度高于 1500℃ 时，试样的烧结作用明显，试样表现为收缩，致密性增强。以牡蛎壳为原料的试样膨胀率高于生石灰的试样；以生石灰为原料的试样由于烧结过程中无气体生成，试样的致密性要高于牡蛎壳的试样。

（4）延长保温时间有利于 CA_6 反应的充分进行及晶体的发育。在 1500℃ 下，CA_6 的快速生成时间为 1～2h，完全形成则需要超过 2h，当保温时间超过 4h 时，试样内部主要发生晶体的变厚，致密性加强。

（5）共磨时间的延长，提高了混料的活性，增大了混料的表面积，有利于 CA_6 合成反应的快速进行及 CA_6 片状晶体的发育，形成典型的 CA_6 六方晶形，并且排列较为规则，分布均匀。同时，提高了试样的烧结活性，有利于试样的致密化，提高试样的抗折强度。

2. 对不同配比的六铝酸钙-刚玉复相材料性能的研究

（1）在 1550℃，不同配方试样都形成刚玉和 CA_6 两种晶相，没有 CA_2 过渡相的存在，说明其已经完全与 Al_2O_3 反应合成 CA_6。$1^\#$～$6^\#$ 试样，随着铝厂废渣含量的增多,刚玉相不断增多,CA₆相逐渐减少。

(2) 由 SEM 分析结果可知,随着 Al_2O_3 含量的增多,六方片状的 CA_6 晶体逐渐消失,不规则的刚玉晶相增多。从 3#、4# 和 6# 的 SEM 图可以看出,CA_6 晶体被刚玉相包裹,片状晶体相互交叉,呈不均匀分布。且由于铝厂废渣中含有部分杂质,随着其含量的增加,液相量也不断增加,试样晶相空隙减小,呈致密状。

(3) 1# 到 3# 试样,随着铝厂废渣含量的增多,试样的收缩率、体积密度不断增大,在 1550℃烧结,体积密度从 2.75g/cm³ 升至 3.19g/cm³。3# 到 6# 试样,变化幅度减小。试样气孔率变化规律反之。在高温条件下,随着试样中 Al_2O_3 含量的增多,试样的热震抗折强度不断增大,但由于试样中 CA_6 含量不断减少,试样二次重烧线变化率及热震抗折强度保持率逐渐减小。可见,在复相材料中,CA_6 含量越多,材料的高温稳定性越好。

(4) 通过进行 CA_6 与六铝酸钙-刚玉复相材料性能的对比发现,在常温性能上,复相材料由于较好的致密性,其力学性能要优于 CA_6 材料。在高温条件下,两种材料都具有很好的高温体积稳定性及抗热震性能,但 CA_6 材料力学性能不及复相材料,经多次热震后,其抗折强度较低,使其在实际应用中受到一定的限制。

3. 采用响应曲面法进行优化实验设计,制备六铝酸钙-刚玉复相隔热材料

(1) 通过探讨牡蛎壳粉掺量、烧结温度、保温时间及造孔剂添加量对六铝酸钙-刚玉复相隔热材料的影响,分别得出各单因素对实验结果影响的最佳范围:牡蛎壳掺量为 9%～12%,烧结温度的最佳范围为 1400～1500℃,保温时间为 2～3h,最佳的造孔剂添加量为 2%。

(2) 在单因素研究的基础上,利用响应曲面法的 Box-Behnken 设计,通过实验并对实验数据进行多元回归拟合,得到六铝酸钙-刚玉复相隔热材料显气孔率与各因素之间的拟合方程: $Y=64.36-6.25\times10^{-3}X_1-0.31X_2+6.40X_3+0.82X_1X_2+1.15X_1X_3+0.69X_2X_3-2.87X_1^2-0.29X_2^2+4.40X_3^2$。对该模型进行回归分析可知,实验有很好的精度和可靠性,模型拟合度高,实验误差小。并优化出最佳工艺条件为:烧结温度为 1469℃,保温时间 146min,牡蛎壳粉掺量为 12%,验证得出在此条件下材料的显气孔率真实值为 75.08%～76.09%,与预测值 75.45% 非常相近,两者的相对误差为 0.42%～0.84%,表明该方程与实际情况拟合很好,该模型能较好地预测六铝酸钙-刚玉复相隔热材料显气孔率随各参数变化的规律。

参 考 文 献

[1] 张越,赵文轩.利用铝厂废渣生产莫来石的研究现状.河南建材,2012,(1):134-135.
[2] 于岩.铝型材厂工业废渣综合利用的基础研究.福州:福州大学博士学位论文,2006.
[3] 戴武斌,曾令可,刘艳,等.煅烧温度对铝型材厂废渣晶相结构影响的研究.中国陶瓷,2009,

45(10):30-33.

[4] 吴任平,阮玉忠,于岩. 矿化剂对铝厂废渣和硅微粉合成莫来石的影响. 硅酸盐学报,2007, 35(8):1092-1096.

[5] 于岩,阮玉忠,吴任平. CaO 杂质对铝型材厂工业废渣合成堇青石材料晶相结构及其含量影响. 结构化学,2004,23(10):1189-1194.

[6] 于岩,阮玉忠,吴任平. 铝厂废渣合成镁铝尖晶石的结构和性能. 硅酸盐学报,2008,36(2): 233-236.

[7] 陈捷,阮玉忠,沈阳,等. 利用铝型材厂废渣制备自结合钛酸铝/莫来石复相材料. 硅酸盐通报,2009,28(4):692-696.

[8] Hyok B K,Chan W L,Byung S J,et al. Recycling waste oyster shells for eutrophication control. Resources,Conservation and Recycling,2004,(41):75-82.

[9] Michael P. Mallamaci,Kevin B S,et al. Crystallization of calcium hexaluminate on basal alumina. Philosophical Magazine A,1998,77(3):561-575.

[10] Nurse R W,Welch J H. Majumdar A J. The CaO-Al₂O₃ system in a moisture-free atmosphere. Transactions and Journal of British Ceramic Society,1965,64:409-418.

[11] 王长宝. 六铝酸钙轻质耐火材料的研究. 武汉:武汉科技大学硕士学位论文,2008.

[12] 李有奇. CA₂/CA₆/刚玉复相耐火材料研究. 武汉:武汉科技大学硕士学位论文,2004.

[13] An L,Chan H M,Soni K K. Control of calcium hexaluminate grain morphology in in-situ toughened ceramic composites. Journal of Materials Science,1996,31:3233-3229.

[14] Asmi D,Low I M. Physical and mechanical characteristics of in-situ alumina/calcium hexaluminate composites. Journal of Materials Science Letters,1998,17:1735-1738.

[15] Mendoza J L,Freese A,Moore R E. Themonmechanicalbehavior of calcium aluminate composites//Fisher R E. Ceramic Transactions vol. 4, Advances in Refractories Technology. Westerville:American Ceramic Society,1989:294-31.

[16] An L,Chan H M,Padture N P,et al. Damage resistant alumina-based layer composites. Journal of Materials Research,1996,11:204-210.

[17] An L,Chan H M. R-curve behavior of in-situ-toughened Al₂O₃:CaAl₁₂O₁₉ ceramic composites. Journal of the American Ceramic Society,1996,79:3142-3148.

[18] Criado E,Caballero A,Pena P. Microstructural and mechanical properties of alumina-calcium hexaluminate composites//Vicenzini P. High Tech Ceramics. Amsterdam:Elsevier Science publishers,1987:2279-2289.

[19] 李天清. 六铝酸钙多孔陶瓷的合成研究. 咸宁:湖北科技大学硕士学位论文,2004.

[20] Criado E. CA₆ 耐火材料. 国外耐火材料,1992,17(10):58-63.

[21] 陈冲,陈海奕,王俊,等. 六铝酸钙材料的合成性能和应用. 硅酸盐通报,2009,28:201-205.

[22] 王长宝,王莹堂,张保国. 浇注-烧结法合成六铝酸钙. 耐火材料,2008,42(4):264-266,284

[23] 李天清,李楠,李友胜. 反应烧结法制备六铝酸钙多孔材料. 耐火材料,2004,38(5): 309-311.

[24] Cristina D,Jérome C,Gilbert F,et al. Microstructure development in calcium hexaluminate.

Journal of the European Ceramic Society,2001,21:381-387.

[25] Li M J,Kuribayashi K. Phase selection in the containerless solid ification of undercooled CaO·6Al$_2$O$_3$ melts. Acta Materiallia,2004,52(12):3639-3647.

[26] Vipin K S,Krishna K S. Low-temperature synthesis of calcium hexaluminate. Journal of American Ceramic Society,2002,84(4):769-772.

[27] 裴春秋,石干,徐建峰. 六铝酸钙新型隔热耐火材料的性能及应用. 工业炉,2007,29(1): 45-49.

[28] Kikuchi T,Sakamoto Y,Fujita K. Nonfibrous insulating castable which utilize micro porous aggregate. Fourth International Symposium on Advances in Refractories for the Metallurgical Industries,Hamilton,2004:719-728.

[29] 陈肇友,柴俊兰. 六铝酸钙及其在铝工业炉中的应用. 耐火材料,2011,45(1):122-125.

[30] 周矿民. 有色金属冶炼炉用不定形耐火材料. 有色设备,2000,(1):41-43.

[31] 刘新或,Buhr A,Buchel G,等. 博耐特(Bobite)——一种新型的合成致密 CA$_6$ 耐火原料. 耐火材料,2006,40(1):60-64.

[32] van Garsel D,Gnauck V,Kriechbaum G W,et al. New insulating raw material for high temperature applications. Internationalen Feuerfest-Kolloquium,1988:122-128.

[33] Windle,C J,Bentley V K. Rebonded magnesia-alumina spinel products for oxy-fuel and alkali saturated atmospheres. Unified International Technical Conference on Refractories,on Refractories,1999:219-225.

[34] 朱志斌,郭志军,刘英,等. 氧化铝陶瓷的发展与应用. 陶瓷,2003,(1):5-8.

[35] 尹衍升,张景德. 氧化铝陶瓷及其复合材料. 北京:化学工业出版社,2000:18-28.

[36] 徐平坤. 刚玉耐火材料. 北京:冶金工业出版社,2007:2-3.

[37] 郑建平. 刚玉-莫来石复相窑具热震稳定性的研究及优化设计. 杭州:浙江大学硕士学位论文,2005:22-28.

[38] Asmi D,Low I M,O'Connor B H. Phase compositions and depth-profiling of calcium aluminates in a functionally graded alumina/calcium-hexaluminate composite. Journal of Materials Proceeding,2001,18:219-224.

[39] 冀新友. CA$_6$-MA 轻质材料的制备、性能与高温冲蚀磨损行为的研究. 北京:中国地质大学硕士学位论文,2011.

[40] 李晓娜. 铝灰制备镁铝尖晶石及其在 Al$_2$O$_3$-MgAl$_2$O$_4$ 耐火材料中的应用. 上海:上海交通大学硕士学位论文,2008.

[41] Sánchez-Herencia A J,Moreno R,Baudin C. Fracture behavior of alumina-calcium hexaluminate composites obtained by colloidal processing. Journal of the European Ceramic Society, 2000,20:2575-2583.

[42] Sánchez-Herencia A J,Moreno R,Baudin C. Fracture behavior of alumina-calcium hexaluminate composites obtained by colloidal processing. Journal of the European Ceramic Society, 2000,20:2575-2583.

[43] Asmi D,Low I M. Processing of an in-situ layered and graded alumina/calcium-hexalumi-

nate Composite:physical characteristics. Journal of Materials Proceeding Technology,1998:
2019-2024.

[44] 李庆彬,潘志华. 轻质隔热材料的研究现状及其发展趋势. 硅酸盐通报,2011,30(5):1090.

[45] 王维邦. 耐火材料工艺学. 北京:冶金工业出版社,2005:226-231.

[46] 施可夫. 利用铝型材厂工业废渣研制轻质隔热耐火材料. 福州:福州大学硕士学位论
文,2004.

[47] 武玉利. 利用铁尾矿生产轻质镁橄榄石耐火材料的研究. 鞍山:辽宁科技大学硕士学位论
文,2007.

[48] 任国斌,伊汝珊,张海川,等. Al_2O_3-SiO_2 系耐火材料. 北京:冶金工业出版社,1986:39-146,
147-240,272-359,360-396,397-428.

[49] 胡雅琴. 响应曲面二阶设计方法比较研究. 天津:天津大学硕士学位论文,2005.

[50] Montgomery D C. Design and Analysis of Experiments. 5th Edition. New York: John
Wiley&Sons,2001.

[51] 高洪霞,刘军海,于波涛. 响应分析法优化辣椒红色素提取工艺条件. 食品研究与开发,
2009,30(10):177-181.

[52] 李云雁,胡传荣. 试验设计与数据处理. 北京:化学工业出版社,2008:199-201.

[53] 傅剑锋,李湘中,季民. 响应面法分析 Ti/TiO_2 电极光电催化富里酸的过程. 中国环境科
学,2006,26(6):718-722.

[54] 刘永鹤,彭金辉,孟彬,等. 莫来石晶须长径比影响因素的响应曲面法优化研究. 硅酸盐学
报,2011,39(9):403-408.

[55] 李辉平,赵国群,牛山延,等. 响应曲面法优化气体淬火过程中的工艺参数. 金属学报,
2005,41(10):1095-1100.

[56] 刘本,金志华. 响应曲面试验设计法的教学尝试. 药学教育,2010,26(2):56-58.

[57] 王涛,颜明,郭海波. 一种新的回归分析方法——响应曲面法在数值模拟研究中的应用. 岩
性油气藏,2011,23(2):100-104.

[58] 于岩,阮玉忠,黄清明,等. 铝厂废渣在不同煅烧温度的晶相结构研究. 结构化学,2003,
22(5):607-612.

[59] 马淑龙,张利芳,卜景龙,等. 钛酸铝-板状氧化铝复合材料合成与性能. 河北理工大学学报
(自然科学版),2008,30(2):57-61.

[60] 姜迎新,刘铭剑,李波. 层状多孔 Al_2O_3/ZrO_2 陶瓷热机械行为研究. 南京大学报,2010,
33(3):51-55.

[61] Montgomery D C. 实验设计与分析. 北京:中国统计出版社,1998:589-592.

[62] 周纪芗. 实用回归分析方法. 上海:上海科学技术出版社,1990:77-79.

[63] 李利平,严云,胡志华,等. 二步法低温制备六铝酸钙/镁铝尖晶石复相陶瓷. 硅酸盐学报,
2015,03:304-310.

[64] 孙小改,闫帅,李韦,等. 添加六铝酸钙颗粒对刚玉-尖晶石浇注料性能的影响. 耐火材料,
2015,05:372-375.

[65] 龙斌,周云鹏,田忠凯,等. 高性能六铝酸钙耐材原料//中国耐火材料行业协会. 新形势下

全国耐火原料发展战略研讨会论文集,2014:9.

[66] 罗旭东,曲殿利,张国栋,等.铝钛渣固相反应合成六铝酸钙材料的研究.人工晶体学报,
    2013,5:981-984.

[67] 曾春燕,刘艳改,徐友果,等.保温时间对合成轻质耐高温六铝酸钙材料性能的影响.人工
    晶体学报,2013,6:1199-1202,1207.

[68] 宋继芳.零热分解率的钛酸铝粉体的合成工艺研究.成都:成都理工大学硕士学位论
    文,2004.

[69] 陆佩文.无机材料科学基础.武汉:武汉工业大学出版社,1996:42-308.

[70] 尹洪基.六铝酸钙在侵蚀环境下的优点.耐火与石灰,2012,6:20-23,29.

[71] 李志刚,叶方保.加入纳米碳酸钙对刚玉-尖晶石质浇注料性能的影响.耐火材料,2012,06:
    406-409.

[72] 刘海啸,张国栋,罗旭东.用废弃含碳耐火材料合成方镁石-镁铝尖晶石复相材料.硅酸盐通
    报,2011,5:1216-1220.

[73] 钱之荣,范广举.耐火材料实用手册.北京:冶金工业出版社,1992.

[74] 范恩荣.烧结范围宽的莫来石-刚玉陶瓷.电瓷避雷器,1994(4):41-47.

[75] 郝俊杰.复合添加剂对钛酸铝材料合成及稳定性的影响.中国陶瓷,2000,36(5):18-20.

[76] 王诚训,张义先,于青.ZrO_2复合耐火材料.2版.北京:冶金工业出版社,2003.

[77] 侯永改,刘方晓.添加剂对低温陶瓷结合剂性能的影响.陶瓷研究,2002,17(3):1-4.

[78] 郭景坤,诸培南.复相陶瓷材料的设计原则.硅酸盐学报,1996(1):7-12.

[79] Li L P,Yan Y,Fan X Z. Low-temperature synthesis of calcium-hexaluminate /magnesium-
    aluminum spinel composite ceramics. Journal of the European Ceramic Society,2015,35:
    2923-31.

[80] Tian Y,Qiu Y,Chai Y. The effect of sintering temperature on the structure and properties
    of calcium hexaluminate/anorthite ceramics. Science of Sintering,2013,45:141-147.

[81] Hu M L,Fang M H,Cheng S S. Effects of calcium hexaluminate addition on the mechanical
    properties of zirconia-toughened-alumina. Key Engineering,2013,544:286-290.

[82] Kato E,Daimom K,Takahashi J. Decomposition temperature of β-$Al_2 TiO_5$. Journal of the
    American Ceramic Society,1980,63(3):355-356.

[83] Li G L,Shen B X,Li Y W,et al. Removal of element mercury by medicine residue derived
    biochars in presence of various gas compositions. Journal of Hazardous Materials,2015,
    298:162-169.

[84] Chen J H,Yan M W,Su J D,et al. Controllable preparation of Al_2O_3-MgO · Al_2O_3-CaO ·
    $6Al_2O_3$ (AMC)composite with improved slag penetration resistance. International Journal of
    Applied Ceramic Technology. 2016,13(1):33-40.

[85] Tulliani J M,Pages G,Fantozzi G,et al. Dilatometry as a tool to study a new synthesis for
    calcium hexaluminate. Journal of Thermal Analysis and Calorimetry,2003,72(3):32-34.

[86] Lang S M,Fillmore C L,Maxwell L H. The system beryllia-alumina titania:Phase relations
    and general physical properties of three-component porcelains. Journal of Research of the

National Bureau of Standards,1952,48:298.

[87] Kato E,Daimon K,Takahashi J. Decomposition temperature of β-Al$_2$TiO$_5$. Journal of the American Ceramic Society,1980,63:355-356.

[88] Teruaki O,Yosuke S,Masayuki I,et al. Acoustic emission studies of low thermal expansion aluminum-titanate ceramics strengthened by compounding mullite. Ceramics International,2007,33(5):879-882.

[89] Tulliani J M,Pagès G,Fantozzi G,et al. Dilatometry as a tool to study a new synthesis for calcium hexaluminate. Journal of Thermal Analysis and Calorimetry, 2003, 3 (72): 1135-1140.

[90] Hajjaji W,Seabra M P,Labrincha J A. Recycling of solid wastes in the synthesis of Co-bearing calcium hexaluminate pigment. Dyes and Pigments,2009,83(3):385-390.

[91] Oikonomou P,Dedeloudis C,Stournaras C J,et al. Stabilized titalite-mullite composites with low thermal expansion and high strength for catalytic converters. Journal of the European Ceramic Society,2007,27(12):3475-3482.

[92] Kato E,Kobayashi Y. Decomposition kinetics of Al$_2$TiO$_5$ in powdered state. Journal of the Ceramic Association Japan,1979,87:81

[93] Buessem W R,Thielke N R. The Expansion hysteresis of aluminium titanate. Ceramic Age,1952,60:38-40.

[94] Tian Y,Qiu Y,Chai Y,et al. The effect of sintering temperature on the structure and properties of calcium hexaluminate/anorthite ceramics. Science of Sintering, 2013, 45 (2): 141-147.